I0048302

LES

MONDES IMAGINAIRES

ET LES

MONDES RÉELS

V

39310

C

LES ANNEAUX DE SATURNE

Vue idéale prise de cette planète au milieu de l'été et à minuit.

(20ᵉ DEGRÉ DE LATITUDE).

LES
MONDES IMAGINAIRES

ET LES
MONDES RÉELS

VOYAGE ASTRONOMIQUE PITTORESQUE DANS LE CIEL

ET

REVUE CRITIQUE DES THÉORIES HUMAINES

SCIENTIFIQUES ET ROMANESQUES, ANCIENNES ET MODERNES

SUR LES HABITANTS DES ASTRES

PAR

CAMILLE FLAMMARION

Ancien élève-astronome à l'Observatoire impérial de Paris, Professeur d'astronomie, etc.

PARIS

LIBRAIRIE ACADÉMIQUE

DIDIER ET Cⁱᵉ, LIBRAIRES-ÉDITEURS

35, QUAI DES AUGUSTINS, 35

GAUTHIER-VILLARS, IMP.-LIB. DE L'OBSERVATOIRE

55, QUAI DES AUGUSTINS, 55

—

1865

TOUS DROITS RÉSERVÉS

DU MÊME AUTEUR

LA PLURALITÉ DES MONDES HABITÉS

Étude où l'on expose les conditions d'habitabilité des Terres célestes, discutées au point de vue de l'Aftronomie, de la Physiologie & de la Philosophie naturelle

ı vol. in-8, orné de figures astronomiques, 7 fr.

Paris. — Imprimerie Poupart-Davyl et Cie, rue du Bac, 30.

PRÉFACE

~~~~

Nous voudrions n'être pas obligé de parler de nous dès la première ligne de cet ouvrage. Mais, à moins que nous ne rendions aucun compte au public, nous nous trouvons dans la nécessité de lui dire que *les Mondes imaginaires et les Mondes réels* ont été conçus à la suite de la *Pluralité des Mondes habités*; qu'ils sont écrits dans le même esprit et dictés par la même idée. La première raison qui nous engagea à l'entreprise de ce travail, c'est une interprétation fausse que certains esprits légers ont brodée sur la doctrine de la Pluralité des Mondes.

Faire converger toutes les lumières de la science vers

ce grand point : la Vie universelle ; l'éclairer dans son aspect réel ; établir ses rayonnements immenses, et montrer qu'il est le but mystérieux autour duquel gravite la création tout entière : c'est là, selon nous, un problème dont la solution importe à notre temps. Celui qui se proposait de traiter une pareille question se plaçait en face d'un but redoutable. Agrandir ainsi jusque par delà les bornes du visible le domaine de l'existence vitale, si longtemps confiné à l'atome terrestre ; déchirer les voiles qui nous cachaient le règne de l'existence à la surface des Mondes ; et sur la vie à l'infini répandue, permettre à la pensée de planer dans son auréole glorieuse : tels étaient les éléments de son programme. Nous n'avons pas à nous occuper ici de la manière dont ce but a été rempli. Nous devons dire seulement que ce but ne réside pas au delà des termes qui viennent d'être énoncés, et que là s'arrêtent les facultés de la science.

Il importe, en effet, de ne pas confondre cette œuvre de la philosophie naturelle avec les tendances de l'imagination. Il n'est rien de plus dissemblable, de plus opposé ; et c'est être dans l'erreur la plus formelle que de se croire en droit de coloniser les planètes et d'y placer tels ou tels êtres, par la raison que l'habitation intellectuelle des Mondes a été établie sur les principes de la philosophie des sciences.

Exprimons-le rigoureusement ici une fois pour toutes. L'homme, pendant son séjour sur la Terre, puisant sur cette planète l'origine — ou tout au moins la forme —

de ses connaissances actuelles, la nature de ses idées, le principe de ses impressions, les éléments de sa puissance imaginative, se trouve dans l'impossibilité absolue de créer les plus modestes nouveautés en dehors du cercle de ses observations. Il ne peut ni s'affranchir des impressions terrestres, ni puiser des éléments de puissance dans l'inconnu. Tout ce qu'il entreprendra, serait-il porté sur la témérité la plus hardie de l'imagination la plus avantureuse, sera toujours essentiellement terrestre; et si, lâchant les rênes à son aveugle coursier, cette Imagination désordonnée prétend s'envoler dans l'insondable à la recherche d'êtres nouveaux, nous la verrons bientôt s'enfoncer dans les ténèbres du chaos, et ne faire apparaître que des monstruosités chimériques que la nature est fort loin d'absoudre. Cette impuissance fatale de l'esprit humain est encore relativement accrue, et singulièrement stérilisée, par la tendance universelle de la nature à tout diversifier, par cette loi qu'elle semble s'être imposée à elle-même, de ne jamais donner le jour à deux êtres identiques; comme si elle avait résolu de tenir éternellement levé l'étendard de sa richesse inépuisable et le témoignage de sa puissance infinie.

Or n'est-ce pas un devoir pour celui qui s'est fait le représentant ou le défenseur d'une cause, de soutenir cette cause dans sa pureté, et de la garder contre les atteintes des esprits erronés ou exagérés? N'est-ce pas un devoir pour lui d'éliminer les obstacles, d'écarter les nuages, et d'arrêter les faux jours qui pourraient s'opposer à ce que la beauté qu'il aime·rayonne dans sa splendeur?

La « Revue critique des théories humaines, scientifiques et romanesques, anciennes et modernes, sur les habitants des astres» est destinée à atteindre ce but. Tout en rendant justice à la fécondité de l'imagination, tout en mettant en relief sa puissance, par l'intéressante étude des Mondes issus de l'esprit humain, elle montre aussi sa faiblesse réelle à côté des œuvres de la nature. C'est une étude curieuse que celle des systèmes construits par les hommes dans les champs inexplorés du ciel; c'est un spectacle riche d'enseignements et même d'émotions de toute nature, que celui des créations formulées par l'humaine parole! Dans tous les âges de l'humanité la pensée a senti ses ailes l'emporter dans les cieux. Mais lorsque allant au delà des aspirations spirituelles, elle a la prétention de créer à son tour les formes du monde physique, elle enfante d'étranges fantômes qui, lorsqu'ils ne sont pas l'image symbolique des idées, ou la reproduction plus ou moins transfigurée (ou défigurée) des êtres naturels, deviennent d'autant plus monstrueux que l'imagination se croit plus puissante.

Avant cette contemplation historique, qui parmi un grand nombre de Mondes imaginaires offre fort peu de Mondes réels, nous avons voulu donner de chacun des astres connus une description scientifique étendue jusqu'au point où les découvertes astronomiques nous permettent de parvenir, et calculer quel spectacle offre l'univers à l'observateur placé sur chacune des sphères étudiées. Cette description est complétée par des aspects généraux qui intéressent directement l'habitation des corps célestes, comme la question du type humain et de la diversité des formes, certains effets curieux des forces de la nature, le commencement et la fin des Mondes, etc. Ces études montreront de combien d'éléments divers on devrait tenir compte, si l'on voulait sérieusement tenter de déterminer seulement ce qui est *possible* dans la création ultra-terrestre, sans aller même pour cela jusqu'au probable. Elles constituent notre première partie : « Voyage astronomique pittoresque dans le ciel. »

Outre ce double caractère, il nous a semblé que des considérations non moins dignes d'intérêt s'attachent à l'histoire de toute vérité parmi les hommes. C'est, en effet, l'histoire complète de l'idée de la Pluralité des Mondes qui va se développer, depuis les temps primitifs où l'humanité encore au berceau contemplait sous le soleil d'Orient les formes mystiques du naturalisme — à travers les vicissitudes des temps, la grandeur et la décadence des nations, les progrès et les défaillances du savoir, — descendant les âges pendant lesquels notre civilisation fut laborieusement enfantée, — arrivant enfin jusqu'aux jours où, des mains du génie, la science reçut le sceptre du Monde.

Dans l'examen de cette idée particulière les mouvements de l'esprit humain se reflètent aussi visiblement que dans l'histoire universelle des peuples et des contrées. Parfois aussi il arrive que certaines idées dont notre époque se vante d'avoir les prémices, remontant à la surface de l'océan des âges, nous apparaissent avec leurs marques de respectable antiquité; et que sous l'œil critique de notre examen bien des vieux neufs passent sans nous abuser sur leur extrait de naissance.

Enfin, puisque nous avions présenté l'ensemble de l'édifice, nous nous sommes proposé d'en examiner ensuite à loisir les aspects particuliers, comme l'architecte qui, après le plan géométrique de son œuvre, dresse la représentation des sculptures et des beautés de ses façades, aussi bien que les détails de l'œuvre intérieure. Si, dans l'ordre philosophique, l'impulsion donnée par un homme à telle idée produit un certain mouvement dans les esprits et suscite diverses manifestations autour de sa cause, il convient que cet homme envisage la généralité de tout ce qui se rattache à son sujet, et qu'il présente ces sortes d'appendices dans leur valeur relative avec le pivot fondamental.

Ajouterons-nous un dernier mot sur la forme de cet ouvrage ? Cette forme est moins sévère que celle du précédent, parce qu'il nous semble que le même vêtement ne convient pas à tous les êtres, et que l'aspect extérieur de chacun doit être en rapport avec son caractère intérieur. L'œuvre d'aujourd'hui est un peu moins haut-vêtue que celle d'hier; celle de demain portera peut-être un voile de deuil. — Ne devons-nous pas laisser les filles de notre esprit se présenter telles qu'elles sont, et

vaudrait-il mieux les draper à notre gré contre leur goût
naturel ? — Au surplus, quelques écrivains ayant signalé,
l'année dernière, que chez nous il y avait « un hiéro-
phante et un grand prêtre », nous sommes heureux que
l'occasion de les dissuader se présente ici. A défaut d'autres preuves, qui pourtant ne manquent pas, la forme
du présent livre montrera que nous sommes loin d'as-
pirer à la souveraineté pontificale.

Paris, mai 1865.

PREMIÈRE PARTIE

—

VOYAGE ASTRONOMIQUE PITTORESQUE
DANS LE CIEL.

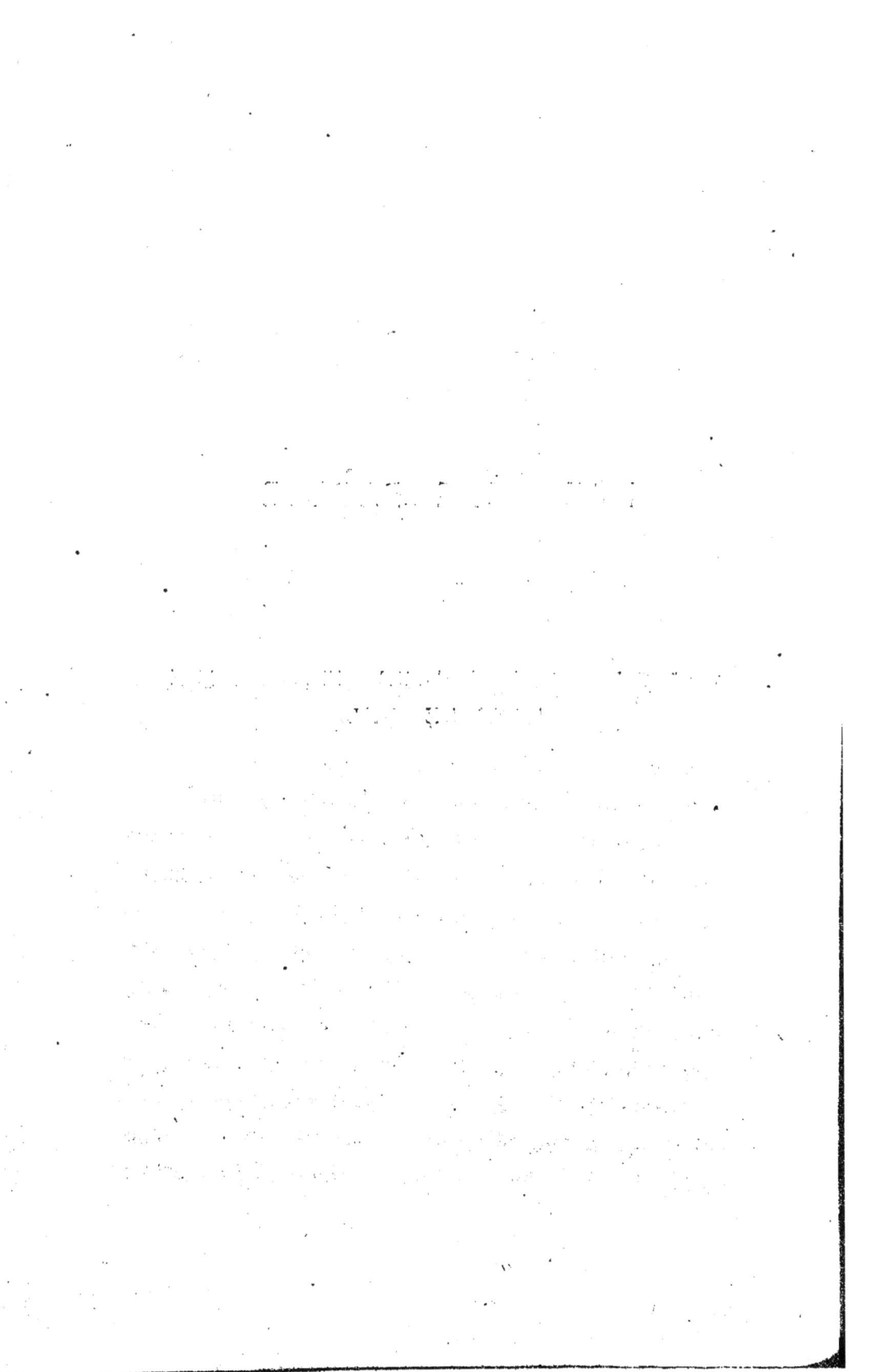

VOYAGE ASTRONOMIQUE PITTORESQUE
DANS LE CIEL

~~~~~

PRÉPARATIFS

A côté de l'astronomie mathématique et de l'astronomie physique, qui constituent les deux éléments fondamentaux de la science du monde, il y a ce que nous pourrions appeler l'astronomie spéculative, qui dérive des
deux premières et s'élève quelquefois au-dessus d'elles
dans ses vues hardies et dans ses conceptions gigantesques. Les deux premières sont, par leur nature, circons-
crites et limitées à un ensemble déterminé de calculs et
d'observations; la seconde peut s'élancer au delà de ces
limites et poser à l'avance, comme l'ont fait Kepler et autres, des lois empiriques que l'observation vient confirmer
plus tard. Mais il y a un grand écueil à éviter pour celui
qui s'engage dans cette voie : c'est d'aller trop loin dans
l'arbitraire. Il lui importe avant tout de se laisser guider

par l'induction jusque dans le domaine des conjectures, et, loin d'abjurer l'esprit scientifique, d'avoir toujours en main la boussole que Bacon nous a léguée, l'esprit de la méthode positive.

Aujourd'hui que, pour beaucoup du moins, comme le témoigne l'histoire littéraire contemporaine, la Pluralité des Mondes n'est plus une question, mais bien un fait acquis à la science et à la philosophie, il est curieux de se demander quel peut et quel doit être l'état des notions accessibles aux habitants des autres Mondes, quelles sont leurs connaissances possibles, sous quel aspect l'univers extérieur et notre Monde lui-même se présentent à eux, quelles sont les apparences des mouvements célestes, mouvements qui, chez eux comme chez nous, sont la règle première de leurs usages et la base de leurs notions cosmographiques. Il est curieux, il est intéressant, il est utile même de dénouer momentanément la chaîne qui nous attache à la Terre, et de nous éloigner dans les profondeurs des cieux, nous arrêtant successivement à quelques étapes choisies, d'où nous nous retournerons pour juger de loin le séjour terrestre, vu dans son état relatif. Arago disait qu'un pareil examen, outre qu'il fournit des résultats singuliers très-dignes d'intérêt, offre de plus un très-utile exercice aux amateurs d'astronomie. C'est encore là une application du « Connais-toi toi-même » des anciens; quelque indirecte qu'elle paraisse aux yeux inattentifs, elle est peut-être plus féconde en résultats utiles que l'application psychologique, et peut-être aussi n'est-elle pas moins intime ni moins digne d'intérêt. Comparer les autres Mondes au nôtre c'est étudier celui-ci, et c'est de plus étudier les autres.

Nous déclarons tout de suite, pour ne pas trop affriander les gourmets de l'Imagination, que les vues suivantes sont essentiellement astronomiques et pas du tout romanesques. Il y aura même quelques chiffres, des indications de degrés (°), de minutes (′) et de secondes (″); et qui sait? peut-être certains signes disgracieux, dépourvus de toute élégance, tels, par exemple, que celui-ci $\vee$, ou encore des formules peu attrayantes, telles que $\Delta^2 \cos. \frac{m\pi}{2n} = \dots$! Mais pardon! il nous semble qu'il importe avant tout d'être clair, et, certes, ce serait fort maladroit, sous prétexte de visiter les habitants des étoiles, de conduire le lecteur dans une nuit profonde. Non, ce n'est pas là notre intention; et si nous sommes lié par la nature même de ces recherches à la gravité des équations et des problèmes, nous nous promettons, en revanche, de tenir invisible la forme mathématique sous l'ampleur dissimulatrice de la toge italienne.

Il est superflu d'ajouter que le titre de *Voyage* inscrit en tête de cette Première Partie, est une simple forme littéraire, sous laquelle nous ne voulons cacher aucune fiction d'extase céleste. C'est une description uniquement fondée sur l'observation télescopique; ce n'est point comme Muse que la dive Uranie nous a prêté son assistance, et ce n'est pas pour lui demander des ailes que nous avons laissé dans notre ciel Psyché aux doux regards. Dans le présent ouvrage, nous avons vu plus par les yeux du corps que par ceux de l'âme; l'intérêt du sujet nous a porté à l'étude de particularités, d'illustrations, enrichissant l'ensemble, comme on voit, après la contemplation générale d'un vaste édifice, l'œil se porter ensuite avec complaisance sur les détails qui frappent le plus. Beaucoup ont voyagé dans les célestes domaines. Sans parler de saint Paul, qui fut élevé au troisième ciel, Dante, Kircher, Swedenborg et tant d'autres ne furent-ils pas conduits en extase parmi les sphères étoilées? Or nous n'avons voulu imiter ni les uns ni les autres.

Dire l'astronomie des Mondes, c'est dire l'histoire entière de ces Mondes, car l'astronomie peut à juste titre être considérée maintenant comme la science de tous les éléments constitutifs de l'univers. Faire l'astronomie de la Terre, ce serait à la fois faire sa cosmographie, sa géographie, sa description mécanique et physique, tant sous le point de vue de ses rapports avec les autres parties de la création que sous celui de ses forces individuelles et de sa vie personnelle. Puisse notre conversation s'attacher surtout, dans cette complexe étude, aux points qui méritent d'être spécialement mis en relief, et puissions-nous ne pas oublier les faits qui caractérisent le plus formellement la nature réciproque de chacune des demeures qui se balancent dans l'éther.

Sur ce, lecteur attentif, mettons-nous en route; le chemin est long, nous n'avons pas de temps à perdre. Nous ne prendrons ni l'élixir d'Asmodée, qui permit à Hoffman de voler sans façon Holberg, l'auteur de *Niel Klim*, ni celui de milord Céton, dont le secrétaire ne fut pas plus scrupuleux vis-à-vis de Cyrano de Bergerac. Nous n'invoquerons pas non plus, avec Alighieri, l'ombre d'un poëte divin ou celle d'une morte aimée, ni, avec l'auteur du *Voyage extatique*, l'un des génies directeurs des sphères. Nous ne prendrons aucune précaution oratoire. Seulement, usant des facultés spirituelles dont la nature a doué tout être intelligent, tout en laissant notre corps sur la Terre, nous permettrons à notre esprit de se placer successivement sur chacune des sphères de notre système, de voyager plus loin encore, et d'examiner en ces passages dans quelle condition se trouvent les habitants des terres célestes, lunes, planètes ou soleils.

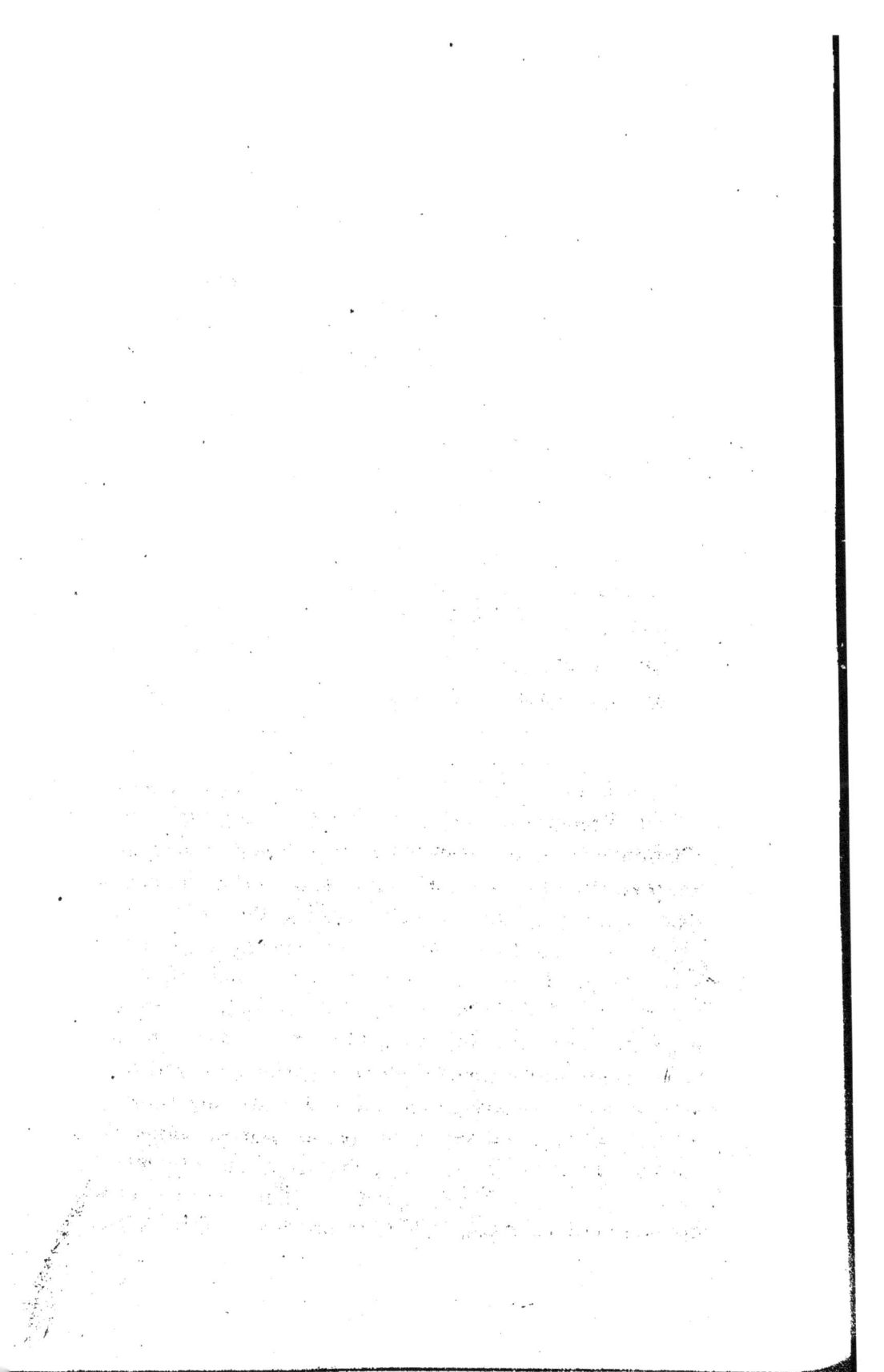

ASPECTS PARTICULIERS

CHAPITRE Ier

ASTRONOMIE DES HABITANTS DE LA LUNE

I

Dans le monde brillant et superficiel où nous sommes, si souverainement voué au culte des apparences, on a l'habitude de se prosterner devant la grandeur, de placer au premier rang les puissants et les forts, de laisser dans l'oubli les humbles et les faibles. Pour nous, méprisant ce funeste exemple, nous commençons notre spectacle par l'une des scènes les plus modestes de la nature. Avant de nous éloigner de la sphère terrestre et des choses qui lui appartiennent, nous visiterons notre leude, notre vassale, ou pour parler plus généreusement, notre voisine et notre alliée. Depuis longtemps ce Satellite, comme une sentinelle vigilante, circule autour de notre palais, sans jamais s'être permis la moindre déviation, le moindre oubli, la moindre négligence; que notre première visite soit pour lui! C'est une terre voisine, c'est un empire dont les frontières touchent aux nôtres; une dépêche télégraphique y atteindrait, et sa réponse nous serait transmise en quelques minutes; il ne nous est pas permis d'ignorer la nature de cette ile riveraine. Mettons donc pied à terre (il serait plus juste de dire pied à lune) sur cet astre, et développons le réseau de nos observations sur l'étendue plane ou montagneuse, calme ou tourmentée, que le Destin livra en partage à messieurs les Sélénites.

Mais avant d'interroger les habitants de la Lune sur leurs systèmes astronomiques et sur l'avancement des sciences en leur pays, nous paraissons d'abord nous trouver dans la même position que Macbeth adressant aux sorcières la bizarre question : « Existez-vous? » Pour satisfaire donc aux inquiétudes de ceux qui mettraient en doute l'existence des Sélénites, nous poserons à ceux-ci la question susdite, et nous serons agréablement flattés de les entendre, s'unissant tous d'un commun accord pour nous répondre par l'enthymème cartésien : *Cogito, ergo sum* : Nous pensons, donc nous sommes. — Disons en passant, à propos de la métaphysique cartésienne, qu'il pourrait très-bien se faire que les habitants de la Lune existassent et fussent certains d'exister, sans être pour cela en état de formuler le raisonnement syllogistique : *Cogito, ergo sum.*

Si cependant, malgré cette réponse très-caractéristique et qui aurait pleinement satisfait la conscience de Descartes, quelques astronomes voulaient aller plus loin et demander naïvement aux Sélénites s'il est bien vrai qu'ils puissent exister dans un tel monde, où l'on ne saurait découvrir la plus petite goutte d'eau, ni reconnaître l'indice de la plus légère atmosphère, nous poserons avec dévouement cette nouvelle interrogation; mais c'est en rougissant que nous entendrons les habitants de la Lune nous reprocher la prétention inqualifiable de vouloir juger orgueilleusement le monde entier au pied de notre faiblesse, de prendre la vie terrestre pour le type absolu de la vie universelle, et de nous obstiner à n'admettre comme vrai que ce qui tombe dans le cercle étroit de nos observations.

Après cette remontrance toute fraternelle et pleine d'utilité pour ceux qui étudient la nature, nous n'oserons plus mettre en doute, encore moins nier carrément l'existence des habitants de la Lune; nous nous pénétrerons de l'idée de cette puissance infinie qui, dans toutes les conditions possibles, fit germer des myriades d'êtres depuis les âges antiques de notre monde, et nous nous reposerons sur cette grande vérité : Les êtres naissent sur chaque Monde en corrélation avec son état physiologique.

Et pour corriger un peu ce que cette assertion pourrait avoir de trop affirmatif en ce qui regarde les habitants de la Lune, nous ajouterons : Si la face visible de ce monde n'est pas le siége de la vie et de l'intelligence, l'autre hémisphère peut l'être; si les régions lunaires ne sont pas aujourd'hui resplendissantes d'activité et de vie, elles le furent jadis (1), ou le seront dans l'avenir. Les

(1) Il y aurait quelques raisons apparentes de croire que la Lune fut habitée dans le passé, et qu'elle ne l'est plus depuis un certain nombre de siècles. L'observation télescopique nous montre en elle un astre d'où la vie s'est retirée. La théorie confirme ce fait en établissant que l'exiguïté du monde lunaire, son manque de fluides aqueux et d'atmosphère, ont dû accélérer son refroidissement, à ce point que sa chaleur originaire aurait pu s'être complétement perdue par le libre rayonnement dans l'espace, avant que la température terrestre fût seulement assez abaissée pour permettre l'habitation de l'homme. Cependant nous nous plaisons à caresser la théorie peut-être trop hardiment émise à la fin de ce premier chapitre.

astres sont faits pour être habités comme les boutons de
roses pour s'épanouir.

La Lune est une petite planète qui reçoit du Soleil, à
surface égale, la même quantité de chaleur et de lumière
que la Terre. Son diamètre mesure 870 lieues de 4 kilomètres, ce qui lui donne un volume quarante-neuf fois
plus petit que le volume de la Terre ; sa masse est égale
à 1/84ᵉ, celle de la Terre étant prise pour unité ; sa densité est les 5/9ᵉˢ de la densité terrestre. Elle circule dans
une orbite éloignée de nous d'environ 60 rayons terrestres, c'est-à-dire de 96,700 lieues ; se rapprochant
jusqu'à 91,000 lieues à son périgée, s'éloignant de plus
de 100,000 à son apogée. Son mouvement, dans cette
orbite, s'effectue en 27 jours 7 heures 43 minutes 11 secondes ; c'est le temps que la Lune emploie à faire le
tour de la circonférence céleste et à revenir à la même
étoile ; mais comme la Terre s'est avancée pendant ce
temps d'une certaine quantité dans l'espace, il faut à la
Lune environ deux jours de plus pour arriver au même
point relativement à la Terre, ce qui lui donne une révolution synodique de 29 j. 12 h. 44 m. 3 s.

Il y a dans la Lune deux hémisphères bien distincts
dont les conditions vis-à-vis de nous, et peut-être vis-à-
vis du monde entier, sont fort différentes : ce sont l'hémisphère visible et l'hémisphère invisible. Notre satellite nous présentant constamment la même face, il y a
un hémisphère que l'on n'a jamais vu et que l'on ne verra
jamais de la Terre. Ainsi la face de la Lune que notre
bon vieux père Adam salua pour la première fois dans le
paradis terrestre (si toutefois ce paradis n'était pas dans
la Lune même, comme quelques savants hellénistes l'ont
avancé), cette face est identiquement la même que celle

dont les regards du dernier homme contempleront la beauté aux jours d'agonie de la Terre.

Parlons d'abord de ceux qui habitent l'hémisphère tourné de notre côté.

Dans son *Astronomia lunaris*, Kepler appelle *Subvolves*, sous la Terre, les Sélénites qui habitent cette partie de la Lune, tandis qu'il appelle *Privolves*, privés de la Terre, ceux qui habitent l'autre partie. Ces qualifications viennent du nom de *Volva (la Tournante)*, nom que les Sélénites donnent à la Terre, selon le même astronome. (On pardonnera au grand Kepler cette innocente fantaisie, si l'on songe à l'*Apocalypse* de Newton et à l'*Imitation* de Corneille.) Nous nous servirons quelquefois de ces mots pour éviter les périphrases.

Les Sélénites subvolves voient toutes les étoiles du firmament se mouvoir de l'Orient à l'Occident autour d'un axe passant par le centre du globe lunaire ; ce mouvement s'effectue avec une extrême lenteur ; le temps qui s'écoule entre deux levers successifs d'une étoile est égal à 27 jours 8 heures environ, de sorte que la vitesse apparente des étoiles, même de celles qui occupent les régions équatoriales, n'est guère supérieure à celle de l'étoile polaire pour nous. Quelle lenteur, à côté de la rapidité avec laquelle les étoiles se comportent chez nous, où douze heures leur suffisent pour traverser tout un hémisphère !

Le mouvement du Soleil est encore plus lent. Tandis que sur Jupiter on peut *suivre à l'œil* la marche de l'ombre causée par cet astre, sur la Lune tout paraît stationnaire. Tout y est si lent, que du haut de la belle montagne d'Aristillus, par exemple, située, comme on sait, à l'Ouest de la mer des Pluies, on peut encore voir le Soleil dix minutes après son coucher. Si vous montiez au-dessus de Clavius (latitude 58° Sud, longitude 15° Est) montagne annulaire de 7,091 mètres de haut et de 227,129 mètres de large, vous verriez la plaine s'endormir lentement à vos pieds pendant que la lumière resterait sur vous. Chez les habitants de la Lune, l'astre du jour ne se lève qu'une fois par mois, et ne s'y couche de même qu'une fois; ils ont ainsi des jours et des nuits quinze fois plus longs que les nôtres.

Quinze jours de jour et quinze jours de nuit, voilà un nyctéméron bien lent, et des alternatives d'une bien longue durée, si on les compare à nos habitudes terrestres. Cependant, c'est là la règle des satellites : de longs jours et de longues nuits. Que serait-ce si nous allions au huitième satellite d'Uranus, dont chaque jour et chaque nuit durent trois mois et demi? Que serait-ce si nous nous transportions à l'Anneau de Saturne, qui ne compte qu'un jour et qu'une nuit dans l'intervalle de trente ans? Quelle dissemblance entre nos conditions d'existence et celles dont ces Mondes sont revêtus! quelle diversité dans les éléments et dans les fonctions de l'organisme! Qui sait? peut-être sur ces mystérieux Anneaux de Saturne le temps se partage-t-il en périodes de vie et en périodes de mort; peut-être, pendant la première année du lever du Soleil, les êtres éclosent-ils de toutes parts et ouvrent-ils l'ère de l'activité vivante; et peut-être les ressorts organiques se détendent-ils à la quinzième année, époque de mort où la nature entière s'endormirait avec le dernier rayon de l'astre générateur! Quinze ans de vie et de lumière! quinze ans de mort et de ténèbres! Saturne serait bien là le grand ministre des âges, le dispensateur sévère du temps précieux qui ne revient plus.

La Lune a donc alternativement quinze jours consécutifs de soleil et quinze jours consécutifs de nuit. On a

pensé que l'accumulation des rayons solaires pendant cette
longue durée devait produire une chaleur torride supérieure à celle des jours les plus ardents de l'équateur
sur la Terre. C'est l'opinion exprimée par Sir John
Herschel, dans ses *Outlines of astronomy*, où il est
dit qu'il règne très-probablement sur la Lune une
température fort supérieure à celle de l'eau bouil-
lante. Mais l'absence d'enveloppe atmosphérique autour
de notre satellite paraît interdire cette accumulation de
chaleur. Déshérité de couche gazeuse, ce globe ne saurait fixer ni maintenir à sa surface le calorique que lui
envoie le Soleil, ce calorique s'en échappant librement
par un rayonnement perpétuel. Cette considération a fait
pencher la balance du côté du froid, de sorte que l'opinion généralement admise aujourd'hui, c'est que la Lune
est la plus froide de toutes les beautés de l'espace, et que
sa température au toucher est non-seulement glaciale,
mais encore capable de faire descendre le thermo-
mètre à 40 degrés au-dessous de zéro. On a été jusqu'à
dire que notre froide Phœbé émettait des rayons frigori-
fiques, une *chaleur froide* : c'est Arago lui-même qui a
abusé du paradoxe. Les expériences de Tschirnhausen,
de La Hire et de Bouguer étaient favorables à la néga-
tion de la chaleur lunaire ; mais, depuis leur époque,
l'italien Melloni montra l'action incontestable de cette
chaleur, concentrée à l'aide d'une immense lentille, sur
un appareil thermo-électrique des plus sensibles, et
constata la vertu calorifique des rayons lunaires. C'est
quelque chose comme la chaleur d'une bougie reçue à
huit mètres de ce corps lumineux, d'après Piazzi Smyth.

Les Sélénites ont, croyons-le bien, malgré leur calendrier bi-mensuel, la chaleur précise qui convient à
leur organisme ; et sans aller jusqu'à affirmer avec

Huygens qu'ils se trouvent dans la même condition que les pêcheurs de baleines des côtes d'Islande, soyons assurés qu'ils sont fort à leur aise sous les latitudes où ils sont nés.

Nous ne pouvons nous empêcher d'avouer cependant que le ciel de la Lune nous paraîtrait bien triste, à nous qui sommes habitués à toutes les décorations de notre beau ciel. Plus de nuées multicolores à l'horizon du soir ; plus de rayonnements crépusculaires au coucher de l'astre roi ; plus d'ombres ni de demi-jours ; plus de nuages dans le ciel ; plus de ciel non plus ! Cet azur tendre ou nuancé de formes ravissantes qui s'étend sur nos campagnes est remplacé là-haut par une immensité noire et lugubre, par un vide dont la profondeur est insondable, par une tenture de deuil où l'œil reste perdu dans une éternelle monotonie.

Et pourtant, ô dons cachés de la nature ! ce ciel sans air et sans voile, c'est le plus riche des cieux étoilés. De toutes les planètes, il n'est pas une station aussi favorable que la Lune pour l'observation des astres de toutes grandeurs. Là, le Soleil n'est point l'ennemi des étoiles, et ne trône point comme ici dans une égoïste splendeur ; c'est un bon roi qui, — ne pouvant faire autrement, — permet à ses voisins les autres rois de l'espace de trôner dans le même ciel : il n'éclipse point ceux du second rang. Aussi, jour et nuit, perpétuellement, les étoiles blanches planent dans le ciel noir, moins étincelantes qu'ici, mais calmes et plus nombreuses.

Les habitants de la Lune voient dans leur ciel un astre gigantesque, constamment immobile à la même hauteur. A leurs yeux, ce globe est douze fois plus grand que le Soleil ; mais il en diffère en ce que, seul parmi tous les astres, il reste toujours suspendu au même point sur

leurs têtes. Il leur présente des phases, comme la Lune
nous en présente, passant par toutes les gradations, de la
Nouvelle à la Pleine-Terre. Cet astre, nous venons de le
nommer, c'est la Terre que nous habitons.

Les uns, ceux qui appartiennent à la nation centrale, au
bassin méditerrané du disque lunaire, voient notre globe
suspendu à leur zénith, planant éternellement au milieu
du ciel étoilé. Les autres le voient à 70° de hauteur,
d'autres à 45°, selon qu'ils habitent des points plus ou
moins éloignés du centre de l'hémisphère visible. Ceux
qui habitent vers les bords de cet hémisphère voient notre
globe à l'horizon posé sur les montagnes; un peu plus
loin on n'en voit plus que la moitié; plus loin encore, en
passant dans l'autre hémisphère, on perd de vue la Terre,
et cela pour toujours.

Cette Terre est un spectacle bien plus beau et bien
plus utile (1) pour la Lune, que celle-ci ne l'est pour
nous; et si les Sélénites subvolves interprètent la loi de la
causalité finale avec autant de partialité que nous, ils ont
un droit apparent bien supérieur au nôtre de regarder
la création, y compris la Terre, comme faite exprès pour
eux, Sélénites subvolves.

La Terre est un globe gigantesque qui leur envoie treize
fois plus de lumière que la Lune ne nous en envoie dans
son plein. Elle roule sur elle-même en vingt-quatre
heures et leur offre dans ce laps de temps toutes les parties de sa surface, étant encore en cela plus généreuse
que la Lune, qui reste toujours à demi cachée. Par suite
de ce mouvement, le Sélénite se trouve dans un observatoire magnifiquement situé pour l'examen du disque

(1) Excepté pour la détermination des longitudes lunaires, nous dit
M. Babinet, qui ne croit pourtant pas aux habitants de la Lune.

terrestre ; sa position est préférable à celle des quatre premières lunes de Saturne, d'où l'on ne peut embrasser le disque entier de la planète; aussi peut-il observer la Terre mieux que nous ne pouvons observer aucun astre du ciel.

Vue de la Lune, la Terre offre généralement la couleur verdâtre, tant à cause de l'immense quantité d'eau qui recouvre sa surface, que par ses forêts du nouveau monde et ses campagnes, et par la nuance de l'atmosphère. De temps à autre cependant, on voit de grandes taches grises ou jaunes découper la sphère. Voici d'abord, à l'Orient du disque terrestre, le relief des hautes montagnes des Cordilières, figurées par une longue ligne blanche échancrée, comme on voit d'ici se découper à l'Ouest de l'Océan des Tempêtes la chaîne des Karpathes lunaires. A l'opposé de cette crête se déroule pendant quelques heures une vaste tache obscure, verdâtre, d'une grande étendue, plus foncée que la tache verte triangulaire du Sud : cette tache sombre c'est le grand Océan. Viennent ensuite deux taches grises qui semblent n'en faire qu'une très-allongée ; ce sont les deux îles de la Nouvelle-Zélande. Puis apparaît le beau continent de l'Australie, nuancé de mille couleurs, accidenté par les îles de la Nouvelle-Guinée, de Bornéo, de Java et des Philippines. En même temps se déroule la grise Asie rattachée aux steppes blanches du pôle. L'Afrique paraît ensuite, découpée par sa voie lactée de sable. Au nord du grand Sahara, on voit une petite tache verte déchirée dans tous les sens et pleine de ramifications ; c'est la Méditerranée, au-dessus de laquelle les bons yeux peuvent distinguer notre presque invisible petite France. Le globe tourne. Alors disparaissent les terres, et la grande tache obscure de l'Océan Atlantique revient recommencer la même périodicité. Les Sélénites qui contemplent nonchalamment pendant la nuit silencieuse les découpures vertes et grises de la Terre, ne se doutent guère des combats que se livrent ces nationalités lointaines.

La Terre peut servir d'horloge permanente aux habitants de la Lune, et ce ne serait pas là sa moindre utilité. Par suite de son mouvement invariable, les points fixes qui marquent les longitudes différentes sont les heures du méridien de la Lune. Chaque contrée du globe a son aspect particulier et peut servir de point fixe. La division naturelle de la Terre a été de partager un hémisphère visible en deux parties égales, et ainsi de tracer quatre longitudes principales situées chacune à six heures d'intervalle l'une de l'autre. Chacune d'elles emploie vingt-quatre heures à revenir au méridien lunaire d'où elle est partie. Pour connaître l'heure par ces divisions, si les Sélénites ont eu le bon esprit de se servir de cette horloge astronomique naturelle, ils suivent la même méthode que nous lorsque nous établissons qu'à 15, 30 degrés à l'Est, il est une heure, deux heures de plus qu'au degré où nous sommes. Ils peuvent ainsi former autant de fractions dans leur nyctéméron de vingt-neuf jours.

Les phases que la Terre présente à la Lune peuvent également servir à leur calendrier, et il est à croire qu'elles sont son fondement principal. Ces phases sont complémentaires de celles que la Lune nous présente : lorsqu'il y a Pleine-Lune pour nous, nous sommes Nouvelle-Terre pour les Sélénites; lorsqu'ils nous donnent une Nouvelle-Lune, nous leur donnons une Pleine-Terre. Il n'y a pas au monde de réciprocité plus parfaite ni plus constante que celle-là.

Mais les phases de la Terre diffèrent essentiellement des phases de la Lune en ce que leur intensité — non leur grandeur — ne se reproduit pas deux fois de suite sous le même aspect. Ce phénomène est bien terrestre, et notre caractère est jugé depuis longtemps par les Sélénites, soyons-en sûrs. Tandis que chez eux tout est calme, identique, constant; chez nous tout varie. Outre la diversité d'éclat des différentes parties de la sphère terrestre, des continents verts, des mers bleues, des déserts jaunes, des pôles blancs, des landes grises, notre atmosphère est en changement perpétuel. Un jour elle est couverte de nuages et renvoie à la Lune une lumière blanche uniforme; le lendemain elle est d'une transparence limpide et laisse la lumière solaire tomber dans nos verts absorbants; tout à l'heure elle sera découpée de montagnes floconneuses et de mosaïques variées. Aussi la lumière que les Sélénites reçoivent de la Terre, la lumière que nous appelons *cendrée*, et que nous reconnaissons d'ici pendant les premiers jours de la Lune, varie-t-elle constamment d'intensité.

Cette mobilité, cette variation perpétuelle de l'aspect de la Terre, aura fait penser aux Sélénites que ce globe est inhabité. Sur quoi, en effet, se fonderaient, selon eux, les conjectures favorables à son habitabilité? Ils ont un terrain solide, éternellement stable, sur lequel ils peuvent vivre; mais on ne voit rien de pareil sur la Terre. Des êtres raisonnables pourraient-ils vivre sur cette couche atmosphérique permanente qui recouvre l'astre tout entier? Un Sélénite serait noyé en y tombant. Serait-ce sur cette nappe verte qui baigne la plus grande partie de la terre? Serait-ce sur ces nuées qui paraissent et disparaissent cent fois dans un jour? Du reste, la Terre tourne avec une telle vitesse, elle est soumise à une telle instabilité dans ses éléments! tout au plus pourrait-on croire que ses habitants sont des êtres sans pesanteur, tenant, on ne sait comment, le milieu entre l'élément fixe et l'élément mobile. Comment croire à de pareilles existences?

De sorte que si les Lunariens sont aussi bons raisonneurs que nous, ils ont depuis longtemps la certitude que la Terre est inhabitée.

Telle est, en quelques traits, la vue à vol d'oiseau de la patrie des Sélénites subvolves. Nous allons maintenant visiter le pays inconnu habité par les Privolves.

II

Pendant leurs nuits longues et silencieuses, vraiment silencieuses, car pas un souffle n'en vient troubler l'éternel mutisme, les Sélénites subvolves peuvent lever les yeux au ciel et y contempler la Terre, la Terre, astre virginal, de loin. Elle est pour eux ce que la Lune est pour nous, l'astre du mystère, la source de la poésie; et plus heureux que les versificateurs de la Terre, qui, à l'exemple de Barthe au bassin du Palais-Royal, resteraient des nuits complètes à regarder la Lune sans en obtenir la plus modeste inspiration, les Subvolves reçoivent de notre monde mille influences heureuses. Hélas! il n'en est pas ainsi de ceux qui habitent l'hémisphère opposé, des pauvres Privolves, qui n'ont point notre terre pour fixer leurs regards, éclairer leurs nuits, marquer leur calendrier, et leur offrir les spectacles variés que cette roue tournante découvre tour à tour à leurs antipodes.

Aussi tandis que, sur un côté de la Lune, il n'y a

point de nuit bien profonde, puisqu'au moment où le Soleil s'éteint, la Terre s'allume pour resplendir du plus vif éclat au milieu de la nuit et ne s'éteindre qu'au lever du jour suivant ; tandis que d'un côté l'aspect du ciel est décoré de cet astre sans égal, sujet d'observations sans fin ; de l'autre côté, le ciel noir reste monotone, et couvre le monde d'une nuit obscure égale à quinze des nôtres.

Les mortels privilégiés qui, sur notre globe, ont quitté momentanément notre ciel de France pour monter vers les tropiques et, traversant la ligne, redescendre à l'hémisphère austral, ces mortels ne connaissent pas de plus beau spectacle que celui qui se découvre dans le ciel d'outre-mer, lorsqu'ils voient notre étoile polaire s'incliner vers l'horizon du Nord, et la Croix du Sud étinceler dans les cieux... Tels, et plus heureux encore, sont les Sélénites qui, de leur patrie lointaine, viennent vers l'hémisphère qui nous regarde contempler l'Astre-Terre !

Ils ne peuvent d'abord en croire leurs yeux ; ils s'informent auprès des naturels du pays si ce ballon céleste n'est point une vision ou quelque phénomène passager ; ils montent vers le centre de l'hémisphère subvolve, et voient la Terre s'élever en même temps qu'eux ; puis, quand la nuit vient les surprendre, ils admirent ce second Soleil que la divine Providence a daigné placer dans le ciel pour éclairer leurs pas. C'est alors que leur étonnement se surpasse lui-même, et qu'ils élèvent à notre Monde l'encens de leur prière, d'une prière lyrique plus belle que toutes celles que nous adressons à la Lune, sans en excepter la ballade d'Alfred de Musset :

> Lune, quel esprit sombre
> Promène au bout d'un fil,
>   Dans l'ombre,
> Ta face et ton profil?

Si Asmodée, le diable boiteux que Lesage prit pour guide et pour cicerone dans son voyage à travers l'humanité, avait pensé aux Sélénites privolves, il n'aurait pas manqué de conduire dom Cléofas-Léandro-Pérez-Zambulo, etc. d'Alcala sur les monts Dorfel, frontière des deux continents, d'où il lui aurait expliqué la prière des contemplateurs de la Terre. Il est vraiment fâcheux qu'il ait oublié ce coin du panorama.

De retour dans leur pays, les Privolves font de la Terre le sujet de leurs récits, de leurs causeries, de leurs anecdotes, et peut-être de leurs contes les plus faux, comme il arrive ici pour nos voyageurs. Qui pourrait imaginer ce que là-bas on dit de notre monde? Ils ne peuvent apparemment en dire que du bien ; mais si quelques esprits mal tournés, imitant les misanthropes de la Terre, en parlent avec irrévérence, soyons généreux : *Parce eis, Domine!*

La distinction remarquable qui existe sur la Lune entre le ciel des Privolves et le ciel des Subvolves, distinction tout entière à l'avantage de ceux-ci, a peut-être été l'origine d'une distinction fondamentale dans la nationalité des Sélénites. Ceux qui habitent l'hémisphère privilégié seraient les nobles; leurs antipodes seraient les vilains. Dans ce cas, les pèlerinages à la Terre auraient un bien plus grand prix encore, et seraient peut-être même interdits au peuple roturier. C'est ce que nous ne discuterons pas. Mais il est une considération plus sérieuse qui tendrait à faire admettre une différence essentielle entre les êtres qui habitent l'un ou l'autre hémisphère : la constitution physique de la Lune peut différer d'un hémisphère à l'autre.

Certains d'avance que la Lune ne se retournera jamais et qu'elle ne nous montrera dans aucun temps ce qu'elle nous a tenu si discrètement caché jusqu'ici, quelques écrivains à imagination ont élevé force conjectures sur cette partie secrète. On a été jusqu'à avancer que la Lune n'a pas du tout d'autre hémisphère, et mieux que cela encore, qu'elle est creuse comme une calotte dont la convexité serait tournée vers la Terre. Ces faiseurs de romans avaient oublié deux points dignes d'attention : c'est que d'abord la Lune nous présente par ses librations 7° 53′ à l'Est et à l'Ouest, et 6° 47′ au Nord et au Sud ; ce sont les quatorze centièmes de son hémisphère invisible, de sorte qu'il n'y a en réalité que les quarante-trois centièmes de la sphère entière qui nous soient inconnus ; ils avaient ensuite oublié que nous voyons d'ici les satellites de Jupiter et autres, qui présentent également la même face à leur planète, et qui sont sphériques comme elle. Nous n'imiterons donc pas ces spéculateurs, mais nous émettrons cependant quelques idées sur la constitution physique de la Lune.

Huygens pensait qu'en vertu de son mouvement de translation, notre satellite n'était pas formé de matériaux homogènes, et que, dès l'origine, ses parties les plus lourdes avaient été lancées par la force centrifuge dans l'hémisphère invisible, de sorte que cet hémisphère serait formé des matériaux les plus denses et les plus durs, tandis que celui-ci serait formé des parties les plus légères.

Telle est la théorie de Huygens. Nous partagerions plutôt la théorie opposée. — Ce n'est pas par esprit de contradiction, car avant de connaître ce savant astronome, nous pensions exactement le contraire de ce qui vient d'être avancé.

Nous disons, en effet, qu'en vertu de l'attraction de la Terre, les matériaux les plus lourds ont pu occuper l'hémisphère inférieur de la Lune, celui qui reste éternellement sur nos têtes ; tandis que les éléments les plus légers, les liquides et les fluides, ont pu occuper la partie la plus élevée, celle qui regarde les étoiles.

La Lune ressemblerait par là à ces jouets de liége dont le pied a été rempli de plomb pour qu'ils puissent se tenir droit : elle serait comme se tenant debout sur la Terre, à 96,000 lieues de distance.

Dans cette hypothèse, il y aurait peu ou point de fluides aériformes de ce côté-ci ; les liquides et les gaz seraient de l'autre côté. C'est ce que confirment les observations incomplètes que l'on peut faire sur la Lune.

Il suivrait de là que deux natures essentiellement distinctes se seraient partagé l'empire lunaire. S'il n'y a aucune sorte d'atmosphère sur la partie qui nous regarde, et par là même aucune espèce de liquides aqueux, puisque ces liquides ne peuvent exister sans la pression atmosphérique, cette partie est habitée par des organismes essentiellement différents de nous, ou reste fatalement inhabitable et inhabitée. Si, au contraire, les régions opposées sont arrosées par certaines eaux, et recouvertes d'une certaine atmosphère, la constitution de leurs habitants peut offrir une grande analogie avec celle des habitants de la Terre ; ils peuvent puiser les principes de leur conservation dans le fluide qu'ils respirent et dans les éléments solides et liquides dont ils se nourrissent, tandis que leurs voisins de l'hémisphère opposé ne respirent point ni ne s'alimentent point comme nous. Chaque continent aurait sa physiologie propre, physiologies radicalement distinctes, et l'on ne passerait point impunément de l'un à l'autre. Leur physique même différerait dans ses principes fondamentaux. Tandis que, sur l'hémisphère qui nous regarde, le ciel éternellement noir garderait jusqu'à la fin des âges sa placidité sereine, son calme monotone ; sur l'autre, les mouvements météo-

riques se manifesteraient dans toute leur variété. Tandis
que, sur le premier, les hommes, sourds et muets par état
de nature, ne converseraient que par le langage symbolique des signes, et laisseraient l'éternel silence dominer
dans sa morne splendeur ; sur le second, les ondes sono-
res établiraient comme ici le règne du bruit, du langage
parlé, de la musique enivrante. Tandis que d'un côté
seraient inconnus les phénomènes crépusculaires qui
célèbrent avec tant de pompe le lever et le coucher de
l'astre du jour, qu'il n'y aurait aucune transition entre la
lumière et les ténèbres, et que la nuit qui, en vertu de la
phase décroissante de la Terre, devient de plus en plus
profonde à mesure qu'elle s'avance, se trouverait subite-
ment dissipée par le premier rayon de soleil ; l'autre
hémisphère jouirait de toutes les splendeurs de l'aurore
et du crépuscule, de toute la richesse d'adieu qui se déploie à la fin du jour dans les hauteurs de l'atmosphère :
richesse qui différerait de la nôtre, de même que les éléments qui constitueraient l'atmosphère lunaire différeraient des nôtres tant dans leur nature que dans leurs
proportions. Atmosphère rouge peut-être, verte ou jaune,
transfigurant les phénomènes de la lumière qui nous apparaissent ici ; colorant les nuages de vert ou de bleu ;
dorant le ciel du jour, et disséminant des étoiles bleues
dans le ciel des nuits ; donnant aux arbres la nuance de
l'émeraude et les enluminant de fleurs de saphir ; et par-
delà les rouges prairies, les sillons blancs et les plages
grises, déroulant une mer orangée aux flots de pourpre
et d'or. — Ainsi différeraient les deux hémisphères de
notre Lune, qui, malgré son exiguïté comparative, offrirait
deux types de mondes radicalement distincts. Mais, ré-
pétons-le, ce ne sont là que des conjectures dont l'imagination peut se divertir pendant quelques instants, mais

qui n'appartiennent point à l'esprit scientifique : du moment où l'on aborde l'hémisphère inconnu et probablement *inconnaissable* de la Lune, il faut, en effet, se résoudre à une dérogation momentanée, et laisser un instant la toge sévère pour un costume de fantaisie.

Parmi les remarques qui nous ont été adressées au sujet de l'habitation des Mondes, plusieurs ont eu pour objet de nous demander pourquoi nous n'avons jamais rien dit sur la *taille* de ces habitants. Et, en effet, puisque les présentes causeries, faisant exception à nos entretiens habituels, se permettent de voltiger un peu à droite et à gauche de chaque côté du chemin très-étroit (bien plus étroit qu'on pense) de la science expérimentale, nous aurions pu aller un peu plus loin peut-être, et cueillir des fleurs que nous n'avons pas même effeuillées. Or c'est justement là l'erreur : nous ne pouvons pas sortir entièrement du chemin, il nous faut au moins y avoir un pied. Ce qui fait que nous n'avons pas suivi l'exemple des savants anciens, ni celui de cinq ou six modernes bien connus, qui croyaient avoir de bonnes raisons pour calculer la taille des hommes planétaires, c'est que nous n'avons pas trouvé d'éléments suffisants pour le faire nous-même, et que, de plus, nous en avons été dissuadé par un exemple criant dans le temps que nous y songions. Un jour, nous reçûmes un grand ouvrage d'astronomie spéculative que l'auteur nous envoya comme venant *nécessairement* à la suite du nôtre sur la *Pluralité des Mondes habités*. Ouvrant le livre, nos yeux tombent sur cette phrase : « Les habitants du Soleil ont une taille 426,000 fois supérieure à la nôtre. » Toutes les fois que nous songeons à cette question, cet auteur, — que nous ne nommerons pas, mais qui reconnaîtra sans peine la phrase ci-dessus, si le hasard la lui présente, — nous revient en mémoire avec deux autres, qui vivent également, et quelques spéculateurs audacieux, qui à l'exemple de l'Allemand Wolff, calculèrent à un pouce près la taille des Joviens, des Saturniens et des Sélénites. C'est pour nous un antidote contre toute idée de détermination analogue. Nous déclarons en toute humilité qu'il nous est impossible de rien dire de positif sur *la taille* des habitants des planètes. C'est triste, mais enfin c'est une résignation à laquelle nous nous croyons obligé de nous soumettre. On rencontrera, du reste, dans la suite de ce livre, certains points en contact avec cette question présentement insoluble.

Pour revenir à notre Lune, l'astronomie de ses habitants est des plus compliquées, et comme il leur faudrait la plus grande pénétration d'esprit pour s'élever à la conception du véritable système du monde, il est permis de croire qu'ils sont restés sous l'empire de l'illusion des sens. Ils se voient immobiles au centre de l'univers; ils font tourner pour eux le Soleil en 29 jours et demi, et les étoiles en 27 jours un quart. Pour ceux qui voient la Terre, quoique cet astre leur paraisse à peu près immobile au même point de l'espace, ils doivent s'apercevoir qu'il fait en 29 jours le tour entier du ciel : ils auront attribué ces mouvements au ciel ou à la Terre. Quant à penser qu'ils se meuvent eux-mêmes, que cette Terre est le centre de leurs mouvements, et que le Soleil est le centre de ceux de la Terre et des autres planètes, c'est une notion qu'il leur serait, comme nous l'avons dit, extrêmement difficile d'atteindre. Les apparences ne sont en aucun astre aussi compliquées que sur les satellites.

Moins favorisés en cela que les Sélénites subvolves qui, de leur période diurne à leur période nocturne, ne passent que d'une lumière intense à une lumière plus faible, et n'ont pas de ténèbres absolues, les Privolves ont une nuit *complète* de quinze jours. Il résulte des expériences de Bouguer, de Lambert, et même de la théorie de Robert Smith, que le rapport moyen de la lumière du Soleil à celle de la Lune est de 300,000 à 1. Le rapport moyen entre la lumière du Soleil et la lumière de la Pleine-Terre pour les Sélénites serait de 23,000 à 1. On voit que la Terre est une bonne lune pour eux. Ceux qui habitent l'hémisphère opposé n'ont point de luminaire pour la nuit. Mais peut-être ont-ils, sous leur atmosphère inconnue, des soleils artificiels qu'ils allument pendant la moitié de l'année; peut-être la nature elle-même s'est-elle chargée de leur donner une illumination de circonstance, comme les aurores boréales dont la blancheur éclaire nos régions polaires; peut-être encore leurs yeux sont-ils construits pour la vie nocturne aussi bien que pour la vie du jour; peut-être aussi dorment-ils, à l'exemple de nos marmottes, pendant leur ténébreux hiver d'un demi-mois, etc. Ce sont là des *peut-être*, disons-le bien, mais ce qu'il y a d'incontestable, c'est que la Nature n'a pas manqué d'établir les Sélénites convenablement chez eux, et que si l'un d'eux venait à passer ici son quartier d'hiver, il serait fort étonné de cet énorme globe terrestre qui nous donne à profusion le jour et la nuit et qui, comme un grand enfant, nous fait jouer à cache-cache toute la vie.

Que de conjectures se présentent, que d'idées se lèvent comme autant de couvées lorsqu'on songe à cette nature de la Lune, si différente de la nôtre et si voisine ! — sur la durée de l'existence des Sélénites, — sur leur mode de vie, leur veille et leur sommeil (s'ils passent comme nous le tiers de leur vie dans la mort), — sur leur langage et sur leur valeur intellectuelle et morale, — sur leur histoire, leurs idées, leurs associations? Que sont-ils, que font-ils? pensent-ils à nous? Question grave, nous habitants de la Terre, leur maîtresse à tous, quoi qu'ils en disent! Pourquoi n'avoir rien à répondre à tous ces problèmes? et pourquoi nous voir forcés de rester sur un point d'interrogation?

CHAPITRE II

ASTRONOMIE DES HABITANTS DE MERCURE

Au centre du système planétaire, ou pour mieux dire à l'un des foyers des ellipses planétaires, brille le roi du jour, le Soleil. Conformément au principe de démocratie pacifique exposé plus haut, c'est lui que nous visiterons en dernier lieu; et c'est par Mercure, la plus petite des planètes et la plus rapprochée du centre, que nous continuerons notre excursion. On sait en effet que, dans l'ordre des distances au Soleil, les planètes doivent être nommées ainsi : Mercure, Vénus, la Terre, Mars, Jupiter, Saturne, Uranus, Neptune. Pour donner une idée populaire des rapports de grandeurs et de distances qui existent entre les différentes parties du système solaire, nous ferons en petit sa représentation géométrique, modeste miniature du brillant empire auquel commande un diadème plus que radieux.

Choisissons un terrain bien uni, mais assez vaste, une

grande et belle plaine. Plaçons au milieu un globe de 65 centimètres de diamètre : ce globe, c'est le Soleil.

Traçons autour de ce centre une circonférence de 40 mètres de diamètre, et mettons sur cette ligne un grain de millet : c'est Mercure.

Sur une circonférence de 70 mètres nous placerons un pois : c'est Vénus.

Une circonférence de 100 mètres, sur laquelle roulera un pois plus gros, représentera l'orbite de la Terre.

Continuant nos cercles, nous tracerons une circonférence de 160 mètres de diamètre, et nous y placerons un grain de poivre : Mars.

Sur une orbite de 520 mètres roulera une belle orange, Jupiter. Mais entre le grain de poivre et cette orange il y aura près d'une centaine de circonférences entrelacées, où des grains de sable circuleront : ce sera le monde des petites planètes.

Saturne sera représenté par une bille de billard, roulant sur une orbite de 1,000 mètres de diamètre.

Une grosse cerise, sur une circonférence de 1,960 mètres de diamètre, nous montrera Uranus. Une prune représentera Neptune, si on la place sur une circonférence de 3,000 mètres. Si l'on voulait se représenter à la même échelle la distance de l'étoile la plus rapprochée, il faudrait placer un globe d'un demi-mètre de diamètre au moins, à 22,646,000 mètres, en d'autres termes à 5,660 lieues.

Ce système artificiel de 3 kilomètres de large verrait ses sphères en mouvement comme il suit : Mercure parcourrait son cercle en 1 minute 28 secondes, — Vénus en 3 minutes 45 secondes, — la Terre en 6 minutes, — Mars en 11 minutes 27 secondes, — les planètes télescopiques entre 20 et 35 minutes, — Jupiter en 1 heure

12 minutes, — Saturne en 3 heures, — Uranus en 8 heures et demie, — Neptune en 16 heures 40 minutes.

Voilà un petit tableau superficiel, qui donne à nos amis les profanes une idée assez exacte des rapports astronomiques du système planétaire; puissent les savants nous pardonner cette digression! Mais, s'ils hésitent dans ce mouvement généreux, voici Kepler en personne, notre maître à tous, qui vient nous excuser surabondamment en nous rappelant son propre exemple. Ce grand astronome n'a-t-il pas, en effet, théoriquement construit une sphère dans laquelle chaque corps céleste était représenté par une boule en rapport avec son essence astrologique? Ici, le Soleil était un globe d'esprit de vin, — Mercure, un globe d'eau-de-vie, — Vénus, de miel, — Mars, d'absinthe, — Jupiter, de vin, — Saturne, de bière.

Cette absolution de l'auteur de l'*Harmonice Mundi* nous permet de continuer sans scrupules notre grand voyage.

Donc, pour suivre l'ordre naturel des choses, nous nous arrêterons d'abord à la planète que l'on rencontre en se dirigeant du centre du système à la périphérie, à Mercure, l'astre voisin du Soleil, et nous examinerons dans quelles conditions uranographiques ce monde se trouve placé relativement au nôtre.

Et d'abord, en considérant la distance de cette planète à l'astre radieux, nous constaterons que, tandis que le Soleil nous apparaît sous un diamètre moyen de trente-deux minutes (32' 3" 3), les habitants de Mercure le voient sous un diamètre égal à 1° 20 '58", c'est-à-dire près de sept fois plus grand en surface qu'il ne nous paraît. Ils en reçoivent une lumière et une chaleur sept fois plus intenses que celles que reçoit la Terre à surface égale.

Plusieurs auteurs, peu philosophes, ont vu dans cette lumière et dans cette chaleur des conditions incompatibles avec les fonctions des organismes vivants, et ont avancé que sur Mercure les herbes des champs seraient brûlées, les fruits desséchés, les animaux étouffés, les hommes aveugles, si toutefois même des hommes pouvaient exister sous une telle température. Ce raisonnement, qui repose sur un faux principe, est également faux dans toutes ses conséquences. Ceux qui pensent de la sorte, en effet, appliquent implicitement leurs raisonnements aux créations terrestres, qu'ils supposent transportées à la surface de Mercure, où elles trouveraient, sans contredit, un milieu tout différent de celui où elles vivent sur la Terre, et très-probablement mortel pour elles. Or, comme il est de la dernière évidence que la nature n'a pas établi sur Mercure un système de vie constitué suivant les conditions terrestres, mais bien suivant l'état de Mercure, et qu'en tous lieux et dans tous les âges, les êtres ne naissent que là où leur vie peut être entretenue et assurée, on est forcé d'admettre que les habitants de Mercure, à quelque mode d'organisation qu'ils appartiennent, sont formés suivant les conditions de leur planète, qu'ils sont là dans leur milieu respectif, et que très-probablement ils ne pourraient vivre dans les ténèbres et dans le froid relatifs des planètes plus éloignées.

Mais il importe de faire observer que, si la planète Mercure reçoit, à surface égale, sept fois plus de lumière et de chaleur que la Terre, il ne s'ensuit pas que cette évaluation numérique soit l'expression exacte de cette lumière et surtout de cette chaleur. L'atmosphère de Mercure doit avoir une influence puissante sur les rayons solaires, et produire en grand ce que l'atmosphère terrestre produit en petit sur la Terre. Pour déterminer l'état d'illumination et de calorique de la planète, il nous faudrait connaître la constitution physique de cette atmosphère, son pouvoir d'absorption, sa diaphanéité, sa densité, etc., également l'état du sol, la chaleur intérieure de la planète et d'autres éléments divers sans lesquels il est impossible de rien déterminer à cet égard. D'après ces considérations, on peut imaginer que les habitants de Mercure ne reçoivent, en réalité, que deux ou trois fois plus de lumière et de chaleur que nous; et, du reste, comme nous l'avons dit, il n'y a pas là la moindre difficulté qui puisse avoir mis obstacle aux manifestations de la vie à la surface de ce monde.

Nous avons dit que le diamètre du Soleil vu de Mercure est égal à 1°20'58" : c'est le diamètre moyen; cette grandeur varie du périhélie à l'aphélie, c'est-à-dire du plus grand rapprochement au plus grand éloignement, entre les limites 1° 37' 43" et 1° 4' 14". L'astronome de Mercure peut, bien plus facilement que nous, tirer des variations incessantes du diamètre apparent du Soleil les valeurs comparatives des rayons vecteurs correspondant à chaque jour d'observation, c'est-à-dire de la distance du Soleil à la planète; les savants de ce Monde inconnu sont peut-être arrivés plus tôt que nous (ce qui n'est pas difficile) à découvrir que leur planète se meut dans une orbite elliptique dont le Soleil occupe un des foyers, et à connaître ainsi le premier élément du véritable système du monde.

Mais une question se présente ici, et généralement toutes les fois que l'on aborde le sujet et la question des hommes des planètes. Y a-t-il des astronomes sur Mercure? La population de ce monde est-elle aussi intelligente que la nôtre (soit dit sans vanité — et nous n'avons pas le droit d'être bien fiers)? Ces hommes peuvent-ils s'occuper, comme nous essayons de le faire sur la Terre, de sciences, d'arts, et en général de tout ce qui appartient aux choses de l'esprit? Ce sont là autant de questions auxquelles il nous semble nécessaire de donner une réponse *affirmative*.

La question n'est pas ici de demander si Mercure a été fait pour être habité par des hommes. Que l'on soit partisan des causes finales, ou que l'on rejette l'idée d'un plan divin dans la nature, on ne peut pas ne pas admettre, au même degré de probabilité, l'habitation humaine de Mercure et celle de la Terre, — considérées au point de vue extra-terrestre, abstraction faite de ce que nous savons relativement à notre propre région. La question est de savoir si l'état physique du Monde de Mercure ne mettrait pas obstacle au développement des facultés intellectuelles de ses habitants. Or ceux qui au point de vue physique les ont fait passer pour aveugles, les ont présentés au point de vue moral comme fous, ou tout au moins comme très-pauvres d'esprit, s'appuyant sur cette assertion : que la chaleur torrentielle de leur patrie a mis, dès le premier jour, un poids de feu sur leur tête, ce qui les assimile aux peuples noirs de notre Afrique centrale. D'autres ont émis l'opinion qu'étant plus rapprochés du Soleil, ils devaient avoir l'esprit plus subtil et des facultés intellectuelles plus développées, être plus savants et plus habiles dans les arts et dans l'industrie, par cette raison que l'influence du Soleil voisin est la source de l'esprit et de la vigueur. Entre ces deux limites opposées on a beaucoup parlé pour ne rien dire; on a même été jusqu'à prétendre déterminer leur genre d'études habituel, de même qu'on avait essayé de déterminer la largeur de leurs paupières relativement à l'étendue et au degré de sensibilité de leur rétine; mais il n'est pas nécessaire de s'étendre longuement sur la question pour apercevoir que toute recherche analogue est superflue, et que toute appréciation est impossible, puisque nous n'avons à notre disposition aucun des éléments sur lesquels ces sortes de théories doivent être appuyées.

Un état de choses, cependant, nous est connu à la surface de Mercure : ce sont les alternatives des jours et des nuits, des saisons et des années, alternatives qui ont la plus grande influence sur l'habitabilité des planètes. Or les journées sont un peu plus longues qu'ici-bas : elles ont 24 heures 5 minutes 28 secondes ; mais l'année est beaucoup plus courte, et les saisons sont plus rapides et plus disparates. L'inclinaison de l'axe de rotation sur l'orbite paraît être aussi grande pour Mercure que pour Vénus, c'est-à-dire égale à 75°. Cette inclinaison causerait des saisons très-dissemblables, dont la durée, de 22 jours seulement, donnerait aux habitants des conditions d'existence fort peu favorables. Cet état d'instabilité est loin de servir à la longévité ; il est en même temps peu propre aux travaux de l'esprit et aux longues études scientifiques. Mais peut-être l'organisation des habitants supplée-t-elle amplement à ces désavantages inhérents à la constitution de leur résidence. Quoi qu'il en soit, nous devons être assurés qu'il y a là des êtres pensants, étudiant la nature, cultivant les sciences, et suivant le cycle de leur destinée comme nous suivons le nôtre ici-bas.

Le Soleil parcourt toutes les constellations de leur zodiaque en 88 jours. Ils ont des équinoxes et des solstices mieux caractérisés que ceux de la Terre. L'aspect nocturne de la voûte étoilée est pour eux identiquement le même que pour nous, relativement à la disposition des astres sur la sphère céleste.

Les planètes ne leur offrent pas la même succession de

mouvements qu'elles nous offrent à nous-mêmes. Peut-être aussi ne connaissent-ils pas les planètes lointaines, depuis Saturne jusqu'aux limites du système : leur vue, moins sensible que la nôtre, ne saurait probablement apprécier une lueur aussi faible. Vénus et la Terre leur présentent quelques indices de phases, comme Mars pour nous; Vénus brille de plus à leurs yeux d'un éclat splendide, éclat six fois plus intense que celui dont elle brille pour nous dans ses plus belles périodes; mais nous ne saurions partager pour cela l'opinion de Huygens, qui la considère comme « dissipant les ténèbres de la nuit chez cette planète qui n'a pas comme nous le secours d'une Lune. »

Nous ne rechercherons pas non plus, avec l'illustre astronome, quels sont les instruments de mathématiques dont se servent les habitants de Mercure pour leurs études d'astronomie stellaire; s'ils se servent de bois ou de carton, de zinc ou de cuivre, ni s'ils emploient du flint-glass ou du verre de Bohême pour construire leurs lunettes; nous ne discuterons pas non plus les questions posées par quelques théoriciens, sur l'opposition de leur pouce, la dilatabilité de leur membrane choroïde, la couleur de leurs cheveux et la force musculaire de leur poignet; encore moins entreprendrons-nous, avec quelques bons Pères, des recherches sur les suites du péché originel dans cette ardente planète; nous pensons modestement qu'il est assez difficile de s'expliquer définitivement là-dessus.

Quoi qu'il en soit, placés vers la région centrale du système et des mouvements planétaires, et illuminés par le rayonnement étincelant de l'astre du jour, les astronomes de Mercure qui ont la hardiesse d'avancer que d'autres planètes peuvent être habitées, doivent être fort mal reçus par certains philosophes de leur pays, et l'on ne manque pas d'excellentes raisons, en ce Monde, pour démontrer par $a + b$ comme quoi la Terre que nous habitons, par exemple, ne saurait être habitée, à cause de la rigueur du froid et des ténèbres perpétuelles qui enveloppent ce globe si éloigné de l'astre générateur.

CHAPITRE III

ASTRONOMIE DES HABITANTS DE VÉNUS

Après Mercure, sphère incessamment baignée dans les chaudes effluves de l'astre solaire, nous rencontrons Vénus, seconde planète du système.

Les éléments astronomiques de ce Monde offrent la plus grande ressemblance avec les éléments astronomiques de la Terre. Son diamètre est égal à 0,98, celui de la Terre étant 1 ; sa masse est de 0,89 et sa densité de 0,92 ; les lois de la chute des corps donnent à peu près la même intensité que pour la pesanteur à la surface du nôtre ; tandis que sur la Terre les corps qui tombent parcourent 4^m,90 dans la première seconde de chute, sur Vénus ils parcourent 4^m,45.

Ce que nous avons dit pour les habitants de Mercure, relativement à l'aspect général sous lequel ils voient la voûte céleste, doit être appliqué sans restriction aux habitants de Vénus, car les constellations leur présentent les mêmes figures et les mêmes rapports réciproques qu'elles présentent aux premiers. Ces figures et ces rapports sont, du reste, comme nous l'avons vu, identiquement les mêmes que ceux que nous contemplons de notre station terrestre, et nous pouvons appliquer cette similitude d'apparence à toutes les planètes du système.

On peut montrer qu'en quelque lieu du système solaire que nous fussions transporté, l'aspect du ciel ne saurait varier pour nous tant que nous ne sortons pas de la circonscription de notre Soleil. Les cieux cristallins des anciens sont à jamais brisés, il est vrai, et les constellations ne peuvent plus être regardées comme des figures fixes et inaltérables tracées par points d'or sur le firmament incorruptible; mais, pour nous, ces figures n'ont rien perdu de leur fixité, et nous dessinons aujourd'hui le même atlas céleste qu'ont dessiné Hipparque, il y a 2,000 ans, et Flamsteed, il y a un siècle et demi. Que sont en effet les constellations? — un pur effet de perspective. Or, pour qu'une perspective change, les objets observés restant relativement immobiles, il faut nécessairement que la position de l'observateur change d'une quantité qui puisse être comparée à la distance de ces objets en perspective; mais quand nous nous transporterions même à la dernière planète connue de notre système, la distance de cette planète n'étant que la dix millième partie de la distance de l'étoile la plus voisine, l'étoile la plus voisine ne changerait pas de position relative d'une manière appréciable. Les autres étoiles, moins rapprochées, changeraient à plus forte raison moins encore, et la totalité des astres qui ornent l'étendue conserverait la même disposition et les mêmes figures.

Pour obtenir un changement notable dans l'aspect général du ciel, il faudrait nous rendre dans la circonscription d'un autre soleil. Encore ne devrions-nous pas nous arrêter aux soleils voisins du nôtre. Sur Sirius, par exemple, la portion du ciel opposée à ce point, relativement à nous, offre le même aspect qu'elle nous offre à nous-n.êmes; les habitants de Sirius, ou des Mondes qui l'avoisinent, voient, comme nous, la constellation de l'Aigle (qui pour eux n'est pas *l'Aigle*) se projeter sur la Voie lactée, avec celles d'Antinoüs, du Serpentaire, du Rameau et Cerbère, du Renard, etc. Seulement, ils voient non loin de la queue de l'Aigle, entre ε et l'une des têtes de Cerbère, une petite étoile de troisième grandeur ressortant sur la Voie lactée : cette étoile, c'est *notre Soleil*. Quant à la Terre, il n'est pas besoin de se transporter aussi loin pour la perdre de vue, et l'on remarquera dans la suite de notre voyage que dès Jupiter on ne la voit déjà presque plus.

Il y aurait encore un autre moyen de voir changer les perspectives stellaires, et cela sans nous déranger, sans sortir de notre pays : ce serait d'attendre quelques centaines de siècles. Notre Soleil, en effet, nous transporte vers la constellation d'Hercule, avec une vitesse probable de deux lieues par seconde ou dix-sept mille lieues par jour, et les étoiles nous paraissent reculer de chaque côté de nous, de même que les arbres d'une route suivie par un voyageur lui paraissent reculer derrière lui à mesure qu'il avance. Cette translation de notre planète avec ses compagnes aura pour effet de grandir démesurément encore le géant Hercule qui, à un moment donné (si toutefois l'arc de cercle très-probablement suivi par le Soleil n'est pas trop marqué), finira par toucher le zénith et le nadir. Les étoiles aussi changent de place en vertu de leurs mouvements propres, et les siècles joints aux siècles transforment leurs positions relatives. Mais quand les choses en seront là, il est très-probable que nous ne mesurerons plus les degrés de longitude et de latitude du ciel.

Vénus nous a fait faire un voyage un peu trop prématuré dans les espaces célestes. Revenons aux planètes, et considérons sous quel aspect les habitants de Vénus voient les divers globes de notre système.

Mercure ne s'éloigne, pour eux, qu'à 38 degrés du Soleil. Quant à la Terre, elle leur paraît beaucoup plus lumineuse que jamais ne nous paraît Vénus, par la raison qu'ils peuvent la voir de très-près, lorsqu'elle est complétement éclairée par le Soleil, tandis que les époques où Vénus est le plus rapprochée de nous sont précisément celles où ses phases nous présentent le croissant le plus effilé. Ils ont également la plus grande facilité pour les observations de notre satellite, tandis que nous n'avons pas encore la certitude absolue de la non-existence du leur, et que, depuis la première observation de Dominique Cassini (le 28 août 1686), il a été impossible, malgré les beaux travaux de Lambert, de donner une solution définitive du problème. Mars, Jupiter, et probablement Saturne, se présentent aux habitants de Vénus comme ils se présentent à nous-mêmes; quant au lointain Uranus et à l'inaccessible Neptune, il est permis de douter qu'ils aient jamais pu les apercevoir.

Ce Monde est moins favorisé que le nôtre au point de vue de la climatologie. S'il est vrai, selon le principe de Hufeland et de la plupart des physiologistes, que « le moyen de vivre longtemps est de vivre lentement, » la longévité doit être beaucoup plus rare encore sur Vénus que sur la terre. Si Fontenelle avait traité cette question, l'autorité du paisible centenaire eût été irrécusable ici;

mais sa longévité personnelle l'intéressait beaucoup plus, et à bon droit, que celle des habitants de Vénus ; cependant il nous a donné par son exemple une réalisation de l'adage précédent. L'axe de rotation, incliné de 75 degrés sur le plan de son orbite, lui donne des saisons disparates dont la brièveté et l'inconstance sont fort peu favorables aux fonctions organiques. L'auteur des intéressantes Études sur les sciences d'observation, dépeint, comme il suit, l'influence de l'inclinaison de l'axe sur le monde de Vénus : « La planète qui doit offrir les plus curieuses circonstances climatologiques, c'est sans contredit Vénus, qui, pour la grosseur, la masse, la distance du Soleil, est presque exactement semblable à la Terre. Elle tourne très-obliquement sur elle-même. Si nous prenons la Terre pour point de comparaison, le Soleil arrive l'été jusque au-dessus de Syène, en Égypte, ou de Cuba, en Amérique. Pour Vénus, l'obliquité est telle que l'été le Soleil atteint des latitudes plus élevées que celles de Belgique ou même de Hollande. Il en résulte que les deux pôles, soumis tour à tour à un soleil presque vertical et qui ne se couche pas (et cela à quatre mois de distance, puisque l'année de cette planète n'est que de huit mois), ne peuvent laisser la neige et la glace s'accumuler. Il n'y a point de zone tempérée sur cette planète : la zone torride et la zone glaciale empiètent l'une sur l'autre et règnent successivement sur les régions qui, chez nous, composent les deux zones tempérées. De là, des agitations d'atmosphère constamment entretenues et d'ailleurs tout à fait conformes à ce que l'observation nous apprend sur la difficile visibilité des continents de Vénus à travers le voile de son atmosphère, tourmentée incessamment par les variations rapides de la hauteur du Soleil, de la durée des jours et des transports d'air et d'humidité que déterminent les rayons d'un Soleil deux fois plus ardent que pour la Terre. »

Les journées de la planète Vénus durent 35 minutes de moins que les nôtres, elles sont de 23 heures 21 minutes 7 secondes. Remarquons ici que cette importante période est à peu près la même pour les quatre premières planètes du système, planètes qui sont, en même temps, les quatre plus petites de tout le groupe solaire, — à part l'anneau d'astéroïdes. Ainsi, les journées sidérales de Mercure sont de 24 heures 5 minutes 28 secondes, celles de la Terre sont de 23 heures 56 minutes 4 secondes, et celles de Mars de 24 heures 39 minutes 21 secondes. Cette similitude est d'autant plus remarquable que ces périodes sont plus longues pour nos quatre petites planètes que pour les Mondes gigantesques de Jupiter, de Saturne et probablement d'Uranus et de Neptune, dont la rotation diurne s'effectue en dix heures seulement. Mais ce n'est pas le seul lien de parenté qui réunisse à la Terre les planètes qui l'avoisinent; Vénus a, nous l'avons vu, la même grosseur que notre globe et une masse presque égale; elle est, de plus, enveloppée d'une atmosphère, au moins aussi élevée que la nôtre, sur laquelle nous entrevoyons, dans ce monde lointain, les phénomènes crépusculaires à l'aube et au déclin du jour. Comme sur la Terre, des nuages répandent l'ombre et la fraîcheur, et déversent la pluie sur les plaines altérées; comme sur la Terre, des chaînes de hautes montagnes traversent les continents, montagnes géantes recueillant les sources des fleuves; comme sur la Terre enfin, les forces multiples sont en action dans les règnes inorganique et organique, et ces forces ont fait éclore la vie sous diverses formes, et elles la perpétuent selon les conditions inhérentes à la constitution intime de ce Monde.

Cette belle étoile des crépuscules a reçu bien souvent le regard du contemplateur, et souvent l'âme s'est laissé suspendre au charme ineffable que porte son rayon limpide. Notre contemporain Brewster inscrivit au frontispice de son livre sur la Pluralité des Mondes, une prière que parfois nous avons redite sur une note moins accentuée que le chant original :

> Blanche étoile du Soir, dont le regard d'amour
> Daigne du haut des cieux descendre sur la Terre,
> Pour moi dans tes palais as-tu quelque séjour,
> Quand le doigt de la Mort fermera ma paupière?
>
> As-tu quelque demeure, où puissent vivre encor
> Ceux que j'ai tant aimés?... Serais-tu leur patrie?
> Alors guide mon âme en son dernier essor
> Et permets que je vive une seconde vie.

Quelque touchantes qu'elles soient, ces aspirations n'ont pas droit de cité au point de vue scientifique ; Vénus est aimée des habitants de la Terre, parce qu'elle est une planète voisine avant-courière du char étoilé des nuits; peut-être Mercure est-il au même titre un astre favori des habitants de Vénus, et la Terre une étoile chérie des habitants de Mars. Ce sont là des considérations fondées sur des aspects étrangers à la nature individuelle de chaque Monde, et auxquelles on ne doit pas attacher plus d'importance qu'elles n'en ont. Mais ajoutons, pour justifier cette petite digression, que le nom de l'astre importe peu à la prière, et que l'invocation de l'âme s'adresse non à *une* étoile, mais à *l'étoile*.

CHAPITRE IV

ASTRONOMIE DES HABITANTS DE MARS

Nous avons vu quelles sont les conditions astronomiques des deux planètes qui sont au-dessous de la Terre,
vers le Soleil, et sous quel aspect l'univers extérieur se
présente aux habitants de ces deux Mondes; nous examinerons maintenant quels sont les caractères particuliers
de l'habitation de Mars, première planète que l'on rencontre en quittant la Terre, et en marchant comme précédemment du centre du système à sa périphérie.

Le Monde de Mars ressemble au nôtre dans ses points
les plus importants, soit sous le rapport de sa constitution planétaire; soit sous le rapport de ses apparences
extérieures; et si son diamètre était deux fois plus grand,
ce qui lui donnerait un volume égal à celui de la Terre,
il serait très-difficile à un observateur étranger de distinguer les deux astres. — La question de la navigation
aérienne n'a rien à faire ici, sans quoi il serait bon de

faire remarquer aux aéronautes, si pleins de ferveur de notre temps, la difficulté où ils seraient de reconnaître leur patrie, dans le cas où ils s'éloigneraient seulement à une dizaine de millions de lieues d'ici, et vogueraient vers Mars au moment de sa conjonction ; mais cette question étant complétement étrangère à notre sujet, nous nous garderons bien d'en parler. — Or, nous disions que de tous les astres dont se compose notre groupe solaire, Mars est celui qui offre le plus d'analogie avec la Terre, en tout ce qui concerne la condition biologique de l'un et de l'autre globe.

Lorsque cette planète se trouve amenée, par suite de sa révolution annuelle, du même côté du Soleil que la Terre, elle peut se rapprocher de nous jusqu'à quatorze millions de lieues seulement. A cette faible distance, si nous l'examinons vers minuit avec un bon télescope, nous découvrirons à sa surface une configuration géographique dont l'analogie avec l'aspect de la Terre est très-remarquable. Aux pôles, nous voyons les neiges éblouissantes ; à mesure qu'on se rapproche de l'équateur, et lorsque les nuages de cette planète ne changent pas son ciel, on distingue parfaitement les continents et les mers. Les premiers sont rouges, comme le sable ocreux de nos déserts, et ce sont eux qui donnent à ce globe l'aspect rougeâtre qui le caractérise. Certains théoriciens, et Lambert en particulier, ont attribué cette teinte à la végétation, en disant que les plantes de Mars, au lieu d'être vertes comme celles de la Terre, sont rouges. L'explication pourrait être bonne, car il est incontestable que la chimie organique des éléments de Mars diffère de la nôtre. Pour être assuré de ce fait, il faudrait constater si l'intensité de cette nuance diminue dans l'hiver de Mars, de la chute à la renaissance des feuilles (si toutefois encore ces feuilles tombent). Les saisons en effet sont à peu près les mêmes sur Mars que sur Terre, comme le montre l'inclinaison de son orbite sur son plan de rotation (1).

La grandeur de l'inclinaison de l'orbite a été trouvée par l'examen de son mouvement de rotation, mais il n'y a pas seulement ici une déduction théorique, car les observations ultérieures ont montré, dans les apparences revêtues successivement par ce globe, que les choses se passent à sa surface comme elles doivent se passer, si telle est sa situation astronomique.

Cette inclinaison, qui est actuellement de 23° 27' pour la Terre, est de 28° 42' pour Mars. La différence n'est pas considérable, et n'a d'autre effet que de diminuer un peu sur cette planète la largeur des deux zones tempérées et d'agrandir à leurs dépens les deux zones polaires. Or, comme c'est cette inclinaison qui produit en chaque Monde la différence des saisons, des climats et des jours, suivant les latitudes, on voit que Mars est à peu près au même rang que la Terre sous cet important point de vue.

Nous avons en notre Monde deux hémisphères distincts, sur lesquels le Soleil répand tour à tour ses faveurs. De l'équinoxe de printemps à l'équinoxe d'automne, c'est notre hémisphère boréal qui est privilégié; pendant l'autre partie de l'année, c'est l'hémisphère austral. Mais cette succession alternative, à laquelle sont si intimement liés tous les phénomènes de la vie terrestre, n'est appréciable pour les autres Mondes que dans un de ses effets les moins apparents pour nous, dans la fonte des neiges polaires ou dans leur amoncellement aux régions glaciales vers les derniers degrés de latitude.

_____

(1) V., pour l'explication générale des saisons sur les planètes, le Livre III, p. 161 (6e édit.), de la *Pluralité des Mondes habités*.

Il en est de même pour la planète Mars. Pour nous, si malgré la proximité de cette planète, dont l'orbite n'est pas éloignée de la nôtre de plus de 20 millions de lieues, il nous est impossible de constater la variabilité de sa végétation causée par les alternatives des saisons, nous pouvons suivre la marche régulière d'un phénomène général : l'agrandissement ou la diminution des taches neigeuses qui resplendissent à ses deux pôles. Pendant le printemps et l'été de l'hémisphère boréal de cette planète, les neiges de cet hémisphère se fondent vers le 60e degré de latitude, comme elles se fondent ici vers le 70e; pendant l'automne et l'hiver, elles regagnent, comme chez nous, les régions d'où elles s'étaient retirées sous l'influence des rayons solaires.

Un mouvement réciproque s'opère dans l'hémisphère austral pendant les saisons opposées. Il est bon d'ajouter toutefois que ce mot de *neiges*, bien significatif quand il s'agit de notre Monde, ne doit pas être nécessairement entendu comme désignant de l'eau congelée de même composition chimique que notre eau terrestre, mais seulement une substance dont les propriétés physiques paraissent analogues à celles de notre neige.

L'année solaire de ce globe dure 687 jours terrestres. Exprimée en jours de la planète Mars, elle se compose de 668 jours 2/3 ; or, par suite de l'obliquité de l'écliptique, le printemps et l'été de son hémisphère boréal renferment en nombre rond 372 jours, tandis que l'automne et l'hiver n'en renferment que 296. Réciproquement, pour l'hémisphère austral, les saisons estivales s'accomplissent en 296 jours, et les saisons hibernales en 372. Une telle inégalité de durée, néanmoins, n'empêche pas que les deux hémisphères ne jouissent de la même température moyenne.

La densité de Mars est à peu près la même que celle de la Terre : elle est de 0,95, celle de notre globe étant 1. Exprimée en *poids spécifique*, elle est de 5,20, au lieu de 5,48 pour nous ; c'est la densité du péroxyde de fer. L'intensité de la pesanteur à la surface de Mars n'est guère que les 44 centièmes de ce qu'elle est à la surface de la Terre. Cette planète accomplit sa révolution annuelle en un an, dix mois et onze jours ; sa rotation diurne s'effectue en 24 heures 39 minutes 21 secondes.

Mars n'a pas de satellite : ce qui contrarie fort certains partisans des causes finales, lesquels s'imaginent que l'incomparable puissance qui fit germer les Mondes dans les sillons éthérés du ciel doit avoir les mêmes idées et les mêmes conceptions que nous, pauvres petits *humanimaux*, comme disait notre regretté M. Jobard (1). Tandis que le globe terrestre est accompagné d'un serviteur fidèle, que Jupiter, plus éloigné, en a quatre, et Saturne huit, le pauvre Mars fut tristement délaissé dans sa solitude ; et cette mystérieuse causalité finale, que nous autres hommes, serions si heureux et probablement si fiers de pouvoir approfondir, est restée tout aussi obscure depuis les découvertes de l'astronomie qu'au temps du fameux mot d'Alphonse X (2). Mais n'entamons pas ici une discussion aussi compliquée ; il y a là, sans que cela

(1) Jobard de Bruxelles, né en 1792, mort en 1861.

(2) On se souvient qu'Alphonse X, roi de Castille, astronome de grand mérite, auteur des *Tables alphonsines*, ayant assemblé son collège de savants à propos de certains points discutables du système de Ptolémée, s'est laissé aller à l'exclamation imprudente qui, mal interprétée, fut un des motifs de la perte de sa couronne. A l'aspect de tout l'attirail des sphères enchevêtrées qui constituaient l'ancien système céleste, il s'était écrié que « si Dieu l'avait appelé à son conseil, lorsqu'il créa le monde, il lui eût donné de bons avis pour le construire d'une façon plus simple et mieux entendue. »

paraisse aux yeux de bien du monde, une haute et inaccessible question de téléologie ; on trouvera bon que nous ne la traitions pas de nouveau dans cet ouvrage non didactique.

Les habitants de Mars n'ont pas toujours été, non plus, fort bien considérés par certains habitants de la Terre. Si l'on en croit Fontenelle, ils ne valent pas trop la peine qu'on pense à eux. Si l'on ajoute foi aux spéculations hypothétiques du célèbre philosophe Kant, ils ne sont pas plus intelligents que nous. (Et pourtant !...) Si l'on écoute enfin les théories de Fourier, Mars est un être de titre inférieur, et au dire de M. Toussenel, dans son livre charmant sur *l'Esprit des Bêtes*, on ne saurait calculer « ce que la Terre doit à Mars de types odieux, venimeux, hideux et repoussants, parmi lesquels, ajoute élégamment l'auteur, on doit citer le Crapaud, emblème du truand qui étale ses plaies et ses pustules aux regards des passants, et qui porte sur son dos des chapelets d'enfants sales et déguenillés. » Ces gentillesses eussent-elles été du goût du galant Dieu de la guerre? c'est ce que nous ne discuterons pas. Le Père Athanase Kircher, dans son *Itinerarium extaticum celeste*, regardait Mars d'un aussi mauvais œil, selon l'habitude des astrologues de son temps, et, sans croire toutefois à l'existence d'une humanité sur ce Monde, empêché qu'il était par ses opinions religieuses, il ne trouvait en lui que des influences maligues. Ce n'est pas qu'il s'en étonne, car il nous fait bénévolement observer « que Celui qui a cru devoir créer les reptiles, les araignées, les herbes vénéneuses et les plantes léthifères, l'arsenic et les autres poisons, peut très-bien avoir placé dans le ciel des astres de malheur, dont l'influx soit pernicieux pour les hommes prévaricateurs ; » loin de s'en étonner, il imagine de plus

que des ministres de vengeance sont chargés de la direction de Mars, êtres purement spirituels, mais que le
voyageur passant vers cette planète peut néanmoins voir
montés sur des chevaux effrayants, à la gueule enflammée,
aux yeux sinistres, et armés de glaives de feu, de verges
terribles... Le bon Père est tout entier dans les rêves de
son imagination ! Éloignons-nous au plus vite et revenons
à notre sujet.

Ce que l'on peut dire de plus rationnel et de plus probable sur les habitants de Mars, c'est qu'ils doivent offrir
plus de ressemblance avec nous que les habitants de
toute autre planète de notre système. Si les caractères
organiques, et peut-être aussi les facultés mentales, sont
en harmonie avec le Monde auquel nous appartenons, et
si la constitution des êtres est en corrélation intime avec la
nature de laquelle dépendent ces êtres, on est légitimement amené à cette conclusion : que, semblables par leur
ordre astronomique dans notre groupe solaire, ce globe
et le nôtre sont semblables par leurs conditions intimes
d'habitabilité et par leur habitation elle-même.

Notre terre présente aux observateurs placés à bord
de Mars la même succession de phases que Vénus nous
présente, et leur offre généralement le même aspect
que l'étoile du berger nous offre à nous-mêmes. En raison des positions réciproques de la Terre et de Mars sur
leurs orbites respectives, il nous est plus facile, toutefois,
d'étudier la configuration géographique de la surface de
cette planète, à l'époque de son plus grand rapprochement, qu'aux astronomes de Mars d'étudier la surface de
la Terre, parce que c'est précisément à cette époque que
la Terre paraît avec son croissant le plus mince, se trouvant alors dans sa conjonction inférieure et présentant
une phase semblable à celle de la nouvelle Lune quelques

jours avant ou après la néoménie. Pour un habitant de Mars, la Terre est une étoile du matin et du soir qui s'éloigne jusqu'à 48° du Soleil. Vénus lui paraît comme nous voyons Mercure. Quant à celui-ci, il reste toujours caché dans l'éblouissante clarté de l'astre du jour.

Mars reçoit du Soleil deux fois moins de lumière et de chaleur que notre globe. On sait déjà que ses habitants n'ont pas plus froid que nous pour cela. Son atmosphère a été signalée pour la première fois par J.-D. Cassini ; Maraldi vint ensuite, qui s'adonna à des observations suivies sur la diaphanéité et les propriétés physiques de cette atmosphère, observations couronnées plus tard par les recherches savantes de MM. Beer et Mædler, dont les noms sont désormais associés à celui de la planète Mars.

On vient de voir que la situation astronomique de Mars sur l'orbe qu'il parcourt, la climatologie et les phénomènes qui se produisent dans sa physique générale, sa pesanteur spécifique, sa durée de rotation diurne et les faits qui en dépendent, son état amosphérique enfin, sont autant de caractères que notre Monde partage au même titre que celui-là, et qui semblent placer ces deux astres au même degré sur l'amphithéâtre immense de la vie planétaire.

CHAPITRE V

ASTRONOMIE DES HABITANTS DE JUPITER

Nous voici parvenus au premier des Mondes gigantesques qui roulent dans les zones lointaines de notre système, au plus important des corps célestes qui constituent notre groupe planétaire, et à celui d'entre eux qui paraît avoir été le mieux favorisé au point de vue des conditions générales de l'habitabilité. C'est Jupiter, élevé à juste titre, par l'antique mythologie, au premier rang de la hiérarchie de l'Olympe ; Jupiter, jadis roi des dieux et des hommes, aujourd'hui déchu de cette royauté nominative, mais resté prince de la cour du Soleil, et « le plus riche de la maison d'Apollon, » comme disait l'astrologue géomancien de Catherine de Médicis, qui observait les configurations joviennes du haut de la petite tour de la Halle au blé.

Jupiter mérite, en réalité, la noble réputation qu'on s'est accordé à lui faire, depuis le jour où il détrôna, sans façon, Saturne son père; en revanche, celui-ci a beaucoup perdu dans l'estime du monde, et Dieu sait tout le mal qu'on s'est permis de dire de lui, et qu'on en dit encore aujourd'hui. Si l'on en juge tout d'abord par la grandeur de l'astre jovien, relativement à notre petite terre, on reconnaîtra que c'est là un globe vraiment présentable et bien digne de la complaisance de la Nature. Sa grosseur étant égale à *quatorze cents* fois celle de la Terre, ceux-là même qui regardent encore notre Monde comme quelque chose de grand ne sauraient disconvenir de l'immense supériorité de Jupiter. Maintenant, au point de vue des périodes qui mesurent la vie de ses habitants, on considérera que ses années sont presque douze fois plus longues que les nôtres, et que les hommes de Jupiter ne comptent que huit ans dans le même temps que nous comptons un siècle. Si donc ils vivent le même nombre d'années joviennes que nous vivons d'années terrestres, les centenaires de ces pays-là sont âgés de près de 1,200 de nos années (de 1,187); c'est comme si l'on disait, par exemple, d'un de nos vieillards, qu'il se rappelle avoir vu Charlemagne au temps de son enfance et avoir fait les Croisades.

Cependant ces deux éléments, la grosseur d'une planète et sa période de révolution annuelle, dont la comparaison avec les éléments analogues de notre globe peut être utile pour faire comprendre toute la diversité qui distingue les astres les uns des autres, ne sont pas d'une importance capitale dans leur application à la biologie de la planète, surtout dans l'exemple de Jupiter; car s'ils établissent d'un côté plus de grandeur et de lenteur dans l'ensemble des fonctions organiques générales, il y a d'un autre côté un élément qui vient à chaque instant couper ces fonctions et causer une fréquente répétition des actes de la vie. Nous voulons parler de la durée si courte des jours et des nuits.

Le mouvement de rotation diurne de Jupiter s'effectue, en effet, en moins de *dix* heures : en 9 heures 55 minutes 45 secondes; ce qui ne donne à la planète que cinq heures de jour réel. C'est la période pendant laquelle toutes les fonctions journalières de la vie doivent être accomplies. Or, si l'on en jugeait par ce qui se passe sur la Terre, où les organes de la vie se fatiguent et épuisent l'individu d'autant plus rapidement qu'ils sont mis en jeu plus fréquemment, on serait porté à croire que la durée moyenne de la vie sur Jupiter est encore plus courte qu'ici; mais en interprétant sagement les leçons de la Nature, et en raisonnant d'après sa puissance effective et suivant son mode d'action en toutes choses, on doit simplement en conclure qu'il y a compensation entre les divers éléments d'habitabilité qui appartiennent à cette planète, et que la vie est née, là comme ici, en corrélation intime avec l'état du Monde.

A propos de la rapidité des jours et des nuits sur Jupiter, J.-J. de Littrow, le père du savant directeur actuel de l'Observatoire de Vienne, se demandait dans les *Wunder des Himmels*, comment les fins gourmets de ces pays avaient organisé leurs repas gastronomiques dans le court intervalle de cinq heures. Il plaignait aussi les dames de Jupiter, à cause des nuits si courtes de cette planète, et des bals plus courts encore. Mais, en revanche, il se réjouissait de ce que les astronomes joviens pouvaient observer, à l'œil nu et en plein midi, les plus belles étoiles, en raison de la faible intensité de la lumière solaire qui, sur Jupiter, est 27 fois moindre que sur la Terre.

Ici l'on nous oppose une difficulté apparente que nous

soumettrons à M. Charles de Littrow : Si sur Jupiter la
lumière est 27 fois moins intense qu'ici, les yeux des
habitants de cette planète doivent être organisés pour cet
état de choses, de telle sorte, par exemple, que dans leur
plein midi ils jouissent relativement de la même lumière
que nous dans notre plein midi ; s'il en était autrement,
non-seulement les habitants de Jupiter, mais encore, et à
plus forte raison, ceux de Saturne, d'Uranus, de Neptune,
etc., vivraient dans une clarté d'autant plus faible, et
finalement dans un crépuscule où nos yeux ne reconnaîtraient pas les objets du monde extérieur, ce qui ne paraît
pas admissible. Or, si les yeux en question sont d'autant
plus sensibles qu'ils sont plus éloignés du Soleil, la lumière de cet astre est pour eux d'une même intensité
relative ; ce qui revient à dire qu'ils ne voient pas mieux
que nous les étoiles en plein midi.

Mais l'astronome de Vienne nous répond : Ou les yeux
des Joviens sont les mêmes que les nôtres, ou bien ils
sont d'autant plus sensibles que le Soleil leur brille moins
qu'à nous. La première supposition, que vous rejetez
d'autorité et à bon droit, mettrait en évidence qu'ils
voient mieux que nous les astres, puisque leurs yeux
seraient moins éblouis par l'éclat du Soleil 27 fois moins
brillant que chez nous. La seconde supposition ne
change rien à la chose ; rappelez-vous que la sensibilité
et l'œil est indépendante de la visibilité relative de l'objet, et que si les yeux joviens sont plus sensibles pour la
lumière du Soleil, ils le seront également plus pour la
lumière des étoiles. Or vous convenez avec nous que les
astres ont sur Jupiter la même intensité absolue que sur
la Terre ; donc ils doivent être 27 fois plus brillants pour
eux que pour nous.

L'équateur de Jupiter coïncide à peu près avec le plan

de son orbite, l'obliquité de l'écliptique n'étant que de 3° 5'. A bord de cet astre on jouit donc d'un équinoxe perpétuel ; les jours sont égaux entre eux du commencement à la fin de l'année, et cela pour tout lieu du globe ; les climats sont constants pour chaque latitude ; les saisons enfin sont à peine sensibles : un éternel printemps règne sur ce Monde. Voilà l'ensemble des conditions biologiques qui donnent à cette planète un degré d'habitabilité supérieur à celui qui appartient à notre globe.

On objectera peut-être que les variations de nos saisons sont une cause d'agréments pour nous, par la diversité qu'elles répandent sur notre vie ; que la beauté du printemps n'est appréciée que par son contraste avec le triste hiver ; que sans les vicissitudes, quelquefois un peu désastreuses, de nos saisons, une froide monotonie couvrirait la surface du globe ; que la variété des climats est d'ailleurs une cause d'activité pour nous, et qu'en définitive, si les pessimistes voulaient changer l'état de la Terre, ils ne sauraient trop quelle transformation lui faire subir pour la rendre meilleure. Nous répondrons que Jupiter, dans la perpétuelle rénovation de sa vie, peut être plus diversifié encore que ne l'est la Terre, par des splendeurs toujours nouvelles ; que si les nuances sont moins disparates, elles n'en sont que mieux harmonisées ; que l'inépuisable fécondité de la Nature, enfin, dont nous rencontrons des preuves manifestes à chaque pas que nous faisons sur la Terre, peut avoir semé sur Jupiter des merveilles sans égales, inconnues à notre petit Monde, et d'autant mieux nuancées, que les climats, sur cet astre, paraissent varier suivant une loi constante de l'équateur aux pôles.

On objectera sans doute encore, et ici avec plus de raison apparente, que les conditions fondamentales de la vie sont intimement liées aux alternatives des saisons ; et l'on donnera pour exemple que, sur la Terre, sans les gelées de l'hiver, le blé croîtrait en herbe et ne produirait pas les riches épis qui sont la partie principale de notre alimentation ; qu'il en serait de même des autres céréales, et que, par conséquent, là où il n'y a pas d'hiver, il n'y a pas de blé, pas de pain, pas d'hommes peut-être ! — Ne riez pas, lecteur, on a dit cela, du moins on l'a imprimé (1). Il faut, en vérité, avoir bien peu compris la puissance d'action de la Nature pour supposer qu'elle soit soumise, sur les autres Mondes, aux lois partielles inhérentes au nôtre, et que là où les conditions de la vie terrestre n'existent pas, nulle manifestation de la vie ne puisse se produire.

Nous savons en mécanique céleste que l'obliquité de l'écliptique ne fait qu'osciller autour d'une position moyenne, qu'elle n'a jamais été nulle et qu'elle ne le sera jamais ; nous savons, d'un autre côté, en physiologie, que la vie terrestre est également renfermée en certaines limites, au delà desquelles elle ne saurait apparaître. Mais prétendre que le même système de vie existe sur les autres Mondes, dont la constitution astronomique diffère radicalement de la nôtre, c'est être dans l'erreur la plus vaine. Autant vaudrait dire que la Terre est le type de la création tout entière, qu'elle est seule habitée, ou qu'il n'y a d'habité dans l'espace que les Mondes qui lui ressemblent. Dans notre exemple particulier, l'obliquité de l'écliptique changée, les saisons sont modifiées,

---

(1) Sur le compte de M. Babinet : « Nous devons remercier la Providence de la belle organisation de la Terre. Jupiter, qui n'a point de glaces polaires, ne produit point de blé, et ne peut, par conséquent nourrir d'habitants. » *Entretiens populaires de l'Association polytechnique.* 1863. Page 39.

les conditions de la vie et la vie elle-même sont transformées. Or, puisque parmi ces conditions astronomiques, la perpendicularité de l'axe de rotation paraît être l'une des préférables, on est conduit à penser que l'habitation de ces astres est, en effet, supérieure à celle des autres, et que la très-intelligente Nature a convenablement pourvu à la nourriture et à l'entretien de ses chers enfants.

Les habitants de Jupiter voient le Soleil cinq fois plus petit que nous le voyons; il leur paraît sous la forme d'un disque circulaire de 5′ 45″ de diamètre, et sa lumière est, comme nous l'avons dit, 27 fois moins intense. Huygens a proposé le moyen suivant pour se rendre compte de l'éclat de la lumière du Soleil sur Jupiter : « Il faut prendre, dit-il, un tube d'une certaine longueur, le fermer d'un côté par une petite lame au milieu de laquelle il y ait une ouverture ronde, et faire que la largeur de cette ouverture soit à la longueur du tube dans le même rapport que 1 à 570. On tournera ensuite le tube du côté du Soleil, et on recevra de l'autre, sur une feuille de papier blanc, les rayons qui seront entrés par l'ouverture, faisant en sorte que la lumière n'y puisse point entrer d'aucun autre endroit. Ces rayons représenteront dans un cercle l'image du Soleil, dont la clarté sera la même que celle que les habitants de Jupiter reçoivent dans les jours sereins. Après avoir enlevé le papier, si l'on met l'œil dans le même endroit, on verra le Soleil de la même grandeur et du même éclat qu'il paraîtrait à un homme qui demeurerait dans cette planète. Cette lumière n'est pas aussi faible qu'on se l'imagine; je me souviens, par exemple, d'avoir remarqué pendant une éclipse de Soleil, dans laquelle il ne restait pas la vingtième partie de son disque qui ne fût couverte de celui de la Lune, que l'on s'apercevait à peine qu'il fit plus obscur qu'à l'ordinaire. »

Vu de Jupiter, le Soleil suit sur la sphère étoilée un mouvement dirigé de l'Occident à l'Orient, mouvement qu'il accomplit, parmi les constellations zodiacales, en un peu plus de 4,332 jours, ou en 11 ans 10 mois 17 jours. Le zodiaque de Jupiter ne mesure que 6°10', de largeur.

Les étoiles marchent d'Orient en Occident et accomplissent leur révolution complète en moins de dix heures, de sorte que l'intervalle compris entre le lever et le coucher d'une même étoile n'atteint jamais cinq heures.

Le ciel est presque toujours couvert, surtout aux environs de l'équateur ; des courants rapides tourbillonnent perpétuellement dans ces vastes régions et des traînées de nuages s'étendent sur les tropiques. Cassini et d'autres astronomes ont vu tomber de ces nuages de la neige qui « fondait promptement » ; les pôles, fortement aplatis par suite du mouvement de rotation, paraissent comme ceux de la Terre recéler des amoncellements d'eaux congelées.

Il est bien probable que sur Jupiter on ne connaît ni Mercure, ni Vénus ; ces deux planètes restent constamment dans les feux solaires et sont trop éloignées pour sous-tendre un arc sensible. La Terre elle-même n'est, pour les observateurs de ce Monde, qu'une petite étoile invisible ou à peine visible à l'œil nu, qui se montre quelques minutes avant l'aurore et qui disparaît quelques minutes après le crépuscule ; elle ne s'éloigne pas à plus de 12 degrés du soleil. Mars peut être plus facilement aperçu, car il s'éloigne jusqu'à 17 degrés. La Terre et Mars sont donc les seules planètes inférieures connues des astronomes de Jupiter (1). Saturne est une planète supérieure, et dont les mouvements sont séparés par des périodes où elle est stationnaire. Il en est de même d'Uranus et de Neptune.

Les quatre satellites de Jupiter accomplissent leur révolution en des temps fort courts, comparativement à notre révolution lunaire. Si l'on prend pour unité le rayon de l'équateur de Jupiter, la distance moyenne des satellites au centre de la planète et la durée de leurs révolutions sidérales seront représentées comme il suit :

	Distance en rayons de Jupiter.		Révol. sidér. ou mois. J.
Premier satellite.	6,05	ou 108,268 lieues	1,77
Deuxième satellite.	9,62	172,183	3,55
Troisième satellite.	15,35	274,742	7,15
Quatrième satellite.	26,00	483,260	16,69 (2)

Le plan de l'orbite du premier semble coïncider avec celui de Jupiter. Les habitants peuvent donc observer tous les jours une lune plus grande que la nôtre, située à une distance de 108,000 lieues, qui s'éclipse régulière-

(1) L'angle à Jupiter entre la Terre et le Soleil est de près de 12°; car pour les distances moyennes $\frac{1}{5.2028}$ = sin. 11°. On a de même :

Plus grande digression de Mars = 17° 2′
de Vénus = 8° 0
de Mercure = 4° 16

(2) Une étude approfondie de ces mouvements a conduit à deux lois très-simples.

Première loi. — Le moyen mouvement du premier satellite, plus deux fois celui du troisième, est égal à trois fois le moyen mouvement du second.

Deuxième loi. — La longitude moyenne du premier, moins trois fois celle du second, plus deux fois celle du troisième, est toujours égale à 180°.

Il résulte de cette dernière loi que les trois premiers satellites de Jupiter ne sont jamais invisibles simultanément.

ment après des intervalles égaux à 1 jour 3/4 environ, style terrestre, ou à quatre jours de Jupiter. Le marin doit trouver, dans la rapidité de ce mouvement, un moyen précis de déterminer les longitudes des points où il se trouve ; les éclipses de cette lune et celles de Soleil doivent conduire chaque jour à des méthodes faciles de perfectionner la navigation. Au reste, rien n'est si vulgaire qu'une éclipse pour les habitants de Jupiter ; comme on les aperçoit de la Terre, nous pouvons affirmer qu'il n'y a pas de semaine qu'il ne s'en produise cinq ou six, sur un point ou sur l'autre de la planète. Mais, à moins qu'il y ait là des Delaunay et des Hansen dévoués comme ici à la *Théorie des lunes*, les Calculateurs de la *Connaissance des temps* ne doivent pas être fort satisfaits d'avoir quatre mouvements lunaires à déterminer. Leur sort n'est pas préférable au nôtre sous ce point de vue, d'autant plus, rappelons-le, qu'il n'y a que cinq heures de jour sur Jupiter (1).

Remarquons enfin, à propos des lunes rapides de Jupiter, que la plus rapprochée fait sa révolution en quarante-deux heures, c'est-à-dire en quatre jours joviens. Elle passe donc chaque jour d'un quartier à l'autre, de la demi-lune à la pleine, de la pleine au dernier quartier. Néanmoins cette lune n'est jamais vue dans son plein, ni les deux autres qui la suivent, parce qu'elles sont éclipsées à chaque révolution dans l'ombre de la planète, naturellement à l'époque de la pleine lune. Ces changements s'opèrent avec une telle rapidité qu'on peut vraiment les observer à l'œil nu. Par suite des quatre satellites, les habitants de

_____

(1) Cette durée de jour, nous faisait naguère observer notre collègue Ismaïl-Effendi-Moustapha (maintenant Ismaïl-Bey), astronome égyptien, peut nous permettre d'établir par comparaison le nombre de *minutes* que travaillent par jour sur Jupiter les employés d'administration.

Jupiter comptent quatre mois différents : l'un est de quatre, l'autre de huit, celui-ci de dix-sept, celui-là de quarante jours joviens. Les chronologies primitives de ces peuples ont dû être bien plus difficiles à déchiffrer que les nôtres, et pour peu que la légende s'en soit mêlée, l'âge des premiers patriarches doit y avoir atteint des proportions fabuleuses.

Tandis que le diamètre de la planète mesure 35,731 lieues, celui des satellites en mesure 982 pour le premier, 882 pour le second, 1,440 pour le troisième et 1,232 pour le quatrième. Vu de la première lune, le disque de Jupiter couvre un espace mille fois plus grand en surface que celui couvert par notre lune dans notre ciel. La nature du sol n'est pas la même sur les quatre satellites : le troisième reflète une nuance jaune, tandis que les trois autres ont une teinte bleuâtre.

CHAPITRE VI

Dans tout notre système solaire, il n'y a pas de Monde où les partisans des causes finales aient meilleur jeu que sur Saturne; si les philosophes de ce pays-là ont autant de vanité que nous, il est très-probable qu'ils ne peuvent s'élever à la conception de l'universalité de la nature, et leur condition offre encore plus d'analogie que la nôtre avec celle de ce fou athénien qui s'imaginait que tous les vaisseaux entrant dans le Pirée avaient été construits à son intention.

Nous ne doutons pas qu'il y ait sur Saturne une race d'êtres raisonnables qui, après s'être laissés induire en erreur par les sens et s'être crus au centre du monde, se sont peu à peu délivrés de ces illusions trompeuses et sont parvenus à reconnaître que leur globe est une planète, roulant sur son axe en 10 heures 16 minutes (style terrestre) et gravitant autour du Soleil en 25,421 jours (style saturnien). Mais en examinant convenablement la question et en nous servant des lumières de notre histoire scientifique pour éclairer nos raisonnements, nous en arrivons à nous demander si ces Anneaux, dont on leur a fait tant d'honneur, n'ont pas été plus pernicieux qu'utiles à la science comographique des habitants de Saturne. Si nous avons bonne mémoire, nous nous rappellerons sans peine qu'il y a trois cent vingt-deux ans Copernic eut une certaine difficulté à détruire les cercles imaginaires que Ptolémée avait enchevêtrés pour soutenir le système du monde; de ces épicycles il ne reste aujourd'hui que le souvenir de nos erreurs passées. Or, si Copernic et ses successeurs ont eu tant de peine à abattre ces cercles purement imaginaires, croira-t-on que les astronomes de Saturne aient pu ou puissent facilement arriver à isoler leurs cercles réels du monde sidéral, à considérer ces Anneaux comme un appendice appartenant en propre à leur Monde et sans relation aucune avec le reste de l'univers? Sans doute, il y aura eu là comme ici des astrologues qui auront bâti tous les univers possibles sur ces Anneaux, et qui seront parvenus à expliquer sans difficulté les mouvements célestes, et peut-être les Alphonse X de Saturne n'auraient-ils pas eu le même droit que ceux de la Terre à s'étonner de la complication du système des cieux.

Il faut savoir, en effet, que les habitants de Saturne voient sur leur tête une bande lumineuse, plus ou moins large suivant les positions, traverser le ciel de l'Est à l'Ouest, précisément dans le sens du mouvement diurne. Si seulement cette bande était immobile, et si les mouvements des astres paraissaient s'effectuer en dehors d'elle, ils reconnaîtraient bientôt que ces mouvements en sont complètement indépendants; mais le malheur veut que cette bande transversale tourne de l'Est à l'Ouest,

avec une vitesse à peu près égale à la vitesse apparente
du ciel. Pour les habitants de l'équateur, le Soleil est
toujours au-dessous d'elle, inclinant tantôt au Sud tantôt
au Nord; ce grand cercle ne leur apparaît que par sa partie
inférieure, et ils ne peuvent, en aucune façon, en apprécier les dimensions longitudinales. Les habitants des
latitudes tempérées, depuis la ligne jusqu'au 66e parallèle, les voient s'incliner vers l'horizon à mesure qu'ils
s'approchent des pôles; ces Anneaux acquièrent leur plus
grande largeur angulaire vers le 45e degré, où ils sous-
tendent un angle de 3° 19′; ils descendent et disparaissent à 66° 36′, de telle sorte que les habitants des ré_ions
polaires, jusqu'à 23° 24′ du pôle n'en soupçonnent même
pas l'existence.

Pour chaque point donné de la surface de la planète,
leur position correspond constamment aux mêmes points
du ciel et s'étend sur une même zone d'étoiles. Il y a de
singuliers effets de lumière parmi ces bandes qui traversent l'espace, soit que le Soleil levant les dore de ses
rayons changeants, soit qu'il roule au-dessus d'eux, soit
que le couchant les enveloppe de flots empourprés, soit
enfin que les luminaires argentés de la nuit jonglent à
l'entour; c'est un spectacle plein de ravissements. Mais
ce qu'il y a de plus curieux, c'est que l'on voit chaque
nuit l'ombre de Saturne cheminer le long des cercles
blancs annulaires qui surmontent l'horizon. Immédiatement après le coucher du Soleil, cette ombre cache la partie orientale des Anneaux, et c'est la partie occidentale
qui apparaît la première. A mesure que la nuit s'avance,
tandis que ce côté diminue, l'autre commence à blanchir
à l'Orient. A minuit, l'ombre ronde ou ogivale (selon les
époques) partage l'arc en deux parties égales. La partie
occidentale a disparu, et l'orientale augmente jusqu'à

l'aurore. La vue placée au frontispice de ce livre est prise à 20 degrés de l'équateur, à minuit et au solstice d'été. L'ombre dont nous venons de parler se dessine visiblement au milieu du système.

Quand on songe à la peine que l'on a prise sur la Terre pour imaginer les cercles des mouvements célestes, tant ces cercles étaient nécessaires pour expliquer les apparences, on est amené à croire que les Saturniens, ayant des cercles tout trouvés, ont pu s'en contenter fort longtemps et ne pas chercher à les éliminer d'une explication systématique de l'univers. — Nous ne disons pas qu'ils doivent s'en contenter toujours, car nous aimons à croire qu'ils nous sont au moins égaux, sinon supérieurs. Ils ont, de plus, à eux appartenant, un petit univers assez respectable, car on sait qu'il y a 8,300 lieues de la surface de la planète au premier des Anneaux; que ceux-ci n'ont pas moins de 27,200 lieues de large; que pour se rendre de leur bord extérieur au premier satellite il y a 12,500 lieues à parcourir; et que, pour arriver à la huitième lune, il reste encore à traverser 910,000 lieues. Ce petit univers de 5,800,000 lieues de circonférence est à lui seul fort supérieur à notre antique univers, que mesurait la chute de l'enclume d'Hésiode, et comparable aux dimensions de Jéhovah consignées dans le livre de Rafiel (1).

(1) Hésiode pensait mesurer le diamètre de l'univers en disant qu'une enclume mettrait neuf jours à tomber du ciel sur la terre, et autant à tomber de la surface terrestre au fond des enfers. (Remarquons ici qu'à raison de 70,000 lieues par seconde la lumière met quinze mille ans pour traverser la nébuleuse à laquelle nous appartenons, la Voie lactée.) L'ange Rafiel, dans le livre qui porte son nom, donne de Jéhovah, personnification de l'infiniment grand, les mesures suivantes : la hauteur de sa taille est de 2,360,000 lieues; il est assis sur un trône de 1,180,000 lieues, de sa prunelle gauche à sa prunelle droite il y a 30,000 lieues (ces lieues, dit Rabbi-Akhiva, sont de 1,000,000 d'aunes de 4 longueurs et demie de main).

Huit lunes aux phases rapides développent dans le ciel de Saturne un spectacle analogue à celui des lunes de Jupiter dans le ciel de cette dernière planète; mais le spectacle a ici plus de brillant et plus de richesse. La première passe en cinq heures du croissant le plus faible au premier quartier complet : la marche de ces phases doit être aussi visible que la marche de l'aiguille d'un cadran. Il y a dans le système saturnien moins d'éclipses solaires et lunaires que dans le système jovien, à cause de l'inclinaison (27°) de l'équateur de Saturne sur l'orbite solaire; il suit de là que les Saturniens ont sur les précédents l'avantage d'assister fréquemment au spectacle de plusieurs pleines lunes à leur firmament. Ils comptent huit espèces de *mois*; la remarque faite sur la complication chronologique de l'histoire des premiers peuples de Jupiter est doublement applicable à l'histoire de ceux-ci.

Les habitants de Saturne ne se doutent pas de notre existence, et cela pour plusieurs raisons : la première, qui nous dispense de toutes les autres, c'est que nous sommes perpétuellement invisibles pour eux. Notre petite île, incessamment cachée dans l'auréole solaire, ne s'éloigne pas à plus de 6° de l'astre. De Saturne à la Terre on compte 326 millions de lieues de quatre kilomètres pour la plus petite distance, 400 millions pour la plus grande. Tout ce que nous pouvons croire de mieux pour notre réputation auprès d'eux, c'est de penser que des astronomes persévérants et munis d'excellents télescopes nous auront quelquefois aperçus, comme une *très-petite, très-petite tache noire*, passant sur le Soleil; mais cette douce illusion n'est encore guère solide, car cette très-petite tache n'aura jamais été pour eux qu'un accident, perdu parmi les autres taches solaires, qui sont généralement beaucoup plus grandes que la Terre. Et si quelque

audacieux philosophe, se fondant sur le retour périodique
de la petite tache, — retour bien rare et extrêmement
difficile à reconnaître lui-même, — venait à imaginer
que ce petit point noir est un Monde, une planète, une
terre habitée... grand Dieu ! les conséquences d'une telle
hardiesse sont trop grandes, pour que nous songions à
représenter la mauvaise réception qui serait faite à cette
idée, parmi les grands et les petits du Monde de Saturne.

A bord de Saturne, on ne doit guère connaître que
Mars et Jupiter ; mais Mars est si petit qu'il est bien difficile à discerner. Voici pour l'observatoire saturnien les
digressions calculées de toutes les planètes, c'est-à-dire
la plus grande distance dont elles puissent s'éloigner du
Soleil, à l'Orient ou à l'Occident de cet astre :

☿		2°	19'
♀		4	21
⊕		6	1
♂		9	11
♃		33	3
Diamètre ☉	=	0	3,5

Ce Monde reçoit du Soleil cent fois moins de lumière
et de chaleur que le nôtre, à surface égale ; nos lecteurs
savent déjà ce que sont pour ses habitants cette chaleur
et cette lumière. L'équateur de Saturne étant incliné
de 26° 48′ sur le plan de son orbite, et celui de la Terre
étant de 23° 27′, on voit que, sur le premier de ces astres,
les saisons sont un peu plus caractérisées que sur le second. Ce sont, néanmoins, avec celles de Mars, celles
qui offrent le plus d'analogie avec les nôtres ; mais au lieu
de durer 4 mois, elles durent 7 ans et 4 mois chacune.
Tandis que chacun des pôles terrestres ne reste annuelle-
ment privé du Soleil que pendant six mois, sur Saturne
une nuit et un jour égaux à quinze de nos années couvrent

successivement les pôles. La zone neigeuse que l'on distingue d'ici en ces régions glacées est l'inévitable conséquence de ces alternatives. L'année de Saturne est, en effet, égale à 29 ans 181 jours de la Terre. A l'agrément d'un séjour aussi riche en phénomènes, les habitants de ce Monde joignent une heureuse longévité en perspective.

Quoique nous soyons mieux en état d'observer la figure et les dimensions des Anneaux de Saturne que les habitants des pôles de cette planète, nos connaissances à cet égard ne sont pas assez fondées pour qu'il nous soit permis de baser sur elles des opinions biologiques. Mais si ces Anneaux, qui peuvent être solides et enveloppés d'une atmosphère, sont le séjour d'êtres pensants et contemplateurs, il n'est certainement pas dans tout le système de région plus pittoresque pour l'habitation d'êtres intelligents. Pour ceux qui habitent la face intérieure du premier arc, près de la planète, un globe immense, tour à tour lumineux et obscur, reste perpétuellement suspendu sur leurs têtes, tandis qu'à l'Est et à l'Ouest, deux chaînes de montagnes s'élèvent dans le ciel jusque par-delà le globe de Saturne. Pour ceux qui habitent la surface, outre le spectacle de la planète découvrant successivement ses régions par suite de son mouvement diurne, et reposant éternellement à l'horizon comme une meule tournante enchevêtrée dans ce nouveau système, ils jouissent de tous les jeux de la lumière parmi les nappes immenses des Anneaux concentriques, ils comptent des jours de quinze ans et des nuits de même durée, nuits d'un nouveau genre, que peuvent éclairer les réfractions des rayons solaires à travers ces multiples arcs de triomphe, et qu'illuminent huit globes argentés se croisant dans les cieux. Malgré les centaines de lieues qui séparent les Anneaux entre eux, malgré peut-être les huit mille lieues

qui les séparent de la planète, intervalle assez large
pour que la Terre où nous sommes pût y rouler sans
gêne, il est permis de penser aux conquêtes de la navigation aérienne : une fois ce champ ouvert, le séjour
de Saturne devient le plus merveilleux des séjours. Il est
même trop séduisant, et il nous causerait, en vérité, de
trop pénibles regrets, pour que nous croyions devoir
nous étendre plus longuement sur la peinture de ces délicieux spectacles.

CHAPITRE VII

Le monde qu'habitent les Uraniens est un fort petit
monde, car il n'est que 82 fois plus gros que le globe
terrestre; ses années sont d'une lenteur désespérante; en
effet, chacune d'elles est plus longue que 84 des nôtres;
ses saisons sont disparates et infligent aux habitants des
hivers de 20 années et d'une rigueur extrême; que dirons-nous encore? il tourne sur lui-même, non point
d'Occident en Orient, comme toutes les autres planètes,
mais bien d'Orient en Occident, ce qui est une singularité
fort bizarre, malgré la théorie ingénieusement simple d'un
astronome amateur qui s'obstine à ne vouloir regarder
les mouvements célestes que dans un miroir (1).

D'Uranus au Soleil on compte environ 732 millions
750 mille lieues de 4 kilomètres, c'est-à-dire 19 fois la

(1) M. Charles Emmanuel.

distance d'ici à l'astre du jour : de cet éloignement raisonnable il résulte que cette planète reçoit, à surface
égale, 360 fois moins de chaleur et de lumière que notre
globe. Ceux qui nous ont suivi dans les considérations
précédentes sur l'habitabilité des planètes savent qu'aucun
philosophe n'est embarrassé pour concilier ce froid relatif des planètes lointaines avec l'organisation physique
des êtres qui les habitent ; ils savent qu'on a grand tort
de prendre la température moyenne de la Terre pour le
zéro de l'échelle thermométrique des Mondes, et que dans
quelque discussion astronomique que ce soit, on ne doit
jamais prendre notre globe pour point de comparaison
absolue, mais seulement pour point de départ. Rien ne
nous autorisant à croire que les habitants d'Uranus soient
(par rapport à eux) dans un milieu plus froid que n'est le
milieu terrestre (par rapport à nous), et tout nous invi-
tant à admettre, et nous montrant même, que l'action de
la nature s'accomplit toujours en corrélation nécessaire
avec les éléments existants et avec les forces dominantes,
de même qu'une solidarité étroite et universelle relie har-
moniquement tous les êtres les uns aux autres ; nous
sommes en droit d'affirmer que les hommes qui sont nés
sur Uranus sont fort bien à leur place dans leur pays,
tandis qu'ils étoufferaient en arrivant sur la Terre, fût-
ce en Sibérie.

La *Presse scientifique* nous exposait dernièrement
que, parmi les causes les plus propres à augmenter la température moyenne extérieure d'un globe, la chaleur centrale devait être prise en grande considération et jouer
un rôle important dans l'économie générale de la planète.
Ce rôle existe, et nous avons été le premier à l'annoncer,
mais il n'est pas aussi important qu'il peut le paraître au
premier abord. Depuis les belles études de J.-B. Fourier sur

la chaleur terrestre, nous savons, à n'en pas douter, que l'influence de la chaleur centrale du globe sur la température de la surface est inappréciable aujourd'hui. Il y a quelques millions de siècles, l'action de cette chaleur était d'une certaine intensité, d'autant plus élevée que nous remontons plus haut vers l'origine ignée de la planète; mais depuis ces époques reculées cette action est devenue tout à fait insignifiante, et il y a longtemps qu'elle en est arrivée là; on peut le prouver par mille faits tant de l'ordre physique que de l'ordre astronomique. Ce n'en est pas ici le lieu, nous nous contenterons seulement de rappeler que la durée du mouvement de la Terre est intimement liée à la température moyenne du globe, que depuis Hipparque, c'est-à-dire depuis deux mille ans, le mouvement de la Terre ne s'est pas accéléré de la centième partie d'une seconde, et que, par conséquent, la température moyenne du globe n'a pas diminué de $\frac{1}{170}$ de degré.

Toutes les expériences thermologiques s'unissent pour établir que l'influence de la chaleur solaire doit être consignée en première ligne dans le chapitre de la température à la surface des globes, mais que cette influence varie entre des limites très-éloignées, suivant la diaphanéité de l'atmosphère, suivant le pouvoir calorifique du sol, suivant la nature des milieux, leur capacité pour la chaleur, l'état magnétique et hygrométrique, etc., et, disons-le, suivant mille autres causes extra-terrestres dont nous ne pouvons nous former la moindre idée.

Nous disions qu'il y a 732 millions de lieues du Soleil à Uranus. Le Soleil, ce roi brillant du jour, est bien modeste à cette distance, les « torrents de lumière qu'il verse sur ses obscurs blasphémateurs » ne nous noieraient pas dans leur éclatante splendeur; nous sommes si près du trône ici! Nous sommes familiarisés avec l'astre glorieux, et nous respirons, sans nous en douter, dans son auréole éblouissante. Demandez plutôt aux habitants d'Uranus.

Si les astronomes uraniens savent que notre terre est au monde (ce dont nous doutons fort), ils n'ont pu lui donner qu'un nom en rapport avec sa position sur le Soleil. Il faudrait de si puissants télescopes pour apercevoir ce petit point! Ce que nous pouvons croire de mieux pour la renommée de notre monde, près des Facultés des sciences d'Uranus, c'est de penser qu'on l'a remarqué à force d'observations minutieuses dans ses passages sur le Soleil, et qu'on l'a appelé des noms fort bien appropriés de *Petite-Tache*, *Scorie*, *Point-Noir*, *Grain-de-Poussière* ou d'autres noms moins honorables encore qu'il est inutile d'écrire. — Il y a loin de ces noms disgracieux aux titres pompeux dont nous décorâmes tour à tour Uranus à l'époque de sa découverte, depuis ceux de Neptune, de Cybèle et d'Astrée, noms célestes, jusqu'au Georgium Sidus, nom trop terrestre pour les États du ciel. Si l'on a reconnu son mouvement de va-et-vient régulier, qui s'effectue 84 fois par année d'Uranus, on l'aura peut-être élevée au rang de satellite du Soleil, et les Lescarbault de ce pays auront accepté, comme notre ami d'Orgères, quelques noms mythologiques de la famille de Vulcain ou des Cyclopes. Il est incontestable que, pour les savants d'Uranus, le Monde de la Terre ne peut être qu'un Monde brûlé, c'est là son meilleur lot; et si quelque fou trop audacieux imaginait ici des êtres vivants, voire même des hommes intelligents dont le cerveau serait le siége des nobles facultés de l'âme, encore ne pourrait-il s'affranchir de cette idée dominante que tous les cerveaux de la Terre sont des cerveaux brûlés.

Pendant que nous traitons le chapitre de la visibilité de la Terre à bord d'une planète lointaine, nous devons faire remarquer une erreur bien naturelle à laquelle un grand nombre d'écrivains se sont laissé prendre. Lorsqu'un penseur, un poëte, un philosophe, s'élève mentalement à la contemplation du ciel étoilé, lorsqu'il s'imagine quitter notre hémisphère endormi, et monter, pendant la nuit obscure et silencieuse, jusqu'aux Mondes qui scintillent dans l'étendue, l'impression qui le domine à son insu, c'est celle de la nuit et du silence. Dès lors, si, parvenu au terme de son voyage éthéréen, il se retourne en arrière et cherche dans sa pensée à décrire l'aspect que devra lui présenter la Terre d'où il s'est éloigné, l'impression première subsistera, et notre voyageur nous décrira un Monde obscur perdu dans l'obscurité inférieure. Cette couleur locale ne manque jamais. Lisez le *Voyage extatique* du P. Kircher, voyez ceux qui l'ont précédé comme ceux qui l'ont suivi, et généralement vous aurez le témoignage que le voyageur fictif en question aura manqué à la première des précautions oratoires, à la vraisemblance, levant ainsi l'illusion dès la première page.

Cependant on peut voir à la seule inspection que plus on s'éloigne de la Terre et plus celle-ci paraît se rapprocher du Soleil, jusqu'à ce qu'enfin elle se perde dans sa lumière, et que, dans aucun cas, — à moins que l'on ne se dirige vers le Soleil, ce qui serait difficile pendant la nuit, — la Terre ne peut s'enfoncer dans l'obscurité de l'espace. Aussi, dès Saturne, la Terre ne paraît-elle plus qu'une insignifiante petite éclaboussure du Soleil.

Un cortége de huit satellites accompagne Uranus dans sa révolution annuelle, satellites emportés par un mouvement rétrograde d'Orient en Occident autour de la pla-

nète. La première de ces lunes est située à 51,000 lieues
de l'astre planétaire, et accomplit sa révolution mensuelle
en deux jours et demi; la dernière est éloignée de plus
de 723,000 lieues, et n'emploie pas moins de trois mois
et demi à effectuer sa révolution. « Dieu créa neuf luminaires pour illuminer cette Terre; le premier pour
servir au jour, les huit autres pour l'usage de la nuit. »
Les partisans des causes finales humaines sont fort heureux des petits services que ces huit derniers luminaires
rendent à cet astre, déshérité à leurs yeux des bienfaits
de notre beau Soleil.

L'aspect de la voûte étoilée est le même pour les habitants d'Uranus que pour nous; les constellations offrent
les mêmes figures; la disposition générale du ciel est
identique; nous avons montré, au chapitre de Vénus,
que pour trouver un changement de perspective dans la
distribution des astres au sein de l'étendue, il faudrait
nous transporter dans la circonscription d'un autre soleil.
Le spectacle du ciel est le même, quelle que soit la planète que l'on habite en notre système.

Certains écrivains, désireux de placer l'enfer dans le
ciel, — singulier contraste, mais le moyen de faire autrement? — ont émis l'opinion que Saturne était le bagne
de l'univers; d'autres ont pris les comètes pour type des
séjours les plus inhospitaliers, et en ont fait des astres de
damnation : toutes ces théories défileront sous nos yeux
dans notre revue des Mondes imaginaires. Il est singulier qu'on n'ait point tenu de propos calomniateurs sur
Uranus, qui mériterait mieux que Saturne cette triste
qualification, et qui serait plus solide que toutes les comètes ensemble pour recevoir les spéculations de ce
genre. Pour ne pas rester sur une idée lugubre, terminons en nous élevant à la conception de la Nature, de

ses moyens féconds, de sa puissance infinie, et en disant que, malgré l'infériorité apparente du monde d'Uranus et de ses conditions d'habitabilité, une population supérieure à la nôtre, dans l'ordre physique comme dans l'ordre intellectuel, rayonne peut-être à sa surface.

CHAPITRE VIII

ASTRONOMIE DES HABITANTS DE NEPTUNE

L'astre que vous ne voyez pas là-bas, dans cette constellation, c'est Neptune, dieu des mers, dont le trident marque présentement les bornes de notre archipel planétaire.

L'astre que vous ne voyez pas... et, en effet, quelle vue mortelle pourrait se vanter d'aller chercher, à la distance de un milliard cent cinquante millions de lieues, un astre si petit, que c'est à peine s'il est 100 fois plus gros que la Terre? A l'époque de son plus grand éloignement, Neptune est séparé de nous par une étendue de 1 milliard 196 millions de lieues; à l'époque de son plus grand rapprochement, il peut arriver jusqu'à 1 milliard 100 millions de lieues de notre planète. Ce minimum est encore une distance fort respectable.

Quoique cette inaccessible petite divinité soit si difficile à voir, nous nous garderons bien de nous faire l'écho de ceux qui ont mis en doute et nient encore aujourd'hui son

6

existence. D'autres osent encore prétendre que l'auteur de
ses jours n'est pas celui qu'on pense. Il y a là (pour les
initiés) des questions de personnalité qui ne doivent pas inquiéter un homme impersonnel. Quelles que soient les raisons ou les subtilités dont on veuille le couvrir, un fait est
un fait. Ainsi, par exemple, M. Siraudin, auteur dramatique
et confiseur, comme on sait, a inventé, dit-on, d'excellentes pastilles : on peut dire tout ce que l'on voudra
contre cet artiste, mais on ne fera jamais croire à M. Siraudin que ses pastilles ne soient excellentes.

Dans tous les cas, les doutes que l'on peut émettre sur
les habitants de Neptune nous sont rendus au centuple par
ces êtres reconnaissants. Et non-seulement ils se doutent
fort peu de l'existence de notre Monde, mais encore il leur
est mathématiquement impossible, malgré les meilleurs
instruments imaginables, d'arriver à distinguer cet atome
sur leur modeste Soleil.

Les raisons que nous avons alléguées contre la visibilité
de la Terre, pour un observateur placé sur Saturne et sur
Uranus, peuvent être *a fortiori* rapportées à la station de
Neptune, et nous devons nous résigner à croire que notre
Monde et nous sommes complétement inconnus là-bas. Il
en est de même pour les planètes extra-neptuniennes, Hypérion ou autres ; il en est de même pour les millions et les
millions d'étoiles qui constellent l'immensité des cieux.
L'humanité terrestre pourrait s'éteindre jusqu'à son
dernier rejeton, la Terre elle-même pourrait se tordre en
convulsions et se glacer du froid de la mort, sans que cet
événement — quelque important qu'il nous paraisse —
puisse être aperçu des étoiles du firmament. — La fin du
monde ne sera donc pas telle que quelques-uns se la
représentent.

Autant qu'on en peut juger d'ici, les Neptuniens ne

connaissent que trois planètes intérieures : Jupiter, Saturne et Uranus; encore Jupiter doit-il être difficilement
visible autour du Soleil. Saturne et Uranus sont pour
eux tantôt étoiles du matin et tantôt étoiles du soir,
comme sont pour nous Mercure et Vénus. Quant aux
planètes extérieures, les Neptuniens ont sur nous l'avantage de pouvoir observer des régions que n'ont encore
pu atteindre notre vue ni nos méthodes d'analyse.

Le Soleil paraît 1,300 fois plus petit, à bord de Neptune
qu'à bord de la Terre ; son diamètre y est à peine appréciable ; sa lumière est également 1,300 fois moins intense
qu'à la surface terrestre : ce serait un clair de lune pour
nous. Un auteur critique, répondant aux philosophes qui
s'appuyaient sur la physique pour expliquer la création
de la lumière quatre jours *avant* la création du Soleil, leur
disait qu'on pouvait admettre le récit biblique, à condition
d'admettre en même temps que le fameux *Fiat lux* ne
créa pas plus de lumière qu'on en voit *en pleine nuit.*
L'interprétation de cet auteur conviendrait bien au monde
de Neptune, monde peu éclairé, comparativement au nôtre
— qui l'est tant !

Mais comme les yeux de ces êtres inconnus sont incomparablement plus sensibles que les nôtres, il s'ensuit
que, loin d'être dans un crépuscule éternel, comme on
pourrait le croire au premier abord, ces habitants ont
des sujets de spectacle très-probablement plus variés et
plus riches que les nôtres. Non-seulement le ciel étoilé ne
s'éclipse point pour eux du lever au coucher du Soleil ;
non-seulement l'astre pompeux du jour (expression relative) leur permet de le suivre tour à tour dans chacune
des maisons qui composent la cité du zodiaque ; mais
encore les mille jeux de la lumière, soit dans les nuages
du matin ou du soir, soit dans les manifestations, invi-

sibles pour nous, de l'électricité et du magnétisme planétaire, soit parmi les beautés naturelles répandues sur ces campagnes lointaines, tous les objets, enfin, qui appartiennent au sens de la vue, doivent leur offrir des impressions relativement plus vives et plus touchantes.

L'intensité de la lumière solaire sur les planètes a sa corrélation dans l'intensité de la chaleur que ces planètes reçoivent de l'astre central; mais les éléments qui constituent la chaleur d'un globe étant plus nombreux, et soumis à une plus grande complexité de forces que ceux qui constituent son illumination, ils nous laissent dans une plus grande incertitude à leur égard. C'est pourquoi, au lieu de dire, avec le bon M. Whewell, que Neptune n'est qu'un désert de glaces et de mort éternelles, au lieu de penser que le plus misérable animalcule n'y pourrait vivre à cause de la rigueur du froid qui règne sur ce monde, au lieu d'avancer qu'il n'y a là aucune condition physiologique qui puisse permettre l'existence d'un seul brin d'herbe, nous dirons que les Neptuniens vivent fort à leur aise *at home*, qu'ils ne sont ni gelés ni aveugles, et que si quelque Micromégas venait leur offrir de quitter leur patrie pour la nôtre, voire même d'être logés et hébergés gratis au plus somptueux de nos palais, il ne manquerait pas de Whewell chez eux, démontrant que pas un animal ne peut vivre dans une fournaise, et que par conséquent, quand même la Terre existerait, personne ne pourrait vivre sur elle. — De sorte qu'ils refuseraient net l'invitation dudit Micromégas.

Neptune est 24 fois plus lourd que la Terre. Comme il est 105 fois plus volumineux, sa densité n'est que le cinquième de la densité moyenne de notre globe : c'est la densité du bois de hêtre; il flotterait donc à la surface de l'eau comme une boule légère. C'est encore là un argument invoqué par les adversaires de la doctrine de la Pluralité des Mondes, lesquels sont assez aveugles pour ne point reconnaître que les êtres sont en tout et partout organisés suivant l'état physique des lieux où ils doivent vivre.

Si l'on avait pris l'avis des partisans des causes finales (humaines), avant la découverte de Neptune, ils n'auraient pas manqué de lui donner au moins huit satellites. Et nul ne leur en aurait contesté le droit. Jupiter a besoin de 4 lunes pour éclairer ses nuits ; il les a reçues. Saturne, plus éloigné du Soleil, en mérite davantage ; il en a reçu huit. Uranus de même. Si donc il existe une planète au delà d'Uranus, elle ne peut manquer d'avoir un même nombre de luminaires. Voilà un sage raisonnement, contre lequel nous n'avons rien à dire, — si ce n'est que Neptune n'a qu'un modeste satellite, ou deux, tout au plus. Ce satellite est situé à 100,000 lieues de la planète, et effectue sa révolution en 5 jours 21 heures.

Le monde de Neptune n'étant éloigné du Soleil qu'à la distance moyenne de 1 milliard 150 millions de lieues, ce qui ne donne à sa circonférence qu'une étendue de 7 milliards de lieues, on ne saurait mettre en doute que le domaine du Soleil ne s'étende au delà. Et, du reste, les comètes qui, comme celle de 1680, s'éloignent à la distance de 32 milliards de lieues, sont là pour affirmer le contraire. De Neptune à l'étoile la plus proche, l'étendue est encore 7,500 fois plus grande que la distance de Neptune au Soleil. C'est comme on voit un parterre assez vaste, où la nature a pu semer à profusion les fleurs de sa riche corbeille. Mais pour nous, aveugles-nés, ce parterre est caché dans la nuit des espaces, et nos faibles ailes ne sauraient nous porter jusque-là. Nous nous arrêtons donc à Neptune, dernière station de notre voyage, sur laquelle il convient d'échanger nos dernières paroles.

Ce Monde lointain accomplit sa révolution annuelle autour de l'astre solaire en 164 ans et 226 jours terrestres ; chaque saison ne dure pas moins de 41 ans. Tandis que nous comptons 1,865 ans depuis le commencement de l'ère chrétienne, les Neptuniens ne comptent que *onze* ans et un tiers. Respectable chronologie, auprès de laquelle la nô' ' n'est qu'un jeu d'enfant. S'ils vivent en moyenne le même nombre d'années neptuniennes que nous vivons d'années terrestres, leurs vieillards d'aujourd'hui existaient depuis longtemps quand les premiers poëtes de l'Égypte ou de la Grèce créèrent le dieu Neptune et l'investirent de la souveraineté des mers.

Depuis ce temps, que d'empires se sont écroulés sur notre terre, que de mythologies se sont succédé, que d'hommes sont disparus ! tandis que là-bas la marche paisible du temps s'est à peine fait sentir. Beau sujet de méditation pour ceux qui croient tenir l'absolu ! *Sic transit gloria mundi.*

Peu de sujets sont aussi féconds que l'étude du ciel pour le philosophe qui sait voir, analyser et s'instruire ; et si les doctrines spéculatives qui ont abusé tour à tour l'inquiète pensée humaine n'avaient pas été si souvent édifiées sur de vaines pétitions de principes, en dehors de la grande vérité de la nature, l'histoire des utopies serait moins lourde, l'humanité aurait moins d'égarements à déplorer, moins d'erreurs à effacer de ses annales. La nature, *immuable et universelle*, selon l'expression de Galilée, sera toujours la meilleure conseillère de notre esprit, et tant que nous serons en accord avec elle, nous ne courrons point le risque d'errer et de tomber dans l'abime. Consultons-la donc, cette nature toujours vraie, soyons dociles à son enseignement. C'est elle qui nous montre la relativité des choses, les rapports des êtres, rapports sur lesquels nous établissons nos jugements. C'est elle qui classe nos appréciations, selon le poids et la mesure (*in pondere et mensura*) ; c'est elle qui nous donne l'échelle comparative de toutes les quantités et de toutes les valeurs. Prenons-la donc pour juge non-seulement dans la science physique du monde, mais encore dans les opérations intimes qui appartiennent an domaine de l'esprit.

CHAPITRE IX

ASTRONOMIE DES HABITANTS DES PETITES PLANÈTES

Nous ne nous sommes pas encore occupé de ces petits Mondes télescopiques qui se jouent entre Mars et Jupiter. Ce n'est pas précisément, comme on l'a dit, pour célébrer, à la manière des courtisans, « la gloire des tyrans des cieux, » au lieu de suivre cette turbulente démocratie sidérale miraculeusement échappée aux dévorants appétits de Jupiter ; quoique nous ne fassions pas de politique ici, nos lecteurs connaissent assez nos principes pour savoir que nous sommes très-innocent de pareilles intentions : ils savent parfaitement aussi que nous voulons toujours leur offrir des mets dignes d'eux, et que c'est à ce titre que nous leur avons choisi des objets comme le Soleil, Jupiter, etc. Cependant, puisque l'occasion s'en présente, parlons un peu de ces petits bijoux de mondes.

Les voici tous devant nous. Quatre-vingts *planètes*, — les nommerons-nous ainsi? Dès la découverte de Pallas, qui eut tort de venir après que Cérés eut rassasié tout le monde, on pensa leur refuser ce titre.... mais nous, nous aurons la générosité de les saluer d'autant plus bas qu'elles sont moins prétentieuses. — Quatre-vingts *planètes* donc sont là devant nous, entrelaçant leurs orbites à la manière des anneaux d'une chaîne, anneaux si bien entrelacés, que, s'ils étaient matériels, on pourrait, à l'aide de l'un d'eux, soulever tous les autres. Qu'on n'aille pas croire cependant qu'elles soient pour cela resserrées dans un espace trop restreint et que la place leur manque pour leurs évolutions; non, cet exemple ne s'est jamais montré dans la nature: elles ont reçu pour domaine une zone large de *cent millions* de lieues. De cette manière, elles ne sont pas gênées dans leurs mouvements et ne courent pas risque de se heurter dans l'espace. Il est même probable que, malgré l'inévitable loi d'attraction universelle, nous n'aurons jamais le spectacle de voir s'approcher amicalement dans le ciel deux de ces corps, qui, si ce phénomène se produisait jamais, pourraient dès lors vivre ensemble comme les composantes d'une étoile double.

Que les Mondes gigantesques qui dominent dans l'étendue du système planétaire soient le séjour de la vie et de l'intelligence, c'est ce que nos lecteurs nous font la grâce de nous accorder, sans la moindre restriction, — c'est déjà convenu depuis longtemps. Mais que cet archipel de Lilliput soit admis au même titre au banquet de la vie universelle, c'est ce dont quelques-uns doutent peut-être encore. Et nous-mêmes, en nous interrogeant familièrement, il nous semble que nous ne sommes pas tout à fait sûr de l'existence de cette espèce de genre humain. Nous imaginons clairement une végétation luxuriante, quoique probablement très-légère, aux formes et aux couleurs les plus diversifiées; nous concevons bien encore

là des êtres offrant quelque ressemblance avec nos animaux; mais des hommes!....

Tout dépend de l'origine de ces astéroïdes, et des forces
qui purent y faire apparaître les formes de vie qui s'y
manifestent actuellement. On a pensé longtemps, et
quelques-uns le pensent encore, que ce sont là les
fragments d'un Monde où la vie jadis avait établi son
empire, et qu'une révolution formidable aura brisé, disséminant ses débris dans l'espace. Pour s'être accompli
loin de nous, à une époque où nul œil humain ne s'était
encore ouvert sur la Terre, ce tragique événement ne
manque pas d'intérêt pour nous; surtout lorsque nous
réfléchissons qu'un pareil destin peut nous être réservé
(mais n'y pensons pas). Olbers, après sa découverte de
Pallas, qui apportait une complication inattendue à la
simplicité du système, imagina que Cérès et Pallas
pourraient bien être les fragments d'une seule planète (1).
Le point où les deux orbites se croisent aurait été, d'après
la mécanique céleste, celui où la catastrophe aurait eu
lieu. Or les plans des orbites se coupant suivant une
ligne qui aboutit d'un côté vers l'aile septentrionale de la
Vierge et de l'autre côté vers la Baleine, si d'autres débris analogues existaient, on pouvait s'attendre à les voir
passer par là quelque nuit. C'est effectivement dans ces
nœuds qu'on trouva d'abord Junon, puis Vesta, puis
d'autres astéroïdes. Ces habitantes de l'espace venaient
tous une fois par an visiter l'endroit où la terrible catastrophe les avait séparées. La conjecture paraissait ainsi

---

(1) On sait que la première idée théorique de l'existence d'une
planète entre Mars et Jupiter est antérieure à Titius, et appartient à
Kepler. Admirons, en passant, le *sans-façon* avec lequel Kepler traitait les planètes : « *Intra Martem et Jovem interposui planetam*,
dit-il (*Myst. cosm.*) : *J'ai mis* une planète entre Mars et Jupiter. »

confirmée. Dans ce cas-là (quoique la vie se reconstitue souvent sur la mort), le flambeau des existences pourrait être éteint sur l'astre brisé, depuis le jour où la main du Spectre l'a touché, et cette multitude de fragments planétaires, exclus du royaume de la vie, circuleraient déserts dans les déserts de l'espace. Mais les découvertes postérieures, en augmentant leur nombre, en séparant leurs orbites et en élargissant la zone qu'ils occupent, affaiblissent l'autorité de l'hypothèse précédente et tendent à faire soupçonner une autre unité d'origine, si cette unité existe.

Cette autre unité, plus favorable à l'habitation de ces petits Mondes, serait l'unité cosmogonique de Laplace. Si l'on admet que les planètes ont été formées par la condensation d'anneaux de vapeurs successivement abandonnés par l'équateur solaire, il suffit, pour expliquer la coexistence de tous les astéroïdes entre Mars et Jupiter, de supposer qu'il y ait eu, dans leur anneau originaire, plusieurs centres simultanés d'attraction. Cette hypothèse est la plus vraisemblable. Dans ce cas, nous devons croire que les principes de la vie, diversement manifestés suivant les forces qui dominèrent sur chacun de ces globes, donnèrent naissance comme ici à des règnes organiques en harmonie avec les éléments constitutifs de ces résidences. Toutefois nous nous garderons, ici plus encore que partout ailleurs, de rien dire sur la nature, la manière d'être, la grandeur et le genre de vie de ces créatures inconnues.

Supposons pourtant qu'il y ait là, comme chez nous, de petits animaux qui pensent ; sans cette supposition très-inoffensive, le chapitre que vous lisez n'aurait aucune raison d'être, et les 82 planètes ne nous intéresseraient plus guère que pour nous faire apprécier toute la valeur

des veillées laborieuses de notre excellent M. Gold-
schmidt.

Si le jour est là aussi de 24 heures, comme les remarques de cet illustre observateur tendent à l'établir (1), elles
auront avec nous un point de commun que nous ne dé-
daignerons pas. Mais ce sera là à peu près le seul lien qui
les rattache à nous. Les autres éléments caractéristiques
en font des Mondes bien différents du nôtre.

En prenant la moyenne, la distance au Soleil est 2.645,
celle de la Terre étant 1, et la révolution annuelle de
1 571 jours, ou environ 4 ans et un tiers. Mais les distances comme les révolutions varient entre des limites
très-étendues. Ainsi la planète Flore, la moins éloignée,
peut s'approcher de nous jusqu'à 30 millions de lieues
seulement, et la plus éloignée, Maximiliana, s'en éloigne
à 190 millions; l'année de la première est de 1 198 jours,
ou 3 ans et un tiers; celle de la dernière, de 2 343 jours,
ou plus de 6 ans. On voit que ces nombres varient du
simple au double. Quelques planètes présentent des années presque identiques, par exemple Pandore, Pallas et
Lætitia, dont les années respectives sont de 1 683^j,2;
1 683^j,9; 1 684^j,8. La lumière et la chaleur qu'elles reçoivent du Soleil varient davantage encore, puisqu'elles
décroissent en raison inverse du carré des distances.

Les saisons, cet élément si important dans la biologie,
sont généralement d'un autre ordre sur les petites planètes que sur les grosses. Voici comment. Nos saisons
sur la Terre dépendent de l'inclinaison de notre axe de
rotation sur l'écliptique. Notre globe présente tour à tour
chacun de ses hémisphères au Soleil; du printemps à
l'automne, c'est notre hémisphère boréal; de l'automne

(1) Voyez le *Bulletin* de l'Observatoire du 5 janvier 1863.

au printemps, c'est l'hémisphère austral ; tandis que nous jouissons des chaleurs estivales, nos antipodes grelottent, et réciproquement ; les saisons du globe tournent sans cesse autour de lui, et sont ainsi complémentaires. C'est là un *premier* ordre de saisons. Mais on sait que dans son cours annuel autour du Soleil, la Terre ne suit pas une circonférence parfaite. Or les différences de température qui résultent du plus grand rapprochement de la Terre vers le Soleil à son périhélie, et de son plus grand éloignement à son aphélie (autrement dit, de son *excentricité*), constituent un *second* ordre de saisons, qui n'est pas sensible chez nous à cause de l'intensité des premières.

Il n'en est pas de même des petites planètes ; sur la plupart d'entre elles, le premier ordre de saisons est insensible, tandis que le second domine. Leurs orbites sont beaucoup plus excentriques que celles des grosses planètes. Les plus faibles excentricités (0,040) pour Concordia, (0,046) pour Harmonia, sont encore trois fois plus grandes que celle de la Terre ; les plus fortes (0,338) pour Polymnie, (0,320) pour Asia, sont de véritables excentricités cométaires. Il résulte de là que, sur les planètes qui, comme Polymnie, Asia, et même Eurydice, arrivent à leur périhélie deux fois plus près du Soleil qu'à leur aphélie, l'hiver et l'été sont déterminés par la variation de leurs distances, et non par l'inclinaison de leurs axes de rotation (à moins que cette inclinaison ne soit très-forte). Au lieu d'être complémentaires, les saisons se manifestent les mêmes pour tous les points de la planète en même temps. La chaleur et la lumière qu'elles reçoivent de l'astre central varient dans le rapport de 4 à 1 ; le diamètre apparent du Soleil de 8′ à 4′, tandis que, pour la Terre, les nombres extrêmes ne diffèrent que d'un trentième de leur valeur. Les saisons et les climats sont donc essentiellement distincts d'ici; ils subissent de plus une variation permanente de la part de l'inclinaison de l'axe.

Un troisième ordre de saisons, que notre véhément confrère, M. de Fonvielle, nous faisait dernièrement remarquer, est celui qui dépend de l'inclinaison des orbites planétaires sur le plan de l'équateur solaire. Il y a des petites planètes qui, comme Niobé, Euphrosine, et surtout Pallas, présentent une inclinaison remarquable. Or on sait que les différentes parties du disque solaire ne sont pas douées de la même intensité calorifique et lumineuse, que les pôles sont plus froids et plus obscurs que les régions équatoriales. Il suit de là que la somme de chaleur reçue par l'astéroïde doit marcher en sens inverse de sa latitude héliocentrique.

Cet effet, inappréciable pour notre globe, dont le plan n'est incliné que de 6° sur celui de l'équateur solaire, doit se faire sentir sur les planètes mentionnées plus haut, notamment sur Pallas, dont l'inclinaison s'élève à 30°. Il se combine avec l'excentricité (généralement plus forte pour les orbites très-inclinées) pour déterminer à la surface de ces petits astres un genre de saisons très-différent de celui qui domine sur la Terre.

Ces Mondes sont bien petits lorsque nous les comparons au nôtre. C'est vraiment dommage qu'ils n'aient pas été découverts à l'époque des disputes de Leibnitz et de Bernouilli sur l'infiniment petit; les deux illustres champions auraient pu leur envoyer leurs Pipéricoles. En effet, la plus grosse des planétoïdes, Vesta, mesure à peine 105 lieues de diamètre; une cinquantaine de lieues de rayon, voilà une île bien modeste dans l'immense archipel, et dont notre ambition serait à peine tentée. Qui sait

pourtant? La fierté est bien souvent en raison inverse de
la valeur. Peut-être le souverain de cette île se croit-il
le premier au-dessous de Dieu, le plus élevé d'entre les
créatures vivantes ; peut-être passent-ils leur vie, là
comme ici, à ajouter à leur domaine quelques lignes de
terrain, à se disputer la conquête d'un grain de poussière. Mais Vesta est encore une géante à côté de ses
compagnes ; il y a là des globes que nous pourrions *presque* tenir à la main et faire rouler dans nos
campagnes, — comme nous faisons galoper nos trains
formidables ; Hestia, par exemple, qui n'a pas trois lieues
de rayon, et dont on pourrait charrier la masse sur quelques convois de marchandises. La surface de ces petits
globes est inférieure à celle de nos départements ; un bon
marcheur en ferait le tour dans une journée. Comme
nous nous trouvons grands à côté de ces petits nains !
Comme nous sommes puissants auprès de ces faibles re-
jetons ! La comparaison est certes tout entière à notre
avantage ; restons ici, où nous dominons dans la majesté
de notre grandeur... Surtout... surtout ! ne portons pas
nos regards au delà de cette famille lilliputienne, car ils
tomberaient, hélas ! sur ce grand et noble Jupiter qui
plane là-bas royalement dans les cieux, et nous nous
sentirions soudain retomber dans l'abîme de notre mé-
diocrité.

CHAPITRE X

ASTRONOMIE DES HABITANTS DU SOLEIL

Nous ne saurions clore nos recherches sur l'astronomie des habitants du système solaire, sans considérer, pendant quelques instants au moins, ce globe central, source de la chaleur, de la lumière et de la fécondité des Mondes. Notre but n'est pas ici, plus que précédemment, de discuter les conditions d'habitabilité; ce serait revenir sur nos travaux passés; mais il s'agit d'exposer quel serait l'aspect du monde extérieur pour les habitants, dans le cas où ce globe serait le séjour d'êtres raisonnables.

Cependant nous résumerons en quelques mots les débats qui se continuent sur la constitution physique du Soleil, en disant que, malgré le nombre et l'excellence des observations, malgré l'habileté d'observateurs infatigables, malgré les déductions et les théories très-dissemblables que l'on a émises en ces derniers temps, on ne saurait encore aujourd'hui rien affirmer, pour ou contre, dans cette question de l'habitabilité du Soleil. Pour être plus avancée, la solution du mystère n'est pas plus claire qu'au temps d'Herschel (1).

Si l'on me posait cette question : Le Soleil est-il habité? disait Arago, je répondrais que je n'en sais rien; mais qu'on me demande si le Soleil peut être habité par des êtres organisés d'une manière analogue à ceux qui peuplent notre globe, et *je n'hésiterai pas à faire une réponse affirmative.* Arago hésiterait aujourd'hui : la science ne suit pas une ligne droite dans sa marche progressive, elle revient souvent sur elle-même, et tout en progressant semble parfois reculer en arrière et remonter vers sa source. On ne saurait surtout affirmer aujourd'hui que le Soleil soit habitable par des êtres organisés *analogues* à ceux qui peuplent la Terre, surtout lorsqu'on songe à sa chaleur, laquelle est égale à celle qui serait fournie par *la combustion d'une couche de houille de sept lieues de hauteur enveloppant entièrement le Soleil* (astre près d'un million et demi de fois plus gros que la Terre); on est encore, d'autre part, dans une incertitude trop profonde sur la chimie et la physique du noyau et des enveloppes solaires pour que l'on puisse se permettre de conjecturer sur le genre d'habitation; mais ce que l'on peut avancer sans crainte, c'est qu'il est possible qu'il soit habité par des êtres différents de nous, dont l'organisation serait en harmonie avec les conditions de vitalité appartenant à ce Monde. Nous sommes fort peu disposé à admettre qu'il ne puisse être peuplé d'êtres vivants qu'à l'époque où l'extinction de sa lumière le réduira à la condition de planète; il y aurait trop de

____

(1) Voy. notre travail : *Le Soleil, sa nature et sa constitution physique. Revue contemporaine* du 31 décembre 1864.

7

timidité à se contenter de cette hypothèse, et lors même qu'on l'adopterait il resterait encore à démontrer quel nouveau soleil illuminerait et éclairerait cet astre éteint. Il est plus conforme à l'enseignement de la nature d'admettre une diversité infinie dans les manifestations de la force vitale.

Suivant Herschel, si la profondeur de l'atmosphère solaire dans laquelle s'opère la réaction chimique lumineuse s'élève à un million de lieues, l'éclat de la surface peut ne pas surpasser celui d'une aurore boréale ordinaire. Quant à la théorie nouvelle qui représente le Soleil comme un globe liquide, incandescent et inhabitable, elle n'a rien d'absolu; puisque nous ne connaissons ni la nature du feu du Soleil, ni son origine, ni la substance de cet astre mystérieux, on ne peut se fonder sur la loi du rayonnement pour avancer que son noyau soit à l'état d'incandescence : les arguments d'Herschel sont bons à alléguer contre cette hypothèse; les observations du P. Secchi sur l'abaissement de température qu'éprouvent les points du disque où apparaissent les taches sont plus affirmatives encore. Dans tous les cas, il peut se faire qu'une enveloppe réfléchissante, douée de propriétés physiques inconnues, ait été donnée au noyau solaire pour le garantir contre les ardeurs de la photosphère et pour renvoyer dans l'espace le torrent de la lumière et de la chaleur.

Quoi qu'il en soit, la première condition remarquable que l'on observe dans l'état physique du Soleil, c'est qu'une lumière inaltérable l'enveloppe d'un jour éternel, et que les ténèbres et les glaces de nos nuits profondes ne viennent jamais troubler ses splendeurs permanentes. C'est là le premier caractère distinctif qui jette une séparation radicale entre ce Monde et les nôtres; c'est

celui qui frappa le premier les imaginations qui se trans-
portèrent à sa surface pour la contempler et la décrire.
Écoutez l'astronome Bode, qui plaçait en lui les intelligences les plus élevées du système : « Dans ce séjour
privilégié, dit-il, les heureuses créatures qui l'habitent
n'ont aucun besoin de la succession alternative du jour
et de la nuit; une lumière pure et inextinguible brille
toujours à leurs yeux, et au milieu de l'éclat du Soleil,
ils goûtent la fraîcheur et la sécurité à l'ombre des ailes
du Tout-Puissant. »

Les mêmes choses frappent diversement, et reçoivent
quelquefois des interprétations fort opposées. Ainsi, tandis
que l'Allemand Bode, d'accord avec Kant son compatriote, fait du Soleil un magnifique séjour, notre Français
Fontenelle, malgré toute son imagination, n'y peut trouver
que des aveugles, des êtres à qui l'univers entier serait
complétement inconnu. Il allègue à ce propos deux raisons, dont la dernière, à vrai dire, ne manque pas de
fondement : c'est que l'éclat éblouissant du Soleil ne peut
qu'aveugler son monde, et que les enveloppes dont cet
astre est environné cachent tout l'univers à ses habitants.

Il serait, en effet, difficile d'expliquer comment les
habitants du noyau obscur pourraient voir au delà des
couches supérieures brillantes qui les enveloppent de
toutes parts, et observer, par-delà cette lumière permanente, les planètes du système et les étoiles perdues au
fond des cieux. L'intensité de la lumière des astres étant
certainement inférieure à celle des atmosphères qui les
enveloppent, comment cette intensité n'est-elle pas éclip-
sée à leurs yeux? Faut-il croire que le ciel tout entier
leur est invisible, et qu'ils ne peuvent se douter de l'existence des planètes, de notre Terre, des comètes éche-
velées et de tous les petits astres soumis à la domination

solaire? Ce serait une triste domination que ne pas même
savoir sur quoi l'on domine. Faut-il penser que ces ou-
vertures sombres, qui d'ici nous paraissent des taches,
sont les seules fenêtres par lesquelles leur regard peut
quelquefois plonger dans l'infini et chercher quelque
Monde? Mais que devient cette hypothèse si ces ouver-
tures sont, comme nous le disions naguère (1), le résultat de tourmentes volcaniques ou des tumultueuses tempêtes de l'atmosphère? Faut-il imaginer alors que ces
êtres mystérieux jouissent de moyens de vision inexpli-
cables ou qu'ils puissent s'élever par-delà ces régions
lumineuses et brûlantes, et placer peut-être leurs obser-
vatoires sur les petites terres qui avoisinent le Soleil.
Mystère! mystère! Mais comment se résoudre à admettre
que ce beau Soleil soit un Monde inférieur, un séjour
inhospitalier, ou seulement une lampe gigantesque que la
main éternelle tiendrait dans l'espace pour guider les
Mondes voyageurs? Non, il y a là des êtres inconnus et
inconnaissables.

Or, pour eux, le système entier des étoiles semble
tourner autour du Soleil dans une révolution égale à environ vingt-cinq de nos jours, système de constellations
en tout semblable à celui qui nous apparait ici-bas. Seulement l'équateur céleste n'est pas le même pour eux que
pour nous, de même leurs étoiles polaires ne sont pas les
nôtres... cet équateur passe par deux points diamétralement opposés et distants de notre point équinoxial de
75° et de 255°. Les étoiles se lèvent et se couchent,
marchant de l'Orient à l'Occident, et leur donnent la mesure fondamentale de leur temps; ce jour sidéral est en
effet la première et la seule unité à laquelle ils puissent

(1) *Cosmos*, année 1864, II.

tout rapporter; encore cette unité est-elle loin de posséder le caractère de nos jours composés d'une période
diurne et d'une période nocturne; car la même lumière
demeure, inaltérable, dans l'atmosphère constamment il-
luminée, sans aucune décroissance, sans aucun renouvellement ; ils n'ont pas davantage nos années, nos saisons ni nos mois. Ils ne connaissent point nos vicissitudes
et sont au sein d'une stabilité éternelle.

Les mouvements des planètes à travers les constellations s'accomplissent tous dans le même sens, mais avec
des vitesses inégales par lesquelles ils auront pu trouver
la relation des distances. Il n'y a pour eux ni stations, ni
rétrogradations, ni aucun des embarras qui surchargeaient
notre astronomie ancienne et arrêtèrent pendant si longtemps l'essor de la science. De plus, les phases de Mercure, de Vénus, que nous observons d'ici, n'existent
point pour eux, ni celles d'aucune planète. Ils n'aperçoivent que l'hémisphère éclairé des globes qui circulent
autour d'eux, et n'ont aucun moyen de savoir si ces
globes sont lumineux par eux-mêmes ou simplement
éclairés par le rayonnement de leur brillante patrie.
Ainsi la simplicité des phénomènes, loin d'être utile au
progrès, est bien souvent une cause d'ignorance, tandis
que la complexité des effets observés appelle la discussion et détermine l'avancement de nos connaissances.

Pour les habitants du Soleil, nos planètes connues
sont divisées en trois groupes distincts. Mercure, Vénus,
la Terre et Mars appartiennent au premier groupe : ce
sont quatre petites planètes voisines de l'astre central, et
qui sont toutes les quatre animées d'un mouvement de
rotation de 24 heures environ. Les planètes télescopiques, aux orbites entrelacées, appartiennent au second
groupe. Jupiter, Saturne, Uranus et Neptune, globes

immenses, entourés de systèmes lunaires, forment le troisième groupe. Ces astres s'écartent fort peu, dans leur cours, de l'équateur céleste. Quant aux comètes, ils les voient tomber irrégulièrement dans leur ciel, tantôt sous la forme d'amas immenses de vapeurs, suivis de longues traînées lumineuses, tantôt sous la forme de faibles nébulosités qui descendent comme des flocons, et remontent s'évanouir dans l'espace.

La superficie du Soleil est douze mille fois plus grande que celle de la Terre; son diamètre mesure 360,000 lieues, et sa circonférence plus de 1 million. Un voyage de circumnavigation, qui dure trois ans sur la Terre, demanderait près de trois cents ans sur le Soleil, dans des conditions relativement identiques à celles du navigateur terrestre. La surface, 12,557 fois plus grosse que la surface terrestre, est, en nombre rond, de 6 trillions 400 billions de kilomètres carrés. En volume, le corps solaire est 1,407,187 fois plus gros que la Terre, et mesure le nombre colossal de 1 quintillion 520 quatrillions 996 trillions 800 billions de kilomètres cubes. Si l'on n'y vivait pas incomparablement plus longuement qu'ici, un homme ne saurait, dans le cours de sa vie, se mettre en relation avec la généralité des peuples contemporains. La pesanteur est 29 fois plus intense à la surface du Soleil qu'à la surface de la Terre; tandis qu'un corps tombant sur la Terre parcourt $4^m,90$ pendant la première seconde de chute, sur le Soleil il en parcourt 144. Il suit de là que des êtres comme nous, et des animaux comme nos éléphants, nos chevaux, nos chiens, pèseraient sur la surface solaire 27 fois plus qu'ici, et resteraient immobiles, cloués au sol. Nous pèserions quelque chose comme 2,000 kilos. Il faut donc que ces habitants soient des êtres bien différents de nous. Mais Dieu nous préserve d'essayer d'imaginer quels ils peuvent être! On l'a trop candidement fait depuis trop longtemps, pour que nous ayons le goût d'une imitation quelconque.

Le Soleil a probablement, lui aussi, ses années mesurées par une révolution autour d'un astre central. Mais quelles années! Nos siècles sont les secondes de ces immenses périodes, et les milliers joints aux milliers reproduiraient à peine un arc de cette circonférence gigantesque. La tangente de l'arc qu'il parcourt aujourd'hui est dirigée vers la constellation d'Hercule; quand aurat-on mesuré cette portion d'arc; quand aura-t-on trouvé la tangente qui succédera à celle-ci, et le centre de cette orbite spacieuse? Tout ce qui appartient au Soleil est marqué d'un caractère de grandeur, tout en lui participe de sa supériorité sur nos petits Mondes, de sa royauté dans l'ordre des créations célestes. Grandeurs, volumes, périodes, mouvements, lumière, sont les éléments royaux attachés à sa couronne. Pourquoi les êtres inconnus qui l'habitent ne seraient-ils pas, relativement à nous, dans une condition incomparable? pourquoi leur organisation physique ne serait-elle pas en dehors des lois terrestres que nous connaissons? pourquoi leur état de vie ne serait-il pas en tous points différent du nôtre, de l'alpha à l'oméga de leur existence?

CHAPITRE XI

MONDES ILLUMINÉS PAR DES SOLEILS MULTIPLES
ET COLORÉS

En faisant l'astronomie des différentes stations planétaires de notre système, et en examinant sous quel aspect le monde se présente aux observateurs placés sur ces diverses stations, nous ne sommes pas sorti d'un même ensemble de phénomènes. Nos planètes puisent toutes à la même source de chaleur et de lumière, le même jour luit sur chacune d'elles, les mêmes forces y mettent en jeu, suivant des intensités diverses, les ressorts de la vie, les mêmes lois président à leur existence et à celle des êtres qui respirent à leur surface. C'est une même cité, dont les quartiers diffèrent, mais dont l'unité est indestructible. Sur Mars comme sur la Terre, sur Jupiter comme sur Vénus, notre unique Soleil se lève et se couche, semant la fécondité sur son passage, des nuées s'élèvent dans les airs et retombent en pluie sur les campagnes, les vents soufflent, les saisons se succèdent, la nature se nourrit des mêmes éléments et vit de la même vie.

Mais il n'en est plus de même du moment où nous quittons cette circonscription pour visiter les autres régions de l'univers. Des aspects tout nouveaux s'offrent à nos regards. Le jour auquel nous sommes habitués s'efface devant une nouvelle lumière. Les perspectives changent. Un monde inconnu s'ouvre devant nos pas. Si ce n'était l'universalité sublime des lois premières de la nature qui, là-bas comme ici, attestent la même main et la même pensée, nous nous croirions transportés dans les domaines d'un autre Créateur.

Nous voici, par exemple, sur l'une des planètes qui avoisinent l'étoile α de la constellation du Centaure. Cette étoile est, comme on sait, *notre voisine;* elle est, à beaucoup près la plus proche, celle qui vient immédiatement après, la 61ᵉ du Cygne, étant plus de deux fois plus éloignée. Elle n'est, en un mot, qu'à 8 trillions 603 milliards 200 millions de lieues d'ici, distance si petite que la lumière, à raison de 70,000 lieues par seconde, ne met guère que trois ans et demi pour nous en venir.

Nous sommes, disons-nous, sur une planète appartenant à α du Centaure. Pour cette station, certaines perspectives célestes sont déjà bien changées; nos constellations sont un peu déformées; les mouvements apparents de la sphère étoilée n'ont aucun rapport avec ceux que nous observons d'ici, notre soleil lui-même n'est plus qu'une étoile dont s'est enrichie la constellation de Persée. Quant à nous et à toutes les planètes, lunes et comètes de notre système, il va sans dire que rien de tout cela n'existe pour ce Monde.

Le fait qui nous paraîtra le plus singulier en mettant le pied sur la planète en question, ce sera de nous voir illuminés, non plus par un soleil comme ici, mais par deux magnifiques flambeaux, occupant réciproquement tour à tour mille positions sur leurs zodiaques respectifs. Rien de plus étonnant, en effet, quand on sort d'un Monde comme le nôtre, de se trouver sur une terre occupée par deux Soleils. Suivant l'inclinaison de cette planète, ces deux Soleils peuvent alterner dans une succession régulière, et l'un se lève au moment où l'autre se couche; ou encore leurs jeux et leurs lumières se croisent à leur culmination, ou suivent une marche commune en gardant entre eux une distance périodiquement croissante et décroissante. Mille combinaisons peuvent être prises par eux pendant leur séjour au-dessus de l'horizon, et leurs couleurs rapprochées plus ou moins étroitement, donner lieu à des jeux de lumière inconnus.

Si, comme tout porte à le croire, chacun des Soleils qui composent ce système linéaire est le centre d'un groupe de planètes, le fait seul de la coexistence de ces deux Soleils doit donner lieu parmi ces Mondes à une diversité inimaginable dans l'action de la nature. Nous n'avons dans notre système aucun exemple de cette action, qui ne se borne pas aux effets journaliers de la lumière et de la chaleur, mais qui gouverne la marche latente de la vie sur chacun des Mondes qui les accompagnent. Nos saisons régulières n'offrent aucune analogie avec les saisons multiples qui résultent de la position et de l'inclinaison des planètes sur leurs orbites, relativement à la position occupée par les deux flambeaux qui les illuminent. Pour les planètes les plus rapprochées d'un Soleil, l'action de cet astre est prépondérante, celle de son congénère presque nulle. Pour les intermédiaires, la première influence est contre-balancée par une puissance rivale. Pour les extrêmes, les actions solaires se combinent, s'associent ou se combattent, déterminant un mode de vie incompatible avec celui que nous connaissons.

Ces deux Soleils ne sont ni de même grosseur ni de même intensité. Leur distance est considérable, car le demi-grand axe de l'orbite, tel qu'il serait vu perpendiculairement de la Terre, paraît sous-tendre un angle de 12″. Les dimensions que cette mesure donnerait (relativement à la distance de α du Centaure) nous paraissent trop extraordinaires pour que nous en parlions ici. Le petit Soleil tourne autour du grand en 78 de de nos années, entraînant nécessairement avec lui son système planétaire. Pour parler plus exactement, il faudrait dire que les centres des deux systèmes tournent l'un et l'autre autour de leur centre commun de gravité, lequel n'est qu'un point mathématique situé dans le vide, entre les deux astres. Ce mouvement paraît appartenir à toutes les étoiles doubles et à tous les systèmes d'étoiles. L'attraction régit le monde. Les deux composantes d'un groupe binaire ne peuvent rester et ne restent jamais immobiles. Si l'on marque avec attention la position de la plus grosse, la petite se meut à l'entour, se trouvant quelquefois exactement à l'Est, quelquefois exactement à l'Ouest, à certaines époques au Nord, et au Sud une demi-révolution plus tard.

Éclatante confirmation de l'universalité de l'attraction newtonienne! les premiers observateurs qui s'occupèrent des étoiles multiples ne se doutaient guère qu'elles formaient de véritables systèmes ; elles étaient encore pour eux des étoiles indépendantes placées fortuitement sur deux lignes visuelles très-rapprochées, et qu'un pur effet de perspective montrait comme voisines. William Herschel lui-même, à qui l'on doit d'avoir ouvert les études sérieuses de l'astronomie stellaire en général, et de cette branche en particulier, ne s'imaginait pas, en commençant ses recherches, que ces étoiles multiples étaient invariablement liées les unes aux autres. Il cherchait seulement là un moyen de trouver la distance de l'étoile la plus brillante à la Terre ; cherchant une chose, il en trouva une autre ; ce qui n'est pas bien rare. Grâce à lui et à ses successeurs, nous savons que l'universelle loi de gravitation s'exerce, à travers les profondeurs de l'espace comme autour de nous, en raison directe des masses et en raison inverse du carré des distances. C'est là un fait capital, dont l'intérêt ne le cède en rien à l'importance. Avant de l'avoir constaté, on n'avait aucun droit à affirmer que la vertu attractive fût inhérente à la matière, que celle-ci ne pût exister sans elle en des régions insondées.

C'est à la fois une question de physique et de philosophie, jadis incertaine, aujourd'hui constatée dans tous ses points. Sans parler de sa portée philosophique, nous pouvons dire que ses conséquences mathématiques sont pleines d'intérêt. Etant données la vitesse angulaire de la petite étoile autour de la grande et la mesure du rayon de son orbite, on trouve facilement la quantité numérique dont elle tombe, en une seconde, vers l'astre central. Cette quantité, comparée à la chute des corps sur la Terre ou sur le Soleil, donnerait le rapport de la masse de la grande étoile à la masse de la Terre ou à celle du Soleil. Du jour où l'on connaîtra la distance d'une étoile double, cette étoile sera pesée, malgré son effrayante distance, comme on a pesé la Lune et les planètes. Il y a déjà lieu de croire que la 61e du Cygne est dans ce cas, et que sa masse (les deux composantes réunies), est de 0,353, celle du Soleil étant 1. Les observations des étoiles doubles serviront de même à déterminer la distance de ces groupes binaires à la Terre par la comparaison du temps que les rayons lumineux mettent à venir de la seconde étoile, suivant qu'elle se trouve dans la partie de son orbite la plus rapprochée ou la plus éloignée de la Terre.

A propos des grands résultats qui, à divers points de vue, sont ou seront dus à la connaissance de ces lointains systèmes, nous ne pouvons nous empêcher de songer encore à l'interprétation illégitime des causes finales. En 1779, l'abbé Mayer avait écrit un mémoire peu digne de son auteur sur les groupes d'étoiles. Nicolas Fuss, de l'Académie de Saint-Pétersbourg, entreprit d'en réfuter quelques erreurs choquantes, entre autres celle qui plaçait les satellites des étoiles à plusieurs degrés de distance angulaire. Mais une arme dont Fuss se servit et qu'il aurait aussi bien fait de laisser de côté, c'est toujours le *cui bono?* « A quoi bon des révolutions de corps lumineux autour de leurs semblables? dit-il. Le Soleil est la source unique où les planètes puisent la lumière et la chaleur. Là où il y aurait des systèmes entiers de soleils maîtrisés par d'autres soleils, leur voisinage et leur mouvement seraient sans but, leurs rayons sans utilité. Les soleils n'ont pas besoin d'emprunter à des corps étrangers ce qu'ils ont reçu eux-mêmes en partage. Si les étoiles secondaires sont des corps lumineux, quel est le but de leur mouvement? » Délicieux raisonnements de notre esprit, qui prétend voir au delà de sa portée! combien de fois vous nous avez arrêtés sur le droit chemin par votre mirage trompeur!

La complication des phénomènes de la nature que nous remarquons dans les systèmes d'une étoile double sera plus grande encore si nous passons à une étoile triple. Ces dernières forment une classe moins nombreuse que les précédentes. Sur 120,000 étoiles observées à tous les points du ciel, il y a 3,000 étoiles doubles; ce qui donne en moyenne une sur quarante. On ne connaît guère qu'une cinquantaine d'étoiles triples. Les Mondes soumis à de tels sytèmes et aux diverses perturbations exercées par les soleils voisins du leur doivent offrir un régime auquel nous ne pouvons rien comparer d'analogue. Dans la plupart des étoiles triples, l'une domine, occupant le centre apparent du triple système, et l'étoile satellite est double. La première est le soleil central autour duquel tout gravite; la seconde est le soleil central de la troisième et l'emporte avec elle dans sa révolution. C'est comme si la Terre et la Lune étaient deux petits soleils. Pour peu que l'on imagine un système planétaire à chacun de ces trois soleils, on a de quoi créer un monde bien au delà de tout ce que pourrait imaginer la plus capricieuse des fantaisies.

Que dire des étoiles quadruples, de cet ε de la Lyre, par exemple, étoile qui paraît double au premier abord, et dont en réalité chaque composante est double elle-même ? et de ces systèmes plus riches encore, comme θ d'Orion, qui se compose de quatre étoiles principales disposées aux quatre angles d'un trapèze, et dont les deux étoiles de la base ont encore chacune un satellite lumineux qui les accompagne ?

Ceux qui jugent de la création par l'état de la Terre sont bien loin de la vérité. La connaissance des étoiles multiples, n'aurait-elle d'autre but que de mettre en évidence leur erreur, que cet éminent service mériterait le tribut de notre reconnaissance. Que les partisans de l'absolu contemplent le ciel avec nos yeux d'aujourd'hui; c'est l'occupation la plus utile à laquelle ils puissent se livrer; elle les mettra en garde contre les systèmes exclusifs qui sonnent mal avec la grande harmonie de la nature.

Combien l'inimaginable variété des aspects de la nature

sur les Mondes appartenant à ces petites pléiades de soleils doit être encore accrue par la différence d'intensité, de grandeur et de *couleur* que l'on remarque sur chacun de ces soleils? Voici, par exemple, le système d'α du Bélier : le grand soleil est blanc, le petit est bleu. Voici γ d'Andromède : le grand soleil est orange, le second vert d'émeraude; μ de Persée : l'un est d'un rouge éclatant, l'autre d'un bleu sombre; δ du Serpent, toutes les deux bleues. La 8ᵉ de la Licorne se compose d'un grand soleil jaune et d'un petit soleil pourpre; dans α de Cassiopée, le grand est rouge, le petit est vert, etc. (1). Cette variété de nuances est réelle et n'est point due, comme on pouvait le croire au premier abord, à quelque illusion d'optique. Quelle est la cause générale qui produit cette multitude de couleurs? Est-ce l'âge des soleils, qui, de leur premier à leur dernier jour, passeraient par une suite d'aspects divers? Cependant il y a un grand nombre d'étoiles bleues, et les étoiles temporaires que nous avons vues naître et mourir, en 1572, en 1604, etc., n'ont point passé par cette nuance. Mais ces étoiles temporaires sont-elles de même nature que les fixes? Ce n'est pas probable. Les atmosphères, dont la force absorbante diffère de l'une à l'autre, n'agiraient-elles pas diversement sur l'action de l'étoile dont elles développent la lumière? Quelle action deux soleils inégalement lumineux et de constitutions physiques inconnues exercent-ils l'un sur l'autre? Nos expériences n'ont pu mettre que des substances terrestres en rapport avec l'influence du Soleil, et l'analogie cesse ici comme précédemment. Lorsque, conduits par la pensée dans les régions lointaines

(1) V. notre étude d'astronomie stellaire : *Les Univers lointains.* (Annuaire du Cosmos de 1865.)

du ciel, nous assistons en esprit au spectacle de la nature sur ces Mondes étranges qu'illuminent plusieurs soleils diversement colorés; lorsque nous voyons un soleil rouge succéder à un soleil bleu, ou bien un globe d'or suivre un globe d'émeraude, et verser dans l'espace des jours de toutes nuances; lorsqu'à ces astres splendides viennent encore se joindre des lunes colorées par eux et dont les disques multicolores se croisent dans le ciel : la diversité de cette création est éloignée de la nôtre par une telle distance, que la nature terrestre et tout ce qui lui appartient pâlit dans l'ombre et disparaît, perdue dans sa pauvreté. Quels sont ces Mondes sans jours, sans nuits, sans mois et sans années, où le temps n'imprime plus ces pas qui marquent ici le chemin de la vie, où les pinceaux d'Iris écrivent les fastes de l'histoire? Mystérieuse nature du ciel, quels secrets tu gardes encore et quels infiniment petits nous sommes, lorsque notre pensée s'élève vers toi, du fond de notre invisibilité!

ASPECTS GÉNÉRAUX

—

CHAPITRE XII

DU TYPE HUMAIN SUR LES AUTRES MONDES, ET EN GÉNÉRAL DE LA FORME DES ÊTRES VIVANTS

Que les humanités qui résident dans les îles lointaines du grand archipel céleste soient nos sœurs en intelligence ; que les âmes élevées aux divers degrés de la hiérarchie infinie soient toutes de la même famille et tendent à une commune destinée ; que les principes absolus du Vrai et du Bien constituent dans tous les points de la création les fondements d'une seule vérité morale : c'est ce que la philosophie des sciences nous invite à croire, et ce que la raison nous autorise même à proclamer comme un fait nécessaire. Les principes absolus de la vérité sont universels, et nulle âme responsable ne saurait faire exception au devoir de s'élever à leur notion et de reconnaître leur universelle identité ; si l'on ne craignait d'exprimer par des mots défectueux une

8

pensée bien claire en elle-même, on pourrait dire que la
constitution intime de l'être pensant est partout la même,
que la raison doit présenter en tous lieux à l'analyse
psychologique la même nature (ce qui ne veut pas dire,
la même élévation), et que sur Neptune ou sur les Mondes
qui avoisinent Sirius, comme sur la Terre, la faculté de
penser est en tous lieux du monde semblable à elle-
même.

En est-il de même de la forme corporelle ? Si la raison de l'habitant de Vénus est gouvernée par les mêmes
lois que celle de l'habitant de la Terre ; si pour le premier, comme pour le second, les vérités morales et les
vérités mathématiques sont les mêmes et les déductions
du raisonnement autorisées pour l'un comme pour l'autre ;
est-il nécessaire, est-il vraisemblable que leurs sens
soient identiques aux nôtres, que la vue soit partout
comme ici servie par deux yeux placés au sommet de la
tête, l'odorat et le goût par les mêmes mécanismes, l'ouïe
par deux oreilles latérales, etc. ? Est-il nécessaire, est-
il vraisemblable que la créature ou les créatures raisonnables qui occupent dans chaque séjour le sommet de
la hiérarchie animale présentent en chaque station de
l'univers la forme humaine que nous connaissons? En un
mot, le type humain est-il universel, ou diffère-t-il suivant les Mondes ?

Pour étudier cette question, éliminons d'abord de la
discussion ceux qui prétendent que la question formulée
ici est inaccessible aux recherches humaines, car, à ce
compte, il n'y aurait plus moyen d'être curieux, et l'on
nous enlèverait ainsi l'une de nos plus précieuses facultés.
La curiosité n'est-elle pas, en effet, une tendance bien
estimable et des plus précieuses, puisque c'est à elle
que nous devons d'avoir été proscrits de notre résidence

du paradis terrestre, où l'homme se voyait éternellement condamné à ne pas toucher à l'arbre de la Science? Donc, gardons avec une piété toute filiale ce brillant héritage de notre première mère, et restons avides de science selon notre faculté originelle.

Profitons du moment pour renvoyer également des fins de leur cause ceux qui, là-bas, nous demandent *à quoi bon* nous creuser la cervelle pour savoir si les habitants des autres Mondes ont une tête pareille à la nôtre ou n'en ont pas du tout. A quoi bon?... Eh! mon Dieu! à quoi bon tout ce qui nous intéresse dans le domaine de la poésie ou de l'imagination? à quoi bon tout ce qui captive notre âme sous l'attrait de la nouveauté ou de l'enchantement? à quoi bon la majorité des trois cent mille heures que nous venons passer sur la Terre? Le temps que nous employons à songer, à chercher, à creuser, à rêver, est souvent moins perdu, en réalité, que celui que nous donnons à ce que nous croyons être les affaires les plus importantes de la vie. Du reste, il y a temps pour tout, et pour le moment nous faisons moins de la science que de l'application (nous allions presque dire de la broderie). Néanmoins, qu'on y songe un peu, il y a, au fond de la question que nous venons de poser, les problèmes les plus ardus des temps modernes, ceux qui concernent les origines, ceux dont les principes sont les plus graves, et dont la solution est si lente que le flambeau du dix-neuvième siècle à peine en a pu éclairer les abords.

> Os homini sublime dedit, cœlumque tueri
> Jussit, et erectos ad sidera tollere vultus.

Lorsque notre imagination se transporte jusqu'aux autres globes suspendus comme le nôtre dans les déserts

de l'espace, si nous osons·nous figurer leur mode d'habitation, et si nos regards embrassent de loin l'ensemble du
mouvement qui s'opère sur eux comme à la surface de la
Terre, la première impression dont nous ne pouvons
nous défendre est une impression toute terrestre et toute
relative au spectacle journalier qui nous entoure. Pour
nous, Européens, les plaines sont colorées par juillet et
ses moissons dorées, ou par des prairies verdoyantes; les
coteaux couronnés de bois touffus; la campagne diversifiée par le cours des rivières; il s'en faut peu que ce
dessin à vol d'oiseau ne présente au fond de la vallée
quelques toits rassemblés autour du clocher gris, peut-
être même certaine ville aux vieux remparts, découpant
là-bas l'horizon de sa silhouette sombre. Pour les habitants des tropiques et de l'équateur sans saisons, le spectacle n'offre plus le même coup d'œil; au rivage sablon-
neux d'une mer éternelle succèdent d'immenses forêts
infranchissables, aux forêts des collines que l'or des sillons
ou la verdure des prés n'a jamais décorées; végétaux et
animaux, tout est transformé. L'habitant du désert voit
quelque chose de plus sévère encore. *Nihil est in intellectu quin fuerit prius in sensu,* dit un adage fort
ancien de l'école empirique : rien n'est dans l'entendement qui n'ait auparavant passé par les sens. Il y a une
vérité au fond de cet adage; l'action du monde extérieur,
son reflet sur notre être intérieur est immense : les images figuratives, susceptibles de naître dans notre âme,
viennent de là. Aussi nous pouvons être convaincus, en
ce qui concerne notre question, que, si nous croyons
voir sur les autres Mondes des hommes de·six pieds,
blancs comme nous, les Chinois n'y verraient qu'une
race jaune; les Esquimaux, des sauvages parfaitement
noirs. Descendons encore : les singes y verraient des

bandes de gorilles ou d'orangs-outangs ; les poissons, des nageurs ; les perroquets, de beaux parleurs au bec d'or, au vert plumage ; les fourmis, des fourmilières au menu peuple. — Nous nommerons cette propension d'un mot qui, en ce qui nous concerne, l'exprime parfaitement : c'est l'anthropomorphisme.

Cependant qu'est-ce que l'Homme ? Car, enfin, toute la question est là. Anatomiquement et physiologiquement parlant, l'homme est le représentant le plus complet de la série animale, le dernier et le plus avancé, le résumé de ceux qui l'ont précédé sur l'échelle de la vie ; il occupe le sommet de la série convergente. Que l'on adopte, avec Geoffroy Saint-Hilaire, l'idée magnifique (mais non encore prouvée) de l'unité de plan ; ou que l'on veuille faire, avec Cuvier, quatre divisions isolées, on ne peut s'empêcher de reconnaître ce fait capital : que l'organisation de l'homme ne diffère pas de l'organisation animale ; qu'elle appartient au même édifice, dont elle est le couronnement ; qu'elle est produite par les mêmes forces, qu'elle est régie par les mêmes lois ; qu'elle dépend du même système, et que, du dernier des vertébrés au moins, pour ne rien dire de plus, la chaîne de l'animalité mène à l'homme par gradations insensibles. L'anatomie comparée, l'embryologie sont ici les sciences solides sur lesquelles nous nous appuyons.

Cela posé, remontons par la pensée à l'origine ou aux origines des espèces. Quel que soit le mode d'action par lequel la nature ait enfanté les premiers êtres vivants, ces organismes primitifs, qui représentent la vie animale réduite à son expression la plus simple ; ces infusoires, composés d'un seul canal médullaire ; ces zoophytes, qui semblent former le trait d'union entre les deux règnes ; quelle que soit, disons-nous, la manière dont s'est opérée l'apparition de ces êtres, il faut convenir que la forme, la grandeur, l'organisation, la manière d'être, la nature de ces organismes primitifs furent voulues par les forces qui leur donnèrent naissance, par le milieu dans lequel ils se trouvèrent, par les circonstances qui entourèrent leur berceau et les conditions générales et permanentes de leur existence. Si d'autres forces eussent prévalu, si d'autres substances eussent été en présence, si d'autres combinaisons se fussent produites, si d'autres conditions eussent été rassemblées, il est de la dernière évidence que ces êtres eussent été eux-mêmes plus ou moins différents de ce qu'ils furent. C'est du reste là une vérité que nous pouvons reconnaître par l'observation de chaque jour : aujourd'hui même, tous les êtres, végétaux ou animaux, varient suivant les conditions dans lesquelles ils sont placés. Il serait superflu d'insister sur ce fait, et nous pensons être autorisé à poser cet axiome : Les êtres naissent en harmonie avec le lieu de leur berceau.

L'oiseau est constitué pour le vol, parce que l'air est son royaume ; et ce ne sont pas seulement les instruments de sa fonction spéciale, mais encore ses divers organes qui sont en harmonie avec cette destination, depuis le mécanisme du poumon jusqu'à celui des petits tubes des ailes. Le poisson doit vivre dans les profondeurs des eaux : l'aspect seul de son organisation suffirait pour laisser deviner cette fonction. Parlerons-nous des amphibies, des poissons volants ; ferons-nous comparaître le bataillon des crustacés, derniers barons de Neptune antédiluvien, ou celui des insectes aux métamorphoses merveilleuses, ou celui des hôtes terribles des forêts et des cavernes ? Les uns comme les autres témoigneraient en faveur de cette proposition incontestable :

Les êtres sont en harmonie avec le lieu de leur existence.

Remarquez, au besoin, que lorsqu'ils n'y sont pas, soit qu'on les transporte en un milieu étranger, soit qu'on modifie celui qui les entoure, ils ne tardent pas à s'y mettre, absolument comme dans l'équilibre des corps, de la température ou du mouvement.

La diversité des espèces est donc corrélative de la diversité des forces, des milieux, des influences, des substances assimilées, des âges écoulés, des climats, des densités, etc., etc. En nourrissant un champignon d'acide carbonique, sous une température élevée, on reproduit artificiellement les conditions d'existence de la formation secondaire : qu'arrive-t-il ? le champignon grossit, grossit, devient énorme, monstrueux, et représente les cryptogames colossaux, enfouis présentement dans les tourbières du monde primitif. La même action ne se bornerait pas aux végétaux ; elle serait applicable aux animaux, si ceux-ci n'étaient pas héréditairement noués par les âges antérieurs. Mais, sans sortir des conditions normales de la vie présente, nous voyons le globe terrestre couvert d'espèces diverses, appropriées à leurs conditions d'existence.

Au lieu du globe terrestre, considérons maintenant un autre Monde de notre système, et transportons-nous au temps de la première apparition de la vie à sa surface. Pour plus de précision, prenons un exemple, soit Jupiter. Les éléments sont-ils sur ce globe les mêmes que sur le nôtre ? L'eau en Jupiter est-elle composée, comme ici, d'un équivalent d'hydrogène et d'un équivalent d'oxygène ? L'air est-il formé de 79 parties d'azote et de 21 parties d'oxygène ? N'y a-t-il pas eu là d'autres gaz, d'autres vapeurs, d'autres liquides prépondérants ? D'autre

part, relativement à la Terre, cet astre possède une masse
trois cent trente-huit fois plus considérable, et une densité quatre fois moindre : tandis que le poids spécifique
de la Terre est représenté par 5,48, celui de Jupiter l'est
par 1,31. Son volume surpasse le nôtre de quatorze cents
fois. Sa durée de rotation n'est que les quatre dixièmes
de la rotation terrestre, et son jour ne dure pas dix heures;
son année, au contraire, est près de douze fois plus
longue que la nôtre. Il n'a pas de saisons; sa distance au
Soleil est cinq fois plus grande que celle de la Terre, et il
en reçoit vingt-sept fois moins de lumière et de chaleur.
Quatre satellites agissent sur son atmosphère et sur son
océan. Dans quelles conditions se trouvent et se sont
trouvées ses forces magnétiques et électriques? Quelles
combinaisons primitives furent produites? quels travaux
mécaniques et chimiques furent opérés? quelle force,
quelle loi fut *dominante* à l'époque de l'origine des espèces? — L'étude de la nature nous autorise à répondre
que la création sur Jupiter fut dans tous ses aspects essentiellement distincte de la création terrestre, et que les
espèces qui constituent les règnes organiques de cet astre
sont, par leur nature même, foncièrement différentes de
celles qui constituent la vie terrestre. Or, l'animalité est
une chaîne; la seconde espèce créée (mais cette expression
est fautive) dépend de la première, ou, pour mieux dire,
dépend du même Monde que la première, et, par conséquent, lui est liée par des ressemblances ineffaçables; la
troisième est liée à la seconde; la millième est liée à la
centième; et, de proche en proche, on arrive à la dernière espèce créée, celle qui résume toutes les autres,
qui appartient au même système, établit le dernier anneau
de la série et représente dans son type le plus avancé la
forme des êtres vivants qui l'ont précédée sur l'échelle

de la vie : on arrive à l'Homme, et l'on reconnaît qu'il ne fait point exception à la loi des espèces ; qu'il est soumis, comme tout le reste, à l'action des forces matérielles, et qu'il est partout en rapport avec l'état physiologique de chacune des sphères.

S'il en est ainsi sur les Mondes de notre système, dont l'origine solaire paraît commune, que sera-ce si nous considérons les sphères lointaines qui resplendissent dans la mosaïque des cieux ? Au milieu d'une telle diversité, parmi ces soleils multiples, autour desquels gravitent des planètes sollicitées par des perturbations incessantes, où les années, les saisons et les jours marchent par successions irrégulières, où mille actions se contrebalancent ; parmi les Mondes caressés par les rayons colorés de plusieurs flambeaux, où le règne de la lumière s'établit dans toute sa splendeur ; parmi ceux qui passent tour à tour de la lumière aux ténèbres, des régions ardentes aux frimas glacials : au sein d'une telle variété, comment soutenir encore l'idée de l'universalité de type, comment soutenir l'universalité d'un organisme dont le premier caractère est de se mouler sur la forme voulue, de se mettre à l'unisson avec l'harmonie ambiante, d'être éminemment plastique, afin de ne se voir dépaysé en aucun lieu, en aucun système ?

Notre organisation intérieure et extérieure est en corrélation intime avec notre Terre. Nos poumons sont constitués pour l'aspiration de l'air ; ils servent à la transformation du sang veineux en sang artériel ; notre système intestinal est approprié à notre genre de nourriture, à la fois herbivore ; et carnivore notre système osseux contient tout cet appareil de la vie ; il n'y a pas un centimètre carré de surface en notre corps dont la forme et la nature n'aient leur raison d'être, depuis la cheville

jusqu'au sourcil protecteur. Or, notre genre de nourriture
changé, notre genre de respiration modifié, par suite
de l'influence du milieu, notre être se trouve irrévocable-
ment transformé, afin d'être en rapport avec cette nouvelle destinée. Il en résulte que les organes secondaires
seront modifiés et leurs usages différents. Et, en vérité,
n'est-ce pas une plaisanterie de venir avancer que le
cerveau de tous les êtres pensants doit offrir la même
composition et la même forme pour secréter la pensée,
que les fonctions spéciales au milieu terrestre doivent
être remplies en tout lieu du monde ou remplacées par
des fonctions analogues, auxquelles des organes semblables aux nôtres seraient dévolus? N'est-ce pas encore
une plaisanterie plus frivole de supposer que l'être intelligent se compose, dans toutes les sphères, d'un tube
destiné à faire passer des aliments? — Nous voulons
bien laisser sous silence les détails qui pourraient ressortir
d'un plus ample examen. — Or, comme nous le disions
tout à l'heure, l'absence d'un système d'organes entraîne,
pour reconstituer l'harmonie, une modification complète
dans l'unité des corps. Là où la loi de mort n'est pas la
loi de vie, comme sur notre terre, où les êtres ne vivent
que par la destruction, un régime plus élevé a causé un
organisme différent du nôtre. Supposons, par exemple,
qu'en une atmosphère raréfiée la respiration ne s'effectue plus par un larynx identique au nôtre; supposons,
en même temps, que le mécanisme de notre bouche soit
différent, en raison d'un autre genre de nourriture —
nourriture aérienne, par exemple, tirée d'une atmosphère nutritive — il en résultera que notre façon de
parler sera elle-même fort différente de ce qu'elle est.
Et, du reste, pourquoi serait-ce le même instrument qui
servirait partout à l'expression de la pensée?...

Concluons que nous n'avons aucune raison de croire notre type humain universellement répandu sur les Mondes habités, et que nous en avons d'excellentes de croire au contraire à sa diversité.

Ne nous faisons pas illusion sur notre beauté, purement relative, comme toute beauté physique, et qui n'est qu'un rapport de convenances. Tout autre système d'organisme, agencé suivant d'autres combinaisons, voulu par d'autres forces, approprié à d'autres milieux, aurait de même une beauté particulière caractéristique. Les forces qui régirent la formation du système anatomique des diverses espèces et qui établirent ici l'unité et l'harmonie, ont de même établi sur les autres Terres d'autres systèmes en harmonie avec l'état physique de ces diverses résidences.

Mais quels sont ces autres hommes? demande-t-on. Vous ne leur donnez pas notre nature, notre visage, notre système corporel. Comment remplacez-vous ces mains appropriées à tant d'usages, cette poitrine où bat un cœur viril, ces yeux puissants qui portent la pensée?... Et, sous un autre aspect, par quelles beautés remplacez-vous ces beautés sensibles, ces formes aimées qui nous sont si chères? — Eh! nous nous gardons bien d'essayer de les remplacer. Nous ne sommes point doué de la faculté créatrice, nous savons que toutes nos imaginations seraient terrestres, et nous n'imaginons rien. Mais nous savons que si nous sommes un être fini, plein d'incapacité et d'ignorance, il est un Être infini dont l'essence est de créer à l'infini des formes infinies. Et par là, nous nous reposons en paix sur la facilité prodigieuse avec laquelle cette puissance infinie peut remplacer les plus précieuses des choses créées par elle.

Nous avons pensé qu'il ne serait pas inutile de déclarer

ici sur quelle base nous établissons la relativité du type
terrestre, attendu que ceux dont l'imagination a voyagé
parmi les terres célestes ont généralement consacré l'erreur opposée. Huygens s'étend sur la nécessité pour les
hommes des autres planètes d'être identiquement semblables à nous ; Swedenborg voit sur une terre du monde
astral des moutons et des bergères à la Florian ; dernièrement encore un ami de notre philosophie a défendu
l'universalité du type humain dans une œuvre excellente (1). C'est pour combattre ces vues incomplètes que
nous avons écrit ce chapitre.

LE PANORAMA DES FORMES

Avant d'abandonner la question de la forme vivante
revêtue sur les autres Mondes, évoquons autour de nous la
légion fantastique des êtres créés par l'imagination humaine, depuis ces âges reculés où l'âme craintive personnifiait
les forces de la nature jusqu'aux croyances du moyen
âge, où le mysticisme mit encore au monde de nouvelles
chimères. Appelons le docteur Faust et son compagnon

(1) *Les Lois de Dieu et l'Esprit moderne*, par Ch. Richard, ancien
élève de l'École polytechnique, commandant du Génie.

infernal ; que Méphistophélès retourne sous nos yeux la
montagne du Broken et nous donne une seconde représentation de la nuit classique de Walpurgis. Descendons
aux champs de Pharsale : voici la région des *Mères*,
principe mystérieux de toutes choses étant ou devant
être, habitant en dehors de l'espace et du temps. Ce ne
sont plus seulement les sorcières divinatrices de Shakes-
peare, ni les *formes préadamitiques* de Byron, c'est un
élément plus rapproché du Principe des choses. Comme
le disait Herder, en dehors des régions inférieures, la
nature ne nous laisse voir que l'instant de passage ; et
quant aux régions supérieures, elle ne nous montre que
des formes en état de progrès. Elle a mille sentiers invisibles de transformation. C'est le royaume de l'incréé,
l'ὕλη ou l'*Hades*. L'invisible nous reste caché ; mais
voyons ce qui monte à la limite du visible.

Au milieu de la légion fantastique que nous venons
d'évoquer, on remarque un être symbolique qui personnifie l'ensemble des forces productives de la nature ;
c'est un singulier assemblage des formes humaines, de
celles des animaux et des astres. Sur sa tête, des cornes
ont la prétention de rappeler les rayons solaires et le
croissant de la Lune ; sa poitrine velue est tachetée comme
la peau d'un léopard et parsemée d'étoiles, ses jambes
et ses pieds sont ceux d'un bouc. Autour de Pan, que l'on
a déjà reconnu, on voit des Satyres ou Sylvains ; ils ont
comme lui la partie inférieure d'une bête fauve et la partie
supérieure de la nature humaine. Les Faunes sont les des-
cendants romains de ces ancêtres grecs. Les Dryades et
les Hamadryades hantent le rivage des fleuves ; les Tritons
aux écailles d'or ne quittent jamais l'empire de Neptune.

Ce n'est pas ici le lieu de faire comparaître les trente
mille divinités subalternes de la mythologie romaine ;

laissons seulement nos regards errer d'une forme à l'autre parmi les formes non humaines. Sur les montagnes courent avec la rapidité du vent les Centaures ou Hippocentaures de Thessalie, demi-hommes et demi-chevaux ; dans les eaux se baignent les Sirènes à la voix séduisante, élevant au-dessus des flots un corps de femme d'une incomparable beauté, tandis que l'autre partie du corps, semblable à une queue de poisson, reste cachée. Les Gorgones, au contraire, dont Méduse est la reine, terrifient par le regard de l'œil unique qu'elles portent au milieu du front, comme les antiques Cyclopes, et sont armées de griffes redoutables. Dans les airs courent les Harpies, monstres ailés ayant le visage d'une vieille femme, le corps et les griffes d'un vautour, les mamelles pendantes et une crinière de cheval. Mais de toute cette assemblée aucun être ne vaut Protée, dont la forme change à sa fantaisie, qui passe en un clin d'œil de la forme d'un lion, d'un oiseau, d'un dragon, à celle d'un fleuve ou d'une flamme brûlante.

Voici maintenant les Sphinx, que salue courtoisement Méphistophélès : Bonjour, les belles dames, dit-il. Ils ont, en effet, le visage et la gorge d'une jeune fille ; mais le reste du corps est du lion avec les ailes et la queue d'un dragon. Les Griffons ne sont pas loin ; comme les précédents, ils descendent du mystérieux Orient. Corps, pieds et griffes d'un lion, tête et ailes d'un aigle, oreilles d'un cheval avec des nageoires au lieu de crinière, dos couvert de plumes. Ælien ajoute même que le plumage du dos est noir, celui de la poitrine rouge, et celui des ailes blanc. Si nous voulons le pied et la tête de ces êtres fabuleux, nous aurons en bas les petits Mirmidons, en haut les Arimaspes géants.

De l'Inde au moyen âge, nous verrons apparaître la Licorne (*monoceros*), corps de cheval, tête de cerf, queue de sanglier, corne plantée au milieu du front, laquelle corne n'a pas moins de deux coudées de longueur. C'est l'animal le plus redoutable de la Terre. Cependant saint Grégoire dit qu'il se laisse prendre au sourire d'une vierge. A côté de la Licorne on peut trouver le Yença, qui change de sexe à volonté, et la Parande d'Éthiopie, qui change de couleur comme le caméléon. La Manicorne, le Basilic, vous glacent d'effroi. Cependant voltigent dans les airs de charmantes figures : Liliths, chérubins ailés; Lamies, spectres serpentiformes au doux visage; Stryges, femmes ailées nocturnes qui ravissent les enfants. Au bord des rivières on rencontre parfois la Guivre, descendant de l'hydre grecque; et la Wivre, moitié femme et moitié serpent, qui, au lieu d'yeux, porte une escarboucle qu'elle dépose quelquefois sur le rivage.

Mais le romantisme des classiques est loin d'être épuisé, et la féerie du moyen âge ne nous a montré qu'une face bien modeste de son polyèdre multicolore. Si nous descendions aux enfers avec Dante, nous ferions la rencontre de Cerbère, du Minotaure, des Furies aux cheveux de Cérastes; des reptiles lybiques tels que les Chelydres, les Jaculi, les Phares, les Amphysbèmes; et le Dragon de la septième fosse, et le Phénix cinq fois centenaire. Le regard étrange de faces plus bizarres encore nous saisirait d'étonnement, si nous traversions avec le Tasse les remparts flamboyants de la Forêt enchantée : Ismen y fait apparaître toute la légion des Chimères et des Fantômes. Si nous descendions au labyrinthe de Thessalie, nous serions bientôt entourés de ce peuple fantastique : Kabires, Telchines, Psylles, Dactyles, Phorkiadès, Imses, Esprits des vents, Esprits des flots, Esprits des bois et des grottes silencieuses. De l'Inde tropicale à la Scandinavie, tout s'anime, tout se personnifie, Brahma, et Odin se donnent ici la main; mille formes, mille images naissent du cerveau pensif, prenant à l'envi leur essor vers le ciel de la fantaisie. Brillants simulacres, dont les formes capricieuses se dessinent au sein des vapeurs nuageuses, visions aériennes, fantômes nés de l'imagination ou de la crainte ; le monde en est habité dans ses régions les plus cachées ou les plus inabordables. Consultons tous ces manuscrits enluminés qui escortent l'an mil; gravissons la spire ténébreuse qui mène au sommet des hautes cathédrales, remontons dans le passé jusqu'aux runes scandinaves, jusqu'aux hiéroglyphes égyptiens; nous reconnaîtrons l'éternel symbolisme jeté sur la nature par l'esprit, symboles rapidement exagérés, qui nous représentent aujourd'hui dans un vaste tableau cette inimaginable variété de formes vivantes que la pensée féconde a lancées dans les airs.

L'imagination humaine est-elle plus féconde que la nature? Est-elle plus habile à la création des images que la puissance éternelle dont le sein porta l'infinité des êtres? Non. Ne voit-on pas, au contraire, que les facultés humaines, dans leur expansion la plus hardie, dans leur expression la plus illégitime, dans leurs exagérations les plus téméraires, ne sont pas encore véritablement créatrices, et ne font que transfigurer, transformer quelquefois un type original? Ne voit-on pas que l'esprit n'enfante pas un type étranger à la nature sensible, mais qu'il peut simplement modifier les images reçues par les sens, les agrandir, les diminuer, les combiner selon son caprice, les plier à sa fantaisie, mais travailler en définitive sur les seuls éléments que l'observation extérieure peut lui fournir?

D'un autre côté, sa fécondité paraît étroitement limitée, si on la compare à celle des forces naturelles. Que
sont tous les êtres fabuleux, imaginaires, issus de la fantaisie humaine, à côté de l'immense variété des êtres naturels, au point de vue même de la bizarrerie, de l'é-
trangeté des formes. Remontons un peu les âges de la
création terrestre, assistons quelques instants au spectacle changeant de cette nature disparue, aux scènes mystérieuses des époques antédiluviennes. Voici les frontières des forêts gigantesques que là-bas les eaux sub-
mergent. Quels sont ces combats étranges entre des
crocodiles cornus, de cinquante pieds de long, et des
serpents aux anneaux écailleux dont les replis se perdent
parmi les hautes herbes des marécages. Là bas des
flammes tourbillonnantes sortent du sein des eaux, et des
poissons ailés forment une ronde à l'entour. Voici des
champignons de cent pieds de haut, et des mousses plus
élevées que nos chênes. Un bruit étrange couvre la ru-
meur des vents et des tempêtes ; c'est un lézard monstrueux, de cinquante pieds de long, aux dents d'iguane,
et dont la membrure osseuse dépasse celle des plus
grands éléphants : c'est l'Iguanodon, aux prises avec un
Mégalosaure de quinze mètres, et dont les dents redoutables tiennent à la fois du couteau, du sabre et de la scie.
Les deux reptiles formidables se mangent l'un l'autre. Les
cavernes retentissent de leurs cris glauques, et l'on voit
s'enfuir à tire-d'aile les Ramphorynchi et les Ptérodac-
tyles. Qu'étaient-ce encore que ces êtres-ci ? Le premier
offre quelque air de parenté avec les Chimères que l'on
voit sur le haut des tours Notre-Dame; sa tête tient à la
fois de celle du canard, du crocodile, de la grue ; son
épine dorsale se termine en une queue osseuse et annelée;
deux ailes droites et fermes gardent son corps comme

un bastion, trois doigts terminent ses pattes, et la crête d'un dindon est suspendue à son cou. Le second de ces reptiles aériens doit être l'Adam des Vampires : c'est une Chauve-souris de la grosseur d'un Cygne ; c'est le premier des Dragons volants dont la fable s'est copieusement servie. Sa tête de crocodile était armée de dents aiguës. Il y avait le *Ptérodactyle macronyx* et le *Ptérodactyle crassirostris* (noms mélodieux). Si cet amphibie de la terre et des airs n'existait pas, on pourrait défier l'imagination de l'inventer.

Mais, sans remonter aussi haut dans l'histoire des merveilles de la création, et pour « passer tout de suite au déluge », prenons simplement une modeste goutte d'eau, et regardons-la au foyer du microscope solaire. Pensez-vous qu'il n'y ait pas ici un assemblage de formes bien autrement surprenant que toute la série des demi-divinités champêtres de la mythologie? Voyez se croiser ces lézards, ces chenilles, ces serpents, ces rapides couleuvres. Examinez toutes les formes géométriques réalisées : ici une sphère tourbillonne sur elle-même, là un carré, un cube ; plus loin, des polyèdres rassemblés. Et quelles métamorphoses, si vous restez quelques minutes seulement à l'observation ! Ne croyez-vous pas voir ici un éléphant aperçu d'en haut, sa trompe se balance fièrement de droite et de gauche? Quels sont ces deux yeux flamboyants qui nous regardent sans sourciller, comme s'ils ne nous voyaient pas? Ne dirait-on pas, dans ce coin de terre, voir le rivage de la Manche avec ses coquillages que le reflux abandonne? Certes nous avons là, dans une gouttelette d'un millimètre cube, tout un monde plus étrange et moins imaginaire que celui des féeries enfantées par l'esprit des hommes.

Ainsi nous possédons sur la Terre même, dans les fossiles du monde primitif, dans les terrains antédiluviens, dans le grès crétacé des formations géologiques, dans une goutte d'eau, sur une feuille-prairie d'êtres microscopiques, dans le sable desséché que le vent emporte par les airs; nous avons là une quantité innombrable, indéterminée, de formes, de figures variées, d'êtres divers dont les modes d'existence nous ouvrent un champ illimité. Les milliers joints aux milliers ne dénombreraient pas la variété des formes revêtues par l'animalité terrestre, depuis le polype qui marque les frontières du minéral et du végétal jusqu'aux libellules des eaux dont l'air est le limpide domaine. De quelle infinie diversité notre séjour n'est-il pas la source? Si les seules forces inhérentes à notre globe modeste ont donné le jour à une pareille série d'existences, que sera-ce si nous envisageons les Mondes étrangers au nôtre, où tant d'éléments inconnus furent en action dès l'origine des âges? Que devient à côté de la diversité naturelle, celle des êtres fabuleux créés par l'imagination? Elle s'efface et disparaît, et il n'y a rien d'étonnant à ce qu'elle se trouve réalisée soit en notre terre, soit en d'autres. Elle n'est rien auprès de l'opulence du trésor naturel, auprès de la flexibilité des forces agissantes, auprès de la variabilité des effets, suivant le genre et l'intensité des causes. La plastique de la nature n'est pas un art écourté comme le nôtre; elle n'est pas soumise à ces règles, à ces limites de convention que nous devons respecter dans nos productions sous peine de tomber dans la laideur, dans le désaccord. Dans le royaume de la création, la forme comme le principe vital participent de l'infinité de la nature : les forces agissent; la substance, d'une docilité et d'une souplesse incomparables, se modèle sans effort sur l'action des principes créateurs.

Le monde des formes possibles et existantes peut être infini en acte, aussi bien qu'il est infini en puissance, et toutes les fantaisies de l'imagination humaine resteront inévitablement au-dessous de la réalité. Vie végétale, vie animale, vie humaine, peuvent se produire sous des systèmes complétement étrangers à ceux que nous connaissons ; étrangers par leurs fonctions et conséquemment par leurs organes, étrangers par leur mode d'existence interne aussi bien que par leur aspect extérieur. « Tenez, disait Gœthe en montrant une multitude de plantes et de fleurs fantastiques qu'il venait de tracer sur le papier tout en causant, voici des images bien bizarres, bien folles ; et cependant elles le seraient encore vingt fois plus qu'on pourrait se demander si le type n'en existe pas quelque part dans la nature. L'âme raconte, en dessinant, une partie de son être essentiel, et ce sont précisément les secrets les plus profonds de la création qui, en ce qui regarde sa base, reposent sur le dessin et la plastique, qu'elle évente de la sorte. » (*Gœthe aus næherm persœnlichem Umgange Dargestellt.*) Or, tout ce que l'âme, en communion originelle avec les principes créateurs, pourrait reproduire et reconstituer serait encore infiniment au-dessous du vrai.

Transporter sur la Lune, sur Mars, sur le Soleil, les hommes et les choses d'ici-bas, c'est donc se méprendre sur le principe même de la génération des êtres. A qui verrait Vénus en songe, un nouveau Monde serait découvert, bien plus nouveau que ne le furent les îles Australes pour Marco Polo. Ce sont les esprits superficiels qui s'amusent à peupler les astres de colonies terrestres. Mieux vaut pour nous étudier la nature dans la réalité de son action toute-puissante et apprendre par là à la connaître de plus en plus, plutôt que de nous perdre en conjectures. Il s'agit de ne jamais perdre de vue cette connaissance, soit que nous l'étudiions directement en elle-même, soit que nous l'étudiions, comme nous allons bientôt le faire, réfléchie dans l'esprit des hommes.

CHAPITRE XIII

I. — *Poids des corps à la surface des astres.*

Il n'est pas nécessaire de remonter bien haut dans l'histoire de la science pour trouver accréditées les idées les plus fausses sur la nature de la pesanteur, la Terre où nous sommes ayant été pendant longtemps regardée comme le centre absolu de l'univers, comme un point fixe auquel les éléments de la cosmographie devaient tous se rapporter.

L'histoire de la Pluralité des Mondes est, à ce point de vue, pleine d'appréciations singulières et curieuses, qui peuvent servir à montrer combien facilement l'homme déraisonne lorsqu'il croit raisonner rigoureusement et baser ses déductions sur des faits en apparence bien établis. C'est ainsi qu'on lit dans Plutarque, outre les

craintes de certains peuples relativement à la *chute de la
Lune*, des conjectures fort bizarres sur la raison pour laquelle les habitants de cet astre ne nous tombent pas sur
la tête. C'est encore à une idée fausse de la pesanteur que
sont dues les réflexions superbes de l'éloquent Lactance,
et celles de saint Augustin, s'accordant à merveille l'un
et l'autre pour traiter de sots, d'ignorants, de ridicules
et d'absurdes ceux qui croient qu'aux antipodes « des
hommes puissent cheminer la tête en bas, les pieds en
haut, que la grêle, la pluie, la neige tombent de bas en
haut, » etc. Il serait fort long de rapporter tout ce que
de graves personnages ont sérieusement débité là-dessus.

Le témoignage des sens, la force d'inertie morale ont
une telle influence sur nous, qu'il nous est tout d'abord
difficile de nous affranchir des idées communes sur le
haut et le *bas*, et de nous convaincre que ces deux expressions sont purement relatives, qu'elles ne signifient
plus rien en dehors de l'application que nous en pouvons
faire à la sphère d'attraction d'un astre, qu'il n'y a ni
haut ni bas dans l'univers, et qu'en nous élevant
(comme on dit) à la hauteur d'une des étoiles fixes, nous
ne serions pas en réalité plus haut qu'ici ou qu'à 100 millions de lieues sous la Terre. Oui, cela nous est difficile;
nous entendons encore chaque jour des expressions telles
que celles-ci : Si les étoiles tombaient !... n'est-il pas
écrit qu'elles tomberont du ciel à la fin des temps? Vous
dites que la Terre est jetée, isolée, et sans point d'appui
dans l'espace : comment se fait-il qu'elle ne tombe pas?...
Tous ces mots *haut*, *bas*, *tomber*, *descendre*, *monter*,
n'ont qu'une signification étroite et relative et n'expri-
ment rien d'absolu.

Le centre de gravité d'une sphère, le point vers lequel
tous les autres sont attirés en vertu de la gravitation uni-

verselle, ce point est celui où tendent les corps, où ils
tombent, si l'on veut : c'est là « le bas » ; il n'en est pas
d'autre. Le centre de la Terre est le bas pour nous, Terrigènes ; le centre de la Lune est le bas pour les Sélénites ; le centre de Jupiter est le bas pour les Joviens.
Sur une plus grande échelle, astronomiquement parlant,
la Terre est le bas pour la Lune, le Soleil est le bas pour
la Terre. Encore ces rapports n'ont-ils eux-mêmes rien
d'absolu, puisque, en définitive, ils dépendent de forces
qui modifient sans cesse leur action mutuelle.

Nous nous imaginons, au rapport de nos sens, que les
objets situés au-dessus de nos têtes sont en haut, et que
s'ils abandonnaient le lieu qu'ils occupent, ils tomberaient
ici. On ne nous surprend que médiocrement lorsqu'une
prétendue nouvelle américaine nous annonce qu'un habitant de Mars est tombé dans l'eau, — nous voulons dire
dans une couche géologique, — et certains numéros du
Pays ont été lus l'automne dernier avec quelque intérêt et quelque crédulité ; on pourrait également nous
annoncer que le pied de la Grande-Ourse est tombé dans
l'Océan, sans que cela nous parût rigoureusement impossible. Cependant un habitant de Vénus ne peut pas plus
tomber sur la Terre que nous ne pouvons tomber nous-
mêmes sur la planète avant-courrière du jour, et, à coup
sûr, il serait possible que la Terre tombât dans une étoile
(dans le Soleil, par exemple), tandis qu'il est impossible
qu'une étoile tombe sur la Terre.

Mais il est bien entendu que tous les êtres appartenant
à un globe sont liés à lui par la loi d'attraction, et que
chaque globe a son individualité, sa propriété, sa puissance personnelle et inaliénable sur les choses qui lui
appartiennent. La surface de chaque Monde est un aimant
pour ceux qui l'habitent, tout astre a sa sphère d'attrac-

tion, en laquelle sont emprisonnés tous les êtres originaires et tributaires de cet astre. Mais maintenant, avec
quelle intensité la pesanteur agit-elle à la surface des
autres sphères? quel est le *poids des corps* sur les planètes de notre système? Voici :

Ni la force, ni la pesanteur ne sont rien par elles-
mêmes ; elles dépendent entièrement de la quantité de
matière contenue dans le volume de la planète où elles
siégent. C'est la masse de la planète qui détermine le
poids des corps à sa surface. Si l'on considère, d'une
part, qu'une sphère matérielle attire comme si toute sa
masse était condensée à son centre ; et, d'autre part, que
l'attraction décroit en raison du carré de la distance, qui
n'est autre chose ici que le rayon de l'astre ; on voit facilement que, pour obtenir l'état de l'intensité de la pesanteur à la surface d'un astre, il suffit de diviser la masse
par le carré du rayon. Pour opérer rigoureusement, il
faudrait tenir compte de l'aplatissement polaire du sphéroïde, et de l'influence contraire de la force centrifuge ;
la première de ces causes est insignifiante ; la seconde
nous a paru digne de recherches spéciales, qui nous ont
donné les découvertes exposées dans la seconde partie
de cet article.

Connaissant, d'une part, les masses des corps planétaires, d'autre part leurs volumes, on a pu établir l'intensité de la pesanteur à leur surface. Voici ces éléments,
calculés pour le Soleil, pour les planètes et pour la Lune.
La première colonne du petit tableau suivant donne l'intensité de la pesanteur, *comparée à celle de la Terre ;* la
seconde donne cette intensité réelle, c'est-à-dire l'espace,
en mètres, *parcouru pendant la première seconde de
chute* à la surface de ces différents Mondes.

Le Soleil	29,37	143ᵐ,91
Mercure	1,15	5 ,63
Vénus	0,95	4 ,64
La Terre	1,00	4 ,90
Mars	0,40	2 ,16
Jupiter	2,55	12 ,49
Saturne	1,09	5 ,34
Uranus	1,11	5 ,44
Neptune	1,02	5 ,00
La Lune	0,22	1 ,08

Ainsi, un corps qui tombe parcourt, sur le Soleil
143 mètres 91, pendant la première seconde de chute,
4 mètres 90 sur la Terre, et seulement 1 mètre 08 sur
la Lune. Sur les petites planètes, l'intensité est plus faible, et les corps tombent plus lentement encore.

On conçoit que le poids des corps étant entièrement lié
à cette intensité, ou pour mieux dire étant constitué par
cette intensité même, il en résulte une grande diversité
dans la comparaison des différents Mondes. Ainsi (ce à
quoi les voyageurs célestes n'ont pas pensé) un homme
moyen, pesant 60 kilogrammes sur la Terre, se trouverait
n'en plus peser que 13 en arrivant sur la Lune, tandis
qu'il en pèserait 1,762 en arrivant à la surface du Soleil.
La diversité nécessaire causée par ces rapports dans la
structure, la forme et la grandeur des habitants des astres vient confirmer sous un nouvel aspect les vues que
nous avons exposées dans notre chapitre sur le *type humain* dans les Mondes ; elle oppose aux inventeurs et
aux peintres d'hommes planétaires des obstacles bien
difficiles à lever. Ainsi, disait un critique, comme le Soleil
a son diamètre égal à 112 fois celui de la Terre, on le
gratifiait d'habitants ayant une taille égale à 112 fois la
nôtre, ce qui, pour les mêmes hommes solaires, faisait
une hauteur de 200 mètres, c'est-à-dire environ 3 fois

les tours de Notre-Dame de Paris; mais comme la pesanteur est à la surface du Soleil environ 29 fois ce qu'elle est sur la Terre, qu'un habitant de la Terre serait sur ce vaste globe comme s'il portait sur ses épaules le poids de 29 de ses semblables, et que, par suite, il ne pourrait se tenir debout, force fut de réduire les indigènes solaires, et, de géants qu'on les avait d'abord imaginés, d'en faire des pygmées. Au lieu de titans bâtissant des coupoles de la hauteur du Mont-Blanc, c'étaient des hommes de la taille de nos rats, se traînant péniblement vers de petits édifices péniblement construits; en un mot, c'était tout l'opposé de la première idée.

Si le poids des corps varie ainsi d'un astre à l'autre, selon la diversité de l'action de la pesanteur, il faut inévitablement en conclure que le système musculaire de l'animal varie en puissance, et dans les mêmes proportions. Observons, par exemple, ce qui arriverait si la masse de la Terre devenait tout à coup double, triple, décuple, ou deux fois, trois fois, dix fois plus faible; ou si le globe prenait un volume plus petit ou plus considérable; que le poids des animaux soit dans le premier cas doublé, triplé, décuplé : les forces locomotrices, ne recevant pas pour cela un degré d'accroissement proportionnel, deviendraient relativement inférieures et incapables de soutenir la vie active de l'animal. Le contraire aurait lieu dans le second cas. Il faut donc admettre, comme l'ont avancé déjà le docteur Plisson et le docteur Lardner, que, pour que la locomotion puisse s'effectuer librement, il est indispensable que le développement des forces de l'animal soit en rapport avec le poids de son corps, variable suivant la quantité de matière et le volume de la planète à laquelle il demeure fixé.

La conclusion des observations précédentes est que

chaque terre a son système de pesanteur spécial, que le poids des corps diffère essentiellement d'un astre à l'autre, et que la structure et la force musculaire des êtres vivants varient proportionnellement aux éléments propres à chacune des sphères habitées.

II. — *La force centrifuge et le poids des corps sur les Mondes à rotation rapide.*

Nous prions nos lecteurs de nous pardonner d'avance quelques formules et quelques calculs que nous sommes forcé de présenter directement ici, malgré le désir que nous avons de n'offrir, selon notre coutume, que les résultats de notre travail. Les pages de la mécanique rationnelle ne peuvent être toujours littéraires, et celle-ci, en particulier, nécessite absolument l'usage des formes mathématiques. Mais, en revanche, nous promettons d'être bref et d'être lisible pour le plus grand nombre possible, et peut-être les résultats auxquels nous arriverons seront-ils assez curieux pour faire oublier la contention d'esprit que ces recherches auront demandée.

Le *poids* des corps ne dépend pas exclusivement, comme nous l'avons fait remarquer plus haut, de l'attraction de la masse terrestre, et les nombres établis précédemment sur l'intensité de la pesanteur calculée d'après la masse et le rayon des planètes, ne sont pas l'expression rigoureuse de cette intensité. Il faut apporter dans le calcul un élément dont nous n'avons pas encore parlé.

On sait que la Terre, tournant sur elle-même en vingt-quatre heures, fait décrire autour de la ligne des pôles à son équateur, une circonférence de 9,000 lieues par jour; autrement dit 1,671 kilomètres à l'heure, 464 mètres par seconde. Tout mouvement de rotation engendrant une certaine *force centrifuge*, comme on en a une preuve vulgaire dans la pierre lancée par la fronde, il en résulte qu'aux régions équatoriales de la Terre cette force centrifuge acquiert une intensité sensible.

Nous disons aux régions équatoriales. La plus légère attention suffit, en effet, pour montrer au premier coup d'œil que, dans une sphère qui tourne sur elle-même, les points de la surface où le mouvement est le plus rapide sont ceux qui se trouvent les plus éloignés de la ligne des pôles, autour de laquelle le mouvement s'effectue. Aux deux pôles, lieux où se termine l'axe de rotation, le mouvement est insignifiant; or, les points les plus éloignés de l'axe polaire sont évidemment ceux de l'équateur; plus l'on s'éloigne des pôles pour s'élever vers le grand cercle de l'équateur, et plus le mouvement devient rapide, puisque dans le même espace de temps un plus grand chemin doit être parcouru par la surface. A l'équateur même, le plus grand de tous les cercles perpendiculaires à l'axe de rotation, le mouvement acquiert son maximum. Ainsi, à Reikiawitz, en Islande, latitude polaire, la vitesse de rotation n'est que de 202 mètres par seconde; à Paris, elle est de 305 mètres; à Quito, équateur, elle est de 464.

Le fait suivant indique un effet de la force centrifuge. Supposons une tour de 200 mètres de hauteur : au sommet de cette tour, la force centrifuge à l'équateur due à la rotation de la Terre sera plus grande qu'à son pied. Si l'on fixe à ce *sommet* un fil à plomb dont le poids descende jusqu'à la surface du sol, la direction de ce fil à plomb dépendra de la direction de la pesanteur combinée avec celle de la force centrifuge mesurée *au pied* de

la tour. Si l'on fixe ensuite à uné petite distance à l'Est
du premier, un second fil à plomb dont le poids ne des-
cendrait que fort peu au-dessous du point d'attache, la
direction de ce second fil dépendra de la direction de la
pesanteur (qui est la même que pour le premier) combinée avec la force centrifuge mesurée *au sommet* de la
tour. La direction de ces deux fils ne sera donc pas la
même ; on en aura la preuve si l'on brûle le second fil :
le poids, continuant dans sa descente la direction suivant
laquelle il l'avait tendu, tombera à 22 millimètres à l'Est
de la perpendiculaire de son point d'attache. Si, par
exemple, on avait attaché les deux fils à 30 millimètres
l'un de l'autre, le second, au lieu de tomber à 30 millimètres du premier, dont le poids descendait jusqu'à la
surface du sol, serait tombé à 52 millimètres de distance.

On peut voir en même temps que la direction du fil à
plomb, la *verticale* d'un lieu quelconque, n'est pas
précisément tendue vers le centre de la Terre, car elle
est la résultante de l'attraction et de la force centrifuge.
Or, la direction de cette force fait toujours un angle plus
ou moins grand avec la direction de l'attraction, puisque
celle-ci est dirigée vers le centre de la Terre, tandis que
la force centrifuge est dirigée suivant le prolongement
du rayon du cercle que le corps décrit perpendiculairement à l'axe du monde. Ce n'est qu'à l'équateur et aux
pôles que la direction de la verticale n'est pas modifiée
par la force centrifuge.

Examinons maintenant quelle est la valeur de la force
centrifuge.

Le mouvement d'un corps *m* en repos relatif à la surface de la Terre est un mouvement circulaire et uniforme ;
rien n'est si simple par conséquent que la force centri-

fuge correspondant à ce mouvement. Si nous prenons la
masse du corps m pour unité, si nous désignons par ω la
vitesse angulaire, par seconde, de la Terre dans son
mouvement de rotation, et par r la distance du corps à
l'axe du monde, autour duquel s'opère le mouvement,
la force centrifuge, s'accélérant en raison du carré de la
vitesse, aura pour valeur

$$m\omega^2 r$$

Le jour sidéral se composant de 86,164 secondes, la
vitesse angulaire ω dans l'unité de temps sera obtenue
en divisant la circonférence terrestre par ce nombre. On
aura

$$\omega = \frac{2\pi}{86164} = 0,0000729$$

Rayon équatorial de la Terre $=$ 6376821 mètres.

$$\text{Log } \omega^2 + \log r = 2.5300$$

$$\text{D'où } \omega^2 r = 0^m,0339$$

On sait d'autre part que l'accélération due à l'intensité
de la pesanteur, habituellement désignée en physique
par la lettre g, égale : $9^m,8088$.

On a donc, pour le rapport de l'accélération due à la
force centrifuge à l'accélération due à la pesanteur :

$$\frac{\omega^2 r}{g} = \frac{0,0339}{9,8088} = \frac{1}{289}$$

Un 289º. Ainsi la force centrifuge à l'équateur terrestre n'oppose au poids des corps qu'une influence
insignifiante, puisque cette influence n'est guère que le
trois centième de leur poids. Un objet qui pèse 289 ki-

logrammes au pôle n'en pèse plus que 288 à l'équateur; c'est une faible différence. Remarquons cependant que, comme la force centrifuge s'accroît en raison du carré de la vitesse, 289 étant le carré de 17 (17 × 17 = 289), *si la Terre tournait 17 fois plus vite, les corps ne pèseraient plus* à l'équateur : des objets soulevés du sol n'y retomberaient pas, ils ressembleraient à ces légères feuilles mortes qu'un souffle soulève et emporte dans l'espace.

La curiosité nous a porté à rechercher s'il n'y aurait pas des Mondes où cet état se trouvât réalisé, ou du moins où l'influence de la force centrifuge fût telle, qu'elle approchât de cette limite. N'était-ce pas là en vérité une question piquante, et ne serait-il pas intéressant de savoir si, à la surface de certaines régions planétaires, l'inadhérence peut se trouver assez grande pour qu'il fût impossible de s'y tenir debout? Si cet état se rencontrait quelque part, malgré la meilleure volonté du monde, il n'y aurait guère moyen de faire habiter ces régions autrement que par des âmes! Mais revenons à nos calculs.

Jupiter et Saturne sont des planètes immenses, à côté de la Terre; elles pirouettent de plus très-rapidement sur elles-mêmes. La première est 1,414 fois plus grosse que le globe terrestre et n'emploie que 9 heures 55 minutes à effectuer son mouvement de rotation; la seconde nous surpasse de 734 fois et accomplit son mouvement diurne en 10 heures 16 minutes. Il y avait donc quelque bonne raison d'espérer que nous trouverions à leur surface un phénomène intéressant pour la question pendante.

Comme le mode de calculs est le même que dans le cas précédent, nous nous contenterons de reproduire les nombres principaux, en nous servant des mêmes symboles.

Sur Jupiter :

$$\omega = \frac{2\pi}{35672} = 0,000\ 176$$

$$r = 71\ 584\ 000^m$$

$$\text{Log } \omega^2 + \log r = 0.3458$$

$$\omega^2 r = 2^m,217$$

$$g = 25,012$$

$$\frac{\omega^2 r}{g} = \frac{1}{11}$$

A l'équateur de Jupiter, la force centrifuge est presque égale, comme on voit, au onzième de la pesanteur. (Nous faisons abstraction de l'aplatissement.) Un corps qui pèse 140 kilos aux régions polaires n'en pèse plus que 100 environ à l'équateur; et si Jupiter tournait un peu plus de *trois fois* plus vite, les corps sous les tropiques seraient *sans poids* (1).

Sur Saturne, l'influence de la force centrifuge relativement à l'intensité de la pesanteur est plus considérable encore, en raison de la faiblesse de celle-ci, qui est à peine supérieure à ce qu'elle est à la surface de la Terre. Ainsi nous trouvons pour le Monde Saturnien :

$$\omega = 0,000170$$

$$\omega^2 r = 1^m659$$

$$g = 10,68$$

$$\frac{\omega^2 r}{g} = 0,1554 = \frac{1}{6,43}$$

(1) Pour le Soleil, le calcul indique que, malgré la grandeur du rayon, l'influence de la force centrifuge due au mouvement de rotation n'est guère que la cent millième partie de l'intensité de la pesanteur.

Un peu moins de un sixième. Par conséquent, les nombres inscrits à la seconde colonne du petit tableau donné dans la première partie de cette étude (pag. 138), qui représentent l'espace parcouru pendant les premières secondes de chute à la surface des planètes, devront être diminués de cette fraction. Au lieu de $12^m,49$ pour Jupiter et de $5^m,34$ pour Saturne, on a pour le premier $11^m,36$, et pour le second, $4^m,51$ seulement. Il suffirait que Saturne eût un mouvement deux fois et demie plus rapide, pour que sa force d'attraction n'eût plus aucune influence à l'équateur.

A l'aspect singulier de ce résultat, on est porté à ne pas s'arrêter à la surface de Saturne, et à lever les yeux plus haut, vers ce gigantesque appendice d'Anneaux qui tournent au-dessus de l'équateur à plus de huit mille lieues d'élévation, avec une rapidité peu inférieure à celle de la planète elle-même (10^h32^m). Le diamètre extérieur de l'Anneau intérieur est de 61,000 lieues, celui de l'Anneau extérieur est de 71,000. Quelle est l'influence de la force centrifuge au bord de ces roues effrayantes? Voici trois nombres qui représentent : le premier, l'accélération due à la force centrifuge à la surface de la planète, donnée plus haut; le second, cette même force sur l'Anneau intérieur; le troisième, cette force sur l'Anneau extérieur.

$$1^m,659$$
$$3^m,252$$
$$3^m,779$$

N'ayant encore aucun élément positif sur la masse des Anneaux, nous ne pouvons ici composer les deux forces centripète et centrifuge; mais on voit que le poids des corps à la surface des appendices doit être essentiellement composé sur la combinaison des deux forces; que l'influence du mouvement de rotation est loin d'être négligeable comme elle l'est sur la Terre, et que la structure et la forme des êtres habitant ces milieux, originairement et perpétuellement soumises aux forces naturelles en action, peuvent être regardées *à priori* comme complétement étrangères à la forme et à la structure des êtres habitant notre globe.

CHAPITRE XIV

DU MOUVEMENT DANS L'UNIVERS

Lorsqu'une nuit profonde et silencieuse nous entoure, que nos regards errant d'une étoile à l'autre laissent notre âme contemplative bercée dans l'espace, et que le sommeil de la nature fait autour de nous le calme et la paix, il semble que l'immobilité, l'inactivité, le repos absolu nous enveloppent. C'est avec lenteur que la sphère étoilée paraît tourner sur l'axe du monde; ce mouvement reste insensible pour le regard; la Lune elle-même rêve dans son berceau aérien, les étoiles *fixes* dorment dans les cieux. Nulle heure du jour ne saurait nous offrir un plus grand calme; nulle cité humaine ne saurait, dans son repos le plus grand, approcher de celui-ci. Notre esprit lui-même, subissant l'impression extérieure, se sent enveloppé de paix et de silence.

Cependant, tandis que nous rêvons au sein de ce calme profond et de cet univers paisible, il y a dans l'espace certain globe de trois mille lieues de diamètre, isolé de toutes parts, et suspendu solitaire au sein d'un vide infini. Ce globe n'est pas immobile, mais lancé à travers l'étendue avec une rapidité prodigieuse, à côté de laquelle la vitesse de nos meilleures locomotives ressemble à la marche d'une tortue. Pour bien apprécier le cours de ce globe, il faudrait nous placer en un point du ciel, non loin de la route qu'il va suivre ; alors nous verrions cette boule lumineuse apparaître de loin, sphère tourbillonnante ; la voici qui s'approche, qui grossit, qui devient immense, monstrueuse... elle passe... déjà la voilà disparue avec la rapidité de l'éclair ; elle s'éloigne à toute vitesse, emportée par la même course vertigineuse, sans repos ni trêve, éternellement. Avec quelle vitesse ce globe court-il ainsi les cieux sans bornes ? — *Vingt-sept mille cinq cents lieues à l'heure :* plus de trente mille mètres par seconde !

Nuit et jour, sans cesse, cet astre continue sa course dans l'étendue étoilée. — Et comment se fait-il, demandera-t-on, qu'on ne le voie point traverser ce ciel calme et pur dont les étoiles scintillent avec tant de douceur ? — L'explication est bien simple : cet astre dont l'éternelle course nous effraye, c'est la Terre que nous habitons.

Oui, la nuit est calme et silencieuse, autour de nous tout repose dans une paix profonde, et cependant nous sommes sur... l'impériale d'un vagon lancé isolément dans l'espace avec cette vitesse prodigieuse de six cent soixante mille lieues par jour !...

L'impression des sens est si puissante, que l'illusion produite par elle nous domine d'une manière absolue. Nous ne pouvons nous soustraire à la surprise, bien légitime d'ailleurs, que fait naître en nous l'idée d'un pareil mouvement, auquel nous participons sans en avoir conscience ; et lors même que la connaissance de cette vérité et l'habitude de ces considérations mathématiques nous

les rendent plus familières, nous ne pouvons songer au
fait en lui-même sans nous étonner de sa puissance.
C'est qu'en effet, rien n'est plus opposé à nos sentiments
originaires sur la stabilité du globe, et rien ne contrarie
davantage l'idée de sécurité longuement et solidement
établie en nous par l'observation vulgaire. Le fait en
lui-même nous semble tenir du prodige; et cependant lui
seul est vrai, tandis que nos idées premières sont foncièrement erronées.

Or, il importe, pour celui qui veut avoir une notion
vraie de la disposition et de la nature de l'univers, de se
désabuser des illusions produites par les sens, et d'admettre l'enseignement des faits observés. Au lieu de
laisser devant nous ce panorama de la nuit paisible, des
astres en repos, du ciel endormi, contemplons les mouvements célestes dans leur réalité. Et ne craignons pas
de voir s'évanouir avec l'illusion l'aspect poétique de la
nuit étoilée : La réalité est de sa nature infiniment supérieure à la fiction, lors même qu'elle est considérée avec
l'œil du sentiment. Au lieu d'une apparence de mort,
nous verrons s'ouvrir devant nous le royaume du mouvement et de la vie.

Voici donc la Terre qui voyage incessamment avec une
vitesse de 30,550 mètres par *seconde*. En effet, il s'agit,
pour elle, de parcourir en 365 jours et un quart la longueur entière de l'orbite qu'elle décrit autour du Soleil ;
cette orbite, de 38 millions de lieues de rayon, est
longue de 241 millions de lieues. Tel est le chemin à parcourir en un an. Or, il faut pour cela voler avec une
rapidité de 660,000 lieues par jour. — Ne pas oublier
qu'outre ce mouvement de translation, la Terre est animée
d'un mouvement de rotation sur elle-même qui va jusqu'à
464 mètres par seconde.

Ces mouvements de la Terre vont trouver leurs analogues dans la série des autres planètes. En se dirigeant vers le Soleil, on rencontre les planètes Vénus et Mercure. La première décrit une orbite de 172,600,000 lieues, et son année est de 225 jours environ. Pour effectuer son mouvement dans ce laps de temps, il lui faut parcourir 36,800 mètres par *seconde*, soit 32,190 lieues par heure, ou 772,585 lieues par jour. Cette vitesse est encore supérieure à la nôtre. On peut ici répéter justement la question posée plus haut : Pourquoi ne voit-on pas cet astre courir ainsi dans le ciel ? Le lecteur a déjà trouvé l'explication, et sait que la distance des astres nous empêche d'apprécier la valeur de leurs mouvements, — qui deviennent d'autant moins sensibles que l'éloignement est plus grand, — et que l'on ne peut se rendre compte de leur amplitude que lorsqu'on connaît leur distance.

Les mouvements planétaires deviennent d'autant plus rapides que l'on s'approche davantage du Soleil. Ainsi, tandis que la vitesse de la Terre par seconde est de 30,550 mètres, et celle de Vénus de 36,800, celle de Mercure est de 58,000 mètres. Animée de cette vitesse, la planète parcourt 52,520 lieues par heure, 1,260,000 lieues par jour, et, dans l'espace de 88 de nos jours, elle a parcouru son orbite entière de 111 millions de lieues.

En retournant sur nos pas, et nous éloignant du Soleil vers les limites du système, nous rencontrons successivement Mars, Jupiter, Saturne, etc. L'orbite de la première de ces planètes présente un développement total de 362 millions de lieues de 4 kilomètres. La vitesse moyenne de la planète est de 22,000 lieues par heure, c'est-à-dire de 24,448 mètres par seconde. Nous disons vitesse *moyenne* (ce terme est applicable à tous les Mondes), parce que chaque planète vogue d'autant plus vite qu'elle se trouve plus près du Soleil, ce qui arrive à l'époque du périhélie de chacune de leurs révolutions, qui ne sont pas rigoureusement circulaires, comme on sait, mais se rapprochent plus ou moins de la forme elliptique. Réciproquement, la planète marche plus lentement lorsqu'elle parcourt les points de sa course les plus éloignés du Soleil. Cette différence dans les mouvements célestes est surtout remarquable chez les comètes, dont l'ellipse est si allongée. Il y a des comètes qui parcourent 30 lieues par seconde à leur passage au périhélie, et quelques mètres seulement à leur aphélie. Ce n'est guère ici que la vitesse du vent.

Jupiter emploie 12 de nos années pour décrire sa course orbitaire, égale à 1 milliard 214 millions de lieues. Sa vitesse est de 12,972 mètres par seconde, 778 kilomètres par minute, 11,675 lieues par heure, 280,200 lieues par jour.

Le chemin parcouru par Saturne, dans son année de 10,760 jours, est de 2 milliards 287 millions 500 mille lieues. Sa vitesse moyenne est de 212,600 lieues par jour, 8,858 lieues par heure, ou 9,842 mètres par seconde. A la distance d'Uranus, dont l'orbite de 4 milliards 582 millions 120 mille lieues est parcourue en 84 ans, la vitesse n'est plus que de 149,300 lieues par jour ou 6,000 lieues par heure.

Le développement de l'orbite de Neptune présente une longueur de 7 milliards 170 millions de lieues ; la vitesse de la planète sur cette orbite, qu'elle parcourt en 164 ans, est de 20,000 kilomètres par heure, ou de 5 kilomètres et demi par seconde.

On voit combien la vitesse a successivement diminué

depuis Mercure, qui parcourt 58 kilomètres dans la
même unité de temps ; présentées sur une même ligne ,
ces vitesses respectives, par kilomètre et par seconde,
offrent de Mercure à Neptune le rapport suivant :

58, 37, 30, 24, 13, 10, 7, 5.

Telles sont les vitesses par lesquelles les sphères célestes sont emportées dans les régions de l'espace. Nous
n'avons pas parlé des petites planètes , dont le nombre
occupe la lacune qui sépare 24 de 13 dans la ligne précédente. Ces innombrables petits corps, de la grosseur
d'une province, tournent en effet autour du Soleil avec
une vitesse moyenne de 18 kilomètres par seconde, ou
16,200 lieues par heure. On voit que, malgré la petitesse de ces corps, leur rencontre n'aurait rien de
bien agréable.

Les satellites sont emportés par leurs planètes dans la
translation de celles-ci autour du Soleil, et par le même
mouvement ; en outre, ils tournent avec rapidité autour
de ces planètes. Ainsi tourbillonnent dans le ciel, Terre,
Lune, planètes, satellites, comètes, avec une rapidité dont
aucune vitesse sensible ne peut nous donner idée. Ainsi
marchent tous les astres du ciel. Les étoiles nommées *fixes*
jusqu'ici sont animées les unes et les autres des plus
grandes vitesses dont on ait trouvé la matière animée.
Telle étoile qui nous paraît fixe dans une constellation,
Arcturus, par exemple, vogue dans les lointains de l'étendue avec une vitesse de 21 *lieues par seconde*, de 7,682
lieues par jour ; mais la distance qui nous en sépare est
si grande (1) que ce changement de position de l'étoile

---

(1). A raison de 70,000 lieues par seconde, la lumière met 25 ans et
11 mois à nous en venir.

dans le ciel est à peine perceptible d'ici. Telle autre étoile, la 61e du Cygne, se meut dans l'espace avec une rapidité de 18 lieues par seconde ; telle autre, la Chèvre, court avec une vitesse de 10 lieues et demie par seconde ; telle autre encore, Sirius, avec une vitesse de plus de 9 lieues dans la même unité de temps. Que l'on songe au chemin réel parcouru par ces astres en une heure, en un jour, en un an, en un siècle ! Cependant l'éloignement qui les sépare de nous est si prodigieux, que cet espace immense parcouru en un siècle, espace que nos nombres les plus élevés auraient peine à exprimer, ne couvre pas sur la sphère étoilée la largeur apparente d'*un doigt*. C'est en cela que consiste le secret de l'invisibilité de ces mouvements formidables, de l'apparente fixité des astres, de la paix si profonde des nuits étoilées.

Ainsi, nous sommes, à notre insu, emportés dans l'espace avec des vitesses diverses : 305 mètres par seconde, par suite du mouvement de rotation à la latitude de Paris ; 30,000 mètres par seconde, par suite du mouvement de translation de la Terre autour du Soleil. Ajoutons encore le mouvement de translation du Soleil dans l'espace, qui entraîne avec l'astre central tous les corps qui lui appartiennent et qui ne saurait être inférieur à 8,000 mètres par seconde. Voilà donc sans compter les secondaires, trois mouvements principaux qui nous emportent. A vrai dire, le Soleil et toutes les planètes tombent dans l'abîme des espaces, avec la rapidité prodigieuse que nous venons de mentionner. Étoile lui-même, il court les déserts du vide comme les étoiles ses sœurs dont nous racontions plus haut les pérégrinations éthérées.

Que l'impression qui résulte de ce coup d'œil d'en-

semble sur les mouvements célestes nous désabuse de
l'illusion des sens, et qu'elle nous laisse non-seulement
avec la certitude de cette activité permanente des diverses
parties de l'univers, mais encore avec la certitude qu'ils
ne sauraient cesser impunément (1), et que leur existence
est une condition de la durée du monde.

(1) Si les planètes étaient contrariées dans leur marche de manière
à s'arrêter au bout de quelque temps, la force centrifuge due à leur
mouvement de translation étant éteinte et ne s'opposant plus a la force
d'attraction du Soleil, les planètes tomberaient en ligne droite dans cet
astre. Combien de temps cette chute demanderait-elle? Mercure y
serait arrivé en 15 jours et demi, Vénus avant 40 jours, la Terre en
64 jours et 14 heures, Mars en 4 mois, Jupiter en 2 ans et 1 mois,
ou 767 jours, Saturne en 1,900 jours, Uranus en 5,383 jours, c'est-à-
dire en quinze ans.

Mais si, au lieu d'être ralenti successivement, le mouvement des
planètes cessait brusquement par un arrêt instantané, ces planètes
subiraient une transformation des plus curieuses. Comme le mouvement ne se *perd* pas, mais se *transforme* en chaleur, la quantité de
calorique engendré par l'arrêt brusque de la Terre, par exemple, suffirait non-seulement pour *fondre* cette planète tout entière avec tous
ses habitants, mais encore pour la réduire en partie à l'état de *vapeur*.
Arrêter la Terre dans son cours, ce serait donc anéantir par là même
la vie à sa surface. — Nous ne faisons, bien entendu, aucune allusion
à certain fait de l'histoire juive, que l'on a cru plus facilement expliquer en rapportant à la Terre ce qui avait été primitivement attribué
au Soleil.

CHAPITRE XV

Le dernier regard que nous donnerons à ces aspects généraux embrassera les deux extrémités du sujet, l'origine et la fin de ces Mondes dont nous célébrons à l'heure présente la vie et la beauté. Le voile qui dérobe à nos yeux le mystère des causes n'est pas levé encore, il est, vrai, mais les inductions scientifiques dissipent les ténèbres dont les secrets de la nature sont enveloppés, et peuvent nous donner une idée générale des lois qui président à l'ensemble de ses fonctions. La conception comme la mort d'un Monde nous restent encore cachées, et les esprits superficiels ou rêveurs sont les seuls qui puissent s'imaginer connaître le chiffre de l'énigme; mais l'observation historique et comparative du spectacle du ciel fournit des indices suffisants pour donner un commencement de satisfaction à la curiosité humaine. Il est bon d'ajouter encore que cette étude, comme les précédentes et comme les suivantes, a pour but principalement

de combattre les erreurs accréditées par le temps, et en
particulier de montrer l'invraisemblance et la nullité de
certaines idées relatives au commencement et à la fin du
Monde.

Les Mondes naissent, vivent et meurent comme tous les
êtres. Cela ne veut pas dire qu'ils soient des êtres sensibles
et pensants, doués de volonté et de passion, accessibles à
la joie et à la peine, au bonheur et à la souffrance ; non,
et MM. les phalanstériens sont de trop bonne compagnie
pour nous faire dire ce que nous ne pensons pas ; mais
cela signifie que les astres comme les roses ne naissent
que pour mourir. Il en est même qui n'ont guère brillé
que « l'espace d'un matin. » On en connaît vingt et un
qui se sont allumés et éteints sous les yeux d'une même
génération : le premier c'est l'étoile qui parut dans le Scorpion, 134 avant Jésus-Christ ; le dernier est l'étoile qui
parut le 28 avril 1848 dans Ophiuchus ; mais il n'en
est pas dont l'histoire ait eu plus de retentissement que
l'étoile de 1572 dans Cassiopée, 37 avant l'invention du
télescope, aux derniers jours de ce craintif moyen âge
qui crut encore voir en elle l'avant-courrière du dernier
avénement du Christ, venant juger les vivants et les
morts. Tycho-Brahé, dont le nom n'est resté dans le
public que comme signature de l'erreur qu'il commit en
voulant bâtir un nouveau système (triste destinée des
grands hommes), suivit les phases de cette étoile nouvelle, et nous en laissa une simple et pittoresque description.

« Lorsque je quittai l'Allemagne pour retourner dans
les îles danoises, dit-il, je m'arrêtai dans l'ancien cloître
admirablement situé d'H. ritzwaldt, appartenant à mon
oncle Sténon Bille, et j'y pris l'habitude de rester dans
mon laboratoire de chimie jusqu'à la nuit tombante. Un

soir que je considérais comme à l'ordinaire la voûte céleste dont l'aspect m'est si familier, je vis avec un étonnement indicible, près du zénith, dans Cassiopée, une étoile radieuse d'une grandeur extraordinaire. Frappé de surprise, je ne savais si j'en devais croire mes yeux. Pour me convaincre qu'il n'y avait point d'illusion, et pour recueillir le témoignage d'autres personnes, je fis sortir les ouvriers occupés dans mon laboratoire, et je leur demandai, ainsi qu'à tous les passants, s'ils voyaient comme moi l'étoile qui venait d'apparaître tout à coup. J'appris plus tard qu'en Allemagne des voituriers et d'autres gens du peuple avaient prévenu les astronomes d'une grande apparition dans le ciel, ce qui a fourni l'occasion de renouveler les railleries accoutumées contre les hommes de science (comme pour les comètes, dont la venue n'avait point été prédite).

« L'étoile nouvelle était dépourvue de queue ; aucune nébulosité ne l'entourait ; elle ressemblait de tout point aux autres étoiles ; seulement elle scintillait encore plus que les étoiles de première grandeur. Son éclat surpassait celui de Sirius, de la Lyre et de Jupiter. On ne pouvait le comparer qu'à celui de Vénus, quand elle est le plus près de la Terre. Des personnes pourvues d'une bonne vue pouvaient distinguer cette étoile pendant le jour, même en plein midi quand le ciel était pur. La nuit, par un ciel couvert, l'étoile nouvelle est restée plusieurs fois visible à travers des nuages assez épais, lorsque toutes les autres étaient voilées. Les distances de cette étoile à d'autres étoiles de Cassiopée, que je mesurai l'année suivante avec le plus grand soin, m'ont convaincu de sa complète immobilité. A partir du mois de décembre 1572 (c'est le 11 novembre qu'elle était apparue), son éclat commença à diminuer ; elle était alors égale à Jupiter. En janvier 1573 elle devint moins brillante que Jupiter. Voici le résultat de mes comparaisons photométriques : en février et mars, égalité avec les étoiles de premier ordre; en avril et mai, éclat des étoiles de deuxième grandeur; en juillet et août, de troisième; en octobre et novembre, de quatrième grandeur. Vers le mois de novembre, l'étoile nouvelle ne surpassait pas la onzième étoile dans le bas du dossier du trône de Cassiopée. Le passage de la cinquième à la sixième grandeur eut lieu de décembre 1573 à février 1574. Le mois suivant, l'étoile nouvelle disparut sans laisser de trace visible à la simple vue (1). »

Ajoutons avec A. de Humboldt, auquel nous devons la connaissance de la relation précédente, que la couleur de l'étoile changea aussi bien que son éclat. Dans les premiers temps de son apparition, elle resta blanche pendant deux mois; elle passa ensuite au jaune, puis au rouge. Au printemps de 1573, elle pâlit, et cette pâleur l'accompagna jusqu'à son extinction complète. Cardan fut un de ceux qui virent en elle un signe non équivoque des intentions divines, et dans une discussion avec Tycho, il remonta jusqu'à l'étoile des Mages pour identifier ces deux apparitions.

L'histoire des étoiles nouvelles, apparues et disparues de mémoire d'homme, est l'histoire abrégée de tous les astres du ciel. Il fut un temps où la Terre, les planètes, le Soleil n'existaient pas, et si nous ne pouvons remonter avec certitude à la formation astronomique, nous connaissons aujourd'hui la formation géologique du Monde que nous habitons, et nous suivons pour ainsi dire les vestiges du temps, depuis les siècles historiques jusqu'aux

(1) De admiranda nova stella, etc. (*Progymnasmata.*)

âges où le globe était encore à l'état liquide ou pâteux,
état démontré par la figure sphéroïdale de la planète. On
ne peut se refuser à admettre aujourd'hui cette origine,
à moins de penser, comme Bernardin de Saint-Pierre et
quelques esprits singuliers de notre temps, que le monde
ait été fait tout vieux, qu'il soit sorti des mains du Créateur comme ces globes que la baguette du prestidigita-
teur fait sortir, au commandement, d'un gobelet préparé.
Suivant cette opinion, les troupeaux auraient bondi dans
les pâturages à la parole du Tout-Puissant ; les oiseaux
auraient chanté dans le feuillage, la poule n'aurait pas été
petit poulet dans l'œuf (question gravement débattue depuis Pythagore); les hyènes auraient dévoré des cadavres
qui n'auraient point eu de vie ; en un mot, les animaux de
la terre et des mers auraient poussé beaucoup plus vite
que des champignons. Telles ne sont pas les lois de la
nature ; elles agissent avec lenteur et révèlent une sagesse éternelle qui n'a point de compte à régler avec le
temps éphémère.

L'infini de l'espace, l'éternité de la durée, tels sont les
deux éléments qui nous serviront de base. Mais comme
ces deux abstractions, quelque importantes et quelque
nécessaires qu'elles soient, sont pourtant fort peu substantielles, nous leur ajouterons un élément qui le sera
davantage ; cet élément, nous le nommerons éther, si
vous le voulez bien ; mais le mot n'engage à rien, et si
vous lui préférez simplement celui de matière cosmique
primitive, nous vous accorderons sans difficulté cette
dénomination.

Quand nous disons que l'éther est un élément plus
substantiel qu'une abstraction métaphysique, nous prêtons
le flanc aux abstracteurs de quintessence dont parle joyeu-
sement le caustique auteur de Gargantua, et l'on va nous

demander quel est le degré de substantialité que nous supposons à cet élément primitif. Or voici. Un centimètre cube d'air, dilaté dans l'espace qui s'étend d'ici à Saturne, serait encore *plus dense* que l'éther. Supposez une balance dont les plateaux seraient de la grandeur de la Terre : laissez vide l'un des plateaux et supposez qu'une colonne d'éther, large comme le globe et haute comme d'ici au Soleil, soit entassée sur l'autre : cet autre plateau ne baissera pas. Qu'ajouterions-nous encore ? L'éther est quelque chose d'infiniment plus raréfié que le vide fait sous nos cloches pneumatiques par nos meilleures machines. Mais être subtil ou être nul sont deux choses bien différentes, ce n'est pas notre lecteur qui nous contredira, et notre élément est encore assez substantiel tel qu'il est, pour ouvrir la série des mouvements créateurs.

Il sera arrivé en effet que, dans la région de l'espace où nous sommes (où est la Voie lactée, dont nous faisons partie), les mouvements combinés dus au magnétisme, à l'électricité, au calorique, et en un mot aux propriétés essentielles inhérentes à la matière même, auront par cette combinaison même, produit à la longue un vaste mouvement circulaire, dont les premiers résultats auront été de développer le calorique. Vue de loin par les habitants des Mondes appartenant à d'autres nébuleuses plus anciennes, cette masse immense offrait l'aspect diffus et pâle de ces lueurs blanchâtres qui semblent flotter dans les cieux comme de légers flocons de vapeurs. Οσα ψάμαθός τε κόνις τε, comme disait Homère. C'était un nuage neigeux où les siècles devaient faire germer une multitude innombrable de points brillants, où la loi de gravitation universelle devait former un grand nombre de centres de condensation ; centres lumineux dont le mouvement rotatoire s'accélérera à mesure que leur densité s'accroîtra par suite de l'attraction prépondérante du point central, et qui laisseront échapper de leur circonférence extérieure une suite de cercles concentriques séparés par la force centrifuge. Ainsi naîtront successivement les planètes, à commencer par les plus éloignées des centres. Ainsi se formeront les soleils, principes et soutiens des systèmes.

Il est vraisemblable que la plus ancienne des planètes connues de notre système soit en effet Neptune, formé à l'équateur solaire à l'époque où cet astre gigantesque étendait jusque-là sa lentille gazeuse. Après Neptune, les planètes seraient, par droit d'ancienneté, rangées dans l'ordre suivant : Uranus, Saturne, Jupiter, astéroïdes; Mars, la Terre, Vénus et Mercure. Sur ce principe, on pourrait conjecturer par comparaison, autrement que ne l'a fait Buffon, la durée relative du refroidissement des astres, et peut-être trouverait-on qu'au point de vue de l'habitation, les planètes lointaines sont déjà trop froides pour permettre l'existence d'un système de vie quelconque. Mais il convient de laisser ce soin aux théoriciens qui passent volontiers leur temps dans la pure fantaisie.

L'étendue et la disposition des orbites planétaires révèlent cependant quelques vues que l'on pourra illustrer plus tard relativement à la durée du système et à la diminution progressive des cercles planétaires causée par la résistance de l'éther. On sait, en effet, que la comète d'Encke perd dans un intervalle d'environ trente-trois ans la millième partie de sa vitesse, ce qui fait qu'elle cède plus facilement à l'attraction solaire et se rapproche insensiblement de cet astre. La même cause peut faire tomber à la longue toutes les planètes dans le ciel (1). Plu-

_____

(1) Voy. Sir John Herschel. *Quarterley Review*, 1833.

sieurs ont déjà cherché par approximation quel temps
cet éther, agent de la destruction des Mondes, mettrait à
accomplir son œuvre successive ; mais ces déterminations
sont encore trop conjecturales pour que nous puissions
nous y arrêter plus longuement.

D'un autre côté, les satellites ayant les planètes pour
mères, comme celles-ci ont le Soleil pour origine, les unes
et les autres sont soumises, en définitive, à la durée même
du Soleil, et peut-être la chaleur et l'influence magnétique
de cet astre sont-elles suffisantes pour entretenir à elles
seules la lampe de la vie à la surface de tous les Mondes.
Dans ce cas probable, la vie rayonnerait dans le système
planétaire aussi longtemps que la lumière rayonnerait au
front de son roi. Chercher l'époque de la fin des globes
serait donc ici chercher l'époque de l'extinction du soleil.
Or, comme depuis les plus anciennes observations de cet
astre, sa chaleur et sa lumière n'ont pas diminué d'une manière sensible, on peut affirmer d'avance que des centaines
de siècles se succéderont les uns aux autres avant que ces
éléments ne soient affaiblis de façon à donner de l'inquiétude aux habitants de la Terre et des autres planètes. En
effet, l'astre du jour ne possède peut-être pas en soi moins
de 8 millions de degrés, et selon la théorie de Poisson,
la Terre n'a pas mis moins de 100 millions d'années pour
perdre les 3,000 degrés de chaleur qu'elle possédait aux
jours de sa fusion ; ce qui fait une perte de 1 degré par
33,000 ans. Or, comme les vitesses du refroidissement
dans des sphères inégales sont en raison inverse des
carrés de leurs diamètres, et que le diamètre du Soleil
est 110 fois plus grand que celui de la Terre, en multipliant 33,000 par le carré de 110, c'est-à-dire par 12,100,
et en multipliant de nouveau le produit par les 8 millions de
degrés probables du Soleil, nous serons sur le point d'ad-

mettre que le Soleil a encore 3,200,000,000,000,000 d'années. Donc, si les soleils meurent, c'est de mort « très-lente », selon l'expression de M. Charles Richard.

Du temps de William Herschel, l'hypothèse cosmo-gonique signalée plus haut sur l'origine commune des planètes, filles du Soleil, paraissait confirmée par le spec-tacle actuel du ciel, par les nébuleuses, dont quelques-unes paraissaient des Mondes en voie de formation. On pour-rait ainsi reconnaître l'âge de ces créations par le degré de condensation, c'est-à-dire le degré de luminosité de la matière nébuleuse, comme on reconnaît l'âge des arbres d'une forêt par le nombre de couches concentriques qui se forment sous le liber. Mais il semble aujourd'hui que cette constatation (qui d'ailleurs n'est pas nécessaire) ne puisse être légitimement regardée comme telle, attendu que toutes les nébuleuses paraissent être des agglomérations d'étoiles et non des masses de vapeurs ou de matière cosmique. A mesure que les télescopes sont devenus plus puis-sants, on a reconnu que les nébuleuses primitivement in-solubles, celles où l'œil ne distinguait qu'une lumière dif-fuse, étaient formées d'un assemblage d'étoiles ; ainsi le télescope de lord Rosse a montré dans des nuages cos-miques que l'on prenait pour des systèmes en voie de formation, de magnifiques spirales de soleils, non moins éclatants que celui qui nous éclaire, et comme lui, sources fécondes de lumière et de chaleur. L'hypothèse nommée nébuleuse n'est plus admise aujourd'hui que par un petit nombre, d'autant plus que, ces objets célestes étant les plus éloignés de tous ceux que nous connaissons, leur lumière ne parviendrait pas jusqu'à nous, si cette lumière résultait d'une masse diffuse et non de foyers stellaires.

Cela n'empêche pas qu'on ne puisse regarder légiti-mement toutes les planètes comme successivement issues du Soleil, comme liées à leur origine par des liens indissolubles, malgré l'opinion de Maillet et de quelques modernes, qui prétendaient qu'à l'extinction du Soleil nos planètes, n'ayant plus que faire de lui, s'en iraient en troupe à la recherche d'un nouveau Soleil hospitalier. Mais, soit qu'en vertu de la résistance du milieu qui paraît remplir les espaces célestes, les planètes, perdant peu à peu leur vitesse et leur force centrifuge, descendent successivement s'engloutir dans le foyer gigantesque qui brûle au centre du système, soit que ce foyer lui-même s'affaiblisse dans la suite des âges et s'éteigne avant que nous n'arrivions à lui, nous pouvons confier tranquillement l'avenir de l'humanité à la durée des temps astronomiques. Nos siècles passent comme une seconde sur le cadran sidéral, et l'histoire de notre humanité actuelle sera certes oubliée depuis longtemps lorsque les derniers enfants de la Terre verront leur patrie en danger de mort.

Mais en songeant à ces mouvements, il nous semble que la cause intelligente qui les détermine n'est pas complétement cachée. Si, d'une part, les orbites planétaires se resserrent insensiblement, et si les planètes s'approchent peu à peu du centre; si, d'autre part, la force génératrice de l'astre lumineux s'affaiblit insensiblement et diminue avec lenteur; ces deux faits ne seraient-ils pas corrélatifs, et ne serait-ce pas une loi providentielle que la famille se rapprochât du père à mesure que celui-ci deviendrait vieux? ou, pour parler plus exactement, n'est-il pas vraisemblable que les habitants de la maison solaire se rapprochent de la cheminée et de la lampe, à mesure que s'affaiblissent la chaleur qui seule les échauffe et la lumière qui fait leurs jours?

FIN DE LA PREMIÈRE PARTIE

DEUXIÈME PARTIE

REVUE CRITIQUE DES THÉORIES HUMAINES, SCIENTIFIQUES ET
ROMANESQUES, ANCIENNES ET MODERNES, SUR LES
HABITANTS DES ASTRES

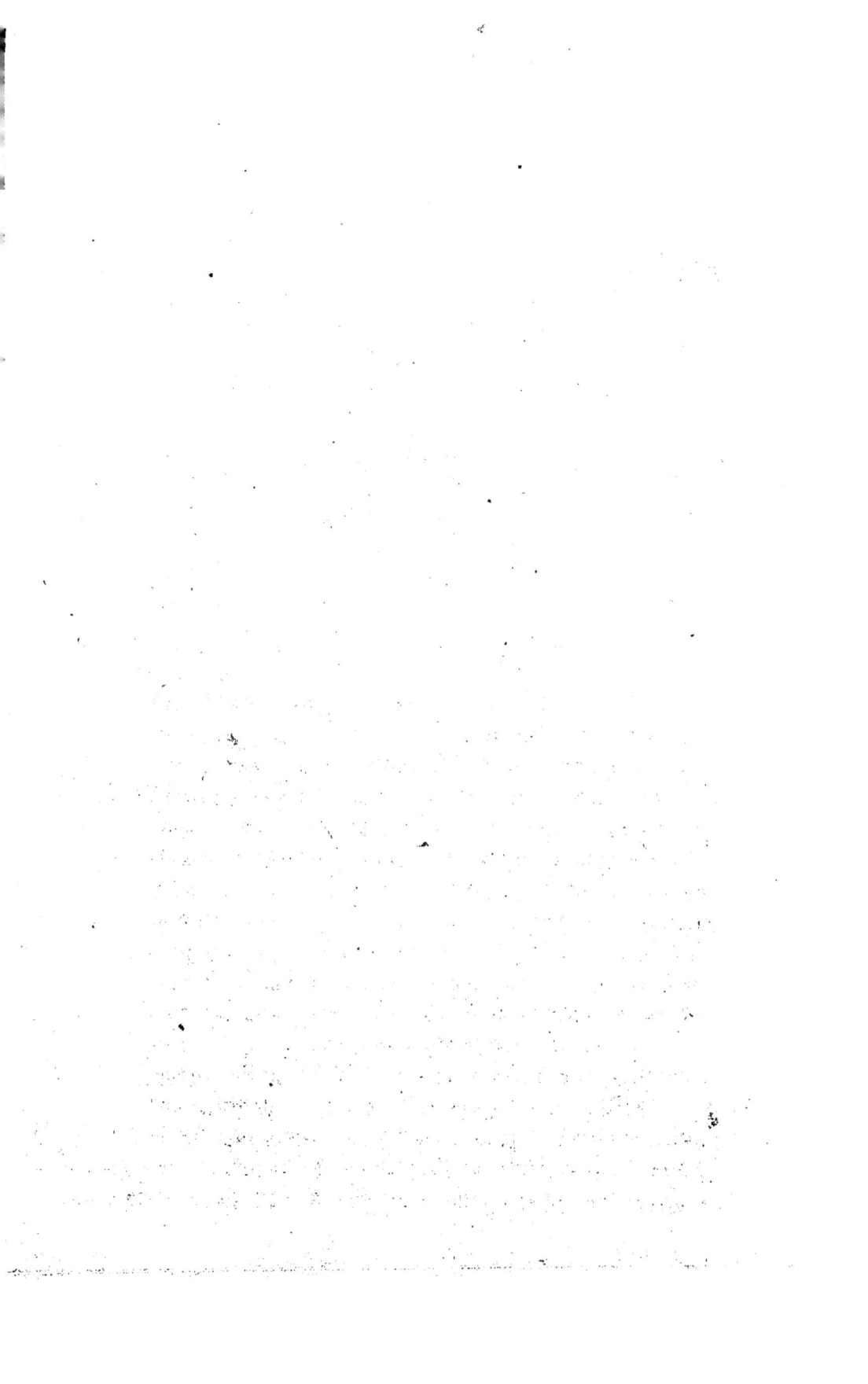

PRÉAMBULE

La doctrine scientifique et philosophique de la Pluralité des Mondes, malgré son ancienneté dans l'histoire de la pensée humaine, ne pouvait recevoir son vrai caractère et s'établir sur des bases définitives qu'à notre époque d'analyse scientifique et d'argumentation positive. Aussi n'est-ce point l'histoire proprement dite de cette doctrine que nous nous proposons de faire ici, car, au point de vue positif, cette histoire passée ne saurait exister. L'*idée* seule de la Pluralité des Mondes peut compter un passé, un passé glorieux même, à travers toutes les révolutions que l'esprit humain a suivies dans les phases de sa jeunesse. Autour de cette idée, qui s'élève comme une tige pleine de vie sur le sol des anciens âges, se sont greffées des œuvres d'imagination, dont la connaissance intéresse à plus d'un titre. Se proposer de les passer en revue, c'est se proposer une excursion dans un monde semi-scient que, dont l'apparence, quelquefois nuancée de frivolité, cache sans contredit plus d'un enseignement utile.

Notre doctrine, avons-nous dit, ne pouvait en réalité s'affermir qu'au dix-neuvième siècle : comme la plupart des critiques se sont accordés à en faire la remarque, il lui fallait le concours et la corrélation de toutes les sciences réunies. Quelque important que soit l'aspect astronomique de la question, l'astronomie était loin de pouvoir à elle seule édifier ce monument : sa mission était d'en jeter les bases solides et de laisser à d'autres sciences le soin de continuer l'œuvre. La physique du globe, la physiologie des êtres, la biologie, toutes les branches réunies sous le terme vague d'histoire naturelle, devaient venir, chacune en ce qui la concerne, poser leurs assises, et, sous la direction de la philosophie naturelle, élever l'ensemble de l'œuvre. Tel est le jugement qui a été unanimement porté sur les conditions dans lesquelles la doctrine de la Pluralité des Mondes a dû être édifiée. Nous pensons qu'il est convenable de ne pas insister plus longtemps sur ce jugement de la presse à l'égard de notre doctrine.

Les tableaux suivants dévoileront l'histoire des idées et des hommes précurseurs de cette doctrine. Si notre croyance n'a pu être établie qu'à la suite du progrès des sciences, elle n'en a pas moins été prévue, indiquée, préparée, depuis les siècles passés. Des aspirations se sont élevées en sa faveur, des théories ont été inspirées par elle, des créations de l'esprit humain, plus ou moins solides, en ont illustré l'idée à divers titres. Ce n'est pas que la science positive les ait toujours enfantées, car elles sont souvent issues, surtout dans les premiers âges, de la propension au merveilleux qui réside au fond de toute âme humaine ; mais elles partent toujours de prin-

cipes caractéristiques intéressants pour l'observateur.
Leur tableau présente sous un aspect varié l'étonnante
faculté de l'esprit humain, qui des ressources les plus
médiocres bâtit les œuvres les plus hardies, et qui, par
la nature même de ces œuvres, ou par leur couleur locale, garde presque toujours pour l'historien l'indice de
son état d'élévation aux diverses époques par lesquelles
il a passé.

Les livres écrits à propos de l'idée de la Pluralité des
Mondes sont nombreux, et leur monographie est beaucoup plus riche et plus complexe qu'elle ne le paraît au
premier abord. Mais, pour beaucoup d'entre eux, broderies brillantes, comme il arrive pour la plupart des
œuvres légères, leurs ailes de papillons ne les ont pas
soutenues bien longtemps dans le ciel de la pensée, et les
uns après les autres ils sont retombés sur le sol, couverts de poussière. Quelques noms sont restés seuls à la
postérité ; les noms de ceux qui avaient compris la grandeur de l'idée renfermée en germe dans ces mots : Pluralité des Mondes. Les autres sont ensevelis, et ne sont
remontés au jour que par l'action de cet éternel reflux
de choses, qui tour à tour couvre et découvre des régions
ignorées.

S'il arrive que des œuvres peu importantes, mais dignes de mention cependant, viennent grossir notre liste à
certaines époques, nous les grouperons autour de l'œuvre
principale à laquelle elles peuvent se rapporter, et nous
nous efforcerons, en gardant l'unité de notre sujet, de
ne point distraire sans profit l'attention de nos lecteurs.

On peut diviser en trois catégories les œuvres que
nous avons à faire comparaître ici. Les savants, les philosophes, les penseurs, qui étudièrent la question sous
son aspect réel, et en firent le sujet de travaux sérieux et

longuement médités, doivent être inscrits au fronton du temple. Ils formeront notre première classe théorique; viendront ensuite les romanciers, les poëtes, les écrivains à imagination, qui n'ont envisagé la question qu'à son point de vue pittoresque ou curieux, et qui, sans s'inquiéter de la solidité ou de la légèreté de leur base, donnèrent libre cours à l'essor de leur pensée. Inférieurs aux premiers devant le tribunal de la valeur scientifique, ils méritent cependant la seconde place ; l'intérêt non stérile qu'ils ont su donner à leur œuvre ne peut manquer de les faire bien accueillir de nous. La troisième classe enfin, se compose de ceux pour lesquels l'idée de la Pluralité des Mondes ne fut qu'un prétexte ou qu'une mise en scène pour la satire ou la comédie.

Malgré la distinction fondamentale qui existe entre ces trois classes si nettement caractérisées, il arrive néanmoins qu'en réalité l'on ne saurait tracer de lignes de démarcation entre les différents auteurs. Les livres dont nous allons parler se suivent sériairement et peuvent être accolés en anneaux successifs, et de si près, qu'on ne distingue point ces divisions. Si l'on représentait chaque classe par une couleur bien distincte, les intervalles se trouveraient occupés par des nuances insensibles, fondant le tout en une longue série. Tel auteur appartient franchement au premier ordre, tel autre au second, tel autre au troisième; mais aussi tel écrivain appartient à la fois aux deux premiers, celui-ci aux deux derniers, celui-là est intermédiaire. Pour citer quelques exemples : le *Cosmotheoros* de Huygens; *Dell' Infinito Universo* de Jordano Bruno; *More Worlds than One* de notre contemporain Brewster, sont placés aux premiers rangs; *les Mondes* de Fontenelle, le *Somnium* de Kepler, tendent déjà un peu à la seconde classe ; les *Terres célestes* de Swedenborg plus encore, quoique dans un genre diamétralement opposé; les *États et Empires du Soleil et de la Lune* de Cyrano de Bergerac; *l'Homme dans la Lune* de Godwin, représentent pleinement cette classe; les *Aventures de Hans Pfaal montant vers la Lune* d'Edgar Poë, approchent de la troisième; dans cette dernière se coudoient les nombreux voyages imaginaires, depuis ceux de Lucien jusqu'aux cyniques *Hommes volants* attribués à Rétif de la Bretonne.

Il semble que nous devrions éliminer d'ici les romanciers des deux secondes catégories, ou tout au moins ceux de la troisième. Cependant, tout en ne leur accordant qu'une place fort secondaire, il nous a paru intéressant et utile à la fois de signaler les points qui, plus ou moins directement, se rattachent à notre thèse. Jusque dans les champs les plus reculés de l'imaginaire, le glaneur peut rencontrer des épis dignes de sa gerbe. Ceci est véritablement une gerbe, nous voudrions que les fleurs y resplendissent en grand nombre, et qu'elles émaillassent un peu les abords de notre doctrine, trop austère pour certains enfants joyeux de notre belle France.

Au surplus, l'esprit n'est pas un arc qui puisse toujours resté tendu avec la même intensité, et l'on considérera, si l'on veut encore, nos auteurs frivoles comme des sites de repos où le voyageur oublie la fatigue d'une contemplation trop soutenue.

Mais, néanmoins, il ne faut pas s'attendre à ce que nous perdions jamais de vue le motif de ces études.

Nous aurions pu classer nos écrivains dans l'ordre que nous venons d'indiquer : mettre, par exemple, en première ligne, ceux dont la valeur philosophique est la plus élevée, et établir une loi de décroissance jusqu'à ceux qui appartiennent au pur roman. Ce mode de classification

n'eût pas manqué d'unité, et la série qu'il eût fournie eût
offert un intérêt d'ensemble.

Cependant nous avons préféré suivre l'ordre naturel
des dates, et plusieurs raisons nous ont engagé à ce choix.
La première, c'est que cet ordre établit l'histoire même
de la Pluralité des Mondes dans la pensée humaine; on
croirait suivre un sillon tracé dans le champ de nos connaissances, quelquefois profond, parfois à peine effleuré,
accompagné de lignes secondaires qui, parallèlement à
lui, continuent le même fait sous un aspect plus ou
moins superficiel. Par cet ordre historique, on reconnaît
le progrès des sciences et celui des vérités que l'homme
affirme successivement à mesure que les âges lui donnent de nouvelles conquêtes, et l'on juge en même temps
la valeur des écrivains, selon leur hardiesse et la hauteur
de leurs vues relativement à leur temps. De plus, on
peut voir par quelle filiation une vérité parvient à se révéler, tantôt sous le jour des découvertes scientifiques,
tantôt sous le voile de la fiction. D'autres motifs nous dis-
posaient encore en faveur de cet ordre. En particulier,
nous avons pensé qu'une plus grande variété serait semée
dans nos récits en les présentant suivant la date de leur
apparition soudaine, plutôt qu'en nuançant notre livre
suivant le rayonnement plus ou moins éclatant des œuvres
que nous nous proposons d'analyser; et, nous l'avouons,
un livre intéressant nous a toujours paru préférable à un
livre froid et monotone.

Une diversité si grande apparaîtra dans notre récit,
qu'on aura lieu de s'étonner de causer en même temps
avec les écrivains les plus différents, de passer d'un
apôtre illustre de la science à un rêveur bizarre et superficiel, de voir se coudoyer presque dans notre panthéon
les rois de la pensée et leurs bouffons travestis. Cependant

nous ne pouvions éviter cette singularité, attendu que nous nous sommes proposé de faire connaître tout ce qui a été dit de *raisonnable* ou d'*imaginaire* à propos de l'idée de la Pluralité des Mondes, aussi bien par les Encelades qui se firent des planètes un marchepied pour escalader grotesquement le ciel, que par les disciples silencieux de l'austère Uranie, qui passèrent leurs jours dans la contemplation et dans l'étude des grands mystères.

Pour celui qui sait le reconnaître, la marche de l'esprit humain est visible sous quelque point de vue qu'on envisage la philosophie de l'histoire. Dans notre monographie critique en particulier, on assistera à toutes les phases de l'esprit humain, réfléchies dans notre sujet comme en un miroir. Tout d'abord l'esprit symbolise les forces de la nature, et, sans sortir du cercle tracé par les apparences, suppose une vie intelligente circulant dans l'univers entier comme dans un corps. Plus tard, la pensée se développe, et des conceptions plus hardies naissent de toutes parts. On songe aux causes, aux mystères de la formation du monde, à ceux de sa disposition présente ; et l'âme, s'élevant dans un lent essor jusqu'à la notion de l'infini, commence à sentir qu'un seul Monde ne remplit pas l'univers, et que peut-être, au delà de la sphère des étoiles fixes qui terminent notre horizon céleste, il existe d'autres terres et d'autres cieux. Mais, aux premiers siècles de notre ère, deux systèmes viennent mettre un frein à ces tendances et faire envisager la création sous un aspect plus simple ; ce sont le système physique de Ptolémée, qui place la Terre au centre du Monde, et lui donne ainsi la prépondérance sur la création entière, et le système spirituel chrétien couronnant le précédent en établissant l'éternelle dualité de la Terre et du Ciel. La question revêt ensuite un aspect mystique et plus mystérieux que dans les premiers âges même, car les visions de l'autre monde et les légendes des mythes s'y mêlent pendant le moyen âge. A la rénovation scientifique commencée par Copernic, à la découverte du télescope, s'opère une véritable transformation de l'idée de la Pluralité des Mondes, qui s'appuie dès lors sur un terrain véritable, et c'est de là seulement que date son ère. Mais comme les premières lunettes inventées ne franchissaient pas la sphère de la Lune, et qu'elles s'arrêtaient avec complaisance à l'analyse de cette terre voisine, on voit pendant plus d'un siècle, la Lune être le point de rencontre des théoriciens comme des voyageurs célestes ; c'est elle que l'on décrit, ce sont ses mers et ses montagnes que l'on visite, c'est dans ses campagnes que l'on bâtit les premières cités des habitations célestes. Au dix-septième siècle, la scolastique étant morte, la philosophie naturelle reprend ses droits, l'optique continue ses progrès, les bases mathématiques viennent s'offrir pour la mesure des distances ; ce mouvement général est clairement empreint dans l'histoire de la Pluralité des Mondes. Les broderies du roman et de la fantaisie viennent au dix-huitième siècle s'enter sur l'idée fondamentale qui revêt une forme multicolore ; mais la nature intime du sujet demeure au fond comme une force permanente. Cependant, c'est seulement à notre époque que l'on voit toutes les sciences parvenues à un degré suffisant de certitude pour permettre de construire, dans sa valeur réelle, l'édifice de notre doctrine. — Ainsi se succèdent et se complètent les découvertes de l'esprit humain ; ainsi les progrès de la science et de la philosophie sont empreints en caractères ineffaçables dans l'histoire complète de chaque idée particulière.

CHAPITRE Ier

Antiquité orientale. — Premières familles humaines. — Aryas. — Naturalisme antique. — Perse. — Chine. — Religions de Zoroastre, de Confucius, de Brahma. — Égyptiens. — Gaulois. — Filiation indo-européenne.

L'idée de l'existence d'un autre Monde analogue à celui-ci, situé en dehors des limites du nôtre, semble une conception originaire de l'esprit humain, dont la séduction l'avait captivé longtemps avant que la science pût ouvrir un chemin régulier aux recherches cosmographiques. Aux époques primitives de la famille humaine, pendant lesquelles l'homme, semblable à l'enfant, ne possède pour tout bagage intellectuel que les notions illusoires directement issues de l'impression extérieure sur les sens, la Terre était simplement envisagée sous la forme d'une surface plane indéfinie, diversifiée par les plateaux et les montagnes, bornée dans tous les sens par une étendue inexplorée de mers infinies. Jusqu'où s'étendaient les domaines accessibles à la conquête? où s'étaient arrêtées les explorations les plus hardies des tribus

12

nomades? Jusqu'où l'homme pouvait-il marcher sans atteindre la barrière éternelle des eaux? C'est à peine si ces questions primitives avaient même été posées pour circonscrire les limites de ces régions habitées, au delà desquelles la brume des aspects lointains faisait tomber son voile impénétrable. Au-dessus de ces pays s'étendait une voûte d'azur fermant le monde d'une coupole mystérieuse. Un objet éclatant donnait la lumière et la chaleur en certaines périodes déterminées ; un objet plus humble éclairait la nuit silencieuse, sur laquelle des lueurs inconnues s'allumaient encore. Certes, il semble que cet aspect si simple du Cosmos était loin de posséder en soi des éléments d'inspiration capables de faire rêver à l'existence d'autres terres et d'autres cieux ; il semble que l'ignorance absolue de la valeur du globe, de son rapport avec les autres astres, de la distance et de la grandeur de ceux-ci, devait être une cause de stérilité pour l'esprit le plus aventureux. Il n'en est rien cependant, et cette conclusion, qui nous paraît légitimement fondée, n'est établie en définitive que sur le rapport de nos conceptions actuelles à ces conceptions primitives, rapport essentiellement relatif.

Le spectacle de la nature est, en effet, une source intarissable d'inspiration, pour le pâtre nomade des montagnes aussi bien que pour le contemplateur instruit ; la cause est la même, le résultat diffère ; le premier laisse aller sans guide son idée capricieuse, tandis que le second la conduit aux mines d'une exploration fructueuse. Dès les premiers siècles de son apparition sur la Terre, l'homme raisonnable et raisonneur voulut faire preuve de la brillante faculté qui le distinguait des espèces animales précédentes, et bientôt on le vit entasser systèmes sur systèmes pour se représenter la disposition du monde et s'expliquer la génération des choses. Longtemps il tâtonna dans les ténèbres, longtemps il marcha dans l'illusion et dans l'erreur ; mais tandis que l'esprit cherchait avec lenteur, l'imagination vive et curieuse déployait son vol éclatant et illimité. Le monde fut toujours trop étroit pour elle, et aujourd'hui même que la vision télescopique nous a ouvert l'infini des cieux, c'est à peine si elle croit pouvoir se contenter de ce domaine.

Aux yeux des peuples antiques, le champ de la vie terrestre n'était fermé que par une sorte de rêve ; en traversant cette région des songes on pouvait trouver d'autres campagnes rayonnantes de vie, éclairées par les rayons d'un nouveau soleil, habitées par des êtres qui ne pouvaient manquer de nous ressembler un peu. Cette idée de plusieurs Mondes n'offre-t-elle pas un certain charme personnel qui la dispense au premier abord d'un caractère plus solide ? Voir au delà de la Terre où nous sommes des contrées où le soleil brille, ce beau soleil du Sud, qui est vraiment le créateur de la race orientale ! trouver d'autres montagnes couronnées de cèdres, des collines où l'oranger et l'olivier fleurissent, des vallées aux ruisseaux murmurants, des bois aux retraites paisibles, n'est-ce pas là un bien beau rêve ? Rêve magnifique, en effet, qui plus tard devait être considéré comme l'expression d'une réalité, et qui s'offrait dès le principe avec cette affirmation irrécusable qui n'appartient qu'à la vérité seule. Il semble que l'esprit humain ait eu dès l'origine, à cet égard, soit une idée innée, soit une intuition.

Ce n'était pas au point de vue astronomique que l'idée de la Pluralité des Mondes s'était offerte aux peuples pasteurs des premiers âges, et même aux nations plus avancées de l'antiquité historique ; car la science astronomique n'existait pas pour eux. Cette vérité leur était apparue comme possible et vraisemblable, en dehors de toute conception géométrique de l'univers. D'un autre côté, elle ne tarda pas à offrir un champ tout préparé aux âmes qui s'éveillèrent au premier sentiment de l'immortalité, et la notion d'un autre Monde s'étant associée aux vagues aspirations d'une vie future, on vit pendant longtemps ces deux idées s'unir et se confondre.

Cependant la science n'était pas née; on voguait en pleine illusion, le monde restait une énigme indéchiffrable, et des systèmes s'entassaient les uns sur les autres, qui, sous prétexte d'éclairer les recherches, augmentaient l'obscurité et compliquaient les difficultés. Par quels efforts, par quelle suite d'observations élémentaires l'homme s'éleva à la connaissance de l'univers; quelles formes revêtit son idée sur les rapports du ciel et de la Terre; comment la conception de la Pluralité des Mondes se transfigura en s'identifiant à celle de la nature habitable des astres; comment se développa l'appréciation de l'homme sur les rapports qui rattachent aux autres familles de l'espace la famille terrestre à laquelle nous appartenons : les chapitres suivants sont destinés à en décrire l'histoire. Cette étude pourra servir en outre à montrer que, si l'imagination de l'homme est quelque fois audacieuse et téméraire, ses efforts sont loin d'être toujours stériles, et que si la fiction est généralement considérée comme plus poétique que la réalité, c'est là une grave erreur. L'imagination et la poésie peuvent légitimement donner la main à la science; nulle fable, nul roman n'a su atteindre le degré d'élévation poétique que la réalité est capable d'inspirer à ceux qui la comprennent.

L'Orient est le point de départ de l'histoire humaine. Sous le rapport de la civilisation historique, nous descendons des Romains, les Romains des Grecs, les Grecs de l'Orient. Là s'arrête la généalogie, et lorsque nous sommes arrivés aux Védas, livres sacrés des Aryas, dont la première rédaction paraît remonter au quatorzième siècle avant notre ère, nous sommes à la dernière limite des origines connues, et la brume des âges lointains nous enveloppe de son ombre.

Le Rig-Veda nous donne le tableau de l'état patriarcal des premières tribus humaines et nous représente l'état primitif des sentiments de l'homme à l'égard de la nature. C'est sous ce dernier point de vue que nous avons spécialement à nous en occuper ici. L'exposé sommaire des idées sur la constitution du monde est le préambule naturel de l'histoire de la Pluralité des Mondes.

Nous pouvons, sans anachronisme, rapprocher les idées cosmogoniques de l'Inde de celles des Hébreux ; les Aryas d'un côté, les Sémites de l'autre, sont vraisemblablement issus d'une même souche, et si leurs conceptions religieuses respectives diffèrent, ce contraste peut trouver son explication dans la différence des pays, des langues, des institutions sociales et du génie des peuples.

Le caractère qui nous a tout d'abord frappé dans l'étude de ces livres antiques, c'est le *naturalisme* profond qui forme, chez les uns comme chez les autres, le fond des idées sur le monde. Un second caractère, qui ne nous a pas semblé moins évident, c'est l'*anthropomorphisme,* qui domine à leur insu toutes leurs conceptions, toutes leurs croyances. La seule réserve que nous ayons à faire ici en faveur des Hébreux, c'est qu'ils ont sur Dieu une notion plus élevée, plus indépendante des phé-

nomènes, et qu'ils ont reçu en partage ce monothéisme
qui est le point radieux de leur religion, et auquel les
Indiens n'ont jamais pu atteindre, surtout depuis la révolution de Çakya-Moùni, l'évangélisateur du Bouddhisme.

On ne saurait se refuser à croire que les plus anciennes
compositions littéraires de la race aryenne soient anté-
rieures au Zend-Avesta, aux livres homériques, aux systèmes idéalistes, lesquels systèmes sont du reste, chez
tous les peuples, postérieurs aux systèmes sensualistes.
Les phénomènes journaliers de la nature ont d'abord frappé
l'esprit et attiré l'attention première en ce qui concerne
la recherche des causes. Le Soleil paraissait si évidemment fait pour éclairer et chauffer la Terre, pour féconder
le sol et mûrir les productions des campagnes! comment
et par suite de quel fait aurait-on pu un seul instant supposer qu'il n'était point expressément allumé dans le ciel
en faveur de nous? Il se trouvait placé sur le même rang
que les nuages, les airs, les météores; comme eux tous
il appartenait au système de la Terre. La Lune était au
même rang; encore la regardait-on généralement comme
moins utile que les éléments qui précèdent; mais elle
eut toujours la faveur d'être enveloppée par la poésie
d'un certain voile mystique qui semblait rehausser sa
valeur.

Aussi l'Arya nomade, voyageur des rives du Gange,
de l'Iaxartes, de la mer Caspienne à l'Indoustan, inhabile
à se garantir contre les influences atmosphériques, ne
fut-il pas longtemps avant de ressentir au fond de lui une
sorte de lien de dépendance entre lui et les choses qui
passaient sur sa tête. Le firmament qui, dans les jours
calmes, déroulait sa nappe d'azur, les feux inconnus qui
pendant la nuit le décoraient, la Lune qui tremblait pâle

sur les montagnes, le Soleil dont l'aspect royal éclipsait
toutes les autres clartés, le Vent qui de la mer soufflait
des nuées funestes, l'Éclair qui sillonnait lugubrement un
ciel orageux : toutes ces choses prirent dans son esprit
une certaine forme d'existence toujours rapportée à lui-
même, centre conscient du spectacle observé, et peu à
peu l'être né dans son esprit lui représenta une réalité
pensante et objective, qu'il pouvait craindre ou aimer,
selon la nature de son action envers les hommes.

Crainte ou amour, en vérité, ces peuples enfants, se
trouvant sous la dépendance des phénomènes, ne pouvaient s'affranchir de l'idée que leur domination formait
et développait en eux. Mais quels étaient les objets de
leur crainte, quels étaient ceux de leur vénération ? On
a caractérisé la religion védique en l'appelant la révélation par la lumière. C'est qu'en effet ils devaient bien
aimer le Soleil, source brillante de la richesse et de la
gaieté du monde; ils devaient l'aimer et l'invoquer, lui qui
présidait aux jours et aux années, qui par sa présence
animait la Terre, la comblant de vie et d'espérance, et
qui le soir, en disparaissant, la plongeait dans l'obscurité
triste et silencieuse. Ce qu'ils devaient craindre, c'était
précisément cette nuit complice des actions mauvaises, et
cette horreur instinctive des ténèbres ne fut pas sans influence sur leurs conceptions cosmogoniques. Ceux qui
frissonnaient pendant la nuit et qui saluaient par des
chants si pleins d'enthousiasme le retour de l'Aurore,
auraient-ils pu suivre dans les cieux le cours des Mondes
errants et s'élever à une notion même confuse du rapport
réel qui existe entre la création sidérale et la Terre? Non.
Laissons les premiers âges de l'enfance s'écouler avant
de chercher des notions supérieures; c'est à peine si l'esprit manifeste son individualité parmi ces nations au

berceau. Lorsque l'âge de raison sonnera pour elles, nous pourrons leur demander des fruits qui présentement ne sont pas encore en fleur.

L'Indien considère dans les phénomènes de la nature l'action directe d'une puissance occulte, d'un dieu, le premier des dieux védiques, du dieu Indra, transformé plus tard en une foule de divinités. C'est lui qui se lève avec l'Aurore, qui brille dans le Soleil, qui féconde avec les pluies, qui tonne avec la foudre, qui souffle avec le vent. Il n'est pas inaccessible comme le Dieu d'Israël, il est en relation plus directe, plus familière encore avec nous. Indra est l'expression la plus élevée du sentiment de la divinité chez les Aryas, c'est le Zeus des Grecs; mais comme l'idée métaphysique d'une essence immatérielle et infinie peut à peine se formuler chez les hommes primitifs, et ne peut en aucune façon se soutenir dans leur esprit, cette conception se trouve en réalité bientôt détrônée par une divinité secondaire, Agni, dieu du feu. L'anthropomorphisme est une nécessité du sentiment religieux; l'homme veut voir, sentir près de lui l'être en qui il met sa confiance. Il allume un brasier et s'imagine que dans cette flamme Agni réside, que le Soleil même et les étoiles ne sont que des feux semblables à celui que nous allumons, auxquels celui-ci retourne en se consumant. Bientôt le Soleil lui-même est considéré d'une manière différente suivant la saison, et plus tard suivant l'une des douze positions qu'il occupe successivement dans le ciel, et les épithètes données à un même être passent à l'état de substances dans l'esprit des générations et arrivent à désigner des divinités particulières. Puis se forme le polythéisme; on a l'idée de remonter aux origines, et l'on imagine le mariage du Ciel et de la Terre; les petites divinités de la nature naissent : c'est l'histoire peut-être originaire de Kronos et de Rhéa chez les Grecs.

Ainsi, voilà la cosmogonie des Aryas s'établissant d'elle-même par la dérivation naturelle des choses. Étrangers aux principes les plus élémentaires de l'astronomie, ils sont longtemps sans se demander comment il se fait que le Soleil s'éteigne le soir à l'Occident et s'allume le matin à l'Orient. Après avoir longtemps cherché, ils trouvent une explication : Arrivé au bout de sa carrière journalière, dit-on, il se dépouille de sa clarté et traverse de nouveau les cieux avec une face obscure pour regagner l'Orient, d'où il s'élève le jour suivant en reprenant son disque lumineux. Alors, tandis que Indra représente le dieu du jour, le Soleil, voici à l'opposite le dieu de la nuit, du Soleil ténébreux, Varouna, lequel personnifie le firmament quand la lumière en a disparu. — Ce mode de création des divinités donne une idée approchée de la confusion qui règne chez ces peuples en fait de cosmogonie.

Fait remarquable dans l'histoire des Aryas, et qui témoigne autant qu'aucun autre de l'antériorité de ce peuple, c'est que ni la Lune, ni les étoiles ne sont considérées comme des personnifications divines. Les constellations n'ont pas reçu de dénominations spéciales, si ce n'est la Grande-Ourse. C'est à peine si l'on parle des douze mois. Ce sabéisme est antérieur à la phase chaldéenne qui comptait des observations astronomiques régulières, et qui fournit les éléments des fables théogoniques. On n'a pas même distingué les planètes des étoiles fixes, et Vénus seule porte un nom, comme se montrant au lever et au coucher du Soleil et voulant résister à la puissance d'Indra.

Ne s'étant élevés à aucune notion vraie sur la nature

de l'univers, comment les Aryas auraient-ils pu s'affranchir assez de l'anthropomorphisme pour songer à la simple possibilité de la Pluralité des Mondes? La Terre et le Ciel, c'est là une unité simple, peuplée maintenant d'êtres mystérieux ayant chacun son rapport avec l'humanité; il est visible que tout est fait pour l'homme, et que l'univers est complet comme cela. C'est en vain que l'on chercherait des allusions à une telle doctrine, on serait induit en erreur si l'on prenait les mots pour des idées. Le passage du Rig-Véda, où nous avons remarqué l'allusion la plus favorable à notre thèse, est celui-ci (1) : « O Agni, s'écrie Vasichtha, à peine es-tu né, que, maître des Mondes, tu les parcours comme le pasteur visite ses troupeaux. » Il ne s'agit point ici des Mondes étoilés, et le poëte, précédant en cela J.-B. Rousseau, célèbre le passage successif de l'astre du jour au-dessus des différents peuples de la Terre.

Tandis que Varouna représente, comme nous l'avons dit, le Soleil de nuit, les hymnes védiques lui associent souvent, dans leurs invocations, Mitra, nouveau nom du Soleil diurne. Ce Mitra pourrait être, selon ce qui résulte d'un savant parallèle de M. Maury, l'origine du Mithra perse, dieu-héros et vainqueur comme lui, qui a conservé la plupart de ses traits. Seulement le fondateur du mazdéisme (Zoroastre) a rattaché à son Mithra une partie des caractères de l'Agni védique. Mithra et Aryaman apparaissent, en effet, ici comme dans la religion védique, sous deux aspects différents, astres du soir et du matin, comme le Phosphoros des Grecs et le Lucifer des Latins; mais ce double caractère n'a laissé que de faibles traces dans le Zend-Avesta.

_____

(1) Sec. v, lect. 2, h. 12, v. 3.

Les Perses formulèrent plus explicitement leurs croyances cosmothéologiques. Ils dissertèrent, — nous pourrions presque dire ils divaguèrent, — plus clairement sur l'origine de l'univers et sur la destinée des êtres. Au dire des écrivains orientaux, la création du Monde aurait commencé le 15 du mois de Mithra, et se serait effectuée en six jours : une fête célébrait cet anniversaire. Les âmes traversaient un pont après la mort, au delà duquel elles recevaient la vie nouvelle. Ces croyances sont enveloppées de mythes astronomiques qui, peu à peu, prirent un caractère de réalité terrestre. Au lieu de s'élever à la notion de la vérité par l'observation et l'analyse des phénomènes, ils s'en tinrent aux rêveries psychologiques, sous lesquelles s'effacèrent jusqu'aux dernières traces d'une primitive science d'observation. Quant à s'affranchir de l'humanité terrestre et de la Terre, pas plus que Brahma, Zoroastre ni aucun de ses disciples ne le put faire.

Il en est de même en Chine, où, près de six siècles avant notre ère, Confucius proclama son grand système de philosophie. Pas d'observation scientifique, pas d'analyse. Confucius n'a donné qu'un recueil de maximes morales, politiques, administratives. Ce n'est pas que nous discréditions l'utilité de ces préceptes; mais, au point de vue de notre histoire, la Chine de cette époque, comm. ses voisins de l'Inde, n'a rien imaginé qui soit arrivé jusqu'à nous. Si Lao-tseu fut plus mystique, sa maxime principale (nous voudrions ne pas la transcrire) est celle-ci : « Le sage fait consister son étude dans l'absence de toute étude. » — Voilà qui prépare bien le Bouddhisme. — Quelque remarquables qu'aient été certaines observations astronomiques des Chinois, chez lesquels les formes gouvernementales étaient si intimement associées aux règles cosmographiques, la nature de l'univers leur est restée complétement inconnue (1).

Nous ne chercherons certes pas dans le Bouddhisme la moindre aspiration en faveur de la doctrine de la Pluralité des Mondes. Cette inconcevable religion n'est qu'un être mort. A quoi lui servirait d'observer, de travailler, de penser? L'activité n'est qu'une peine stérile. Le quiétisme, disons plutôt l'indolence, est la chose la plus désirable. Un bouddhiste pourrait dire sans paradoxe que le suprême bonheur consiste dans l'absence du bonheur. Que l'on adopte sur le sens littéral du mot Nirvana l'explication de Burnouf ou celle de ses adversaires, l'opinion que l'on peut se former sur les bouddhistes ne leur sera jamais favorable. Ils réalisent en grand le flegme de ces jeunes Anglais, qui font parler leurs voisins en leur place pour ne pas se fatiguer la langue.

Cependant, — ainsi est constitué le monde, et il n'y a rien d'absolu dans la nature, — cependant, en nous initiant plus intimement aux différents peuples de l'antiquité non classique, nous pourrons, non dans leur science, mais dans leur religion, recueillir d'heureuses pensées pour notre trésor. Ainsi, reprenant en sous-œuvre la relation générale, nous trouverons chez les Aryas, au milieu de leur culte panthéistique des forces de la nature, où dominent les espérances de la vie présente, l'idée de migrations accomplies par les âmes, soit dans les cieux supérieurs, où elles brillaient revêtues d'un corps subtil, soit dans les cieux inférieurs, où elles étaient nourries par Indra, soit enfin sur la Terre, où elles ont passé dans

(1) On peut voir dans les précis de l'astronomie chinoise et notamment dans celui de J.-B. Biot, qu'il n'y est est jamais question ni de la nature des astres, ni de leur destination.

différents corps. Plus tard, lorsque l'Inde fut gouvernée
par une caste sacerdotale régulière, que le culte idéaliste
de Brahma remplaça le naturalisme primitif, on crut que
la destinée suprême de l'âme était d'être admise dans les
cieux supérieurs. Ces théories relatives à la transmigration des âmes après la mort semblent bien, à la vérité,
impliquer celle de la Pluralité des Mondes ; mais il s'agit
ici d'un aspect purement religieux, que nous aurons l'occasion de traiter fondamentalement ailleurs, et qui ne se
rattache point à la science physique. Il convient cependant d'insister un instant sur ces vues qui ne laissent
pas de jeter un jour intéressant sur l'histoire des aspirations innées de l'esprit humain.

« L'âme va dans le Monde auquel appartiennent ses
œuvres, est-il écrit dans les *Védas*. Si l'homme a fait
des œuvres qui conduisent au Monde du Soleil, l'âme se
rend au Soleil... L'homme qui avait pour but la récompense de ses bonnes œuvres, étant mort, va au Monde
de la Lune. Là, il est au service des préposés de la
moitié de la Lune dans son croissant. Ceux-ci l'accueil-
lent avec joie ; pour lui, il n'est pas tranquille, il n'est
pas heureux ; toute sa récompense est d'être parvenu
pour un temps au Monde de la Lune. Ce temps écoulé,
le serviteur des préposés de la Lune en son croissant
redescend dans l'enfer ; il y renaît ver, papillon, lion,
poisson, chien, ou sous une autre forme (même sous la
forme humaine).

« Le Monde de la Lune est celui où l'on reçoit la récompense des bonnes œuvres faites sans avoir renoncé à
leur fruit ; mais cette récompense n'a qu'un temps fixé,
après lequel on renaît dans un Monde inférieur. Au contraire, par la renonciation à la récompense des œuvres,

cherchant Dieu avec une foi ferme, on parvient à ce Soleil qui est le grand Monde (1). »

Le Bhagavad Gîta, établissant une distinction entre les bons, qui retournent à l'objet de leur pensée (Dieu) pour n'en plus revenir, et les indifférents, qui transmigrent pour revenir, ajoute : La lumière, le jour, la Lune croissante, les six mois où le Soleil est au Nord, voilà le temps où les hommes qui connaissent Dieu se rendent à Dieu.

— La fumée, la nuit, le déclin de la Lune, les six mois du Sud, sont le temps où le yogi se rend dans l'orbe de · la Lune pour en revenir plus tard.

Ces mêmes idées se retrouvent dans la plupart des religions primitives; mais on voit que ce n'est pas ici le lieu de développer ces croyances, et que les habitants des astres n'y sont que la résultante d'une pure conception métaphysique. Les Égyptiens adoptèrent des opinions analogues sur la destinée des âmes, mais étouffées aussi sous un polythéisme exubérant. Le mazdéisme les continue en leur donnant de nouvelles formes sans les mieux définir. Les Chaldéens de la Babylonie émettent enfin un système plus régulier, en annonçant que la transmigration des âmes dans les cieux inconnus se renouvelait tous les 36,425 ans, suivant une immense période astrologique, et en établissant ainsi, par la circulation de la vie pensante à travers l'infini, une sorte de solidarité entre le ciel et la Terre.

C'est un spectacle à la fois curieux et utile que d'assister à la première conscience de la pensée chez les peuples primitifs, et de voir qu'en quelque lieu du globe qu'ils habitent, l'esprit des hommes manifeste les mêmes caractères, les mêmes tendances primitives. Soulevons

(1) Voy. *La religion des Hindous selon les Védas,* par Lanjuinais.

le voile brumeux qui pèse sur l'antique Scandinavie, évoquons le souvenir des Celtes primitifs, des Gètes et des enfants du Nord; si la forme extérieure de leurs pensées diffère de celle du midi en ce qu'elle a moins d'éclat, nous verrons au fond la même crainte des forces formidables de la nature, et le même culte du naturalisme panthéistique. La poésie d'Ossian (qu'elle soit apocryphe ou originaire) révèle cette tendance tout aussi bien que les Sankyas.

Mais jusqu'ici nous n'avons pas encore vu se bien définir les idées sur la nature des astres, et à plus forte raison sur leur valeur au point de vue de l'habitation. Les conceptions de la religion ou de la poésie sont restées vaporeuses dans la sphère de l'incommensurable; elles n'ont pu revêtir aucune forme substantielle, et lorsqu'on veut les saisir, elles échappent comme une fumée sans consistance. Peut-être trouverons-nous chez les hommes mieux disposés à l'observation scientifique une assise plus solide et des conceptions moins vagues.

Jean Reynaud a récemment mis en lumière (1) la cosmogonie des Gaulois primitifs, et son travail, plus étendu qu'on n'aurait pu le supposer en raison de l'insuffisance des témoignages, établit rationnellement la philosophie druidique, mieux définie que nulle des précédentes. Que les druides aient pu jusqu'à un certain point connaître les mouvements réels des Mondes et leurs positions dans l'espace, c'est ce qui est probable, sur la foi des monuments qui nous sont restés; mais qu'ils aient eu une astronomie physique, et aient pu s'apercevoir de l'analogie qui existe entre la Terre et les autres planètes, c'est ce qui reste encore fort douteux. Cependant voici un témoi-

(1) *L'Esprit de la Gaule*, 1864.

gnage singulier, consigné par Hécatée. Cet historien rapporte que la Lune, vue de l'île de la Grande-Bretagne, paraît beaucoup plus grande que vue de partout ailleurs, et que l'on va même jusqu'à distinguer à sa surface des montagnes comme sur la Terre. Ne serait-ce pas là l'origine de la fable rapportée par Plutarque, dont nous parlerons dans notre prochain chapitre? Quoi qu'il en soit, il est certain que les druides considéraient la Lune comme l'astre sur lequel se rendaient les âmes immédiatement après la mort.

En Gaule, comme en Chaldée et comme partout, l'astronomie et la théologie sont intimement liées, et il nous est difficile de distraire la première de la seconde et de citer à son égard quelques traits qui ne soient pas solidaires de celle-ci. César nous apprend de plus que l'observation du ciel était l'une des occupations officielles du collége des druides. S'ils connaissaient le vrai système du Monde, le passage suivant de Taliesin (lors même qu'il serait interpolé par un autre barde) tendrait à l'établir. « Je demanderai aux bardes, dit-il, ce qui soutient le Monde, parce que, privé de support, le Monde ne tombe pas. Mais qui pourrait servir de support? Grand voyageur est le Monde! Tandis qu'il glisse sans repos, il demeure tranquille dans sa voie, et combien la forme de cette voie est admirable pour que le Monde n'en sorte dans aucune direction! » Un certain nombre de monuments celtiques sont restés qui témoignent en faveur de l'avancement de l'astronomie chez les Gaulois.

Nous n'osons pas émettre avec l'auteur précédent l'assertion que Pythagore ait puisé chez les druides le système du Monde qu'il enseigna aux initiés de sa doctrine ésotérique; cependant il y a de tels rapports entre les croyances des premiers et les siennes que nous le suppo-

serions plutôt élève des druides que des prêtres de l'É-
gypte. Nous voyons, en effet, que l'école grecque pytha-
goricienne enseigne à la tête de ses dogmes celui de la
métempsycose.

Orphée avait proclamé notre doctrine le premier parmi
les Grecs. Proclus, *in Timæum, lib. IV*, nous a conservé les vers où est dit que la Lune est une terre où
il y a des montagnes, des hommes et des villes :

Μήσατο δ'ἄλλην γαῖαν ἀπείρατον, ἥντε Σελήνην
Ἀθάνατοι κλήζουσιν, ἐπιχθόνιοι δέ τε Μήνην,
Ἥ πολλ' οὐρ' ἔχει, πολλ' ἄστα, πολλά μέλαθρα,

Altera terra vaga est quam struxit, quamque Selenem
Dii vocitant, nobis nota est sub nomine Lunæ :
Hæc montes habet, ac urbes, ædesque superbas (1).

Certaines écoles grecques et certaines écoles latines
enseignèrent explicitement la Pluralité des Mondes, mais
à des points de vue différents, et c'est ici seulement que
l'œil de l'analyste peut discerner les divers mobiles qui
peuvent avoir conduit ou s'être harmonisés à cette conception de l'Univers. Nous nous voyons encore obligé,
en terminant cet exposé de notre histoire dans l'antiquité, de nous en tenir à des généralités, car aucun livre
expressément écrit sur notre sujet n'est arrivé jusqu'à
nous. L'exposé générique que nous allons faire pourra,
du reste, être appliqué à tous les temps, car si les circonstances et les éléments de l'ambition humaine changent avec les âges et les nations, il n'en est pas de même

_____

(1) Si ces vers ne sont pas véritablement d'Orphée, dont l'existence
même est très-douteuse, ou peut-être de Pythagore, ils peuvent être
attribués au pythagoricien Cercops. *Orphicum carmen*, dit Cicéron.
(*De nat. deor. L. I.*) *Pythagorici ferunt cujusdam fuisse Cercopis.*

de l'esprit humain, universellement semblable à lui-même.

Un mot de psychologie ne sera donc pas inutile ici.

Il semble au premier abord que le nombre des systèmes philosophiques soit si grand qu'il doive être difficile de se reconnaître au milieu d'eux, et de les classer distinctement; cependant, en examinant bien, on trouve qu'ils peuvent d'abord se rattacher tous à deux principaux, ensuite à deux autres qui historiquement sont postérieurs aux premiers. Dans le premier système, celui des *matérialistes*, le Monde sensible est le seul existant, et notre âme n'est que la collectivité des sensations qui nous viennent des objets extérieurs et des idées qui en dérivent, comme Dieu n'est autre chose que la généralisation inconsciente de tous les phénomènes de la nature. Mais un système exclusif ne pouvant rendre compte de tous les faits, il est arrivé que l'observation des phénomènes invisibles qui se passent dans notre pensée, et qui ne sont en aucune façon explicables par le système des sensations, a créé un nouveau système opposé, celui des *spiritualistes* ou des idéalistes. Ce dernier système est dans son cercle tout aussi complet que le premier; mais pas plus que celui-ci il ne peut être isolé et admis à l'exclusion de tout le reste. C'est pourquoi l'esprit, s'étant donné tour à tour exclusivement au premier et au second, remarqua combien ils se choquent l'un et l'autre, combien ils sont creux et combien, tout en se combattant, ils sont loin de satisfaire notre grand besoin de savoir. De là, le sens commun fait bientôt justice de ces créations humaines, doute de l'une et de l'autre, et tombe dans le *scepticisme*, nouveau système plus facile, mais inconséquent. Cette inconséquence même du scepticisme ramène l'âme au besoin des croyances; il arrive

alors que ballottée d'un système à l'autre sans en trouver
de bon, elle se jette dans le *mysticisme*, abnégation
spontanée et ardente de tout, pour s'abîmer dans le sein
de la grande cause tant cherchée et toujours inconnue.

Nous avons appris par expérience à connaître cette
filiation des grands systèmes fondamentaux auxquels
peuvent se rapporter toutes les variantes, et nous pensons que les âmes chercheuses ne peuvent avoir vécu
sans goûter à l'un et à l'autre, et sans trouver en fin de
compte que ni l'un ni l'autre ne doivent être exclusivement adoptés, qu'ils ont tous du bon et que la sagesse
consiste à mettre de l'équilibre dans notre esprit, serait-
ce même un équilibre instable : il n'y en a pas d'autre
dans la nature.

Or, quel est l'aspect éternel de la Pluralité des Mondes
devant chacune de ces philosophies?

Les philosophes de la matière, qui regardent l'univers
comme l'œuvre inconsciente et éternelle de forces
aveugles, qui ne reconnaissent pas de cause première et
finale et qui trouvent successivement la cause dans un
effet antérieur et cet effet dans la cause, admettent que
le concours spontané des éléments a pu former dans les
champs infinis de l'espace un ou plusieurs Mondes, voire
même un infini d'univers semblables à celui que nous
observons. Pour eux l'infinité des Mondes est dans les
limites du possible, la Pluralité dans les limites du probable, pour quelques-uns même, voulue par la nécessité.

Les idéalistes pensent qu'une intelligence préside à la
formation et à l'établissement des choses, et que la création ne peut manquer d'avoir un but. Aux probabilités
précédentes sur la création spontanée des êtres par
suite de l'action des forces universelles de la nature,
ils ajoutent celles qui résultent d'une direction intelli-

gente appliquée à l'œuvre cosmique. Ils aiment à croire que l'harmonie et la beauté se manifestent dans les cieux comme elles se manifestent sur la Terre, et plus parfaitement encore, et que la richesse infinie dont nous n'avons qu'un avant-goût ici-bas s'est développée librement dans les campagnes éthérées. De plus, ils croient en l'existence et en l'immortalité des âmes, et veulent pour leur vie future un séjour dans les régions célestes.

Les sceptiques : ils ne le seraient pas si comme les précédents ils adoptaient une chose sans difficulté; c'est pourquoi nous les voyons chercher contre l'admission d'une proposition quelconque toutes les objections possibles, ne craignant même pas souvent de nier inintelligemment telle ou telle chose pour le seul plaisir de la nier et parce qu'on ne saurait les contredire. Entre nous, ces esprits-là sont fort utiles, car sans eux les sensualistes comme les spiritualistes pourraient fort souvent s'égarer du côté des confins de l'absurde. Les sceptiques sont le contre-poids des honnêtes penseurs. Pour la Pluralité des Mondes en particulier, ils l'affirmeraient violemment si on la niait généralement; mais comme elle ne blesse en somme aucune théorie, ils sont disposés à rire de ceux qui l'affirment.

Voici maintenant les mystiques. Pour eux il n'y a pas la moindre raison contre la Pluralité des Mondes, et il y a un infini en sa faveur. Aussi ne sont-ils guère embarrassés pour créer en leur imagination de quoi peupler à l'infini ces Mondes infinis. Mais, devant eux, il faut être assez réservé pour ne pas entrer dans leur domaine, car on sait qu'ils sont dès le principe en dehors de l'observation scientifique, et c'est précisément cette observation qui est notre rampe.

Cette classification des opinions philosophiques et de leur disposition réciproque à l'égard de notre doctrine

explique en deux mots l'histoire. L'école ionienne fondée
par Thalès, l'école d'Élée en partie, et celle d'Epicure
appartiennent au premier groupe. Chez les Latins, Lucrèce s'en fera le coryphée. Les écoles de Pythagore, de
Socrate et de Platon appartiennent au second groupe.
Aristote appartient aux deux à la fois, et c'est en cela
qu'il est grand comme philosophe, malgré ses erreurs en
astronomie. Les sophistes, les cyniques, la nouvelle académie appartiennent au troisième groupe. L'école d'A-
lexandrie enfin et le néoplatonisme appartiennent au
quatrième.

Il y eut cependant chez les Grecs et chez les Romains,
comme il y en a aujourd'hui chez les Français, des gens
qui ne sont d'aucune opinion, qui n'ont pas formé leur
esprit dans l'étude de la nature, qui s'occupent fort peu
de ce qu'il est bon de croire ou de ne pas croire, et qui
vivent fort insouciants des choses de l'esprit. Nous ne
parlerions évidemment pas de ces gens-là, s'il ne s'était
trouvé parfois parmi eux des faiseurs de systèmes intéressants pour nous à observer. Tels furent les combats
cosmiques entre le Froid et le Chaud, le Sec et l'Humide,
la Lumière et les Ténèbres, les Formes géométriques, les
Propensions naturelles, etc., combats d'où furent issus
divers Mondes arbitrairement établis suivant la fantaisie
de leurs auteurs. Telles furent encore les cosmogonies
selon le système de la génération des nombres, dans lesquelles l'univers commence par le point et se continue par
la ligne, mouvements originaires d'où naissent le temps
et l'espace.

CHAPITRE II

La notion de la Pluralité des Mondes est une notion si naturelle, que l'esprit humain la possédait avant que les premiers éléments des sciences physiques ne fussent connus, et qu'on la proclamait avec l'accent de la conviction et de l'enthousiasme en des temps où l'on n'aurait pu et où l'on ne prétendait la soutenir par aucun argument scientifique. Le raisonnement, la logique, suffisaient pour en affermir la base, et, sans sortir de cette sphère, on était parvenu à l'affirmer et à la défendre avec succès.

C'est une remarque singulière et surprenante, que cette croyance ait pu être posée en dehors de l'observation physique, par des considérations complétement étrangères aux connaissances cosmographiques. Aujourd'hui, l'un des arguments les plus puissants que nous ayons fait

comparaître pour établir notre doctrine, c'est la ressemblance des autres terres avec la nôtre, et la parité de
celle-ci avec les autres corps célestes au milieu desquels elle est jetée sans aucune distinction. Or, non-seulement cette idée de la similitude des astres à la Terre
n'est pas invoquée par les anciens partisans de notre
doctrine, mais elle est encore éliminée et rejetée par
cette opinion : que les astres ne sont que des lueurs fugi-
tives, nourris, selon plusieurs, des émanations de la
Terre.

Ainsi, pour les anciens dont nous parlons, le monde,
ce n'est pas seulement la Terre, c'est encore tout ce qui
l'entoure, les airs, les cieux, les étoiles ; et avancer qu'il
y a plusieurs mondes, ce n'est pas dire que la Lune,
Vénus ou Jupiter peuvent être habités : c'est dire qu'au
delà des limites de notre Monde, au delà des étoiles
fixes, il peut exister d'autres terres comme la nôtre,
enveloppées d'autres cieux. Il est intéressant pour nous
de connaître ces sortes de raisonnements. Lucrèce comme
chantre de la nature, Plutarque comme historien, vont
nous fournir à ce sujet les meilleurs exemples que toute
l'antiquité puisse nous offrir.

Pour l'illustre auteur du poëme *De natura rerum*,
pour toute l'école d'Épicure et pour la plupart des sensualistes, le Soleil, la Lune, les étoiles sont des objets
tels que nous les voyons. « Le disque de l'astre du jour
n'est guère plus grand ni moins lumineux qu'il ne le
révèle à nos sens, car tant qu'un corps enflammé peut
envoyer jusqu'à nous sa lumière et sa chaleur, quelle que
soit sa distance, son éloignement n'altère point à nos regards sa forme apparente... Que la Lune brille de son
propre éclat ou d'un éclat emprunté, elle ne traverse
point le ciel sous une forme plus grande que celle dont

elle frappe notre vue ; car, à travers l'épaisseur de l'air,
les objets dans le lointain n'offrent qu'un aspect vague ;
mais l'astre des nuits nous dévoilant ses limites avec
netteté est sans doute dans les cieux ce qu'il nous paraît
de la Terre... Enfin il n'est pas étonnant qu'il en soit
ainsi des feux éthérés, puisque tous les feux placés sur
cette terre, quelle que soit leur distance, ne paraissent
subir qu'une légère altération dans leur grandeur réelle,
tant que leur vacillante lumière parvient jusqu'à nous.
Ainsi nous avons une preuve que les flambeaux célestes
ne sont guère plus grands ni plus petits qu'ils ne le
révèlent à nos yeux (1). »

Sans qu'il soit nécessaire de donner de plus amples
développements à cette manière de voir, on reconnaît la
grande théorie épousée par Lucrèce, pour lequel la Terre
est dans son lieu naturel au centre de son monde, tandis
que les flambeaux célestes ne sont que des ornements
à elle appartenant. Cependant le poëte chante la Pluralité
des Mondes ; mais c'est dans le sens que nous avons
révélé plus haut : « Le grand Tout est sans fin : Ici, là,
sous nos pieds, sur nos têtes, l'espace est illimité. Je te
l'ai dit, et la voix de la nature le proclame. Ainsi, dans
l'incommensurable espace qui se prolonge à jamais dans
tous les sens divers, si les innombrables flots créateurs
de la matière, depuis l'éternité, s'agitent et nagent sous
mille formes variées, à travers l'Océan et l'espace infini
(*spatium infinitum*), dans leur lutte féconde n'auraient-
ils enfanté *que l'orbe de la Terre et sa voûte céleste ?*
Croirait-on qu'*au delà* de ce Monde un si vaste amas
d'éléments se condamne à un oisif repos ? Non ! non ! si
notre globe est l'œuvre de la nature, et si les principes

(1) *De naturâ rerum*, lib. V, v. 565-592.

générateurs, par leur propre essence, conduits par la nécessité, après mille et mille essais infructueux, se sont
enfin unis, modifiés et ont donné naissance à des masses
d'où sortirent le ciel, les ondes, la Terre et ses habitants,
conviens donc que, dans le reste du vide, les éléments
de la matière ont enfanté sans nombre des êtres animés,
des mers, des cieux, des terres et parsemé l'espace de
Mondes semblables à celui qui se balance sous nos pas
dans les flots aériens.

« D'ailleurs nul objet ne naît isolé, unique dans son
espèce ; il a sa famille, il se classe dans la chaîne des
êtres. Tel est le sort de tous les animaux. Tout nous
prouve donc que le ciel, l'océan, les astres, le Soleil,
et tous ces grands corps de la nature, loin d'être seuls
semblables à eux-mêmes, sont répandus en nombre infini dans les plaines de l'espace interminable ; leur durée
est limitée, et, comme les autres corps, ils ont reçu la
naissance, ils subiront la mort... Dans le temps où notre
Monde se forma, où la Terre, les ondes, le Soleil surgi-
rent du chaos, les flots superflus de la matière, versés de
tous les points de l'espace, déposèrent, autour et hors
des limites de notre globe récent, des éléments et des
semences innombrables (1). »

Voilà donc le représentant avoué et autorisé du ma-
térialisme le plus complet qui proclame l'infinité des
Mondes au nom seul de la raison. Pas d'astronomie, pas
de physique, pas de causalité. La Terre et le Ciel, c'est
un Monde. Au delà peuvent existe une autre terre et un
autre ciel, d'autres terres et d'autres cieux. Dans quelque
temps, quand le christianisme sera venu donner un nouvel aspect à cette Terre et à ce Ciel uniques, nous enten-

_____

(1) *De natura rerum*, lib. II, v. 1047-1092.

drons quelques théologiens émettre, mais discrètement,
la même idée.

Un siècle après Lucrèce, Plutarque, à propos de la
Cessation des Oracles, faisait une de ces longues digressions étrangères à son sujet (qui traversent souvent ses
divers traités), et rapportait sur la Pluralité des Mondes
des opinions analogues aux précédentes et dont la diversité d'argumentation, aussi bien que la naïveté des raisons
invoquées, offre un utile intérêt aux amateurs de ces
bonnes vieilles conversations.

Lamprias, frère de Plutarque, qui raconte l'entretien passé à Delphes sur les oracles, semble tout d'a-
bord se souvenir très-fidèlement de Lucrèce, lorsqu'il ouvre ainsi son entretien sur les Mondes : « Il
n'est pas vraisemblable qu'il n'existe qu'un seul Monde
qui flotte isolé dans un vide infini sans commerce ni
rapport. D'ailleurs, si rien n'est unique dans la nature,
ni homme, ni cheval, ni astre, ni dieu, ni génie, pourquoi n'y aurait-il qu'un seul Monde ? Celui qui objecte
qu'il n'y a qu'une seule terre et une seule mer n'aperçoit
pas dans ces objets une similitude de parties qui est évidente. Ceux qui emploient toute la matière à former un
seul Monde, dans la crainte que ce qu'on laisserait au
dehors ne troublât, par sa résistance ou par ses chocs,
l'harmonie de sa composition, s'effrayent mal à propos.
Dans la supposition de plusieurs Mondes, chacun aura
une mesure déterminée de matière et de substance, et il
ne restera rien de superflu qui soit dans le désordre et
qui tombe hors de sa sphère. La forme particulière de
chaque Monde contenant toute la matière qui lui est
attribuée ne permet pas qu'aucune de ses parties, errant
au hasard, s'échappe de son sein pour tomber d'un Monde
dans un autre. »

Le narrateur réfute ensuite l'opinion d'Aristote. Chaque corps, dit ce naturaliste, ayant son lieu propre et naturel, il est nécessaire que la Terre tende de tous côtés vers le milieu et que l'eau placée au-dessus d'elle serve de fondements aux substances plus légères. Or, s'il y a plusieurs Mondes, il arrivera que la Terre, en bien des endroits, sera supérieure au feu et à l'air, et qu'en bien d'autres elle leur sera inférieure. Il faudra en dire autant de l'air et de l'eau, qui tantôt occuperont la place que la nature leur a assignée et tantôt seront déplacés. Mais, selon lui, ces hypothèses étant impossibles, il croit qu'il n'y a ni deux ni plusieurs Mondes, mais un seul composé de toute la matière qui existe, et disposé selon les lois de la nature, en raison de la diversité des substances. Ces raisons gratuites sont facilement combattues par Lamprias, qui montre que tout est relatif. Puis il applique à sa thèse les remarquables raisonnements qui suivent :

« Quelle que soit la cause qu'on donne pour principe à ces affections, à ces vicissitudes des corps, elle contiendra chacun de ces Mondes dans l'état où il doit être. Chacun a sa terre et sa mer ; chacun a son milieu particulier, ses affections et changements des corps, sa nature et ses facultés qui le conservent et le maintiennent dans sa place. Ce qui est en dehors, soit qu'on le suppose un néant ou un vide infini, n'a pas de milieu. Mais comme il y a plusieurs Mondes, chacun a son milieu propre, et par conséquent son mouvement particulier qui porte certains corps vers le milieu, en éloigne les autres et fait tourner les autres autour du milieu. Mais admettre plusieurs milieux et prétendre que tous les corps graves tendent de tous côtés vers un seul, c'est à peu près comme si l'on soutenait que le sang de tous les hommes

coule dans une seule veine ou que tous les cerveaux
sont enveloppés dans une seule membrane. Il serait
aussi fou de vouloir qu'il existât un Monde où la Lune
serait placée en bas, comme si un homme avait la cervelle aux talons et le cœur aux tempes.

« Mais il n'est point absurde de supposer plusieurs
Mondes séparés les uns des autres, dont les parties
soient également distinguées comme ils le sont eux-
mêmes entre eux.

« Dans chaque Monde, la terre, la mer et le ciel occuperont le lieu le plus convenable à leur nature. Chacun
aura ses parties supérieure et inférieure, son environ et
son milieu, et cela en lui-même, et par rapport à lui-
même, non au dehors de soi ni par rapport à un autre.
La pierre que quelques-uns supposent placée hors du
Monde ne peut facilement être conçue ni en repos ni en
mouvement. Comment restera-t-elle immobile, puisqu'elle a de la pesanteur ? ou comment tombera-t-elle
vers le Monde, comme les autres corps graves, puisqu'elle n'en fait point partie ? Quant à la Terre qui est
contenue et attachée dans un autre Monde, il ne faut pas
craindre que sa pesanteur ne l'arrache du tout dont elle
fait partie et la porte dans notre Monde, puisqu'on voit
avec quelle force chaque partie est contenue dans son
état naturel. Si nous prenons le haut et le bas hors du
Monde et non par rapport à lui-même, nous tomberons
dans les mêmes difficultés qu'Épicure, qui fait mouvoir
tous ses atomes vers les lieux qui sont au-dessous des
pieds, comme si le vide avait des pieds, ou que dans
l'infini on pût concevoir du haut et du bas.

« Aussi je ne puis comprendre ce que Chrysippe avait
dans l'esprit lorsqu'il a avancé que le monde était situé
au milieu, que sa substance occupait de toute éternité

cette place, et que cette position avait beaucoup contribué à assurer sa durée et à le rendre en quelque sorte incorruptible et éternel. C'est ce qu'on lit dans son quatrième livre des *Possibles*, où il a imaginé ce rêve ridicule du milieu dans le vide et où il assigne avec encore plus d'absurdité ce milieu imaginaire pour cause de la durée du monde. »

Si Plutarque était autre chose qu'un historien ou un moraliste, on aurait le droit de s'étonner qu'après ces passages où se manifeste un jugement aussi avancé il puisse donner tête baissée dans les illusions dont nous parlerons plus loin, en son *Traité sur la Lune*. Il passe ensuite à une objection tirée de l'opinion des stoïciens, qui, nom.... t Dieu la nature, le destin, la fortune, la providence, ne pouvaient multiplier les Mondes sans multiplier en même temps cette divinité de leur imagination. Et ici il s'élève à la notion du vrai Dieu. « Quelle nécessité, dit-il, de supposer plusieurs Jupiters, parce qu'il y aura plusieurs Mondes, plutôt que d'admettre pour chaque Monde un Dieu plein d'intelligence et de raison, qui le dirige et le gouverne, comme celui que nous appelons le Souverain et le Père de toutes choses? Ou qui empêche qu'ils ne dépendent tous de la destinée et de la providence de Jupiter et qu'ils lui obéissent; que ce dieu suprême veille sur tout, préside à tout et donne à tous les effets qui s'opèrent leur principe, leur germe et leur cause ? Ne voyons-nous pas souvent ici un seul tout se former de plusieurs corps différents, dont chacun a séparément sa vie, son intelligence, son activité, comme sont une assemblée civile, une armée, un chœur de musique ? C'est le sentiment de Chrysippe. Serait-il donc impossible que dans le grand tout de l'univers il existât dix Mondes, cinquante ou même cent, qui

fussent conduits par une seule intelligence et soumis à
un même principe?... Castor et Pollux donnent du secours
à ceux qui sont battus par la tempête ; ils n'ont pas besoin de monter sur le vaisseau et d'en partager les périls ; ils se montrent seulement au haut des airs et le
font voguer en sûreté. (Il s'agit ici du feu Saint-Elme,
phénomène d'électricité.) Ainsi les dieux visitent tour à
tour les divers Mondes pour jouir du spectacle qu'ils
offrent et pour les gouverner chacun par les lois de la
nature... Le Jupiter d'Homère, ajoute ici le philosophe
devenu vraiment supérieur à lui-même, le Jupiter d'Homère ne porte pas loin ses regards lorsqu'il les détourne
de la ville de Troie sur les Thraces et sur les peuples
nomades des bords du Danube. Mais le vrai Jupiter, pro-
menant ses regards sur plusieurs Mondes, a sous les
yeux les révolutions les plus belles et les plus dignes de
lui. »

On passe en revue dans la même conversation différents systèmes, et en particulier celui de Platon qui bor-
nait la Pluralité des Mondes au nombre cinq, par des
considérations fondées sur la génération de ce nombre,
sur la propriété des cinq figures géométriques fondamentales, sur les cinq zones qui divisent la sphère, voire
même sur les cinq sens et sur les cinq facultés de l'âme.
Ce sont là de pures considérations de convenance que
l'on n'aurait aucun intérêt à voir reproduites ici.

Mais nous ne pouvons nous empêcher de rapporter
l'histoire de ce vieillard de la mer Rouge qui enseignait
un système de cent quatre-vingt-trois Mondes.

Si l'on en croit Cléombrote, il ne se montre qu'une fois
l'année ; tout le reste du temps il vit avec les nymphes
nomades et les génies. « Lorsque enfin je l'eus trouvé,
dit le narrateur, il me reçut poliment et me permit de

l'entretenir. Il parle dorien et son langage tient beaucoup
de la poésie et du chant ; l'odeur qui s'exhale alors de sa
bouche embaume tous les environs. Il n'a jamais eu de
maladie. Il passe sa vie dans l'étude des sciences ; seulement, un certain jour de l'année, il est saisi d'un esprit
prophétique et se rend au bord de la mer, où il prédit l'a-
venir. Il disait que Python n'avait pas été exilé neuf ans à
Tempé, mais qu'il était allé dans un autre Monde.

« Platon balançait entre un seul Monde et cinq, ajoute
Cléombrote. Les autres philosophes ont toujours redouté
la multitude des Mondes, comme si, en ne bornant pas
la matière à un seul, on tombait nécessairement dans
cette infinité indéterminée et si embarrassante. — Votre
étranger, lui dit Lamprias, déterminait-il, comme Platon, le nombre des Mondes, ou, pendant que vous étiez
avec lui, avez-vous oublié de le sonder sur cette matière? — Croyez-vous, reprend le premier, qu'il y eût
rien dont je fusse plus curieux de l'entretenir? Il disait
qu'il n'y avait ni une infinité de Mondes, ni un seul, ni
cinq, mais cent quatre-vingt-trois disposés en triangle,
soixante sur chaque côté et un à chaque angle du triangle ;
qu'ils se touchent les uns les autres, et, dans leur révolution, forment une espèce de danse. L'aire du triangle
est le foyer commun de tous ces Mondes, et s'appelle le
champ de la Vérité. Là existent, dans un état d'immobilité, les idées exemplaires, les raisons primordiales de
tout ce qui a été et qui sera, et autour d'elle est l'éternité, du sein de laquelle le temps s'écoule dans tous ces
Mondes. Les âmes humaines qui ont bien vécu sont ad-
mises, une fois en dix mille ans, à la contemplation de
ces grands objets, et les mystères les plus saints qu'on
célèbre ici-bas ne sont qu'une ombre de ce spectacle
auguste. »

Ce barbare est aux yeux du narrateur un véritable Grec, à qui aucune science n'est étrangère. Ce qui le prouve, dit-il, c'est son système sur le nombre des Mondes, qui n'est ni égyptien ni indien, mais dorien. Il a pris naissance en Sicile et a eu pour auteur un certain Pétron d'Himère. Cléombrote ne connaissait pas l'ouvrage de celui-ci, mais il rapporte qu'Hippys de Rhége, cité par Phanias d'Erèse, disait que ces cent quatre-vingt-trois Mondes se touchaient les uns les autres par leurs éléments. — Qu'est-ce que c'est que se toucher par les éléments?

Quelque bizarre que soit cette opinion arbitraire d'un nombre déterminé de Mondes, elle ne doit pas étonner ceux qui ont eu l'occasion d'observer combien l'imagination est habile à se créer des idées et à s'habituer insensiblement à ces créations individuelles, qui bientôt se fixent dans l'esprit comme autant de vérités démontrées. Pour notre part, nous avons rencontré dans un certain monde bien des esprits faibles qui s'étaient forgé les systèmes les plus invraisemblables, et qui certes les tenaient pour aussi vraisemblables, aussi vrais même et tout aussi solides que les faits acquis à l'observation scientifique.

Il est temps maintenant de jeter un coup d'œil sur les fictions cosmographiques dans l'antiquité grecque et latine.

Ces fictions, comme tout ce qui se rattache aux idées des anciens sur la nature, sont plus intéressantes au point de vue historique qu'au point de vue scientifique ou philosophique, et leur revue peut surtout démontrer combien l'analyse physique était nécessaire à l'homme et combien il est susceptible d'errer lorsqu'il n'a pas en main cette pierre de touche. Pour n'en rappeler que quelques exemples, nous demanderons aux premiers philosophes grecs comment ils conçurent le principe de la génération du Monde. Thalès de Milet nous répondra que l'*eau* est le premier principe des êtres, que tout est composé d'eau, que tout doit se résoudre en eau. Et, cercle vicieux fréquent chez les anciens, qui prenaient souvent pour preuve de la solidité de leurs assertions des données plus incertaines et plus discutables que ces assertions mêmes, parmi ces preuves se trouve l'idée tout à fait gratuite que le feu du soleil et des astres se nourrit des exhalaisons de l'eau. Ce mode d'argumentation ressemble fort à celui de Pythagore disant que la Lune est une terre comme la nôtre, *parce qu*'elle est habitée. Sur cette même question des principes, Anaximandre de Milet les trouvera dans l'*infini*; mais, selon la fine remarque de Plutarque (1), le malheur est qu'il ne dit pas en quoi consiste son infini, si c'est de l'air, de l'eau, de la terre ou quelque autre substance. Anaxagore de Clazomène trouve le principe de tout dans les *homéoméries*. Qu'est-ce que les homéoméries? Ce sont des parties similaires. Archélaüs d'Athènes disait que tout vient de la condensation et de la raréfaction de l'*air*. Pythagore de Samos assigne pour principe du Monde les *nombres* et leurs proportions. Héraclite et Hippasus de Métaponte ont cru, à l'opposé de Thalès, que tout vient du *feu* et que tout doit s'y résoudre. Épicure créa ensuite les *atomes* insaisissables. Empédocle admit quatre éléments et deux principes; ces deux principes étaient l'amitié et la discorde. Socrate et Platon établirent trois principes : Dieu, la matière et l'idée. Aristote créa l'entéléchie ou la forme, la matière et la privation. Zénon admit Dieu et la matière, etc. Or

(1) *De placitis philosophorum*, liv. I, cap. III.

tous ces systèmes avaient chacun leur mode d'argumentation et étaient chacun établis sur des considérations plus
ou moins spécieuses.

Voulons-nous savoir maintenant quelles idées on se
formait de la disposition du Monde ? En général, la Terre
est au centre. Parménide l'enveloppe de plusieurs cou-
ronnes appliquées l'une sur l'autre, qui sont, les unes
d'une matière dense, les autres d'une matière raréfiée.
Leucippe et Démocrite enveloppent le Monde d'une tu-
nique ou membrane. Platon met le feu au premier rang,
ensuite l'éther, l'air, l'eau, la terre. Aristote place l'éther
avant le feu. Épicure admet tout cela ensemble. Sur la
substance du ciel, Anaximènes dit que la dernière circonférence du ciel est d'une substance terrestre, opinion
qui s'accorde avec celle de Parménide. Empédocle croit
que le ciel est formé d'un air vitrifié par le feu, semblable à du cristal. Quant aux étoiles, elles sont généralement regardées comme des émanations de la Terre.
Xénophane disait même que c'étaient de légers nuages qui
s'allumaient le soir et s'éteignaient le matin. Héraclide
et les Pythagoriciens se sont élevés à leur notion véritable
lorsqu'ils ont dit que « chaque astre est un Monde qui
contient une terre, une atmosphère et un éther. » Mais
Héraclide eut tort d'ajouter qu'un habitant de la Lune
était tombé sur la Terre. Platon, dans *Phèdre*, décrit
longuement les voûtes concaves dont il croit les cieux
formés, et ne voit dans l'univers étoilé qu'une création
destinée aux habitants de la Terre. — Il n'est pas de
capharnaüm semblable à la confusion de ces idées.

Sur le *Soleil*, Anaximandre dit que c'est un cercle
vingt-huit fois plus grand que la Terre, que son orbite
est semblable à la roue d'un char, qu'elle est creuse et
remplie de feu, et qu'elle a dans une de ses parties un

orifice par lequel les rayons lumineux sortent comme par
le trou d'une flûte. Il y a éclipse quand l'orifice se trouve
fermé. Anaximène donne au soleil la figure d'une lame.
Les Stoïciens veulent que ce soit un corps doué de raison.
Anaxagore pense que c'est une pierre ardente plus
grande que le Péloponèse. Démocrite et Métrodore pensent de même, mais Héraclite croit qu'il n'a qu'un pied
de large, et qu'il a la forme concave d'une nacelle. Il y a
éclipse quand la nacelle se retourne. Le Pythagoricien
Philolaüs émet l'avis que c'est une substance transparente
comme le verre, qui reçoit la réverbération du feu dont
le monde est rempli. Empédocle affirmait l'existence de
deux soleils. Xénophane disait que le soleil est un assemblage de petits feux fournis par les exhalaisons hu-
mides, qui s'éteignent quelquefois (aux éclipses) pour se
rallumer aussitôt, etc., etc.

L'abondance des matières est si grande, que nous abu-
serions vraiment de la valeur du temps si nous laissions
un libre cours à ces réminiscences. L'examen rétro-
spectif de ces idées si diverses peut du moins servir à
nous éclairer sur le prix des sciences positives modernes.

On voit que le terrain ne manquait pas pour les fictions cosmographiques.

Le ciel, la terre et la mer avaient été revêtus par l'imagination brillante des Hellènes d'une mythologie gracieuse, et soit qu'on adopte l'explication d'Evhémère sur
l'origine purement historique des dieux, soit qu'on envisage, comme nous l'avons fait dans le chapitre précédent, le polythéisme comme le résultat d'une personnification lente des forces de la nature, on s'aperçoit qu'en
Grèce surtout les abstractions et les idées prenaient vite
un corps et se manifestaient bientôt sous des formes
sensibles. Afin de se mieux répandre, la sagesse s'était

souvent cachée sous le masque de la fable et de la fiction
poétique, et, dans ces temps reculés comme à notre
époque, les écrivains présentèrent souvent l'histoire sous
l'habit du roman, heureux s'ils n'avaient jamais travesti
la vérité pour l'habiller à leur guise! En outre, l'utilité
morale des récits fabuleux fut reconnue depuis Hésiode
jusqu'à Plutarque; et depuis l'âge qui vit naître la *Théo-*
gonie jusqu'à celui qui reçut le fin dialogue d'Ulysse et
de Gryllus sur l'esprit des bêtes, on vit apparaître,
suivant les périodes, des fictions ingénieuses ou naïves
dont le succès prolongea son écho jusqu'à notre temps.
Des mythes furent acceptés, des narrations fabuleuses
furent débitées, l'apologue ésopique eut de nombreux imi-
tateurs, on se partagea les fables libyques, sybaritiques,
ciliciennes, cypriennes, lydiennes, cariennes, égyp-
tiennes; Platon donna sa fiction d'*Her l'Arménien*,
Hérodote, Xénophon, Ctésias mêlèrent le roman à
l'histoire; chaque période eut ses logographes et ses
mythographes, et tandis que Thucydide fondait l'histoire vraie, ses successeurs Timée, Phylarque, Isocrate
voguaient en pleine fiction. Théopompe racontait les
merveilles de la *Terre des Méropes*, vaste continent en
dehors de notre Monde, au récit de Silène, où la taille
des animaux et des hommes est le double de celle que
nous connaissons, où la vie possède une durée double.
Sur les confins de cette terre se trouve un gouffre nommé
l'*Anostos*, rempli d'un air rouge qui n'est ni la lumière
ni les ténèbres; là coulent les fleuves du Plaisir et de la
Peine, où croissent des arbres dont les fruits offrent des
propriétés tirées de chacun de ces fleuves. Déjà Platon
avait décrit son *Atlantide*, que des géographes comme
Posidonius et Ammien Marcellin considérèrent comme
historique, et que des écrivains de toutes les époques

prirent au sérieux, depuis Philon le Platonicien jusqu'à notre infortuné Bailly. L'imagination créa au delà des limites du monde connu des terres nouvelles, qui se reculèrent sans cesse à mesure que la géographie recula elle-même les bornes de ses conquêtes ; historiens, philosophes et romanciers tirèrent divers partis de cette faculté de création, qui leur fournissait parfois d'excellentes mises en scènes.

Le roman de la période attique se continue pendant la période alexandrine. « La géographie, dit M. Chassang, a reçu des philosophes qui, jaloux de montrer leurs théories réalisées quelque part, créaient des terres tout exprès et souvent obtenaient plus de crédit pour leurs inventions géographiques que pour le reste de leurs rêveries. De tout temps un grand inté s'est attaché aux relations de voyage : l'homme est naturellement attiré vers l'inconnu et l'extraordinaire ; ce n'est que par réflexion qu'il s'inquiète de la vérité et discute sur la vraisemblance des récits qui lui sont faits. »

Parmi les romans philosophiques sur les contrées fabuleuses, nous citerons les *Attacores* d'Amomet, les *Hyperboréens* d'Hécatée d'Abdère, l'*Ile Fortunée* d'Iambule et la *Panchaïe* d'Evhémère. Le premier paraît avoir l'Inde pour origine ; c'est la peinture d'une vie brahmanique. Dans le second, qui, comme son nom nous l'indique, se rapporte au cercle boréal, « au delà du point d'où souffle Borée » sous la constellation de l'Ourse, habitaient les adorateurs de Latone. En lisant Diodore de Sicile, on serait tenté de croire que l'auteur de la fiction connaissait le cycle lunaire de dix-neuf ans. La *Panchaïe* d'Evhémère, rejetée, bien entendu, par les monothéistes aussi bien que par les polythéistes, racontait les règnes de Jupiter, de Saturne et des autres divinités de l'Olympe. Iambule, en arrivant à l'Ile Fortunée, voit du moins quelque chose de nouveau. Ce sont des hommes fort différents de nous; leur taille était de quatre coudées, leurs os élastiques, leur crâne sans cheveux, leurs narines garnies d'une excroissance semblable à une épiglotte, leurs langue bifurquée à la racine, de manière à exprimer une plus grande variété de sons et à leur permettre de converser à la fois avec deux personnes. La durée de leur vie était d'un siècle et demi; à cette dernière limite de l'existence, leur mort était fort douce : ils se couchaient sur une herbe dormitive et ne se réveillaient plus.

La fantaisie des rhéteurs et des philosophes pendant l'époque romaine n'est pas moins féconde que dans la précédente : Dion fait son *Discours Borysténique*, Elien creuse sa *Vallée de Tempé*, Antoine Diogène raconte les *Choses merveilleuses vues au delà de Thulé*, Ethicus établit sa *Cosmographie*, où, du moins dans la traduction de saint Jérôme, une large place est attribuée au paradis et à l'enfer. Nous dirons un mot de l'ouvrage d'Antoine Diogène.

Thulé paraît désigner l'Islande; plusieurs l'ont cru ainsi, et notamment Képler, comme on le verra dans sa description de la Lune; sur les plans topographiques d'Eratosthène, d'Hipparque et de Strabon, cette désignation est indiquée. Dans tous les cas, l'historien remarque que les habitants du pays ont des nuits de plusieurs mois, et — l'on verra dans Plutarque des rapports avec ceci — le voyageur prétend s'être assez approché de *la Lune* pour voir tout ce qu'y s'y passait, et il le rapportait aux hommes curieux de s'instruire. Trois narrateurs sont en jeu dans cette relation : Dinias, Dercyllis et Mantinias, qui semblent renchérir l'un sur l'autre. Dercyllis avait vu des chevaux qui changeaient de couleur comme les caméléons, et des hommes qui voyaient de nuit et étaient aveugles de jour (au dix-huitième siècle, les *Hommes volants* feront une découverte pareille). Enfin cette relation merveilleuse prétend rapporter tout ce que les hommes, les animaux, le soleil et le lune offrent de prodigieux.

La popularité des *Voyages imaginaires* chez les Romains est, du reste, affirmée par la satire de Lucien (1). Celui que nous appellerons le père de Rabelais n'eût pas écrit son *Voyage à la Lune* si les précédents n'eussent été fort remarqués. Un historien contemporain (2) pense qu'on ne trouve pas dans son livre « la haute portée morale de *Robinson* ni la signification politique ou sociale de *Gulliver*, mais que ce n'est pas non plus un ou-

(1) Il ne faudrait pas en conclure pour cela que ces Voyages imaginaires aient un rapport indispensable avec l'idée de la Pluralité des Mondes ; les astres, au contraire, ne sont généralement pas considérés comme d'autres séjours humains ; l'imagination est guide, non la science. Lucrèce est à peu près le seul qui, dans son poëme *De naturâ rerum*, ait sérieusement abordé notre question. Ainsi, dans la liste suivante, où nous rassemblons les poëmes grecs et latins sur l'astronomie, nous n'avons rien trouvé qui soit digne de figurer dans un livre sur les théories dont nous parlons.

Les plus anciens poëmes dont la fable et l'histoire nous aient transmis le souvenir sont les poëmes d'Hercule, d'Isis et de Thésée. Viennent ensuite les *Argonautiques* d'Orphée, d'Apollonius de Rhodes et de Valérius Flaccus, les *Travaux et les Jours* d'Hésiode. Les *Dionysiaques* de Nonnus, qui renferment vingt-deux mille vers, autant qu'en contiennent ensemble l'*Iliade* et l'*Odyssée*, sont encore purement allégoriques. La *Sphère* d'Empédocle ouvre les poëmes astronomiques, dont la série est soutenue par les *Phénomènes* d'Aratus, les *Astronomiques* de Manilius, l'*Uranie* et les *Météorologiques* de Pontanus. Cette série pourrait être continuée dans les temps modernes par la *Sphère* de Buchanan, les *Éclipses* de Boscowich, les *Comètes* de Souciet, l'*Arc-en-Ciel* et l'*Aurore boréale* de Vocetti, et la *Sphère* de Ricard. L'*Essai sur l'astronomie* de Fontanes, renferme des aspirations remarquables en notre faveur, mais le *Génie de l'homme* de Chênedollé n'effleure même pas la question dans son chant sur l'astronomie.

(2) Chassang, *Du roman dans l'antiquité*, 3ᵉ part., ch. VI.

vrage frivole comme le *Voyage dans la Lune* de Cyrano
de Bergerac. » Nous verrons plus tard si le livre de
Cyrano est aussi « frivole » qu'on le dit. A présent, parlons longuement de Lucien.

ΛΟΥΚΙΑΝΟΥ ΤΟΥ ΣΑΜΟΣΑΤΕΩΣ ΤΑ ΣΩΖΟΜΕΝΑ

LUCIEN DE SAMOSATE. *Histoire véritable.*

Le satirique auteur des *Dialogues des Morts* est trop
connu pour qu'il nous soit nécessaire de faire observer
qu'il appartient à la troisième catégorie de nos auteurs
et que son voyage fictif dans le ciel n'est qu'un roman
agréable nageant en pleines eaux du fleuve Imagination,
comme disaient nos pères. Il donne néanmoins l'idée des
fantaisies auxquelles des anciens s'étaient livrés, à propos de la possibilité d'autres Mondes et d'autres êtres;
mais les clartés mythologiques projettent encore sur son
sujet leurs nuances et leurs couleurs.

Le voyage de Lucien au globe de la Lune, à celui du
Soleil, à l'île des Lampes, située entre les Pléiades et les
Hyades, etc., est, malgré sa priorité, l'un des plus ingénieux et des plus intéressants; mais il est en même
temps l'un des plus libres, et l'on sent à chaque page
que le souffle sous lequel voguaient la barque d'Horace
et celle d'Ovide n'a pas cessé de courir sur les riantes
plaines de l'Italie.

C'est après avoir passé les colonnes d'Hercule et être
entrés dans la mer Atlantique, sur un vaisseau bien
équipé, que Lucien et ses compagnons se virent poussés
par un vent d'est durant l'espace de soixante-dix-neuf
jours, sur un océan sombre et orageux, et rencontrèrent

une île fort haute couverte de bois, où ils descendirent.
Il y avait là des rivières de vins, et les vignes étaient des
femmes caressantes. Quelques-uns des navigateurs se
laissèrent surprendre par leurs charmes; mais Lucien
et ses amis eurent la vertu de continuer leur route sur
la mer sans bornes.

Un certain jour, leur vaisseau fut enlevé par une trombe
jusqu'à la hauteur de trois mille stades (cent lieues),
et de ce jour il commença à voguer dans le ciel. Pendant
sept jours et sept nuits ils errèrent dans l'espace; mais le
huitième ils abordèrent en une grande île ronde et lui-
sante, suspendue en l'air et néanmoins habitée. De cette
île, quand on regardait en bas, on voyait une terre couverte de fleuves, de mers, de forêts et de montagnes, ce
qui fit juger à nos touristes que c'était notre terre, d'autant
plus qu'on y voyait des villes qui ressemblaient à de
grandes fourmilières. A peine étaient-ils entrés dans le
pays, pour le reconnaître, qu'ils furent pris par des hippogryphes, hommes montés sur des grisons ailés à trois
têtes et dont les ailes étaient plus longues et plus larges
que l'armature d'un vaisseau à voiles. Selon la coutume
du pays, on amena les étrangers au roi.

Le roi de la Lune reconnut bientôt à leurs habits
qu'ils étaient Grecs. Lui-même était également Grec
d'origine, car c'était Endymion lui-même. Actuellement il
était en guerre avec Sa Majesté Phaéton, prince du Soleil,
Monde habité comme celui de la Lune ; et le lendemain
même une grande bataille devait être livrée entre les habitants de la Lune et ceux du Soleil.

Ce lendemain, de grand matin, toutes les troupes
étaient rassemblées. L'armée de la Lune était nombreuse;
l'infanterie seule s'élevait à soixante millions. Il y avait
quatre-vingt mille hippogryphes, vingt mille lacanop-

tères, grands oiseaux couverts d'herbes, sur lesquels
étaient montés des scorodomaques; il y avait trente mille
psyllotoxotes, montés sur de grandes puces grosses
comme douze éléphants... Lucien nous paraît fort plai-
santer ici la nomenclature d'Homère sous les remparts
de Troie, laquelle est, comme on sait, positivement interminable. Nous ne reproduirons pas la longue description du gai conteur sur les armées lunaire et solaire; voici
seulement, pour la singularité de la fiction, la liste des
noms par lui inventés pour représenter les êtres nouveaux :

A l'extrémité	Vignes-femmes.	
de la Terre.	Hippogryphes.	
Armée	Lacanoptères,	qui ont les ailes d'herbes.
dans la Lune.	Scorodomaques,	qui combattent avec des aulx
	Geuchroboles,	qui jettent des grains de mil.
	Psyllotoxotes de l'étoile polaire,	
	Anémodromes,	que le vent fait courir;
	Strutobalanes,	passereaux-glands.
Armée	Hippogérames,	à cheval sur des grues.
dans le Soleil.	Hippomyrmèques,	à cheval sur des fourmis.
	Aéroconopes,	moucherons aériens.
	Aérocordaques,	sautant en l'air.
	Caulomycètes,	tiges-champignons.
	Cynobalanes de Sirius,	chiens-glands.
	Néphélocentaures de la Voie lactée,	centaures nus.
	Lampes des Pléïades,	
Dans	Taricanes,	écrevisses salées.
la Baleine.	Tritenomendettes,	aux jambes de chats.
	Cartinoquires,	à mains de cancre;
	Cynocéphales,	à têtes de chiens.
	Pagourades.	
	Psittopodes,	aux pieds légers.
	Hommes aux pieds de liége.	
	Minotaures.	
	Femmes marines qui se changent en eau.	

Voilà certes un tableau rabelaisien ; pour le dire en passant, le joyeux curé de Meudon nous paraît avoir fort souvent invité à sa table le bon vieux Lucien de Samosate. Mais revenons à la Lune.

Le combat entre les deux cent millions d'êtres se passa sur une toile d'araignée tissée de la Lune au Soleil, et se résolut à l'avantage des habitants des deux astres. Ils firent un traité de paix comme quoi ils se reconnaissaient alliés et laisseraient en repos les habitants des autres astres, lequel fut scellé par une redevance de dix mille muids de rosée qu'Endymion payerait à Phaéton.

Dans la Lune il n'y a point de femmes... Les jeunes gens conçoivent par le gras de la jambe... l'enfant est mort en entrant au monde, mais en l'exposant à l'air il commence à respirer... d'autres naissent dans les champs, comme les plantes, par suite d'une certaine opération à ce destinée... Lorsqu'un homme devient vieux, il ne meurt pas, mais il s'en va en fumée... Les Lunaires ne mangent pas, ils avalent seulement la vapeur (on verra plus loin la même idée dans Bergerac) de grenouilles qu'ils font rôtir... Leur breuvage est de l'air pressé dans un verre... Ils n'ont point de besoins naturels... Au lieu de fontaines, ils ont des arbrisseaux chargés de grains de grêle (lorsqu'il grêle sur la terre, c'est que le vent les secoue)... leur ventre leur sert de poche, ils y mettent tout ce qu'ils veulent, car ils'ouvre et se referme comme une gibecière... Ils s'ôtent et s'appliquent leurs yeux comme des lunettes, et plusieurs ayant perdu les leurs empruntaient ceux de leurs voisins... Les oreilles sont des feuilles de platane... Les riches portent des habits de verre, les autres de cuivre, car l'un et l'autre se filent, et le dernier, quand il est mouillé, se carde comme de la laine... etc.

Les voyageurs quittèrent la Lune et firent voile, à travers lés vastes plaines de l'air, du côté des constellations; un régiment d'hippogryphes les escorta l'espace d'environ cinq cents stades. Ils s'arrêtèrent fort peu de temps à l'étoile du jour, et la laissant à gauche, entrèrent dans le zodiaque et le suivirent jusqu'au Taureau. Il y a là, entre les Pléïades et les Hyades, une île merveilleuse, qu'on appelle l'île des Lampes, où ils arrivèrent à l'entrée de la nuit. Lorsqu'ils y furent descendus, ils ne trouvèrent ni végétaux, ni animaux, ni hommes, mais des Lampes, qui allaient et venaient comme les habitants d'une ville, tantôt à la place, tantôt sur le port; les unes petites et chétives comme le menu peuple, les autres grandes et resplendissantes, mais en petit nombre, comme les riches. Elles avaient toutes leur nom et leur logis, comme les citoyens d'une république, parlaient et s'entretenaient ensemble.

Après avoir demeuré là toute la nuit, ils en partirent le lendemain et se dirigèrent alors, pour leur retour, vers les bornes de la Terre. Dans ce voyage ils visitèrent la ville de Néphélococcygie, dont parle Aristophane; Coronus, fils de Cottyphion, en était roi; ils n'y descendirent pas, mais continuèrent leur route vers l'Océan qui limite la Terre. Les terres qu'ils avaient laissées dans le ciel leur paraissaient déjà lointaines, claires et luisantes comme des astres. Trois jours après ils abordèrent aux régions océaniques.

Là se termine le voyage céleste. Lucien et ses compagnons arrivèrent près de l'embouchure d'une immense baleine, dans laquelle leur vaisseau fût entraîné par le courant. Ils restèrent là près de deux ans, qu'ils employèrent à visiter le pays : les Taricanes, qui ont le visage d'écrevisse et le reste d'anguille, les Tritonomen-

dettes et plusieurs autres peuples y résident. A leur
sortie du monstre, les explorateurs continuèrent leur
voyage, passèrent quelques mois aux enfers, où ils renou-
velèrent connaissance avec les anciens Grecs, Pythagore
et autres métempsycosistes; puis ils entrèrent dans l'île
des Songes par le havre du Sommeil, voguèrent à l'île
d'Ogygie, chez Calypso, puis chez l'épouse d'Ulysse, où
ils rencontrèrent les Minotaures, et enfin aux Antipodes,
où ils virent des forêts de pins et de cyprès flottant sur
l'eau sans racines, — îles mobiles par-dessus lesquelles
ils hissèrent et firent passer leur vaisseau.

Lucien se proposait de décrire en deux livres suivants
les merveilles qu'il avait vues dans la suite et la fin de
son voyage; mais son projet resta irréalisé. L'un de ses
traducteurs, Perrot d'Ablancourt, écrivit cette suite. On
voit dans les deux derniers livres la république des animaux, au centre de laquelle se trouve un temple rond,
couvert d'un dôme de plumes d'azur, parmi lesquelles
des vers luisants et d'autres insectes lumineux représentent les étoiles. On y voit encore l'île des Pyrandriens,
hommes de flammes, dont les feux follets et les comètes
peuvent nous donner une idée; celle des Aparctiens,
hommes de glace, transparents comme le cristal; celle des
Poëliens, qui engendrent dans le creux de la tête et accouchent par le bout des doigts; celle des Magiciens, où
de jeunes beautés nues dansaient la sarabande avec des
boucs lascifs.

Et cetera. — Après le romancier, nous allons maintenant entendre l'historien; voici les derniers échos des
voix antiques; les philosophes des temps disparus se ré-
veillent à l'appel du grand prêtre de Delphes : il s'agit
du Monde de la Lune, de sa nature et de ses habitants.

ΠΛΟΥΤΑΡΧΟΥ
ΠΕΡΙ ΤΟΥ ΕΜΦΑΙΝΟΜΕΝΟΥ ΠΡΟΣΩΠΟΥ ΤΩ ΚΥΚΛΩ ΤΗΣ
ΣΕΛΗΝΗΣ.

PLUTARQUE. *De la face que l'on voit sur la Lune.*

La Lune tourne vers nous la même face depuis le commencement du monde; c'est ce qui résulte des vers suivants d'Agésianax, dont Arago a donné une version plus naïve encore que celle-ci :

> La Lune nous présente un contour lumineux;
> En elle on voit briller la douce et pure image
> D'une jeune beauté que la couleur des cieux
> En relevant ses traits embellit davantage.
> Dans ses yeux, sur son front, une vive rougeur
> S'allie avec éclat à la simple candeur.

Les ombres, sur la Lune, sont tranchées par des masses lumineuses, dit Plutarque; elles s'entrelacent de telle sorte les unes les autres, que leurs contrastes représentent en nature une figure humaine. Le dernier des moralistes grecs se laisse intriguer comme les philosophes et comme le vulgaire par cette apparence de figure qui nous regarde éternellement du haut de la sphère étoilée. Apollonides expliquait cette apparence d'une singulière façon. Il disait que ce que nous regardons comme une figure humaine dans la Lune est l'image de la grande mer, représentée sur cette planète comme dans un miroir. La pleine Lune, par l'égalité et l'éclat de sa surface, serait le plus beau des miroirs. A cause de certaines réfractions lunaires, la mer Extérieure (l'Océan) était représentée sur le globe de la Lune, non à la place même où cette mer est située, mais dans l'endroit où la réfraction en produit l'image. Les taches de la Lune n'étaient qu'un reflet de la Terre. Remarque singulière, A. de Humboldt rencontra en Perse des hommes fort instruits qui pensaient de même. « Ce qu'on nous montre, disaient-ils, à l'aide du télescope, sur la surface de la Lune, n'est que l'image réfléchie de notre propre pays. »

Plutarque passe son temps à réfuter cette prétendue théorie par de bizarres raisons : En premier lieu, les taches noires ne forment pas un tout continu; or, on ne peut supposer que la Terre ait plusieurs grandes mers entrecoupées d'isthmes et de continents! En second lieu, si l'astre lunaire réfléchissait notre globe, il n'y a pas de raison pour que les autres astres ne le réfléchissent pas également. Tout en faisant ces réfutations inutiles, le philosophe passe en revue les opinions des anciens sur la Lune : celle des stoïciens, qui supposaient cet astre un composé d'air mêlé d'un feu doux et tranquille — et qui le défiguraient en le couvrant de taches et de noirceurs; celle d'Empédocle, qui en faisait une masse d'air congelé semblable à la grêle et environné de la sphère de feu. De temps en temps, comme des perles perdues dans le sable, on remarque sur le système du monde des idées saines qu'il expose sans se douter de leur valeur. C'est ainsi qu'il parle des Grecs accusant Aristarque d'avoir troublé le repos de Vesta et des dieux lares, protecteurs de l'univers, en supposant le ciel immobile et en avançant que la Terre était en mouvement, faisant une révolution oblique le long du zodiaque et, outre cela, tournant sur son axe. Puis il parle de la Lune comme d'une terre semblable à la nôtre, suspendue comme elle dans le sein des flots aériens.

On oublie généralement que le système du monde adopté de nos jours peut revendiquer ses droits d'ancienneté, tout aussi bien que le système des apparences, et que, dès les époques lointaines de l'histoire on l'avait examiné dans son état absolu; on avait pesé les difficultés qui s'opposaient à son admission, et finalement, hélas! laissé de côté comme plus difficile à concevoir. La science n'était pas née, et cependant les hommes paraissaient avoir reçu l'intuition du vrai. C'est un des côtés les plus intéressants de l'histoire de suivre l'homme touchant à chaque instant la vérité et s'en écartant à chaque instant dans des recherches qui n'avaient pourtant d'autre objet qu'elle-même. Voici par exemple, l'une des pages les plus mémorables de ces annales et les plus dignes d'être gardées pour l'utilité des siècles futurs. Celui qui l'a écrite se représente sous son vrai jour le système du monde et expose les raisons qui l'obligent à le révoquer en doute et à le rejeter.

« Gardons-nous de prêter l'oreille à ces philosophes qui opposent paradoxes à paradoxes et combattent des systèmes merveilleux par des opinions plus étonnantes et plus absurdes, comme ceux qui, par exemple, ont imaginé ce mouvement autour du centre. Eh! quelle sorte d'absurdité ne trouve-t-on pas dans ce système? Ne disent-ils pas que la Terre a la forme d'une sphère, quoique nous y voyions tant d'inégalités? Ne soutiennent-ils pas qu'il y a des antipodes qui, la tête renversée, sont attachés à la Terre comme des artisons ou des chats qui s'accrochent avec leurs griffes? Ne veulent-ils pas que nous soyons nous-mêmes placés sur la Terre, non à plomb et à angles droits, mais penchés sur le côté comme des gens ivres? Ne prétendent-ils pas que des poids qui tomberaient dans le sein de la Terre, arrivés

au centre, s'y arrêteraient quand même ils ne rencontre-
raient aucun corps qui les retînt; ou que, si la violence
de leur chute leur faisait passer ce milieu, ils remonteraient sur-le-champ et viendraient se fixer à ce centre?
Ne supposent-ils pas qu'un torrent impétueux qui, coulant sous terre, arriverait jusqu'au centre, lequel, selon
eux, n'est qu'un point incorruptible, y serait arrêté, et,
tournant comme autour d'un pôle, resterait perpétuellement suspendu? *opinions pour la plupart si absurdes,
que l'imagination la plus facile n'en saurait admettre
la possibilité.* C'est mettre en haut ce qui est en bas;
c'est tout bouleverser et vouloir que tout ce qui s'étend
de la surface de la Terre à son centre soit le bas, et que
tout ce qui est au-dessous soit le haut. Si donc il était
possible qu'un homme eût son nombril placé précisément
au centre de la Terre, il aurait en même temps la tête et
les pieds en haut; il arriverait tout à la fois que si l'on
creusait au delà du centre, pour l'en retirer, la partie de
son corps qui occuperait le bas serait tirée en haut, et
que celle qui occuperait le haut serait tirée en bas, etc. »

C'est par ces raisonnements que l'on se défendait contre
la vraie notion du système du monde; ils montrent une
fois de plus que, si l'homme peut avoir subjectivement
l'intuition du vrai, il ne saurait acquérir de certitude tant
que les principes de la science expérimentale ne lui
servent pas de points d'appui; avant que les principes
fondamentaux de la mécanique et de la physique aient
été acquis à la science du monde, l'homme ne pouvait
bâtir que sur le vide.

Le Traité de Plutarque sur la Lune donne l'exposé
des principales opinions des anciens sur cet astre, soit en
physique, soit même en morale; comme dans la plupart
des écrits des anciens, les vérités y sont confusément

mêlées aux erreurs et les illusions aux certitudes. Il
semble voir dans la Lune, comme dans les autres astres,
comme dans la Terre elle-même, une divinité digne de
nos remercîments, un être vivant formé d'un esprit et
d'un corps, idée aussi ancienne que le monde, renouvelée
depuis, comme tant de vieux-neufs, par des philosophes
de bonne foi. Pour le rappeler en passant, celui qui ces
jours derniers vient de passer de cette vie dans une autre
où sans doute il voit plus clairement la vérité (1) parta-
geait comme Ch. Fourier cette idée, que rien n'autorise,
sur l'individualité des Mondes. Plutarque semble changer
d'opinion avec les interlocuteurs qu'il met en scène. Ici
il présente l'astre lunaire comme une région céleste,
recevant une lumière pure, et montre sur son globe « des
lieux d'une beauté ravissante, des montagnes resplendissantes comme la flamme, des bandes couleur de
pourpre, des mines abondantes d'or et d'argent se trouvant à fleur de terre dans les plaines ou le long des
collines. » Plus loin il ajoute que « nous voyons par ses
taches qu'elle est entrecoupée de vastes cavités pleines
d'eau ou d'un air très-épais, au fond desquelles le soleil
ne pénètre jamais et où ses rayons rompus ne nous ren-
voient ici-bas qu'une faible réflexion. » Plus tard il émet
l'idée que, comme certaines contrées d'Egypte où il ne
pleut jamais, la Lune peut se passer de pluies et de vents
et nourrir par la vertu même de son sol des plantes et
des animaux différents de ceux qui vivent sur la Terre, et
que les hommes peuvent vivre là sans se nourrir comme
nous. Excellentes idées, mais qu'il essaye de prouver
par des exemples d'une naïveté sans égale, comme dans
son Histoire des peuples de l'Inde, nommés *Astomes*,

---

(1) P. Enfantin. Ces lignes étaient écrites au mois d'août 1864.

parce qu'ils n'ont pas de bouche et qu'ils se nourrissent, suivant Mégasthène, de la fumée d'une certaine racine qu'ils font brûler et qu'ils respirent. Il en est de même lorsqu'il parle de la violence de certains mouvements de la Lune, prouvés par la chute d'un lion de la Lune dans le Péloponèse!

Il nous dit encore naïvement que le sage Épiménide a prouvé, par son exemple, que la nature soutient *un animal* avec bien peu d'aliments, car ledit sage ne prenait par jour qu'une bouchée d'une certaine pâte composée par lui-même; et il ajoute que les habitants de la Lune doivent être d'une constitution très-légère et faciles à nourrir des aliments les plus simples. « On dit même, continue-t-il, que la Lune comme les étoiles se nourrit des exhalaisons qui s'élèvent de notre globe, tant on est persuadé que les animaux de ces régions supérieures sont d'un tempérament léger et se contentent de peu! »

Voici maintenant des idées qui feront plaisir aux positivistes de notre époque.

Si aucune autre partie de l'univers n'était disposée contre sa nature, dit un interlocuteur, mais que chacune occupât sa place naturelle, sans avoir besoin de changement ni de transposition, sans même en avoir eu besoin dans l'origine des choses, je ne vois pas quel aurait été l'ouvrage de la Providence, ni en quoi Jupiter, cet architecte si parfait, se serait montré le père et le créateur de l'univers. Il ne faudrait pas dans un camp des officiers instruits de la tactique, si chaque soldat savait de lui-même prendre ou tenir son rang. Quel besoin aurait-on de jardiniers et de maçons, si l'eau pouvait toute seule se distribuer à toutes les plantes pour les humecter, ou si les briques, les bois et les pierres, par un mouvement et une disposition naturels, allaient se ranger d'eux-mêmes à leur place et former un édifice régulier? Si donc, nous dépouillant des habitudes et des opinions qui nous tiennent asservis, nous voulons dire librement ce que nous croyons vrai, il paraît qu'aucune partie n'a d'elle-même un rang, une situation et un mouvement particuliers qu'on puisse regarder comme lui étant naturels. Mais quand chacune d'elles se laisse conduire de la manière la plus convenable, alors elle est à sa véritable place, et c'est l'Intelligence qui préside à cette disposition.

Après cette observation, dont la simplicité cache l'une des plus graves questions de la théologie naturelle, Plutarque en vient à la diversité naturelle qui distingue les habitants de la Lune des habitants de la Terre, et fait à ce propos une comparaison qui a été cent fois renouvelée depuis, et l'est encore utilement de nos jours. Nous ne faisons pas attention à la différence qui sépare ces êtres de nous, dit-il, et nous ne voyons pas que le climat, la nature et la constitution sont pour eux d'une tout autre espèce, et par cela même conviennent à leur tempérament. Si nous ne pouvions ni approcher de la mer ni la toucher, et que la voyant seulement de loin, et sachant que l'eau en est amère et salée, quelqu'un venait nous dire qu'elle nourrit au fond de ses vastes gouffres des animaux nombreux de toute forme et de toute grandeur, qu'elle est pleine de monstres qui font de l'eau le même usage que nous faisons de l'air, sans doute nous le prendrions pour un visionnaire qui nous conterait des fables destituées de toute vraisemblance. Telle est notre opinion par rapport à la Lune; nous avons de la peine à croire qu'elle soit habitée. Pour moi, je pense que ses habitants sont encore plus surpris que nous lorsqu'ils aperçoivent la Terre, qui leur paraît comme la lie et la fange du

monde, à travers tant de nuages, de vapeur et de brouillards, qui en font un séjour obscur et bas et la rendent
immobile (1). Ils ont peine à croire qu'un lieu pareil
puisse produire et nourrir des animaux qui aient du
mouvement, de la respiration et de la chaleur. Et si, par
hasard, ils connaissaient ce vers d'Homère :

C'est un affreux séjour, en horreur aux dieux même ;

et ceux-ci, du même poëte :

Il s'enfonce aussi loin sous les terrestres lieux,
Que la Terre elle-même est distante des cieux,

ils croiraient certainement que c'est de notre Terre que
le poëte a parlé ; ils ne douteraient pas que l'enfer et le
Tartare ne fussent placés dans notre globe, et que la
Lune, également éloignée des cieux et des enfers, ne fût
la véritable Terre.

Telle est la bonne opinion que Plutarque suppose de
nous aux habitants de la Lune. Il passe ensuite à une
théorie palingénésique issue, paraît-il, de nos ancêtres
du nord.

Nous ne pouvons nous empêcher de citer en terminant
les opinions qu'il rapporte sur les transmigrations des
âmes terrestres dans la Lune, opinions qui ont pris
naissance, dit l'historien, chez les habitants d'une île du
couchant située par delà la Grande-Bretagne, non loin
des pôles, et gouvernée par Saturne en personne, depuis
son départ de l'Olympe. On voit par ce récit que les au-

(1) Plutarque tombe ici dans l'erreur causée par les illusions des
sens, que nous avons signalée dans notre chapitre sur la pesanteur.
Première partie, page 135.

ciens distinguaient dans l'homme trois parties : le corps, l'âme et l'intelligence; cette dernière faculté serait aussi supérieure à l'âme que celle-ci est supérieure au corps. « Cette union de l'âme avec l'entendement fait la raison ; son union avec le corps fait la passion, dont l'une est le principe du plaisir et de la douleur, l'autre, de la vertu et du vice. De ces trois parties, le corps vient de la Terre, l'autre de la Lune, l'entendement du Soleil; l'entendement est la lumière de l'âme, comme le Soleil est la lumière de la Lune. Nous éprouvons deux morts : la première a lieu sur la Terre, région de Cérès, d'où les Athéniens appelaient les morts céréaliens; la seconde arrive dans la Lune, région de Proserpine. Les âmes restent entre la Terre et la Lune pendant quelque temps, puis sont attirées vers leur patrie comme à la suite d'un long exil; et là elles subissent la seconde mort, qui les laisse à l'état d'intelligence éternelle. Les bons sont dans la partie de la Lune qui regarde le ciel, et qu'on appelle l'Élysée; les méchants occupent le côté de la Terre, qui se nomme le champ de Proserpine, etc. »

Nous avons offert ce dernier extrait pour éviter une lacune. Les pages qui précèdent donnent une idée suffisante des opinions anciennes dont Plutarque s'est fait le représentant; elles ont leur source dans l'imagination d'un premier âge qui ne distingue pas encore les limites du possible. L'observation, en métaphysique et en physique, est à peine née; c'est une rampe que l'esprit ne veut pas encore s'astreindre à suivre.

CHAPITRE III

De l'an un à l'an mil. — Le système théologique du monde. — Origène. — Le Zohar. — Lactance. — Pères de l'Église. — Opinions générales. — Cosmas Indicopleustès. — Mahomet. — Visions de l'autre monde et légendes.

A peine entrevue jusqu'ici, l'idée de l'habitation des Mondes ne trouvera pas encore les conditions de son développement à l'époque où nous sommes arrivés. En premier lieu, la vérité physique ne saura se dégager des ténèbres qui l'enveloppent, puisque la science positive de la nature n'est pas encore née ; en second lieu, la vérité morale trouvera même un obstacle à sa manifestation, car certains caractères religieux qui, dans les siècles passés, s'étaient unis à elle et la soutenaient, vont être effacés et remplacés par un enseignement diamétralement opposé. Mais l'idée ne meurt pas : c'est une léthargie que des résurrections transitoires viennent secouer par intermittence.

L'état du Monde européen des premiers siècles de notre ère offre aux yeux de l'annaliste un singulier spectacle. Après le polythéisme grec et romain, après la

divinisation de toutes les forces de la nature, après l'exu-
bérance de toutes les facultés et de toutes les passions
humaines poussées dans toutes les directions, vient une
lassitude générale, le besoin de nouvelles croyances, de
nouveaux horizons, de nouveaux espoirs. Pour remplacer
les croyances éteintes, il faut une foi nouvelle : l'âme,
comme le corps, ne vit pas sans aliments. A la multitude
innombrable des dieux et des héros si l'on oppose
maintenant la conception de l'Unité divine, l'âme, jusque-là tourmentée par des forces contraires ou sollicitée
par des causes diverses, accueillera bientôt cette conception nouvelle qui vient établir le calme où sévissait la
tempête. Les hommes intéressés à la conservation de
l'ancien parti, les puissants du jour, sont les seuls qui
mettront obstacle à la propagation de l'idée, mais leur
persécution mènera au résultat qu'elle ne manque jamais d'atteindre : le triomphe de l'idée persécutée.

Aussi voyons-nous à cette époque tous les esprits
grands et nobles rejeter loin derrière eux les formes antiques, oublier la Terre dont le cercle a jusqu'ici emprisonné
l'âme, cette Psyché dont l'essor était resté si timide.
Nous les voyons saluer l'aurore de l'ère nouvelle et s'abîmer dans la contemplation des beautés idéales que la foi
vient de découvrir. Mais la nature humaine est si faible,
qu'elle se laisse volontiers emporter au delà des limites,
et que subissant la réaction des idées passées, elle s'envole tout de suite aux dernières perspectives. Les siècles
qui eurent la joie de voir les générations bénies s'abreu-
ver aux eaux pures de l'enseignement chrétien eurent la
douleur de voir en même temps le mysticisme emporter
la fleur des âmes juvéniles. Le ciel restait ouvert, mais
la Terre s'était cachée, ou, pour mieux dire, un seul système offrit à l'homme sa demeure temporelle et éter-

nelle : en bas une vallée d'épreuves, en haut des cercles
glorieux où les mérites préparaient un trône.

Est-ce sous l'empire de ces idées que la Pluralité des
Mondes pouvait grandir dans les esprits, solliciter les
pensées, éveiller l'enthousiasme ? Le Ciel et la Terre
offraient une dualité que les paroles bibliques du Nouveau
Testament comme de l'Ancien avaient consacrée; rien
n'était plus simple que ce système, et du reste, rien de
plus indifférent. Qu'importait au surplus la connaissance
de la Terre ou la connaissance des astres à ceux dont la
vie n'était qu'un passage vers une béatitude éternelle ?
Qu'importaient les sciences de la physique à ceux que la
révélation avait instruits sur les destinées futures, les
seules dignes de notre attention? Passons sur la Terre,
dans l'isolement et dans la prière, les jours que Dieu nous
a donnés; écartons avec soin tous les périls du monde,
toutes les causes qui peuvent nous faire oublier notre fin
dernière; que nos regards n'aient jamais d'autre atta-
chement que le point lumineux vers lequel le flot des
temps nous emporte tous.

Cependant il semble que les idées palingénésiques
soient le patrimoine inaliénable de l'humanité. La vie
est en circulation perpétuelle du premier au dernier des
êtres, rien ne se perd, rien ne s'anéantit; le monde n'est
qu'une transformation successive et permanente. Dès le
second siècle de l'ère nouvelle, Origène (1) se fait le représentant de ces idées. La Terre est un Monde inférieur
parmi des millions de Mondes semblables, et l'univers
renouvelle de période en période sa composition par l'a-
néantissement et le rétablissement des Mondes matériels.
Les âmes passent d'un Monde à l'autre, et c'est là le

(1) Né en 185, mort en 253.

séjour de leur vie future, et non un ciel immobile ou un
enfer éternel. Ceci n'est pas tout à fait orthodoxe; cependant Origène ne veut pas être hétérodoxe; il cherche
donc à rattacher aux Écritures le système de la Pluralité
des Mondes. Il commente l'Évangile de saint Matthieu sur
cette parole : « Les élus seront rassemblés par les anges,
depuis les sommités des cieux jusqu'à leurs extrémités, »
et relève comme il suit la valeur de ce pluriel. « Il existe
dans chaque ciel le commencement et l'extrémité, c'est-
à-dire la fin d'une institution particulière à ce ciel. Ainsi,
après l'entretien qui a eu lieu sur la Terre, l'homme
arrive à l'entretien d'un certain ciel et à la perfection qui
s'y trouve. De là il embrasse un second entretien dans
un second ciel et la perfection correspondante. De là
un troisième entretien dans un troisième ciel et encore
une autre perfection. En un mot, il faut comprendre
qu'il y a les commencements et les extrémités qui se
trouvent dans tous ces cieux, où Dieu réunira ses élus. »
Dans une de ses homélies sur les psaumes, selon la remarque de Jean Reynaud, il part d'un témoignage encore plus formel en faveur de la Pluralité des Mondes. Il
entend que la splendeur physique de ces divers Mondes
devient de plus en plus éclatante à mesure qu'ils s'élèvent
au-dessus de la Terre. A propos de cette parole de
David : « Seigneur, fais-moi connaître le nombre de mes
jours, » qu'il porte assurément bien loin de son sens naturel : — « Il y a, dit-il, des jours qui appartiennent à
ce Monde, mais il y a d'autres jours qui sont hors de ce
Monde. La course de notre Soleil dans les bornes de
notre ciel nous fait jouir d'un certain jour, mais l'âme
qui mérite de s'élever au second ciel y rencontre un jour
bien différent; celle qui peut être ravie, ou qui arrive au
troisième ciel, y trouve un jour plus resplendissant en-

core, et non-seulement elle y jouit de ce jour ineffable, mais elle y entend des paroles que l'homme ne peut redire (1).

Mais quelles sont ces stations, quel est le nombre des jours que nous devons traverser avant d'arriver au règne de la paix? Origène interprète encore ici la Bible pour trouver à cette question une réponse autorisée. Le livre des Nombres signale les campements du peuple Juif, depuis sa sortie d'Égypte jusqu'au Jourdain ; ces campements sont au nombre de quarante-deux, et ce nombre est précisément celui des générations comptées d'Abraham à Jésus-Christ. Ajoutons encore que les noms de ces stations offrent un sens général d'où l'interprétation peut tirer tout ce qui lui est nécessaire. Il n'en fallait pas davantage pour qu'Origène vit là un sens mystique du voyage de l'âme, depuis la station de Ramessé (mouvement de l'impur) jusqu'à celle d'Abarim (passage); et, en effet, le voilà qui établit sur cette échelle la pérégrination de l'âme. « La dernière station est le Jourdain, le fleuve de Dieu. »

Mais non-seulement, comme nous l'avons dit, il y a une pluralité de Mondes existant simultanément dans le même temps; mais avant la création de notre univers et après sa destruction, il y a eu et il y aura une infinité d'autres univers successifs. Il semble qu'aux yeux d'Ori-

(1) *Homélies*, I, in psalm. xxxviii. Pour saisir le vrai sens de ces trois cieux, il faut savoir que dans l'esprit d'Origène, comme dans celui des chrétiens de ces époques, notre Monde renferme trois principaux cercles célestes environnant la Terre : le premier ciel est celui de la région de l'air et des nuages ; le second est l'espace où se meuvent les astres; le troisième, au delà de la région des astres, est la demeure du Très-Haut, le séjour des élus qui contemplent Dieu face à face.

gène la création des Mondes soit coéternelle à Dieu, et que, dans tous les âges, il y ait eu des esprits s'incarnant de Monde en Monde.

« Si l'univers a commencé, dit-il, que faisait Dieu avant son commencement ? Il est en même temps impie et absurde de penser que la nature divine soit restée paresseuse et inactive, ou de penser qu'il fut un temps où sa bonté ne pouvait s'étendre sur aucun être, où sa Toute-Puissance ne pouvait s'exercer sur aucun objet. A ces propositions, je ne pense pas qu'un hérétique puisse donner une réponse facile. Quant à moi, je répondrai que Dieu n'a pas commencé son action seulement à l'époque où notre Monde visible fut créé, mais que, de même qu'il y aura un autre Monde après la corruption de celui-ci, de même je crois qu'avant sa naissance il en exista d'autres. (Il y a en marge la recommandation *Cave* et *caute lege*.) Ces deux faits sont confirmés par l'autorité de l'Écriture. Isaïe nous a enseigné ce qui arrivera après la fin du Monde où nous sommes. « Il y aura de nouveaux Cieux et une nouvelle Terre, dit le Seigneur, que j'établirai en ma présence.» (*Isaïe*, LXVI, **22**.) L'Ecclésiaste a de son côté enseigné ce qui existait avant la naissance de ce Monde, lorsqu'il a dit : « Qu'est-ce qui a été autrefois? c'est ce qui doit être à l'avenir. Qu'est-ce qui s'est fait? c'est ce qui se doit faire encore. Rien n'est nouveau sous le Soleil, et nul ne peut dire : Voilà une chose nouvelle ; car elle a été déjà dans les siècles qui sont passés devant nous. » (*Ecclésiast.*, I, **9**.) Tels sont les témoignages sacrés qui établissent ce qui fut et ce qui sera. On doit donc croire non-seulement que plusieurs Mondes existent maintenant ensemble, mais encore qu'il y eut d'autres univers avant la naissance de celui-ci, et qu'il y en aura d'autres après sa mort. — Origène passe ensuite à la discussion philologique du mot κατα-βολὴ, que l'on traduit par *constitutionem Mundi* (1).

Saint Jérôme commente les idées d'Origène sur la Pluralité des Mondes sans trop les affaiblir, et plus tard saint Athanase, tout en enseignant l'unité de Dieu, ajoute que cette unité n'implique pas l'unité du Monde. «L'Auteur de toutes choses, dit-il, aurait pu faire d'autres Mondes que celui que nous habitons (2).»

Un livre dont l'authenticité a été discutée, le *Zohar* des rabbins juifs, écrit probablement par Simon-ben-Jochaï, au deuxième siècle de notre ère, proclamait semblablement le mouvement de la Terre autour du Soleil et la Pluralité des Mondes. « La doctrine de la Pluralité des Mondes et de la Pluralité des existences, dit A. Pezzani (3), a été rédigée par écrit dans le *Zohar*, le *Sepher* et le *Jesirah*, le grand et le petit *Idra* et les suppléments du *Zohar*. Quelques Juifs la faisaient remonter à Moïse comme tradition secrète donnée par lui à soixante-dix vieillards, en même temps que la loi du Sinaï pour le vulgaire enfantin; d'autres la disaient révélée à Abraham. Le passage de ce livre où la doctrine du véritable système des Mondes est le plus formellement exposée est celui-ci :

« Dans l'ouvrage de Chamouna-le-Vieux (que son

(1) Ὠριγένους τα ευρίσχομενα πάντα, *Origenis opera omnia*, édit. in-fol. de 1733, Principiis, lib. III, cap. v.

(2) Contra Gent. I. Ipse opifex universum mundum unum fecit ut ne multis constructis, multi quoque opifices putarentur (on se rappelle les objections de Plutarque); sed, uno opere existente, unus quoque ejus autor crederetur. Nec tamen, quia unus est effectus, unus quoque est mundus, nam alios etiam mundos Deus fabricari poterat (textuellement Εδύνατο γε άλλοις χοσμοις ποιῶσαι ὁ Θέος).

(3) *La Pluralité des existences de l'Ame conforme à la doctrine de la Pluralité des Mondes*, 1865, p. 114.

saint nom soit béni !) il est donné, par un enseignement
étendu, la preuve que la Terre tourne sur elle-même en
forme de cercle sphérique ; quelques habitants sont en
haut pendant que les autres sont en bas ; ils changent
d'aspect et de cieux suivant les mouvements de rotation,
gardent toujours leur équilibre ; ainsi telle contrée de la
Terre est éclairée, c'est le jour ; pendant que les autres
sont dans les ténèbres, c'est la nuit, et il y a des pays où
la nuit est très-courte (1). »

Outre ces passages formels, on rencontre souvent dans
le *Zohar* des expressions telles que celle-ci : « Le Dieu de
tous les Mondes connus et inconnus (2). »

Quelle que soit la date que l'on assigne au *Zohar*, il
fut publié pour la première fois en Espagne, au treizième
siècle, longtemps avant la naissance de Copernic. Il fut
pour les Juifs ce que les doctrines d'Origène furent pour
les chrétiens ; il opposa le véritable système des Mondes
à l'étroite opinion qui fait de la Terre le centre de la
création. On voit que, pendant les premiers siècles de
l'ère chrétienne, l'idée de l'habitation des astres et de la
grandeur de l'univers comptait des partisans, aussi bien
qu'antérieurement et postérieurement à cette époque de
rénovation religieuse.

Cependant, disons-le bien, telles n'étaient pas les
idées générales sur l'état de l'univers ; et l'on se rappelle
que les points fondamentaux de la doctrine d'Origène ont
été condamnés par le concile de Chalcédoine, et plus tard
par le cinquième concile de Constantinople. Dès le milieu
du premier siècle de notre ère, les travaux de l'école
d'Alexandrie, et notamment ceux de Ptolémée, avaient

---

(1) *Le Zohar*, 3ᵉ partie, fol. 10, recto. Voy. Franck, *la Kabbale*.
(2) In Zohar, Deus Mundorum dicitur tum revelatorum tum abscon-
ditorum. Fabricius, *Bibliotheca graeca*, lib. I, cap. ix.

consacré l'illusoire système du Monde fondé sur l'observation des apparences ; la croyance au mouvement de la Terre dormait dans quelques livres mystérieux descendus de l'école de Pythagore, et l'idée de la supériorité de notre Monde, ou pour mieux dire, de son unité au centre de l'univers domine les esprits et les consolide dans leur fausse appréciation. Le fait physique établi par Ptolémée et le fait spirituel établi par les Évangélistes s'accordant à merveille, toute aspiration en dehors du système officiel paraissait vide de sens et puérile, sinon ridicule. Du premier au quinzième siècle, la société européenne grandit entre la surface de la Terre et la concavité du Ciel, comme s'il n'y eût eu dans l'immensité des espaces d'autre création que cette demeure fermée.

Si quelque esprit osait imaginer la possibilité de l'existence d'autres Mondes et mettre en doute la prépondérance de la Terre, les hommes sérieux, les docteurs de la loi s'en amusaient fort, lorsqu'ils ne dédaignaient pas ces billevesées ou n'en tiraient pas mauvais parti contre leurs audacieux auteurs. Nous avons entendu Plutarque, le dernier de l'ancien monde, faisant l'histoire de ces opinions ; appelons un instant Lactance, l'un des premiers de ce nouveau monde qui, pendant quinze siècles, s'obstina à ne vouloir regarder qu'en dedans.

Dans son traité sur la fausse sagesse (*De falsa Sapientia*), Lactance (1) se moque agréablement de tous les philosophes des temps passés qui dissertent sur la nature des Mondes. Relevant les paradoxes, confondant les faits avec leurs déductions, critiquant le tout, il tranche doctoralement les questions débattues. Parlant d'abord de quelques opinions personnelles sur l'habitation des astres,

---

(1) Né vers le milieu du troisième siècle, mort vers 325.

Xénophane, dit-il, a cru follement que la Lune était vingt-deux fois plus grande que la Terre; et ce qui ajoute encore à sa sottise, c'est qu'il a prétendu qu'elle était concave et qu'il y avait là une autre Terre où pourrait vivre une race humaine différente de la nôtre. Les hommes de la Lune auraient donc une autre Lune qui serait chargée de les éclairer pendant la nuit, comme la nôtre est chargée de répandre sa lumière sur nos ténèbres! Et peut-être serions-nous aussi la Lune d'une terre inférieure (1)!

Bayle (Dict., au mot *Xénophane*) a pensé que Lactance n'avait pas compris cet auteur; mais Bayle se laisse ici égarer par le mot *sinum*, qui ne signifie pas précisément le sein de la Lune, mais plutôt son côté. Il est évident que Xénophane n'a pas voulu dire que les hommes lunaires fussent renfermés dans le sein de cette planète, mais seulement dans de vastes et profondes vallées. Lactance a pris évidemment cette pensée, puisqu'il lui oppose que ces lunaires « ont donc une autre Lune qui les éclaire pendant la nuit. »

Puis il ajoute emphatiquement : « Que dirons-nous de ceux qui croient aux antipodes et qui mettent des êtres contre nos pieds? Peut-on être assez inepte (*tam ineptus*) pour croire qu'il y a des hommes dont les pieds sont plus hauts que la tête! des pays où tout est renversé, où les fruits pendent en haut, où les cimes des arbres tendent en bas! que les pluies, les neiges et la grêle tombent

---

(1) Josephus Isæus, dans ses notes sur Lactance, commente ces paroles : *Intra concavum Lunæ sinum esse aliam terram.* Outre Xénophane, comme le rapporte Cicéron (in Lucull.), Pythagore paraît avoir vu aussi qu'il y a dans la Lune et dans les autres astres quatre éléments, des montagnes, des vallées, des mers et tout ce qui est ici. Mais ces vues auraient eu une valeur de mystique pure, si l'on en croit Jamblique, *De symbol. pythagor.*, et saint Thomas, *in secundo Aristotelis de cœlo tec.*, com. 49.

de bas en haut ! N'admirons plus les jardins suspendus et ne les mettons plus au nombre des sept merveilles, car voici des philosophes qui suspendent dans les airs, les champs et les mers, les villes et les montagnes. On trouve les germes de cette erreur chez ceux qui ont prétendu que la Terre est ronde. »

Puis il donne d'excellentes raisons contre la rotondité de la Terre, et la remarque la plus curieuse à faire ici c'est que, comme Plutarque, avec lequel nous avons conversé dans le chapitre précédent, il prend la vérité des deux mains pour la rejeter ensuite loin de lui : « Si vous demandez, dit-il à ceux qui défendent ces sottises, comment tous les corps situés aux antipodes ne tombent pas dans la partie inférieure du ciel, ils vous répondent qu'il est naturel que les corps pesants tendent au centre (*ut pondera in medium ferantur*) et que tout soit dirigé vers ce centre, comme les rayons d'une roue; que les corps les plus légers, comme les nuées, les fumées, le feu, s'éloignent du centre et s'élèvent en haut. — Je ne sais vraiment, ajoute-t-il, lequel est le plus étrange, de leur aberration ou de leur obstination (1). »

C'est ainsi que sont traités ceux qui osent mettre en doute la véracité du système enseigné. Saint Jean Chrysostome, saint Augustin (2), le vénérable Bède, Abulensis applaudissent aux diatribes de Lactance et renchérissent sur elles. Hérodote dit qu'il ne peut s'empêcher de rire lorsqu'on prétend devant lui que « la mer coule autour du Monde et que la Terre est ronde comme un globe. »

---

(1) Lactantii Firmiani opera quæ extant omnia. In-4°. Cæsenæ, 1646.
(2) *De Civitate Dei*, lib. XVI, cap. IX. Quod vult Deum, cap. XVII, ubi dogma istud philosophicum perinde (la Pluralité des Mondes) ut in jure canonico, causa XXIV, quæst. III, cap. XXXIX, hæresibus adscribitur. Fabricius, *Bibliotheca græca*.

Saint Chrysostome n'est pas plus avancé : il pose un défi à quiconque ose maintenir que les cieux sont ronds et non pas semblables à une tente ou à un pavillon (1). Bède ajoute que l'on ne doit pas autoriser « les fables débitées sur les antipodes (2). » Procopius Gazœus disait plus tard encore qu'une *preuve* qu'il n'y avait pas d'autre continent, et que la mer occupait tout le bas du monde, c'est que le Psalmiste a dit (psaume XXIV, 2) : Il a fondé la Terre sur les mers (3). Tostat enfin affirme qu'il ne peut y avoir d'autre Monde que celui où nous sommes, ni antipodes ni autres, « parce que les apôtres voyagèrent par tout le monde habitable et ne passèrent jamais la ligne équinoxiale ; que Jésus-Christ veut que tous les hommes soient sauvés et viennent à la connaissance de sa vérité, et partant qu'il aurait été convenable et nécessaire qu'ils eussent voyagé en ces lieux-là, s'il y eût eu des habitants ; d'autant plus que Jésus-Christ leur a expressément commandé d'aller enseigner *toutes* les nations et de prêcher l'Évangile dans le monde *entier* (4). » Si saint Virgile, évêque de Saltzbourg, fut excommunié par le pape Zacharie, ce n'est pas précisément pour avoir cru aux antipodes, mais pour avoir dit qu'il y avait au-dessous du nôtre un autre Monde habitable. — Sur quoi l'auteur du *Monde dans la Lune*, voulant prouver « que la nouveauté de l'opinion de l'habitation de la Lune n'est pas une suffisante raison pour qu'on la doive rejeter, » insiste de la manière suivante : « Vous pouuez voir suffisamment par ces exemples auec quelle opiniastreté et obstination plusieurs de ces sçauants hommes-là se tenoient ferme atta-

---

(1) Homélie XIV, *De Epist. ad Hebræos.*
(2) *De Ratione temporum*, cap. XXII.
(3) *Commentarii in primo capitulo Genesis.*
4) *Comment. in I Genes.*

chez en vne erreur si grossière, combien peu d'apparence
il y auoit, selon eux, et quelle chose incroyable ce leur
sembloit estre qu'il y eust des hommes sous la Terre. L'opinion donc qu'il y en ayt aussi dans la Lune ne doit pas
être reiettée, quoy qu'elle semble contrarier à l'opinion
commune (1). »

Le système de Ptolémée sur l'immobilité et la fixité de
la Terre au centre du monde n'impliquait pas nécessairement la sphéricité de celle-ci ; c'est pourquoi nous voyons
les singulières idées d'un moine égyptien accréditées au
sixième siècle sur un nouvel aspect de l'univers. Cosmas,
surnommé Indicopleustès à la suite de ses voyages dans
les Indes, écrivit une *Topographie du monde chrétien*,
dans le but de réfuter ceux qui prétendaient donner à la
Terre la forme d'un globe. Pour lui la Terre était carrée,
ou, pour parler plus exactement, oblongue, comme un
parallélogramme dont les grands côtés seraient doubles des
petits ; la surface était plane ; une étendue indéfinie
d'eaux entourait cette plaine, et ces eaux avaient formé
quatre lacs dans l'intérieur des terres : la mer Méditerranée, la mer Caspienne, les golfes de l'Arabie et de la
Perse. Au Levant des mers extérieures, un voyageur clair-
voyant aurait peut-être pu retrouver l'Éden, mais il paraît que nul n'avait revu cette bienheureuse patrie. Au
delà des eaux, à une distance inaccessible, s'élevaient
quatre murailles enfermant le monde : ces murailles se
cintraient à une certaine hauteur et formaient la voûte céleste, au-dessus de laquelle était établi le rayonnant Empyrée. Quant aux astres, ils circulaient sous cette voûte ;
la succession des jours et des nuits était causée par une

(1) *Le Monde dans la Lune,* de la trad. du Sieur de la Montagne,
1re part., p. 10.

grande montagne située au Nord, et derrière laquelle le Soleil se couchait tous les soirs.

On conçoit que l'inventeur de cette cage n'ait pas songé à la Pluralité des Mondes; nous lui rendrions grâce de son attention.

Les Arabes avaient une telle vénération pour le livre de Ptolémée (*la Composition mathématique*) que, dans leur enthousiasme, ils le nommèrent l'*Almageste*, le très-grand, le livre par excellence, comme les Hébreux avaient donné le nom de Bible à leurs livres sacrés. On vit les califes d'Orient, vainqueurs des empereurs de Constantinople, ne consentir à la paix qu'à la condition de recevoir un manuscrit de l'*Almageste*. En de telles conditions, on comprend que la révolution religieuse opérée par Mohammed au septième siècle n'ait point touché à cet édifice sacré, et qu'elle ait bâti son système spirituel sur la charpente physique consolidée par l'astronome alexandrin. Les chapitres du Koran qui se rattachent à la conception astronomique de la vie présente ou de la vie future dénotent ce fait aussi bien que ces prétendus miracles du prophète : fendre la lune en deux, et faire rebrousser chemin au Soleil, en faveur d'Ali qui n'avait pas terminé sa prière. La *Sourate* XVII, intitulée *Le Voyage nocturne*, est construite d'après le voyage aérien de Mohammed à travers les sept cieux jusqu'au trône de Dieu, voyage accompli à l'aide de la protection de l'ange Gabriel et sur la jument *Borak*, que la tradition représente comme un être ailé, à la figure de femme, au corps de cheval, à la queue de paon (1). — L'idée du

(1) « On a longtemps disputé, dans les premiers temps de l'Islam, dit M. Kasimirski, sur l'authenticité de ce voyage céleste; les uns soutenant que cette ascension nocturne eut lieu en vision seulement; d'autres, qu'elle fut effectuée par Mahomet réellement et corporelle-

monde physique ne diffère pas d'un peuple à l'autre ; Sarrasins et Chrétiens se donnent ici la main ; le reproche d'ignorance ne peut être légitimement jeté à la face de nulle religion, mais bien à l'âge d'enfance, et dès lors il n'est plus légitime.

Nous n'avons pas encore parlé jusqu'ici de l'aspect principal sous lequel se révèle à nous cette mystérieuse époque qui s'étend du premier au dixième siècle : de son aspect légendaire. A cette période, les visions succèdent aux visions, et l'influence de l'enseignement chrétien sur la vie future trace dans le ciel mystique des routes nombreuses que de saintes âmes suivront les unes après les autres. C'est une remarque digne d'intérêt de voir combien les idées cosmographiques sont intimement liées à ces romans et même aux principes théologiques, et d'assister à la crédulité étonnante d'une longue suite de générations sur les récits de visionnaires accrédités. Les vies des saints fourmillent de contes naïfs sur des ravissements au ciel, des visites au purgatoire et quelquefois aussi, mais plus rarement, sur des descentes en enfer. Platon, dans son mythe d'Her l'Arménien ; Plutarque, dans celui

ment. Ceux qui étaient pour la première de ces deux versions s'étayaient du témoignage de Moawiah, compagnon de Mahomet (plus tard calife), qui avait toujours regardé ce voyage comme une simple vision, et d'Aïcha, femme du prophète, qui assurait que Mahomet n'avait jamais découché. Il ne fallait que l'intervention de ces personnages, si odieux à quelques sectes, aux chéites, par exemple, pour faire accréditer l'opinion contraire. Aussi c'est une des croyances universellement reçues aujourd'hui chez les Musulmans, que cette ascension a eu lieu en réalité. On ajoute que ce voyage céleste, où Mahomet a vu les sept cieux et s'est entretenu avec Dieu, s'est fait si rapidement, que le prophète trouva son lit qu'il avait quitté, tout chaud, et que, le pot où il chauffait de l'eau étant près de se renverser à son départ, il revint assez à temps pour le relever sans qu'il y eût une goutte d'eau de répandue. »

de Thespésius, sont largement débordés par le flot des narrateurs du moyen âge. Saint Chrysostome avait dit (1) que « si quelqu'un sortait de chez les morts, tous ses récits seraient crus. » Jamais parole ne fut plus légitime ni plus brillamment confirmée.

Il n'entre pas dans le cadre de ce livre de faire le récit des visions qui, depuis celle de saint Carpe et de saint Sature (deuxième siècle) jusqu'aux voyages de saint Brendam (onzième siècle), captivèrent l'attention des masses chrétiennes sur les régions de la vie future ; elles ne se rattachent qu'indirectement à notre sujet et ne doivent qu'être mentionnées au point de vue historique. Nous citerons cependant deux exemples qui suffiront pour reproduire l'état des esprits à cette époque d'attente.

La première est du sixième siècle. « De très-anciens biographes de saint Macaire Romain, qui vivait alors, racontent que trois moines orientaux, Théophile, Serge et Hygin, voulurent découvrir le point *où le Ciel et la Terre se touchent,* c'est-à-dire le Paradis terrestre. Après avoir visité les saints lieux, ils traversent la Perse et entrent dans les Indes. Des Éthiopiens (telle est la géographie des agiographes) s'emparent d'eux et les jettent en une prison d'où les pèlerins ont enfin le bonheur de s'échapper. Ils parcourent alors la Terre de Chanaan (c'est toujours la même exactitude) et arrivent en une contrée fleurie et printanière où se trouvent des Pygmées hauts d'une coudée, puis des dragons, des vipères, mille animaux épars sur des rochers. Alors un cerf, une colombe, leur viennent servir de guides et les mènent, à travers

_____

(1) Sermon 66.

des solitudes ténébreuses, jusqu'à une haute colonne
placée par Alexandre *à l'extrémité de la Terre.* Après
quarante jours de marche, ils traversent l'enfer... Après
quarante autres jours, une contrée merveilleuse se révèle
à leurs yeux, avec des teintes de neige et de pourpre, des
ruisseaux de lait, des contours lumineux, des églises aux
colonnes de cristal. Enfin la route les mène à l'entrée
d'une caverne où ils trouvent Macaire, qui, comme eux,
était arrivé miraculeusement aux portes du paradis. Depuis cent années, le saint était là, abîmé en prières.
Instruits par cet exemple, les pèlerins abandonnèrent
leur projet et reprirent, en louant Dieu, le chemin de
leur couvent (1). »

La vision se montre là dans toute sa plénitude ; l'espace et le temps sont des notions évanouies, et, comme
les palais des *Mille et une Nuits,* l'édifice de la vision se
lève à la fantaisie du narrateur. Les moines précédents
espéraient aller au Ciel, sans quitter la Terre, trouver
« le lieu où le Ciel et la Terre se touchent, » et franchir
la porte mystérieuse qui sépare ce monde de l'autre.
Telle est la notion cosmographique de l'univers ; c'est
toujours la vallée terrestre couronnée par le pavillon des
cieux. Si nous choisissons quelque autre saint qui ait fait
directement le voyage au ciel, sans se donner la peine
de chercher le bout de la Terre, mais tout simplement
en mourant pour quelques jours, nous aurons la confirmation de cette conception de l'univers. Saint Sauve, par
exemple, nous donne un récit du Ciel *de proprio visu.*
« Le lendemain de sa mort, la cérémonie des obsèques
étant préparée, le corps commença à s'agiter dans le cercueil, et voilà qu'au grand effroi des méchants, Sauve,

(1) Ch. Labitte, *La divine Comédie avant Dante.*

comme sortant d'un profond sommeil, se leva, ouvrit les
yeux, étendit les mains, et s'écria : « O Seigneur misé-
« ricordieux ! pourquoi m'as-tu fait revenir dans ces
« lieux ténébreux de l'habitation du Monde, lorsque ta
« miséricorde dans le Ciel m'était meilleure que la vie
« de ce siècle pervers? » Comme tous demeuraient stu-
péfaits, lui demandant ce que c'était qu'un tel prodige, il
sortit du cercueil, mais ne révéla point ce qu'il avait vu.
Cependant, sur leurs instances, trois jours après, il dit
à ses frères : « Lorsqu'il y a quatre jours vous m'avez
« trouvé mort dans ma cellule ébranlée, je fus emporté
« et enlevé au Ciel par des anges ; de sorte qu'il me
« semblait que *j'avais sous les pieds le Soleil et la*
« *Lune*, les nuages et les astres ; on m'introduisit en-
« suite par une porte plus brillante que ce jour, dans une
« demeure remplie d'une lumière ineffable et d'une éten-
« due inexprimable, dont tout le pavé était resplendis-
« sant d'or et d'argent ; elle était remplie d'une telle
« multitude des deux sexes que, ni en longueur ni en
« largeur, les regards ne pouvaient percer la foule.
« Quand les anges qui nous précédaient nous eurent frayé
« un chemin parmi les rangs serrés, nous arrivâmes à
« un endroit que nous avions déjà considéré de loin et
« sur lequel était suspendu un nuage plus lumineux que
« toute lumière ; on n'y pouvait distinguer ni le Soleil ni
« la Lune, ni aucune étoile ; et il brillait par sa propre
« clarté beaucoup plus que tous les astres ; de la nue
« sortait une voix semblable à la voix des grandes
« eaux. »... « Une voix se fait entendre, disant : « Qu'il
« retourne sur la Terre, car il est nécessaire à nos
« églises. » — Ayant donc laissé mes compagnons, je
« descendis en pleurant, dit-il, et sortis par la porte
« par laquelle j'étais entré. » Grégoire de Tours, qui

rapporte ce voyage au Ciel et cette résurrection, ajoute :
« J'atteste le Dieu Tout-Puissant que j'ai entendu dire
de la propre bouche de saint Sauve ce que je raconte
ici (1). »

Tel est le caractère légendaire de cette époque. La
crédulité populaire est, du reste, mise à profit par les
abbés et les évêques, séculiers et réguliers, et au lieu de
chercher à répandre la lumière sur ces ténèbres, on consacre les fables en leur donnant une place d'honneur dans
la *Vie des saints* et les histoires édifiantes. Ajoutons à
cette disposition de l'âme l'erreur des millénaires, partagée pendant mille ans par tant de générations, erreur
qui avait fixé à l'an mil la fin du monde et la résurrection générale, et l'on aura l'explication de la torpeur qui pesait alors sur les intelligences. La crédulité
atteint son apogée, dit M. Ch. Labitte, dans les années
de ténèbres qui succèdent à la grande ère de Charlemagne.
La fécondité des légendaires disparaît même au dixième
siècle. L'ange de la mort semble étendre un instant ses
ailes sur la société européenne. Des générations tout
entières, prenant au sérieux les fantasmagories infer-
nales, croient à la fin prochaine du monde, et attendent
avec terreur le moment suprême. *Termino mundi ap-
propinquante :* des chartes, des lettres sont ainsi datées.
La croyance des millénaires est devenue un lieu commun
de chronologie. Il semble qu'alors l'humanité elle-même
ayant le pied dans la tombe, personne, sous cette impression générale et profonde, n'ose plus se risquer, du
sein de la vie présente, au dangereux pèlerinage de la
vie à venir. C'est une halte des légendaires.

(1) Gregorii Turonensis *Historia Francorum*. Lib. VII, 1.

CHAPITRE IV

L'an mil une fois tombé dans le gouffre sans fond des âges, la crédulité de nos pères ne fut pas rachetée pour cela; la crainte de la fin du monde resta comme un poids sur les épaules, et l'homme demeura dans son isolement, entre la surface de la Terre et la coupole du Ciel. On commenta l'Apocalypse, les prophéties et les prédictions, on tortura le sens des Écritures; et si quelques moments de calme apparaissaient, des comètes venaient, qui se chargeaient de réveiller l'attention. C'est toujours l'aspect théologique de la question qui domine; et l'on ne cherche point à pénétrer les mystères d'une nature éphémère qui doit disparaître bientôt au renouvellement universel des choses. On oublie même la nature extérieure pour s'enfermer complétement dans la contemplation intérieure, et les images temporelles du monde

physique s'effacent devant la grandeur des destinées célestes. Nous possédons encore aujourd'hui l'indice, ou,
pour mieux dire, le miroir de ce qui se passait alors,
dans les enluminures que des peintres habiles attachèrent
aux manuscrits de cette époque. A défaut de l'imprimerie,
le dessin nous reste. Dans ces riches et magnifiques mi-
niatures du dixième au treizième siècle, nous avons toute
une description illustrée du monde de nos pères.

Feuilletons un instant ces pages antiques et observons
les marges et les têtes. Ne vous apercevez-vous pas de
l'isolement de la pensée qui dicta ces tableaux ? Ne voyez-
vous pas que les intérêts du Ciel dominent ceux de la
Terre, les absorbent, les effacent, les anéantissent ? Est-
ce que tout n'est pas oublié, hormis les trônes des saints,
les portes du Purgatoire et les flammes de l'Enfer ? Il n'y
a plus d'autre ciel que le Ciel mystique ; la Terre elle-
même a changé de face et n'est plus reconnaissable. Si
quelques images d'animaux se présentent, combien elles
ont prodigieusement altérées ! Combien le symbolisme,
a fait oublier la nature ! Voici le lion effaçant les traces
de ses pas avec sa queue : c'est un symbole de Celui qui
cache ses voies ; or, voyez : c'est un lion héraldique qui
n'a jamais existé qu'en peinture, sur les blasons du
moyen âge. Voici l'aigle, dominateur des cieux, comme
le premier est le roi du désert ; mais un aigle étrange :
celui que les bannières germaniques nous ont conservé ;
on ne se fera pas scrupule d'orner de deux têtes son cou
fauve et sinistre. Le lion qui vient de passer recevra
bientôt deux ailes à l'envergure puissante, et le griffon
naîtra. Les serpents ailés et les dragons courront dans
les airs ; le pélican se baignera dans son sang, le phénix
centenaire se dépouillera de sa toison caduque. Voici que
la Terre est transformée, le monde du Ciel, de la Terre

et des eaux, le monde vivant disparaît pour faire place aux incarnations imaginaires du symbolisme et de la crainte.

Pendant que l'Occident s'enfermait dans l'étude de la métaphysique, des attributs d'un Dieu inconnu, de la nature des êtres spirituels habitants d'un Monde invisible, l'Orient veillait et observait. C'est aux Arabes, c'est à l'école d'Alexandrie que l'astronomie moderne doit la longue série d'observations qui permirent au dix-septième siècle de reconstituer la science cosmologique. Les observations astronomiques ayant la même valeur et étant absolument identiques, dans l'hypothèse du système des apparences ou dans la théorie du système vrai, les astronomes orientaux accumulèrent les faits précieux d'où les lois de la nature ont pu être conclues ; à ce titre, ils doivent être regardés par nous comme supérieurs aux moines du moyen âge, comme mieux inspirés et plus dignes de notre reconnaissance. Sans doute les cloîtres nous ont gardé contre les invasions barbares, le dépôt précieux des lettres grecques et latines ; mais ils ont à peu près perdu leur temps, c'est-à-dire une série de trente générations, dans une étude spéculative sans résultat utile pour les connaissances véritables. La *méta-physique* doit venir *après* la *physique*; c'est, du reste, là son étymologie (1), et c'est être dans l'erreur que de prétendre pouvoir transposer ces deux sciences.

Pour donner une idée juste et autorisée non-seulement des opinions générales de cette époque, mais encore de

---

(1) Le mot de métaphysique est relativement moderne : il n'existe ni chez les Grecs ni chez les Latins. Un siècle avant notre ère, Andronicus de Rhodes désigna les œuvres d'Aristote, nommées depuis métaphysiques, par ces mots : « Μετὰ τὰ φυσικὰ, » à lire *après les choses physiques*.

l'enseignement des Pères de l'Église, il convient d'interroger celui dont un pape a dit « qu'il avait plus éclairé
le monde à lui seul que tous les autres docteurs ensemble », celui qui fut canonisé moins d'un demi-siècle
après sa mort et qui fut surnommé l'*Ange de l'école* ;
en un mot, celui que l'assentiment unanime a déclaré « le
plus grand théologien et le plus grand philosophe du
moyen âge. »

Saint Thomas d'Aquin (1), que ses condisciples nom-
maient *le Bœuf muet*, parce que ses premières années
d'étude n'annonçaient pas en lui une grande intelligence,
mais dont son maître (Albert le Grand) avait dit : « Ce
bœuf mugira si fort que toute la terre l'entendra », a
donné dans deux ouvrages principaux les enseignements
qui représentent l'opinion dogmatique des chrétiens. Ces
écrits sont *la Somme de la Foi contre les Gentils*
et *la Somme théologique*. Cette dernière est plus généralement appelée *Somme*, parce qu'elle est, en réalité,
la somme de tous les objets dont la science chrétienne
est constituée. C'est donc elle qu'il convient d'interroger ici.

Abordons tout de suite notre question, au chapitre
Utrum sit Mundus unicus ?

N'Y A-T-IL QU'UN SEUL MONDE (2) ?

(Pour bien comprendre le mode d'argumentation de
l'auteur, il faut savoir que la donnée posée par sa question reçoit toujours une réponse affirmative ; qu'il commence sa discussion par les objections qu'on peut faire à

(1) Né en 1227, mort en 1274.
(2) *Somme théologique*, part. I, quæstio XLVII, art. 3.

cette donnée, et qu'il la termine par la réfutation de ces objections.)

« 1. Il semble qu'il n'y ait pas qu'un seul Monde, mais qu'il y en ait plusieurs. Car, comme le dit saint Augustin (*Quæst.*, lib. LXXXIII, 46), il répugne de dire que Dieu a créé des choses sans raison. Or, la raison pour laquelle il a créé un seul Monde a pu lui en faire créer plusieurs, puisque sa puissance n'est pas limitée à la création d'un seul Monde, mais qu'elle est infinie. Donc Dieu a produit plusieurs Mondes.

2. La nature a fait ce qui est le mieux, et, à plus forte raison, Dieu. Or il serait mieux qu'il y eût plusieurs Mondes qu'un seul, parce que plusieurs choses bonnes valent mieux qu'un nombre moindre. Donc Dieu a créé plusieurs Mondes.

3. Tout être qui a une forme unie à la matière peut être multiplié numériquement sans que la même espèce soit détruite ou changée, parce que la multiplication numérique se fait par la matière. Or le Monde a une forme unie à la matière. Donc rien n'empêche qu'il n'y ait plusieurs Mondes.

(Telles sont les objections faites à l'unité du Monde ; voici la réponse de saint Thomas :)

Mais c'est le *contraire*. Car il est dit dans saint Jean : *Le Monde a été fait par lui* (I, 10). Il a parlé du Monde au singulier pour indiquer qu'il n'en existait qu'un seul.

Conclusion. Dieu ayant créé pour lui-même toutes les créatures, et les ayant soumises à un ordre admirable, il est convenable qu'on n'admette que l'existence d'un seul Monde et non celle de plusieurs.

Il faut répondre que l'ordre qui règne dans les êtres

que Dieu a créés est une preuve évidente de l'unité du
Monde. Car le Monde n'est un que parce qu'il est soumis
à un ordre unique d'après lequel ses parties se rapportent
les unes aux autres. Or, tous les êtres qui viennent de
Dieu sont ordonnés entre eux et se rapportent tous à
Dieu lui-même. Il est donc nécessaire que toutes les
créatures appartiennent à un seul et même Monde. C'est
pourquoi ceux qui ne reconnaissaient pas pour l'auteur
du Monde la Sagesse qui a tout ordonné, mais qui l'at-
tribuaient au hasard, ont pu supposer qu'il y avait plusieurs Mondes. Ainsi, Démocrite a dit que c'était le
concours des atomes qui avait produit ce Monde et une
infinité d'autres.

Il faut répondre au *premier* argument que la raison
pour laquelle le Monde est unique, c'est que tous les
êtres doivent se rapporter au même but sous le même
ordre. C'est pourquoi Aristote conclut l'unité du Dieu
qui nous gouverne de l'unité d'ordre qui règne entre
tout ce qui existe. Et Platon prouve l'unité du Monde par
l'unité du type et de l'exemplaire dont il est l'image.

Il faut répondre au *second* qu'il n'y a pas d'agent
qui se propose la pluralité matérielle comme sa fin, parce
que la multiplicité matérielle n'a pas de terme arrêté ; elle
tend par elle-même à l'indéfini, et l'indéfini ne peut être la
fin d'aucun être. Or, quand on dit que plusieurs Mondes
sont meilleurs qu'un seul, on entend par là la multiplicité matérielle. Ce mieux ne peut être l'objet que Dieu
se propose ; car si deux Mondes valent mieux qu'un seul,
trois vaudront mieux que deux, et on pourrait aller ainsi
indéfiniment.

Il faut répondre au *troisième* que le Monde comprend
la matière dans toute sa totalité. Car il n'est pas possible
qu'il y ait une autre Terre que celle-ci, parce que toute

Terre se porterait naturellement au centre, en quelque endroit qu'elle se trouve. On peut faire le même raisonnement à l'égard des autres corps qui composent toutes les autres parties du monde. »

Telle est l'argumentation du Docteur angélique contre la Pluralité des Mondes. Afin que l'on ne se méprenne pas sur la valeur théologique du sentiment de saint Thomas, l'un de ses traducteurs français ajoute en note : « On a reproché à Origène d'avoir dit qu'avant ce Monde il y en avait eu plusieurs, et qu'après lui il y en aurait encore d'autres. La Pluralité des Mondes a été admise généralement par les anciens philosophes, parce que, comme ils croyaient la matière éternelle, ils prétendaient qu'il y avait eu une série indéfinie de Mondes qui s'étaient succédé. Mais l'Écriture ne parle que d'un Monde unique, et *tous les Pères ont enseigné qu'il n'y en avait qu'un seul* (1). »

Dans la pensée du célèbre auteur, qui représente celle de l'Église entière, la Terre est le grand but de la création, et le Ciel tout entier, depuis la Lune jusqu'aux dernières des régions supérieures, est formé pour l'habitant de la Terre. Écoutons encore saint Thomas lui-même, commentant l'Écriture et donnant explicitement sa pensée.

« Pour écarter le peuple de l'idolâtrie, Moïse a convenablement déterminé la cause pour laquelle les astres ont été créés, en montrant qu'ils ont été créés pour l'utilité de l'homme, c'est-à-dire pour lui servir de signes pour distinguer les temps, les jours, les années, etc...... Ils donnent aux hommes la lumière qui les éclaire dans leurs actions et qui leur a fait connaître tous les objets

---

(1) M. l'abbé Drioux, traduction dédiée à Mgr l'évêque de Langres. 1851.

sensibles, selon ces paroles : *Qu'ils brillent au Firma-*
ment et qu'ils éclairent la Terre. Ils marquent le changement des saisons, ce qui, en détruisant la monotonie
de l'existence, conserve la santé de l'homme et lui procure
les choses nécessaires à la vie. Aucune de ces choses
n'existerait si l'été ou l'hiver durait toujours ; et c'est
pourquoi il est dit que les astres ont été créés pour la
distinction des temps, des jours et des années. Ils servent,
en troisième lieu, à régler le commerce, et, en général,
toutes les affaires, en indiquant la pluie, le beau temps,
le vent et tout ce qui peut avoir de l'influence sur l'industrie humaine (1). »

Laissons toujours parler « l'Ange de l'école, » et suivons sa pensée du commencement à la fin du monde.
Nous venons de voir que, selon lui, les astres sont faits
pour la Terre ; or, il est naturel que du jour où la Terre
n'existera plus, ils n'auront plus de raison d'être. Qu'ar-
rivera-t-il donc ?

LE MONDE SERA-T-IL RENOUVELÉ ?

« Le prophète fait dire à Dieu : « Je m'en vais créer de
nouveaux Cieux et une Terre nouvelle, et tout ce qui a
existé auparavant s'effacera de la mémoire. » Et saint
Jean dit : « J'ai vu un Ciel nouveau et une Terre nouvelle,
car le premier Ciel et la première Terre ont disparu. »

L'habitation doit convenir à l'habitant. Or, le monde
a été fait pour être l'habitation de l'homme. Il doit donc
convenir à l'homme ; et puisque l'homme sera renouvelé,
le monde le sera aussi.

Tout animal aime son semblable (*Eccles.*, XIII, 19) ;

(1) Quæstio LXX, art. 2, Cause finale des astres.

d'où il est évident que la ressemblance est la raison de l'amour. Or, l'homme a une ressemblance avec l'univers, et c'est pour cela qu'il est appelé *un petit monde*. Donc l'homme aime le monde entier naturellement, et par conséquent il désire son bien. Il faut donc que l'univers soit amélioré pour satisfaire au désir de l'homme... — Si l'argument vous paraît clair, c'est suffisant.

Conclusion. Il est convenable que le Monde soit renouvelé de la même manière que l'homme sera glorifié !

(Quœst. xci, art. 1.)

LE MOUVEMENT DES CORPS CÉLESTES CESSERA-T-IL ?
(*Quœst.* xci, art. 2.)

Il est dit que l'ange qui apparut jura par Celui qui vit dans les siècles que le temps ne subsistera plus, c'est-à-dire après que le septième ange eut sonné de la trompette dont le son ressuscitera les morts, comme le dit l'apôtre. Or, si le temps n'existe plus, le mouvement du ciel n'existera plus également, et par conséquent il cessera.

Le prophète dit : « Votre Soleil ne se couchera plus, et votre Lune ne souffrira plus de diminution. » Or c'est le mouvement du Ciel qui fait que le Soleil se couche et que la Lune décroît. Ce mouvement cessera donc un jour.

Comme le prouve Aristote, le mouvement du Ciel existe à cause de la génération continue qui existe dans les êtres inférieurs. Or, la génération cessera quand le nombre des élus sera complet. Donc le mouvement du Ciel cessera aussi.

Le repos est plus noble que le mouvement. Car par là même que les choses sont immobiles, elles ressemblent

davantage à Dieu en qui se trouve l'immobilité souveraine.
Or, le mouvement des corps inférieurs a naturellement le
repos pour terme. Donc, puisque les corps célestes sont
beaucoup plus nobles, leur mouvement aura naturellement le repos pour terme.

Conclusion. Puisque les corps célestes, aussi bien
que les autres, ont été faits pour le service de l'homme,
et que les hommes glorifiés n'ont plus besoin de leur mi-
nistère, le mouvement du Ciel, par un effet de la volonté
divine, cessera aussitôt que l'homme sera glorifié. »

Ainsi il est bien entendu maintenant que la petite
Terre que nous habitons est le but suprême de l'œuvre
de Dieu : nous n'avons pas interprété, nous n'avons fait
aucun commentaire ; l'historien intègre doit interroger
les hommes qu'il met en scène et se faire une loi d'écouter franchement leur propre parole. Terminons enfin,
pour ne rien laisser à désirer, en complétant les pensées
précédentes par la déclaration sur la nature du Ciel.

« Sur ces paroles : « Au commencement, Dieu créa le
«Ciel et la Terre», la Glose dit que par le ciel il faut entendre non le Firmament visible, mais l'empyrée et le ciel de
feu. Il a été convenable que, dès le commencement du
monde, il y eût un ciel totalement lumineux qui fût le
séjour de la gloire des bienheureux, et auquel on a donné
le nom de *Ciel Empyrée.*

Les corps sensibles sont mobiles dans l'état du monde
actuel, parce que le mouvement des corps est ce qui produit la multiplicité des éléments. Mais, dans la consomma-
tion dernière de la gloire, le mouvement des corps cessera. Il a été convenable que, dès le commencement,
l'empyrée fût dans cet état.

D'après saint Basile, il est constant que le Ciel est terminé sous la forme d'une sphère, qu'il est d'une nature

assez compacte et assez forte pour séparer ce qui est hors de lui de ce qui est au dedans de lui. C'est pour cela qu'il a laissé derrière lui une région déserte sans lumière, puisqu'il a intercepté la splendeur des rayons qui s'étendaient au delà. D'ailleurs, puisque le corps du firmament, quoiqu'il soit solide, est néanmoins diaphane, puisque nous voyons la lumière des étoiles malgré les cieux intermédiaires qui s'y opposent, on pourrait dire que le ciel empyrée n'est pas une lumière condensée, qu'i ne projette pas de rayons comme le corps du Soleil, mais qu'il a une lumière plus subtile, plus déliée; ou bien on pourrait dire encore qu'il brille de la splendeur de la gloire, et que cette splendeur n'a rien de commun avec la clarté naturelle.» (*Quæst.* LXVI, art. 3.)

Saint Thomas ajoute qu'il peut y avoir plusieurs cieux, de même que plusieurs circonférences autour d'un centre, mais qu'il convient de donner le nom générique de Ciel à tout ce qui enveloppe la Terre, depuis l'empyrée jusqu'à l'atmosphère. Il pense que c'est pour ce motif que saint Basile a exprimé l'opinion de plusieurs cieux ; mais ce dernier est allé plus loin lorsqu'il écrivait : « De même qu'à la surface de l'onde agitée naissent des bulles nombreuses, de même l'Être infini pourrait lancer plusieurs Mondes dans l'espace. » On remarque toutefois encore ici la forme conditionnelle, et non le passé défini.

La philosophie du Docteur angélique représente, avons-nous dit, celle de l'Église catholique entière ; c'est pourquoi nous nous sommes un peu étendu sur ce chapitre de la *Somme*, et pourquoi nous avons voulu largement interroger l'écrivain sur les questions qui se rattachent à notre sujet. Jusque aujourd'hui cette philosophie scolastique n'a pas été interprétée autrement que nous venons de la présenter nous-même. On a plutôt insisté sur la valeur de l'opinion personnelle du saint, que cherché à atténuer ses affirmations doctorales.

Il y avait là un aspect purement théorique, attendu qu'au treizième siècle les télescopes qui nous ont révélé la nature des astres n'étaient pas encore inventés; il n'y a donc pas lieu de s'étonner que l'on ait enseigné sans scrupule, à cette époque, un système erroné, et qu'on l'ait pris pour base de déductions téméraires et mal établies. Mais il y a lieu de s'étonner que l'on s'obstine à vénérer cette autorité, consacrée par les siècles, mais aussi affaiblie par eux, que l'on tienne pour vrai ce qui fut écrit à une époque d'ignorance, et pour problématique ce que la science d'aujourd'hui nous révèle dans une clarté limpide. Parmi les ouvrages de théologie (les docteurs en droit canon le savent bien), celui du Père Goudin (1) fut l'un des plus accrédités; et beaucoup n'ont pas lu saint Thomas qui se sont arrêtés à l'exposition moins rude de celui-ci. Ce théologien paraît au courant des découvertes les plus récentes de l'astronomie. Il a visité le nouvel Observatoire royal de Paris, et M. Cassini lui a montré les corps célestes dans ses nouveaux télescopes. Il a mesuré lui-même la hauteur des montagnes de la Lune, et le troisième tome de son ouvrage renferme entre autres trois belles planches lunaires. Il a vu l'anneau de Saturne, les bandes de Jupiter, la configuration de Mars, les taches du Soleil. Eh bien, tout comme saint Thomas, il révoque la Pluralité des Mondes et se cramponne au système de Ptolémée. Il continue de croire à l'incorruptibilité des cieux et des astres et à la prépondérance de la Terre au sein de la création. Il renouvelle tous les arguments du Docteur

(1) *Philosophia juxta inconcussa tutissimaque diri Thomæ dogmata* quatuor tomis comprehensa. Editio decima, prioribus accuratior. Paris, 1692.

angélique en faveur de l'unité du Monde , particulièrement ceux qui peuvent dériver de l'unité de Dieu , tombant ainsi, comme son illustre maître, dans l'illusion signalée par Plutarque(1); comme si de ce qu'il n'y a qu'un
seul architecte on était en droit de conclure qu'il n'y a
qu'un édifice... Nous ne pouvons nous refuser à traduire
quelques assertions de l'auteur de la *Philosophia Divi
Thomæ*.

« Si les astres et les planètes étaient soumis au changement et aux vicissitudes de la génération , la Lune ,
planète si voisine, en serait la première preuve. Or, nous
la voyons au télescope toujours calme et inactive, et il
n'y a pas à sa surface d'autres changements que ceux
causés par l'ombre sous la lumière du Soleil. On pourrait
facilement y apercevoir d'ici les mutations les plus légères, le mouvement des animaux, l'agitation des arbres,
les mouvements de la vie végétale; or, comme on ne voit
rien de tout cela, il est évident que ceux qui l'assimilent à
la Terre, et y placent des mers, des fleuves, des airs,
des bois, des villes et des animaux, sont dans une erreur
complète.

Mais on dira que les globes planétaires sont semblables au nôtre, que d'une autre planète on nous verrait
entre Mars et Vénus, et que, par conséquent, la vie doit
se manifester là comme ici; d'autant plus qu'il ne paraît
pas convenable que de si vastes domiciles soient entièrement privés d'habitants et restent d'immenses solitudes.
— A cela je nie que les planètes soient semblables à la
Terre (*Nego planetas esse Telluri similes*), et que
celle-ci soit une planète. *Car* la Terre fut créée pour être
le siège de la génération des hommes, tandis que les

(1) Voy. plus haut, p. 205.

planètes furent placées dans le Ciel pour nous éclairer (*ut Terram illuminent.* — En vérité, l'illumination n'est pas merveilleuse), et pour présider au mouvement de la vie à la surface du monde, comme nous l'enseignent les Saintes Écritures. *Donc* il serait superflu d'y placer quelque chose (1). »

Et quant aux étoiles : « Qu'elles soient incorruptibles, est-il dit plus loin (2), l'incorruptibilité des cieux l'atteste par son existence même. Ce serait donc perdre son temps que de réfuter les songes de quelques anciens, renouvelés par des modernes, qui regardaient les astres en général, et principalement les planètes, comme autant de Terres habitées où existeraient des mers, des fleuves, des bois, des montagnes, des animaux, des plantes, etc. Tout cela dérive peut-être des vers orphiques (3), mais tout cela est chimérique. »

Et, à la fin du dix-septième siècle, le savant docteur en théologie ne craint pas de conclure sa discussion sur le système des cieux par les propositions suivantes :

« On ne doit pas admettre le système de Copernic, mais le proscrire de droit; car il est téméraire de mettre la Terre en mouvement et de la rejeter loin du centre du Monde.

« Le système de Tycho Brahé serait plus tolérable (*tolerabilius*) que celui de Copernic, car il laisse la Terre au centre; cependant il n'est pas prouvé.

« Le système de Ptolémée est le plus probable de tous. Cependant les mouvements de Mercure et de Vénus sont embarrassants, et peut-être conviendrait-il de for-

(1) T. III, Quæst. II, § 2, An cœlorum substantia sit corruptibilis.
(2) *De Sideribus.*
(3) Cités plus haut, p. 193.

mer un quatrième système qui tiendrait le milieu entre celui de Tycho et celui de Ptolémée. »

Laissons là notre métaphysicien avec ses négations et ses doutes, sans lui concéder toutefois le pardon que nous donnons de grand cœur à saint Thomas, et revenons au treizième siècle, que nous avons un instant laissé derrière nous.

Bientôt le poëte du moyen âge chrétien succédera à son théologien, et le Dante chantera sur une lyre immortelle la doctrine enseignée du haut de la chaire par la parole sacerdotale ; bientôt le sombre rêveur de Florence visitera dans le Ciel les orbes et les sphères décrits par le Docteur de l'Église. Mais, avant d'arriver à la vision d'Alighieri, conversons un instant avec son maître, avec l'encyclopédiste du treizième siècle, l'Italien Brunetto Latini, qui, proscrit par les Gibelins en 1260, se réfugia dans notre bonne ville de Paris, et y composa, en français, le *Trésor de toutes choses*. C'est l'un des premiers livres écrits en notre langue, et, pour la curiosité du sujet, nous laisserons l'original se présenter ici sans voiles et refléter dans sa naïveté l'époque lointaine où nos pères discouraient sur la nature des choses. Il s'agit du Ciel, du Ciel empyrée.

« Et sachez que dessus le Firmament est un chief moult biaus et moult luisant de couleur de cristal, et pour chou est-il appelé *Cieux cristallins*; c'est le lieu dont li mauvais angèles churent... encore i a de seure celui un autre chiel de couleur pourpre qui est appelé *Chiel empyré*, où maint la sainte glorieuse Divinité avec ses angèles, et ses secrès de qui li maistre ne s'entremest mie en cest livre, ains les laisse à maistres divins et à seigneurs de Saincte Ecclise, à qui il appartient. »

On voit réfléchies dans ce passage des idées populaires qui sont au fond identiquement les mêmes que celles enseignées plus haut par les docteurs; leur aspect naïf nous donne seulement une image de l'obéissance passive du peuple aux préceptes de l'autorité supérieure. Brunetto Latini, cependant, n'est pas un disciple, mais un maître; car son *Trésor* est une véritable encyclopédie, embrassant l'étendue entière des connaissances humaines, depuis les astres du Ciel jusqu'aux insectes de la prairie; mais, dans toutes les questions qui, comme la nôtre, ont un point de contact avec le dogme, il subit les idées dominantes sans rien discuter, sans rien définir. Il partage naturellement le système de Ptolémée; mais il a une idée juste de la nature de la pesanteur, de l'attraction de la Terre au centre, et, comme l'a fait remarquer un savant érudit (1), si Dante agit, au xxxive chant de l'Enfer, selon les lois de la gravitation, peut-être les esprits dégagés de toute prévention reconnaîtront-ils l'influence de Brunetto Latini dans le passage suivant, qui nous donne son opinion sur la Terre, comme le premier nous a donné son opinion sur le Ciel.

« Et à la vérité dire, la Terre est autressi comme li poins dou compas qui tousiours est el milieu de son cercle, si qu'il ne s'eslongne nient plus d'une part que d'autre. Et pour chou est nécessaire chose que la Terre soit ronde. Car s'ele fust d'autre forme ja serait le plus près du Chiel et dou Firmament en un lieu qu'en un autre, et ce ne peut estre, car se il fust chose possible qu'on peust cheviller la Terre et faire un puis qui alast d'outre en outre, et par cel puis getast on une grandesisme pierre ou autre chose pesant, je diroie que cele

(1) M. Ferdinand Denis, dans son livre *Le Monde enchanté*.

pierre n'en iroit pas outre, ains se rendroit tousiours el milieu de la Terre. »

Nous pourrions écouter plus longtemps l'auteur du *Trésor*, qui nous offre l'histoire naturelle fantastique de ces âges étonnants, aussi bien que « les propos des astrenomyens » de son époque ; mais la gloire de son disciple efface le maître, et beaucoup ne connaissent aujourd'hui l'existence de Latini que par la recommandation qu'il fait au Florentin dans son Voyage infernal :

> Sieti raccommandato 'l mio Tesoro
> Nel quale i 'vivo ancora ; e piu non cheggio.

DANTE ALIGHIERI, *Il Paradiso*. A. D. 1300. (Imprimé pour la première fois en 1472.)

C'est le Vendredi-Saint de l'an 1300, à l'âge de trente-trois ans, que Dante descendit aux Enfers. Il parcourut tous les cercles en vingt-quatre heures, atteignit le centre de la Terre et le traversa en contournant avec peine le corps gigantesque de Lucifer placé juste au centre, monta vers les pieds de celui-ci, et remontant à la surface de la Terre par l'hémisphère austral, arriva le lendemain sur la montagne du Purgatoire, où Virgile le remit à la protection de Béatrice ; après s'être purifié au Paradis terrestre, il fit le voyage du Ciel et en pénétra successivement les sphères : la Lune, Mercure, Vénus, le Soleil, Mars, Jupiter, Saturne, Étoiles fixes, Premier-Mobile et Empyrée. — De l'immense poème dantesque, ce qui se rattache à l'esprit de ce livre sera l'objet de l'exposition suivante.

« La gloire de Celui qui fait tout mouvoir pénètre

dans l'univers, et resplendit plus dans une partie et moins dans une autre.

« J'ai été dans le Ciel qui reçoit le plus de sa lumière, et j'ai vu des choses que ne sait ni ne peut redire celui qui descend de là-haut.

« ... Béatrice regardait en haut, et moi je regardais en elle ; et peut-être en aussi peu de temps qu'un dard est posé sur l'arc, se détache de la noix et vole ;

« Je me vis arrivé en un lieu où une admirable chose tourna vers elle mes regards ; or donc, celle à qui mes sentiments ne pouvaient être cachés,

« Se tournant vers moi, aussi gracieuse que belle :

« Élève vers Dieu ton âme reconnaissante, me dit-elle, lui qui nous a transportés dans la première étoile. »

Cette première étoile, la Lune, que le poëte appelle plus loin la *Perle éternelle*, semblait un globe de diamant limpide ; en approchant d'elle, les voyageurs sont couverts d'un nuage lucide, et leurs corps semblent pénétrer le corps lunaire, comme si celui-ci ne possédait pas la propriété physique nommée impénétrabilité. La Lune est le séjour de la Virginité, non pas qu'elle soit habitée par une race mortelle dont la vertu dominante soit celle-ci ; mais comme les six autres sphères, elle reçoit les âmes élues qui, plus tard, doivent se rendre au séjour des bienheureux : les sphères célestes sont en quelque sorte le vestibule du paradis angélique où Dieu trône dans sa gloire.

Le poëte rencontre dans la Lune les âmes de celles qui, ayant fait vœu de virginité, durent, par la violence, manquer à leur vœu. Piccarda, sœur de Forise, lui expose comment tous les bienheureux sont contents du degré de gloire qui leur est accordé. Béatrice lui expose la différence qui existe entre la volonté mixte et la volonté absolue.

Ils montent à la planète Mercure, plus brillante que la Lune, et, remarque digne d'intérêt, à mesure qu'ils s'élèvent dans la hiérarchie planétaire, iis trouvent les Mondes de plus en plus brillants, — leur forme corporelle devient en même temps de plus en plus radieuse, de plus en plus pure. Parvenus au Monde de Mercure, ils voient accourir un nombre infini d'âmes bienheureuses, parmi lesquelles se trouve l'empereur Justinien qui raconte toutes les gloires de l'aigle romaine. Sur ce globe habitent les âmes qui, par leurs belles actions, ont su s'élever à la gloire. Là brille la lumière de Romée, ministre de Raymond Bérenger. On discute sur l'immortalité, et Béatrice commente cette opinion des scolastiques, que l'âme des brutes était produite par la nature, et celle des hommes immédiatement par Dieu.

Vénus païenne disposait à l'amour; cette influence est ici toute pure et spirituelle. Dans l'étoile « dont le Soleil regarde avec plaisir, tantôt les cils blonds, tantôt la chevelure flottante sur le dos, » les âmes ont l'apparence de lumières volant rapidement. L'âme de Charles Martel, que Dante connut à Florence, dit ces paroles charmantes : « Je suis cachée à tes yeux par ma joie qui rayonne tout à l'entour, et me couvre comme le bombyx enveloppé de sa soie. »

Dans les plaines resplendissantes de l'astre du jour, Dante et Béatrice rencontrent le Docteur angélique, saint Thomas d'Aquin, dont l'éloquence lève les erreurs qui restaient en l'esprit du poëte. Albert de Cologne, Gratien, Pierre Lombard, Salomon, Denis l'Aréopagite, Paul Orose, Boëce, entrent en conversation avec lui; une couronne lumineuse ceint la tête de ces âmes illustres. Saint Bonaventure nomme les âmes qui habitent le Soleil. Toutes ces conversations sont de l'ordre mystique. A l'égard de saint Thomas qui lui parle, Dante semble placé au centre d'un verre d'eau qu'on agiterait ; à l'égard de Béatrice, à la circonférence de ce cercle.

Devenant sans cesse plus fort, plus pur et plus glorieux, le poëte transporté d'ardeur continue son voyage extatique, et monte avec Béatrice au cinquième ciel, au ciel de Mars. Cette région est plus éclatante que nulle des précédentes, et ses esprits-habitants sont d'une ineffable clarté. « Des splendeurs m'apparurent si éblouissantes et si rouges entre deux rayons, que je dis : « O Hélios ! combien tu les ornes !.. — Comme, toute semée de grandes et de petites lumières, la Voie Lactée étend, entre les pôles du Monde, une ligne si blanche qu'elle remplit de doute les plus savants ; ainsi, ces rayons constellés formaient, dans la profondeur de Mars, le Signe vénérable. »

Et en effet, des esprits réunis offraient le signe d'une croix immense sur laquelle resplendissait le corps du Christ. Puis, comme un luth et une harpe de leurs cordes nombreuses forment un doux accord pour celui même qui ne distingue pas chaque son, ainsi des lumières qui étaient réunies se forma sur la croix une mélodie dont le poëte fut ravi, sans comprendre de leur hymne autre chose que cette louange : « Ressuscite et sois vainqueur ! »

Cacciaguida, trisaïeul du poëte, fait des révélations prophétiques et lui désigne plusieurs des esprits qui formaient la croix de Mars ; ensuite Dante monte avec sa belle compagne dans la planète de Jupiter, au sixième Ciel. Il voit les âmes des saints former un grand aigle : ce sont ceux qui, sur Terre, ont bien administré la justice. On trouve ici la satire de l'avarice et des simonies de son temps : Boniface VIII est accusé de lancer des

interdictions pour se les faire racheter. Dans l'aigle céleste, on reconnaît plusieurs des âmes des justes qui habitent Jupiter : dans la prunelle, le chantre de l'Esprit-
Saint, qui transporta l'arche de ville en ville (David) ;
dans les sourcils, celui qui consola la veuve de la perte
de son fils (Trajan) et celui qui retarda la mort par une
vraie pénitence (Ezéchias). Dans Saturne résident ceux
qui vécurent de la vie contemplative ; le poëte y remarque
une échelle symbolique où montaient et descendaient tant
de splendeurs, que toutes les lumières qui brillent au
Firmament y paraissaient rassemblées. (A propos de ces
symboles, nous nous sommes parfois demandé si Swedenborg, qui montera plus loin sur notre scène, n'avait
pas évoqué l'esprit de Dante au nombre de ses précep-
teurs.)

Comme le divin chantre et son guide s'élevaient vers
la sphère des étoiles fixes, le premier retourna le regard
à travers les sept sphères, et, voyant notre globe, sourit
de son vil aspect. « Je vis la fille de Latone, dit-il, enflammée sous cette ombre qui fut cause que je l'avais crue
raréfiée et dense ; je soutins ici l'aspect de ton fils, ô
Hypérion, et je vis comment se meuvent autour et près de
lui Maïa et Dioné. De là m'apparut Jupiter, tempérant son
père et son fils ; et de là me furent clairs leurs changements de place. Et toutes les sept planètes me montrèrent alors quelle est leur grandeur, quelle est leur rapidité et quelle est leur distance respective. »

Le voyageur était entré dans la sphère des fixes par
la constellation des Gémeaux ; sa Dame se tenait droite et
attentive, — comme l'oiseau entre les feuilles aimées, posé
près du nid de ses chers petits, épie le temps sous le
feuillage entr'ouvert et, avec des souhaits ardents, attend
le Soleil. — Suivant son regard, le poëte voit en haut le

Christ brillant comme le Soleil au-dessus des bienheureux : à côté, la Vierge et les apôtres; l'auréole ineffable de la plus pure des célestes lumières les enveloppait. Béatrice, après avoir demandé au collége apostolique d'être favorable au poëte, prie saint Pierre de l'examiner sur sa Foi; le poëte répond aux apôtres sur les trois vertus théologales ; ensuite Adam prend la parole pour raconter le temps de ses félicités et de ses malheurs... Les saints s'élèvent et disparaissent. Dante lui-même monte avec Béatrice à la neuvième sphère, appelée le *Premier Mobile.*

C'est de là qu'il parle ; écoutons-le. (Pourquoi faut-il que l'illustre Florentin ait été le poëte d'un système erroné ?)

« La nature du Monde, qui arrête le milieu et fait mouvoir tout le reste autour, commence d'ici comme de sa limite.

« Et ce Ciel n'a pas d'autre espace que l'Esprit divin auquel s'allume l'amour qui le fait tourner et la vertu qui le fait pleuvoir.

« La lumière et l'amour l'entourent d'un cercle, comme lui les autres; et cette enceinte, celui qui la forme la comprend seul.

« Son mouvement n'est déterminé par aucun autre ; mais celui des autres se mesure sur celui-ci, ainsi que dix sur sa moitié et sur son cinquième.

« Et à présent tu peux comprendre comment le temps a ses racines dans ce vase, et son feuillage dans les autres. »

Le poëte annonce qu'il lui a été donné de voir l'Essence divine, point radieux, rayonnant de la plus vive lumière, autour duquel tournent neuf cercles. Les neuf cercles de ce Monde *supra-mondain* (selon l'expression des scolastiques) correspondaient aux neuf sphères du Monde sensible. Plus haut encore, le poëte est dans l'Empyrée; Béatrice s'y revêt d'une beauté merveilleuse ; l'une et l'autre milice du Paradis, des saints et des anges sont dévoilées. « Du plus grand des corps célestes, dit Béatrice, nous sommes montés au ciel, qui est une pure lumière ; lumière intellectuelle pleine d'amour, amour du vrai bien rempli de joie, joie qui dépasse toute douceur. »

Cette apothéose du Paradis chrétien, où l'Apocalypse de l'apôtre Jean a laissé des traces évidentes auxquelles on trouve mêlées d'une façon étrange des inspirations du chantre de Mantoue, guide non disparu du sombre Florentin aux régions de l'Enfer; cette angélique et lumineuse apothéose nous laisse au sommet de l'éclatante hiérarchie, le regard anéanti dans l'incompréhensible Trinité planant sur l'immensité du Monde. Ici s'arrête l'essor du poëte; mais il semble qu'une dernière impression traverse ses yeux éblouis : c'est l'apparition de l'humanité en Dieu... L'épopée dantesque est en effet la divinisation de la pensée humaine — ou l'humanisation de la pensée divine. — Telle doit être envisagée la croyance du moyen âge qui, ne soupçonnant ni la grandeur réelle de Dieu ni l'insignifiance relative de la société humaine, resserrait volontiers dans le même cadre deux termes entre lesquels nulle comparaison ne saurait être établie. Qui oserait venir à cette époque parler d'une autre société humaine, étrangère à la race d'Adam, et cependant fille de Dieu comme la nôtre et digne comme elle de la bienveillance du Père céleste ! Mais l'idée du Monde est restreinte à une circonférence de quelques centaines de lieues ; l'espace comme le temps est une quantité encore inconnue ; vienne Colomb, qui répandra la lumière sur le globe terrestre ; vienne Kepler, apportant la clef des espaces célestes, et l'homme, secouant la torpeur d'un long rêve, s'élancera d'un vol rapide vers les horizons nouveaux de la science.

Mais, avant Kepler, la première année du quinzième siècle s'ouvrit en donnant le jour à un savant illustre, dont le nom brilla sur les têtes pensantes pendant près de deux siècles, mais s'affaiblit vers l'an 1600 pour s'éteindre bientôt. Replaçons sur son piédestal une statue que la brume des temps disparus enveloppait déjà depuis longtemps et dérobait injustement à nos regards. Nous parlons du *cardinal de Cusa.* Ce n'est point son titre de théologien qui nous le recommande, mais ce n'est pas ce titre non plus qui nous porterait à oublier un seul instant le devoir de l'historien.

NICOLAS DE CUSA. — *De docta Ignorantia* (1440-1450).

Voici l'un des princes de l'Église qui arbore ouvertement l'étendard de la Pluralité des Mondes, et cela au quinzième siècle. Nous ne pouvons encore nous expliquer comment cet homme illustre a pu, au sein de la pourpre, et sans être inquiété, émettre des vues aussi hardies, tandis que cent cinquante ans plus tard Jordano Bruno sera déclaré hérétique et brûlé vif pour des opinions analogues, et Galilée condamné à rétracter ignominieusement les mêmes assertions. Peut-être ces vues du savant cardinal n'ont-elles été publiées qu'après sa mort.

Nicolas Krebs (écrevisse), né à Cuss, sur la Moselle, et nommé pour cela *Cusanus*, d'où l'on a fait Cusa, peut à juste titre être considéré comme l'esprit le plus

18

éminent non-seulement de son siècle et des précédents, mais encore du seizième siècle. En physique, en astronomie, en philosophie naturelle, il est à cent coudées au-dessus de ses contemporains. Il enseigne le mouvement de la Terre cent ans avant Copernic ; le traité de celui-ci sur les révolutions des sphères célestes parut en effet, comme on sait, en 1543, et Nicolas de Cusa écrivait sur le mouvement de la Terre en 1444, comme le démontre un passage dont le docteur Clemens a trouvé, à l'hôpital de Cuss, le texte écrit de la main du cardinal. Né en 1401, mort en 1464, Nicolas Krebs avait quitté cette vie neuf ans avant la naissance de celui dont le nom devait rester attaché à la résurrection du véritable système du Monde.

Cusa a devancé le progrès des sciences, non-seulement au point de vue de notre doctrine de l'habitabilité des Mondes, non-seulement en ce qui concerne les vrais principes de l'astronomie, mais encore sur des questions spéciales qui paraissaient les plus mystérieuses. Il arrive quelquefois, dit A. de Humboldt, que d'heureux pressentiments ou des jeux de l'imagination contiennent, longtemps avant toute observation réelle, le germe d'opinions véritables. L'antiquité grecque est remplie de pareilles rêveries, qui plus tard se sont réalisées. De même, au quinzième siècle, nous trouvons déjà clairement exprimée dans les écrits du cardinal de Cusa la conjecture que le corps du Soleil est en lui-même un noyau terreux, entouré d'une enveloppe légère formée par une sphère lumineuse ; qu'au milieu, c'est-à-dire vraisemblablement entre le globe obscur et l'atmosphère éclatante, se trouve un air transparent, mêlé, humide et semblable à notre atmosphère. Il ajoutait que la propriété de rayonner la lumière qui revêt la Terre de végétaux, n'appartient pas au noyau terreux du Soleil, mais à la sphère lumineuse qui l'enveloppe. Pour lui, le Soleil était habitable et habité; les étoiles de même; les planètes étaient des Mondes semblables au nôtre. Voici les données les plus importantes de son célèbre traité sur la *Docte ignorance* (1).

Il nous est manifeste que la Terre se meut, quoique ce phénomène ne soit pas immédiat pour nos sens, parce que nous ne pouvons juger du mouvement que par la comparaison avec ce qui est fixe; de même que celui qui vogue au milieu d'un vaisseau qui coule avec calme le long d'un fleuve, ne peut reconnaître son mouvement que par celui de la rive. C'est ainsi que le mouvement du Soleil et des autres étoiles est le seul qui nous donne témoignage du nôtre.

La petitesse de la Terre n'indique pas pour cela qu'elle soit un corps vil et infime, car la Terre n'est pas une partie aliquote de l'infini : l'univers ne connaît ni grand, ni petit, ni milieu, ni bords, ni parties définies, mais seulement des relatifs. Que la Terre soit obscure, ce n'est pas une raison non plus pour la déclarer méprisable; car, si elle est obscure pour nous, c'est parce que nous sommes auprès d'elle; de loin elle nous paraîtrait brillante. Il en est de même de la Lune, que ses habitants doivent trouver fort obscure. Et peut-être que sur le Soleil même on ne connaît point la clarté dont il resplendit pour nous. La Terre est une étoile; elle a les mêmes agents, les mêmes caractères et la même influence que toutes les autres.

On ne doit pas dire non plus que la Terre est le plus

_____

(1) D. Nicolai de Cusa, cardinalis, utriusque juris doctoris, in omnique philosophia incomparabilis viri opera, etc. Cum priv. cæs. majest. Basileæ, 1566, in-fol.

petit des astres. Les éclipses nous montrent qu'elle est plus grande que la Lune ; nous savons aussi qu'elle est plus grande que Mercure.

De même, nous ne savons pas si la Terre est la meilleure ou la plus mauvaise région pour l'habitation des hommes, des animaux et des végétaux. Dieu est le centre et la circonférence de toutes les régions stellaires; toute noblesse et toute grandeur procèdent de lui, ces contrées lointaines ne sont pas vides, la race intellectuelle dont une tribu occupe la Terre, les habite; mais quel nom donner à ces habitants et comment les définir? Il serait téméraire de l'essayer. Les habitants des autres étoiles ne peuvent à aucun point nous être comparés. «*Improportionabiles sunt,*» dit explicitement le texte. Puisque les régions de l'univers nous sont cachées, il faut nous résoudre à ignorer la nature de leurs habitants ; nous voyons sur notre Terre que les animaux d'une espèce spécifique attachés à une région spéciale diffèrent en tous points des autres. Tout ce que nous pourrions présumer sur les deux corps célestes que nous connaissons le mieux, le Soleil et la Lune, c'est que ceux du Soleil doivent être supérieurs.

Il y a grande apparence que les habitants du Soleil participent beaucoup de sa nature : qu'ils sont brillants, illuminés, intellectuels et beaucoup plus spirituels que ceux qui sont dans la Lune, lesquels approchent de la nature de cette planète, et que ceux de la Terre, qui sont encore plus grossiers et plus matériels ; de sorte que ces natures intellectuelles qui sont dans le Soleil sont moins en puissance qu'en acte; celles qui sont dans la Terre, moins en acte qu'en puissance, et celles qui sont dans la Lune, intermédiaires entre les deux ; les influences ignées du Soleil et les aqueuses et aériennes de la Lune, et la pesanteur matérielle de la Terre, nous font croire cela. On peut dire la même chose du reste des étoiles, qui ont sans doute aussi leurs habitants comme les autres : *« suspicantes nullam inhabitatoribus carere »*, chacune étant un monde particulier dans l'univers, dont le nombre n'est connu qu'à Celui qui a créé toutes choses selon le nombre et la mesure.

La corruption que nous remarquons par expérience dans les choses terrestres n'est pas un argument valable de la vilité de ce Monde. Nous ne pouvons croire, en effet, puisque le monde est universel et que les influences stellaires agissent simultanément d'un Monde à l'autre, que quelque chose soit, à proprement parler corruptible, mais nous savons qu'il n'y a là que des transformations ; des changements d'état opérés sous d'autres influences. Selon la parole de Virgile, la mort n'est rien, si ce n'est la résolution d'un être composé en un nouvel être composé. Qui peut dire maintenant si cette résolution est spéciale aux habitants de la Terre ? Quelques écrivains ont émis l'opinion qu'il y a autant d'espèces de choses dans la Terre qu'il y a d'étoiles dans le ciel. Les influences stellaires ont dû produire sur les autres Mondes des effets analogues à ceux qu'elles produisent sur le nôtre ; l'action de la Terre agit sur elles comme la Lune sur nous ; il y a échange perpétuel entre les diverses parties de l'univers, soit dans le règne de l'esprit, soit dans celui de la matière.

Dans les écrits du cardinal de Cusa, on rencontre un assemblage prodigieux de choses essentiellement différentes, pour ne pas dire opposées. Théologie, astronomie, astrologie, sciences occultes et alchimie ; tout cela se trouve quelquefois réuni dans une seule phrase, longue, lente, repliée, traversée d'incidentes interminables (1). Parfois, d'un paragraphe à l'autre, on passe d'une obscurité profonde à de magnifiques illuminations; mais sur notre question en particulier, il ne tergiverse pas. Non-seulement il l'affirme, mais il la présente encore sous son véritable aspect scientifique. Il a soin de dire que nous aurions tort de nous prendre pour type et de tout rapporter à notre mètre (μέτρον), et peut-être pour éloigner les conséquences théologiques qui résultent de l'admission de cette vérité, il ajoute encore plus vite que

(1) Pour donner une idée de cette singularité remarquable, nous offrons aux linguistes et à ceux qui gardent un faible pour le Moyen Age, un échantillon curieux du style du cardinal. Voici une phrase du chap. XII de son traité *De docta ignorantia*, une *seule phrase*.

Si igitur Terra omnium stellarum influentiam, ita ad singulares species contrahit, quare similiter non sit in regionibus aliarum stellarum, influentias aliarum recipientium, et quis scire poterit, an omnes influentiæ contractæ prius in compositione, in dissolutione, redeant, ut animal nunc existens individuum alicujus speciei, in regione terræ contractum ex omni stellarum influentia resolvatur, an ad principia redeat, forma tantum ad propriam stellam redeunte, a qua illa species actuale esse in terra matre recipit, vel an forma tantum redeat ad exemplar, sive animam mundi, ut dicunt Platonici, an ad materiæ possibilitatem, remanente spiritu unionis in motu stellarum, qui spiritus nunc cessat unire, se retrahens ob organum indispositionem, vel alias, ut ex diversitate motus separationem inducat, tunc quasi ad astra rediens, forma supra astrorum influentiam ascendente et materia illa descendente; aut an formæ cujuslibet regionis in altiori quadam forma, puta intellectuali quiescant, et per illam, illum finem attingant, qui est finis mundi, et quomodo hic finis attingitur per inferiores formas in Deo per illam, et quomodo illa ad circumferentiam quæ Deus est ascendat, corpore descendente versus centrum, ubi etiam Deus est, ut omnium motus sit ad Deum, in quo aliquando, sicut centrum et circumferentia sunt unum in Deo, corpus etiam, quamvis visum sit quasi ad centrum descendere, et anima ad circumferentiam, iterum in Deo unientur, cessante non omni motu, sed eo qui ad generationem est, tanquam partes ille mundi essentiales necessario redeant : tunc successiva generatione cessante, sine quibus mundus esse non possit: redeunte enim spiritu unionis et connectente possibilitatem ad suam forma, hæc quidem nemo hominum ex se, nisi singularius a Deo habuerit, scire poterit. (C'est là *une seule phrase* de ce grand in-folio compacte de 1,200 pages.)

cette considération de l'univers ne doit point modifier nos idées sur la valeur de la Terre.

De ce que la Terre est plus petite que le Soleil, dit-il, et de ce qu'elle subit son influence, ce n'est pas une raison pour dire qu'elle est plus vile, parce que la région terrestre entière, qui s'étend jusqu'à la sphère du feu, est grande en réalité. Et quoique la Terre soit plus petite que le Soleil, comme il est notoire par l'ombre des éclipses, cependant nous ne savons pas de combien la région solaire est plus grande ou plus petite que la région terrestre; nous pouvons dire seulement qu'elle ne lui est pas précisément égale, car nul astre ne saurait être égal à un autre. La Terre ne doit pas être non plus classée au nombre des petites étoiles, car elle est plus grande que la Lune, comme l'observation des éclipses nous l'enseigne; elle est aussi supérieure à Mercure, et peut-être à d'autres Mondes encore. Il ne faut pas tirer de son état un argument d'imperfection. L'influence que reçoit un astre ou son régime, n'est pas non plus une cause logique d'imperfection, car comme nous sommes au centre des influences qui se rapportent à ce Monde, et que nous ne pouvons établir de comparaison entre son état et celui d'un autre, notre expérience est sans valeur.

Quelque bon théologien qu'il soit, le cardinal de Cusa garde l'ampleur de son jugement et croit à l'infini de l'espace. Le monde ne peut avoir de circonférence, dit-il, puisqu'au delà de ce circuit il y aurait encore quelque chose; et il ne peut avoir de centre, puisque le centre est le point également éloigné des diverses parties de la circonférence. L'univers n'a donc ni centre, ni circonférence. La Terre n'est pas plus au centre de l'univers que la huitième sphère : il n'y a qu'un absolu, un absolu infini qui est Dieu; c'est son esprit qui meut et fait vivre; c'est son état qui constitue l'infinité de l'espace.

Précurseur des grandes découvertes de l'astronomie moderne et de la philosophie astronomique qui devait être fondée sur elle, le savant cardinal marche aux premiers rangs de notre panthéon scientifique. Il eut la plus grande influence sur les idées des écrivains du seizième siècle relativement à la Pluralité des Mondes ; il fut en quelque sorte l'autorité dominante de tous ceux qui penchèrent pour l'affirmative. On verra souvent cette autorité invoquée par les astronomes ou les philosophes qui écriront sur le même sujet.

L'aurore de Copernic s'annonce, et bientôt le crépuscule fera place au jour. Peut-être conviendrait-il de passer immédiatement à l'année qui vit paraître le livre *De revolutionibus orbium cœlestium ;* mais il y a ici deux figures narquoises qui entr'ouvrent notre porte et que nous n'osons renvoyer. Elles ne sont pas de notre compagnie habituelle, surtout la seconde ; mais elles prennent autorité sur l'ordre historique que nous avons résolu de suivre, et prétendent mériter une place, au moins étrangère, dans notre panthéon. L'Arioste (1) et Rabelais (2) se suivent de près dans la première moitié du seizième siècle : le premier a fait un voyage à la Lune, au XXXIVᵉ chant de l'*Orlando furioso ;* le second a fait d'autres voyages imaginaires, aux livres IV et V de *Pantagruel.* Il ne serait pas juste de les oublier ; faisons donc droit à leur demande.

Que par rang d'ancienneté le poëte de Reggio paraisse le premier.

L'un des héros principaux de l'*Orlando*, Astolphe ,

(1) Né en 1474, mort en 1533.
(2) Né en 1483, mort en 1553.

monté sur l'hippogriffe, a visité Sénapes, en Nubie, monarque centenaire, connu de quelques-uns sous le nom de *Prêtre-Jean*, célèbre dans les mythes du moyen âge ; il a mis en fuite les Harpies au son de son cor retentissant, et s'est arrêté au pied de la montagne gigantesque où le Nil prend sa source. C'est là l'extrême orient. Au pied de cette montagne est une ouverture par laquelle les Harpies sont rentrées dans les enfers, et qui servit aussi d'entrée à l'Arioste pour la visite classique du poëte dans les champs infernaux. Au-dessus de la montagne se trouve le paradis terrestre. Astolphe a visité les merveilles de ce jardin séduisant, dont les fruits sont si délicieux, qu'il ne s'étonne point de la chute de nos premiers parents. La montagne est si haute que ce paradis terrestre se trouve vraiment dans le ciel, et que, pour monter jusqu'à la Lune, le chemin n'est plus guère long. Aussi l'apôtre Jean, qu'il a rencontré là, en compagnie d'Énoch et d'Élie, lui propose-t-il d'aller jusque-là ; ils trouveront, du reste, dans la Lune, un moyen de rendre au paladin Roland sa raison égarée.

« A peine le Soleil, en se plongeant au sein des mers, eut-il laissé paraître le croissant de la Lune, que le saint fit préparer un char destiné depuis longtemps à ceux qui devaient monter aux cieux. Il servit à enlever Élie sur les montagnes de la Judée ; il est traîné par quatre coursiers tout resplendissants de feu. Le saint prend place près d'Astolphe, saisit les rênes et s'élance vers le ciel. Bientôt le char est au milieu de la région du feu éternel ; mais la présence du saint en amortit l'ardeur. Après avoir traversé ces plaines brûlantes, ils arrivent au vaste royaume de la Lune, dont la surface est brillante comme l'acier le plus pur. Cette planète, en comprenant les vapeurs qui l'entourent, paraît égale en grandeur au globe de la

Terre. Le paladin reconnaît avec surprise que ce globe, vu de près, est immense, tandis qu'il nous paraît fort petit quand nous l'examinons d'ici-bas. Il peut à peine distinguer la Terre plongée dans les ténèbres et privée de clarté; il y découvre des fleuves, des campagnes, des lacs, des vallées, des montagnes, des villes et des châteaux bien différents des nôtres. Les maisons lui paraissent d'une grandeur énorme; il voit de vastes forêts où les nymphes poursuivent chaque jour des animaux sauvages. Astolphe, qui se propose un autre but, ne s'amuse point à considérer ces objets divers, il se laisse conduire dans un vallon qu'environnent deux collines. Là sont recueillies toutes les choses que nous perdons par notre faute, par les injures du temps, ou par l'effet du hasard ; il ne s'agit point des empires et des trésors que dispense la capricieuse fortune, mais de ce qu'elle ne peut ni donner ni ravir. Je veux parler des réputations que le temps comme un ver rongeur, mine lentement et finit par détruire. On y voit tous les vœux et toutes les prières que les malheureux pécheurs adressent au Ciel. Là se trouvent encore les larmes et les soupirs des amants, le temps perdu au jeu ou dans l'oisiveté, les vains projets laissés sans exécution, les frivoles désirs, dont le nombre immense remplit presque le vallon. Enfin on aperçoit là-haut tout ce qui a été perdu sur la Terre. »

Telles sont les richesses principales de ce vallon lunaire. A ce titre, il y a là une montagne de « Bon sens »; mais, pour empêcher cette substance si subtile de s'évaporer, on l'a recueillie dans des fioles de diverses grandeurs, marquées par des inscriptions particulières. Astolphe reconnaît, non sans surprise, qu'une foule de gens qui, selon lui, étaient fort sages, ont laissé partir dans la Lune la plus grande partie de leur bon sens... Il re-

marqua la sienne, s'en empara avec la permission de
l'auteur de la mystérieuse Apocalypse, et se hâta d'en
respirer le contenu. Il prit ensuite la fiole de Roland qui
était toute remplie, et la remporta sur la Terre. Mais,
avant de s'éloigner du globe resplendissant, l'évangéliste
lui fit visiter d'autres merveilles encore. Au bord d'un
fleuve filaient les trois Parques. Sur chaque peloton une
étiquette indique le nom du mortel dont la vie est attachée
à ce fil. Mais il y a là un vieillard, très-agile pour son
âge, qui prend les étiquettes à mesure que la soie est
filée, et les emporte en les jetant dans le fleuve. Elles s'y
perdent bientôt dans la vase ; une sur cent mille peut-être
remonte à flot : deux cygnes éclatants sont là qui prennent
dans leur bec les noms surnageant. Des nuées de corbeaux,
de chouettes, de vautours, de corneilles et d'oiseaux de
proie s'étendent sur le fleuve et s'efforcent de ne laisser
aucun nom reparaître. Cependant on voit les cygnes
s'avancer à la nage vers une colline ; une belle nymphe
descend à leur rencontre et retire de leurs becs les noms
qu'ils ont sauvés du naufrage : elle les porte au temple
de l'Immortalité, qui couronne la colline, et les suspend
autour d'une colonne sacrée où ils demeurent éternellement exposés aux regards.

C'est ainsi que l'indiscipliné favori du cardinal Hippo-
lyte d'Este fit son voyage à la Lune. Celui qui vient après
et dont nous parlions tout à l'heure, le joyeux curé de
Meudon, n'a pas été si loin ; mais, comme Lucien, il
partit un jour à la recherche de peuples inconnus. Il y
a dans ces imaginations quelque chose qui peut n'être
pas stérile. Si la physiologie comparée est l'une des bases
fondamentales de la doctrine de la Pluralité des races
vivantes dans les cieux, en ce qu'elle donne la clef de la
diversité naturelle des êtres créés suivant la diversité des

lieux où ils ont pris naissance, on peut donner une place (au-dessous de la science, et dans l'ordre du roman) aux idées purement imaginaires que certains esprits inventifs ont appliquées à la mutabilité et à la variété infinie des formes extérieures des êtres.

C'est à ce titre que les créations de la fable antique ont droit de cité dans la partie anecdotique de notre histoire, et que devant l'idée descriptive des habitations inconnues des sphères célestes, l'imagination peut être intéressée à voir défiler la série innombrable de ces êtres fantasques : Ondines, Syrènes, Centaures, Lamies, Elfes..., aussi bien qu'il pourrait être curieux à quelque titre de visiter avec Alcaste ou Tancrède, les êtres merveilleux de la forêt enchantée que le Tasse fait surgir au XII⁰ chant de la *Gerusalemme liberata*.

Ces détails pourront servir aux colonisateurs de planètes.

Nous ne saurions cependant accorder une place trop grande à ces formations de la fantaisie, d'autant plus qu'elles ne sont le plus souvent que des incarnations allégoriques engendrées par la satire, et nous voulons seulement esquisser ce que l'idée a enfanté suivant le génie des âges, des peuples et des hommes. Pour Rabelais particulièrement, nous nous voyons en outre obligé d'effacer autant qu'il est possible, sans trop nuire à la couleur locale, les représentations un peu trop nues dont le seizième siècle se plaisait sans le moindre scrupule à peindre les formes dévoilées.

On se rappelle que, dans son merveilleux voyage à travers les mers inconnues, le valeureux géant Pantagruel, accompagné de maître Panurge et de frère Jean des Entommeures, aborde en îles extraordinaires habitées par des êtres dont la nature paraît plutôt appartenir à un autre Monde qu'à celui-ci. C'est après avoir essuyé d'épouvantables tempêtes, décrites par le délicieux conteur sur le ton d'une naïveté si amusante, que l'on découvre une île nouvelle, l'île de Ruach, que voici (1).

« Je vous jure par l'estoile Poussinière que je trouvai l'estat et la vie du peuple estrange plus que je ne di. Ils ne vivent que de vent. Rien ne buvent, rien ne mangent, sinon vent. En leurs jardins ne sèment que les trois espèces de anémone. La rue et aultres herbes carminatives, ils en escurent soigneusement! Le peuple commun, pour soi alimenter, use de esventoirs de plumes, de papier, de toile, selon leur faculté et puissance. Les riches vivent de moulins à vent. Quand ils font quelque festin ou banquet, ils dressent les tables soubs un ou deux moulins à vent. Là repaissent, aises comme à nopces. Et, durant leurs repas, disputent de la bonté, excellence, salubrité, rarité des vents, comme vous buveurs par les banquets philosophez en matière de vins. L'un loue le siroch, l'aultre le lebesch, l'aultre le garbin, l'aultre la bize, l'aultre le zéphire : ainsi des aultres. L'aultre le vent de la chemise, pour les muguets... » etc. Puis viennent des détails sur les fonctions naturelles dont sont dispensés ces habitants, et sur celles dont ils sont affectés par surcroît... et aussi sur la façon dont ils rendent l'âme...

Le voyage à l'île des Papefigues et des Papimanes est une mordante raillerie ; celui chez les Engastrimythes et les Gastrolâtres en est une d'une autre genre. Nous dirons un mot de l'île des Ferrements.

« Nous, estants bien à poinct sabourrés l'estomach,

---

(1) Pantagruel, liv. IV, *Descente en l'île de Ruach et autres.*

eusmes vent en pouppe, et fut levé nostre grand arte-
mon; d'ond advint qu'en moins de deux jours arrivasmes
en l'isle des Ferrements, que nous vismes déserte, habitée seulement par *Arbres*, portants marroches, piochons,
serfouettes, faulx, faulcilles, bêches, truelles, coingnées,
serpes, scies, ciseaux, tenailles, vibrequins, etc. Aultres
portoient dagues, poignards, sangdedés, espées, brag-
marts, etc.

« Quiconque en vouloit avoir ne falloit que crousler
l'arbre : soubdain tomboient comme prunes; d'advantage
tombants en terre rencontroient une espèce d'herbe laquelle se nommoit *fourreau*, et s'engainoient là-dedans.
Plus il y a (affin que désormais n'abhorrez l'opinion de
Platon, Anaxagoras et Démocritus : furent-ils petits philosophes?) ces arbres nous sembloient animaulx terres-
res, la teste, c'est le tronc; les cheveulx, ce sont les racines; et les pieds, ce sont les rameaux contremont :
comme si un homme faisoit le chesne fourchu. »

..... Plus loin Pantagruel descend en l'isle d'Odes
« en laquelle les chemins cheminent. » (Pascal se servira
de la même expression pour désigner les canaux.) Il n'y
a qu'à se placer sur un chemin qui va à la direction
que l'on désire pour s'y trouver transporté. « Les chemins cheminent comme animaulx, dit-il, et sont les uns
chemins errants, à la semblance des planètes, aultres
chemins passants, chemins croisants, chemins traver-
sants. »

Dans le pays de Satin, où les valeureux champions
font la rencontre des frères Fredons, et dressent la fameuse liste monosyllabique des amours de Fredondille,
ils sont témoins de l'existence de tous ces êtres fantastiques que les dessinateurs d'arabesques dessinent sur
les châles. Nous donnerons pour terminer un para-

graphe curieux de cette satire contre l'impudence des voyageurs.

« J'y vid des Sphinges, des Raphes, des Oinces, des Céphes, lesquelles ont les pieds de devant comme des mains, ceulx de derrière comme les pieds d'un homme ; des Crocutes, des Éales, lesquels sont grands comme hippopotames, ayants la queue comme éléphants, les mandibules comme sangliers, les cornes mobiles comme sont les oreilles d'asne.

« Les Leucrocutes, bestes très-légères, grandes comme asnes de Mirebalais, ont le col, la queue et poitrine comme un lion, les jambes comme un cerf, la gueule fendue jusqu'aux oreilles, et n'ont aultres dents qu'une dessus et une aultre dessoubs ; elles parlent de voix humaine. J'y vid des Mantichores, bestes bien étranges : elles ont le corps comme un lion, trois rangs de dents, entrants les unes dedans les aultres, comme si vous entrelaciez les doigts des mains ; en la queue elles ont un aiguillon, duquel elles poignent comme font les scorpions, et ont la voix fort mélodieuse. J'y vid des Catoblèpes, bestes saulvages, petites de corps ; mais elles ont les testes grandes sans proportion, à peine les peuvent lever de terre ; elles ont les yeulx tant vénéneux que quiconque les voit meurt soubdainement, comme qui verroit un basilic. J'y vid des bestes à deux dos, lesquelles me sembloient joyeuses à merveilles, et copieuses en c..... Passants quelque peu avant en pays de Tapisserie, en la mer Méditerranée, nous découvrimes Triton sonnant de sa grosse conche, Glauque, Protée, Nérée et mille aultres monstres marins. »

C'est ici un prélude grossier au « Triomphe d'Amphytrite » qui doit illustrer plus tard le poëme de Fénelon. Mais laissons vite l'auteur de Gargantua au milieu de ses îles merveilleuses, pour jeter un dernier regard avec *Marcel Palingenius* sur l'époque que nous venons de traverser, et pour clore par lui la série des théoriciens qui n'eurent d'autre guide ni d'autre boussole dans leurs voyages que l'imagination aux fantaisies capricieuses.

Comme l'Arioste, le poëte latin vécut à la cour d'Hercule, duc de Ferrare. Jusqu'au siècle dernier, il ne fut connu que sous son pseudonyme, qui le représente encore aujourd'hui à la majorité des érudits; mais on le connaît maintenant sous son véritable nom de Manzolli. Il appartient, comme la plupart de nos héros, à cette classe d'écrivains que l'on nommerait « romantiques » aujourd'hui, c'est-à-dire au parti de la libre pensée et de l'indépendance. Cependant il ne s'est pas encore élevé au-dessus des préjugés astrologiques de son époque, et n'est pas encore disciple de la méthode expérimentale.

Son livre a pour titre *Zodiaque de la vie humaine* (1). C'est plutôt en raison de la division de son poëme en douze livres, portant chacun le nom d'un des signes du Zodiaque (à l'exemple des Muses d'Hérodote) qu'en raison de la nature des sujets traités, que Marcel Palingenius donna le titre de *Zodiaque* à son œuvre. Cependant le onzième et le douzième Livres traitent à proprement parler l'astronomie astrologique selon le système de Ptolémée.

Voici quelques-unes des assertions caractéristiques du géomancien de Ferrare.

« L'éther supérieur, constitutif du Ciel, est plus dur que le diamant. Tous les globes tournent avec le Ciel, qui est le premier mobile. Ce sont les formes qui donnent

_____

(1) Zodiacus vitæ, hoc est, de hominis vita, studio, ac moribus optime instituendis. Bâle, 1537.

l'existence aux choses. L'éther est peuplé d'habitants qui
vivent sans aucun besoin de nourriture. — Remarque
digne d'intérêt, comme physicien, Palingénius affirme
que la matière est éternelle, et, comme théologien, il nie
que cela puisse être.

Au XIIᵉ livre, on voit que « l'éther ne termine pas
les choses créées ; il y a hors des confins du Ciel une
lumière immense qui n'est pas corporelle. » Rêves des
anciens philosophes sur un triple ciel qu'ils disaient occupé par des habitants. Il existe une lumière incorporelle ;
elle est la forme qui communique l'être à tout, et pourtant elle ne peut être vue des yeux du corps. L'éther et
cette lumière incorporelle sont peuplés d'une multitude
innombrable d'êtres supérieurs dont il peint la dignité et
décrit la vie...

« Ma Muse, dit-il au début du XIᵉ chant, ma Muse va
décrire les lieux les plus élevés de la masse du Monde,
et les confins les plus reculés que le Ciel environne dans
ses espaces immenses, qu'il entraîne par un mouvement
éternel et circulaire, par lequel il renferme tous les êtres
au dedans de lui-même. Il est partagé en cinq zones
habitées chacune par des peuples en rapport avec leur
température ; rien du moins n'empêche de le supposer. »
« *Quinque secant ipsum zonæ, sed quælibet harum*
— *est habitata suis, nihilo prohibente, colonis.* »
Les divinités ne sont sensibles, ni au froid le plus rigou-
reux, ni à la chaleur la plus brûlante, de pareilles in-
commodités n'étant faites que pour la Terre. Ce respectable éther n'a jamais de glaces et ne craint point les
embrasements du feu. Quoiqu'il roule sans cesse, il demeure toujours le même, sans jamais quitter le lieu qu'il
occupe ; car il a été placé par une raison toute divine
entre deux pôles fixes et stables qui le retiennent, dont

19

l'un nous paraît toujours et entraîne avec soi les deux Ourses loin de l'Océan ; l'autre pôle est la partie opposée du globe de la Terre, et paraît aux yeux des antipodes, comme une faible lumière qui ressemble à la nuit.

Ici finit le crépuscule.

CHAPITRE V

Rénovation. — Copernic : *Des révolutions des corps célestes.*
— Statu quo. — *Essais* de Montaigne. — Jordano Bruno :
De l'univers & des Mondes infinis. — Derniers contradicteurs.
— Défenseurs. — Galilée. — Kepler : *Voyage à la Lune.* —
Philosophes. — Astrologues. — Alchimistes.

(1543 — 1634)

La théorie du mouvement de la Terre par rotation sur
elle-même et par révolution autour du Soleil est une vérité ancienne dont on ne saurait fixer l'origine. Elle avait
fait impression sur Archimède comme sur Aristote et
Platon. Sénèque, Cicéron et surtout Plutarque en parlent,
comme nous l'avons vu, en termes très-précis. Néanmoins,
étant en apparence contraire au témoignage des sens, elle
s'imposa difficilement à l'esprit, quoi qu'en ait pu dire
Voltaire ; et c'est Copernic (1) qui eut la gloire de l'affirmer dans les temps modernes.

Mais cette vérité fut pour lui une vérité purement physique. Non-seulement il ne chercha pas à sonder les

(1) Né en 1473, mort en 1543.

perspectives qu'elle ouvrait à la philosophie, mais il ne la
porta même pas jusqu'au domaine de la mécanique, et
laissa subsister certaines difficultés qui s'opposaient à son
acceptation, comme l'objection de la force centrifuge à
l'équateur (1), qui avait arrêté Ptolémée dans ses recherches, et qui fut invoquée par tous les théologiens jusqu'à la naissance de la mécanique céleste.

Sans s'occuper des contrariétés qui s'élèveraient entre
ses opinions et les décisions de l'Église, il soupçonnait
cependant quelques difficultés; et c'est peut-être à ce
soupçon qu'il faut attribuer son silence de vingt-sept ans
avant de publier son ouvrage. Copernic, du reste, n'était
pas ambitieux; le calme et l'obscurité de la retraite lui
plaisaient mieux que les dignités. Son canonicat était
plutôt une sinécure qu'une position nécessitant une
grande activité; aussi partagea-t-il sa vie entre l'étude
silencieuse de l'astronomie et l'exercice gratuit de la médecine. Il ne révéla sa théorie que dans un cercle restreint de disciples choisis : Kepler et son maître Mœstlin
en faisaient partie; craignant les conséquences d'une

---

(1) On croyait l'influence de cette force beaucoup plus grande qu'elle
ne l'est en réalité, et cette objection refroidissait les plus ardents
promoteurs du nouveau système. Nous avons vu (première partie,
chap. xiii) qu'en vertu de la force centrifuge les corps ne perdent à
l'équateur de la Terre qu'un 289ᵉ de leur poids; on croyait alors
qu'ils n'auraient pu rester à la surface « pas plus qu'une mouche
sur une toupie. » C'est peut-être là l'objection qui fit préférer à Ptolémée lui-même l'immobilité de la Terre à son mouvement. « Si la
Terre, disait-il, tournait en vingt-quatre heures autour de son axe,
les points de sa surface seraient animés d'une vitesse immense, et de
leur rotation naîtrait une force de projection capable d'arracher de
leurs fondements les édifices les plus solides, en faisant voler leurs
débris dans les airs. » On commença seulement à s'affranchir de cette
difficulté lorsque les premières lunettes inventées montrèrent des planètes beaucoup plus grosses que la Terre, tournant encore avec une
rapidité plus grande.

initiation trop hardie et trop brusque, il propagea ses idées avec plus de prudence que d'ardeur, plus de persévérance que de zèle, ne pensant pas que la foi scientifique obligeât au martyre, et préférant se taire que d'encourir le blâme et l'accusation de réformateur. Il fit en astronomie comme en médecine, ne refusant ni sa société ni ses entretiens aux rares disciples qui venaient à lui pour s'éclairer. Mais pour ceux qui, satisfaits du témoignage d'un seul, croyaient connaître la nature, ou qui, craignant de devenir « plus savants qu'il ne faut, » refusaient de lever le voile mystérieux qui la couvre, Copernic, ajoute M. Bertrand, n'essayait jamais d'élever malgré eux leur esprit et de dessiller leurs yeux volontairement assoupis. N'oublions pas que, comme chanoine, il devait obéissance à ses supérieurs, et que cela gêne toujours un peu la liberté (1).

Copernic ne se dissimulait pas néanmoins l'importance théologique de l'idée dont il se faisait le nouveau représentant ; mais, contrairement à ce que l'avertissement de son livre, qui n'est pas de lui, mais d'Ossiander, a pu faire supposer à certains commentateurs, il eut soin de présenter sa théorie au point de vue purement mathématique. « Je dédie mon livre à Votre Sainteté, dit-il dans sa dédicace au pape Paul III, pour que les savants et les ignorants puissent voir que je ne fuis pas le jugement et l'examen. — Si quelques hommes légers et ignorants voulaient abuser contre moi de quelques passages de l'Écriture, dont ils détournent le sens, je méprise leurs attaques téméraires ; les vérités mathématiques ne doivent être jugées que par des mathématiciens. » Ces paroles n'empêchent pas qu'il n'enlève à la Terre le rôle

_____

(1) V. le *Journal des Savants*, févr. 1864.

exceptionnel qu'elle avait dans la création, qu'il ne la mette au rang des planètes qui roulent autour du Soleil et qu'il ne les montre toutes semblables par la forme, par les lois auxquelles elles sont soumises, par la destinée qu'elles partagent au sein de l'empire solaire. L'aspect de la création est dès lors radicalement transformé. « Il faut donc, dit le géomètre cité ci-dessus, chercher plus haut et plus loin que notre Terre les secrets de la sagesse éternelle, ou renoncer modestement à les pénétrer ; mais ce sont là des questions délicates sur lesquelles le chanoine de Frauenbourg ne pouvait guère s'expliquer. »

Reculant devant la conséquence de cette révolution, les théologiens continueront sous nos yeux à enseigner l'ancien système, et bientôt l'Index condamnera « tous les livres qui affirment le mouvement de la Terre. » Les jésuites savants furent parfois fort embarrassés ; mais on sait qu'en vertu de leurs *Monita secreta*, ils peuvent facilement tergiverser avec la conscience. Ainsi, deux siècles après Copernic, le P. Boscowich, ayant déterminé l'orbite d'une comète d'après les lois du *véritable* système du Monde (problème impossible autrement), justifie sa manière d'agir par la singulière excuse que voici : « Plein de respect pour les Saintes Écritures et pour le décret de la sainte inquisition, je regarde la Terre comme immobile... *Toutefois* j'ai fait comme si elle tournait. » Pascal avait été plus franc lorsqu'il avait dit : « Ce n'est pas le décret de Rome qui prouvera qu'elle demeure en repos... et tous les hommes ensemble ne l'empêcheraient pas de tourner et ne s'empêcheraient pas de tourner avec elle. »

Le livre *De revolutionibus orbium cœlestium* ne fut imprimé que sur les pressantes sollicitations des amis de l'astronome, et notamment à la prière de Gysius, évêque de Culm, et de Schomberg, cardinal de Capoue. Il était resté pendant trente ans inédit entre les mains de l'auteur. Celui-ci ne devait ni jouir de son triomphe ni souffrir des persécutions qu'une œuvre si importante allait voir fondre sur sa tête. En 1543, lorsque l'ouvrage fut imprimé et qu'un premier exemplaire lui fut présenté, le penseur était déjà hors de l'atteinte des dissensions humaines. Frappé d'apoplexie, c'est à peine s'il put le toucher de ses mains défaillantes et le regarder à travers les ombres de la mort.

Si nous plaçons la statue de Copernic dans notre panthéon, c'est donc plutôt en témoignage de sa gloire d'avoir assis les fondements du vrai système des Mondes que comme à un partisan avoué de notre doctrine.

Pendant que quelques rares esprits d'élite cherchaient dans le silence à scruter les lois de la nature, la foule des écrivains astrologues ou romanciers continuait ses œuvres purement imaginaires. Avant d'aller plus loin, nous citerons un ouvrage qui présente un véritable type de son genre, c'est celui de Doni : *I Mondi celesti, terrestri e inferni* (1553), œuvre à la fois scientifique et symbolique, où l'on voit de larges vues philosophiques mêlées à des considérations frivoles et insignifiantes. *Les Mondes célestes, terrestres et infernaux, le Monde petit, grand, imaginé, meslé, risible, des sages et fous et le très-grand ; l'enfer des piètres docteurs, des poëtes, des malmariez, etc.* (tel est le commencement du titre), ne doivent, en effet, comparaître ici que pour représenter un instant leur famille littéraire. Nous nous bornerons à la théorie du microcosme, Μικροκοσμος.

« Vous devez scavoir que les parties du corps de l'homme sont créées et composées selon les disposition et situation du Monde. Imaginez-vous un homme de la grandeur que vous voudrez, la teste d'iceluy qui est ronde, comme les sphères, est posée sur tout le corps, comme les cieux sont situez au plus haut siége, desquels aucuns se voyent et les autres non. Vous pouvez comparer le Soleil et la Lune aux deux yeux ; Saturne et Jupiter aux deux narines ; les deux oreilles à Mars et à Mercure, et à Vénus la bouche. Ces planettes illuminent et gouvernent tout le monde, et ces sept membres embellissent et rendent le corps entièrement parfait. Le Ciel rempli d'estoilles innombrables se peut parangonner aux cheveux, qui sont infinis. Le Ciel christallin, que l'on ne voit pas, peut ressembler au sens commun, qui est au front ; nous comparerons l'Empyrée qui nous est caché à la mémoire qui nous représente merveilleuses conceptions. Descendons plus bas : vous voyez la sphère du feu, qui est en l'estomac, où la chaleur opère et faict exercice pour la digestion. Après le feu, vous voyez la sphère de l'air, où s'engendre la pluye, la neige et la gresle. Recherchez le cœur de l'homme, vous n'y trouverez dedans que ladrerie, homicide, blasme, etc. (l'auteur n'est pas optimiste), enfin la Terre et l'Eau, où se fait la génération et la corruption, ressemblent à nostre corps auquel se trouve semblable chose : nostre corps se soustient et gouverne sus deux plantes, chose à la vérité miraculeuse, pour ce qu'à peine les animaux se soustiennent avec quatre ; ainsi la Terre est miraculeusement soutenue par la volonté de Dieu, »

C'est ainsi que, pendant longtemps encore, la majeure partie des lettrés se contentera de pareilles considérations, sans songer à la faiblesse, à la nullité de leurs raisonnements. La révolution scientifique et philosophique, opérée par le rénovateur du véritable système du Monde, ne s'accomplit pas avec l'éclat rapide des révolutions ex-

térieures ; longtemps encore l'esprit humain ne considéra
la théorie copernicienne qu'à titre d'hypothèse ; longtemps
encore Ptolémée régna dans les écoles et sur les rangs
des péripatéticiens modernes. Dix-sept ans après l'apparition du livre *De revolutionibus*, celui qu'on a nommé
l'Homère portugais décrivait en un style dantesque le
cours des Mondes autour de la Terre prise pour centre.

S'il donne, en effet, dans *les Lusiades*, une éloquente
description du système antique de l'univers, Camoëns ne
fait aucune allusion à la vie des Mondes. Son système
est celui de Ptolémée. L'Empyrée est le séjour des
saints. Le premier mobile entraîne par son mouvement
celui de toutes les sphères. Ces sphères ne sont point les
demeures d'habitants; le poëte dit expressément (Xᵉ chant):
« Au milieu de tous ces globes, Dieu a placé le séjour des
humains, la Terre, qu'environnent le feu, l'air, les vents
et les frimas. »

Dix ans plus tard encore, en 1580, celui qui avait pris
pour devise une balance avec cette inscription : *Que sais-
je?* traitait en pyrrhonien le système de Copernic, comme
il faisait de tout système de philosophe. « Le Ciel et les
estoiles ont branslé trois mille ans, dit Montaigne (1), tout
le monde l'avoit ainsi creu iusques à ce que Cléanthes le
Samien, ou, selon Théophraste, Nicétas Syracusien, s'ad-
visa de maintenir que c'estoit la Terre qui se mouvoit par
le cercle oblique du zodiaque tournant à l'entour de son
aixieu ; et, de nostre tems, Copernicus a si bien fondé ceste
doctrine, qu'il s'en sert très-règlement à toutes les conséquences astrologiennes. Que prendrons-nous de là, sinon

_____

(1) Né en 1533, mort en 1592.

qu'il ne nous doibt chaloir lequel ce soit des deux? Et
qui sçait qu'une tierce opinion, d'ici à mille ans, ne renverse les deux précédentes? (La même année, Tycho-
Brahé n'attendait pas mille ans pour justifier le doute de
Montaigne.) »

Pourtant, si l'auteur des *Essais* doute de beaucoup de
choses, il croit à la Pluralité des Mondes; il l'établit en
termes formels d'abord ; puis il passe à la nature de l'habitation de ces Mondes et à la diversité inimaginable des
êtres. « La raison, dit-il, n'a, en aulcune autre chose,
plus de fondement qu'en ce qu'elle te persuade la Pluralité des Mondes... Or, s'il y a plusieurs Mondes,
comme Démocritus, Epicurus, et presque toute la philosophie l'a pensé, que sçavons-nous si les principes et les
règles de cettui cy touchent pareillement les aultres? Ils ont
à l'adventure aultre visage et aultre police. Epicurus les
imagine ou semblables ou dissemblables. Nous veoyons
en ce Monde une infinie différence et variété, pour la
seule distance des lieux ; ny le bled, ny le vin ne se veoid,
ny aulcun de nos animaulx, en ce nouveau coin du monde
que nos pères ont découvert; tout y est divers. »... Puis
Montaigne passe aux fables de Pline et d'Hérodote sur les
différentes espèces d'hommes, dont voici un échantillon :
« Il y a des formes mestisses et ambiguës entre l'humaine
nature et la brutale : il y a des contrées où les hommes
naissent sans teste, portent les yeux et la bouche en la
poitrine; où ils sont tous androgynes, où ils marchent de
quatre pattes, où ils n'ont qu'un œil au front et la teste
plus semblable à celle d'un chien qu'à la nostre; où ils
sont moitié poisson par en bas et vivent en l'eau ; où les
femmes accouchent à cinq ans et n'en vivent que huit ; où
ils ont la teste si dure et la peau du front; que le fer n'y
peult mordre et rebouche contre ; où les hommes sont

sans barbe, etc., » avec des détails qui sentent de loin le siècle de Rabelais. Nous avons déjà fait justice ce ces fables.

« Davantage, combien y a il de choses de nostre cognoissance qui combattent ces belles règles que nous avons taillées et prescrites à nature? Et nous entreprendrons d'y attacher Dieu mesme! Combien de choses appelons-nous miraculeuses et contre nature? Cela se faict par chasque homme et par chasque nation, selon la mesure de son ignorance. Combien trouvons-nous de propriétés occultes et de quintessences? Car, « aller selon nature, » pour nous, ce n'est qu'*aller selon nostre intelligence,* aultant qu'elle peult suyvre, et aultant que nous y veoyons : ce qui est au delà est monstrueux et désordonné. »

Montaigne n'a jamais prononcé d'assertion plus vraie que la précédente, surtout lorsqu'on l'applique à la nature si essentiellement diverse des Mondes étrangers au nôtre. Il ajoute plus loin, avec non moins de bonheur : « Je ne trouve pas bon d'enfermer ainsi la puissance divine soubs les loix de nostre parole; et l'apparence qui s'offre à nous en ces propositions, il les fauldroit représenter plus reveremment et plus religieusement. — Nostre parler a ses foiblesses et ses defaults, comme tout le reste : la plus part des occasions des troubles du monde sont grammairiennes. Prenons la clause que la logique mesme nous présentera pour la plus claire : si vous dictes « il « faict beau tems, » et que vous dissiez vérité, voilà une forme de parler certaine. Encore nous trompera-elle dans l'exemple suyvant : si vous dictes, « je mens, » et que vous dissiez vrai, vous mentez doncques. La force de la conclusion de cette-ci est pareille à l'austre : toutesfois nous voylà embourbez. »

Après avoir ingénieusement montré que nos mots sont insuffisants pour exprimer les choses possibles, notre pyrrhonien se rit agréablement de ceux qui ne croient qu'à un seul Monde, et leur applique le monologue suivant d'un petit poulet, comparaison par laquelle nous terminerons notre causerie avec ce bon vieux conteur : «Pourquoy ne dira un oyson ainsi : « Toutes les pièces de l'uni- « vers me regardent; la Terre me sert à marcher, le « Soleil à m'esclairer; les estoiles à m'inspirer leurs in- « fluences; i'ay telle commodité des vents, telle des « eaux; il n'est rien que ceste voulte regarde si favora- « blement que moy; *ie suis le mignon de nature !* Est- « ce pas l'homme qui me traicte, qui me loge, qui me « sert? C'est pour moy qu'il faict et semer et mouldre; « s'il me mange, aussi faict-il bien l'homme son compai- « gnon, et si foys-ie moy les vers qui le tuent et qui le « mangent. » Autant en diroit une grue et plus magnifi- quèment encore, pour la liberté de son vol, et la posses- sion de ceste belle et haulte région. — Or doncques, par ce mesme train, pour nous sont les destinées, pour nous le Monde; il luict, il tonne pour nous; et le Créateur et les créatures, tout est pour nous : c'est le but et le poinct où vise l'université des choses. Regardez le registre que la philosophie a tenu, deux mille ans et plus, des affaires célestes : les dieux n'ont agï, n'ont parlé que pour l'homme; elle ne leur attribue aultre consultation et aul- tre vocation (1). »

Pendant que Montaigne creusait la mine de la philoso- phie, un philosophe élevait à la nature un édifice que les siècles devaient couronner et consacrer dans l'avenir.

(1) *Essais*, liv. II, ch. xii.

JORDANO BRUNO. *Dell' Infinito, Universo e Mondi.*
Venise, 1584.

Parmi les œuvres remarquables écrites à propos de la
Pluralité des Mondes, celles de Jordano Bruno (1) méritent d'être placées au premier rang, non-seulement par
sympathie pour ce grand martyr de la philosophie, mais
encore par la valeur réelle et incontestable des théories
qu'elles proclament. L'illustre Nolain est l'une des plus
grandes figures de la renaissance, en même temps que
l'une des plus belles et des plus impérissables, Ses écrits
auront l'éternel mérite d'avoir ouvert au monde la liberté de la pensée.

Sans partager de tout point ses théories panthéis-
tiques, et son système imaginaire de l'univers vivant,
nous reconnaissons dans son œuvre les principes fondamentaux de la philosophie expérimentale que Galilée
commençait à épouser, et dont il devait être bientôt le
représentant non moins célèbre. S'il y a dans Bruno —
comme dans chacun de nous — des erreurs appartenant
aux temps crépusculaires de la science, écartons ces
nuages pour laisser nos héros resplendir.

Jordano Bruno proclame l'infinité de l'espace et des
Mondes. Il considère comme les deux colonnes de son
système (i fondamenti de l'intiero edifizio de la nostra
filosofia) les deux livres : *Dell' Infinito, Universo e
Mondi* et *Della Causa, Principio et Uno.* Celui-ci
précéda le premier de quelques années, il est destiné à
exposer l'unité de l'infini, l'autre sa multiplicité.

Nous remarquons dans le premier dialogue l'intention

(1) Né en 1550, mort en 1600.

fondamentale de mettre la doctrine nolaine en harmonie
avec le nouveau système des Mondes. « Si la Terre n'est
pas immobile au centre du monde, dit-il, alors l'univers
n'a ni centre, ni bornes; alors l'infini se trouve déjà réalisé dans la création visible, dans l'immensité des espaces
célestes; alors, enfin, l'ensemble indéterminé des êtres
forme une unité illimitée, produite et soutenue par l'unité
primitive, par la cause des causes. »

Cette unité primitive appartient à l'esprit infini, âme
universelle, qui n'est pas un être déterminé, mais que
l'on pourrait comparer à une voix qui remplit, sans s'y
perdre, la sphère où elle retentit. Cette âme est la source
de la vie générale des Mondes. La foi montre Dieu hors
du monde; la philosophie doit le montrer dans les formes
et dans les existences de l'univers. Les sens sont incapables de reconnaître l'existence du premier principe;
c'est l'œil de la raison qui aperçoit la nécessité en même
temps que la manifestation de cette cause.

On voit suffisamment par ces lignes que le panthéisme
de Bruno est le même que celui de Spinosa.

L'univers est un, infini, immobile. Il n'y a qu'une
seule possibilité absolue, qu'une seule réalité, qu'une
seule activité. Forme ou âme, c'est un. Un seul être,
une seule existence. L'harmonie de l'univers est une harmonie éternelle, parce qu'elle est l'unité même. Dieu
est un dans tout, et celui par lequel tout est un. Les individus, qui changent continuellement, ne prennent pas
une nouvelle existence, mais seulement une autre manière d'être. L'innombrable multitude des êtres n'est pas
contenue dans l'univers comme dans un réservoir, elle
ressemble aux veines qui font circuler la vie dans le
corps. Périr et naître ont la même source. L'esprit passe
en toutes choses.

Le principal objet des *Contemplations* de Bruno, dans son second traité sur l'Univers infini, c'est l'hypothèse favorite des Mondes innombrables. L'argument consiste principalement dans l'incertitude de nos sens et la puissance de la raison.

Les sens sont incapables de nous révéler l'être et la substance; ils n'envisagent que les apparences et les rapports. La raison s'élève à la notion de l'infini et nous persuade que le monde ne saurait être ni borné ni circonscrit, pas même par l'imagination qui voudrait le clore et le murer. Du reste, limiter le monde, c'est limiter le Créateur, et Dieu est nécessairement infini dans toutes ses puissances.

Ce n'est qu'en paroles qu'on peut nier l'espace sans fin, c'est en paroles que le nient les esprits entêtés qui déclarent que le vide ne peut se concevoir... S'il est bon que le monde où nous sommes existe, il n'est pas moins bon qu'il y ait d'autres Mondes, une immense Pluralité de Mondes. Notre monde, qui nous semble si vaste, n'est ni partie, ni tout, à l'égard de l'infini, et ne saurait être le sujet d'un acte infini. L'agent infini serait imparfait si l'effet n'était pas proportionné à sa puissance. L'intelligence et l'activité de Dieu exigent rigoureusement la croyance à l'infinité de la création. (Ne croirait-on pas lire *Terre et Ciel* ?)

Rien n'est moins digne du philosophe que de donner des figures particulières aux sphères, et d'admettre différents cieux. Il n'y a qu'un seul ciel, c'est-à-dire un espace universel où planent des Mondes infinis. Notre terre a, si l'on veut, un ciel propre, c'est-à-dire une voûte, une atmosphère, où elle se meut; les autres terres, qui sont innombrables, ont chacune leur ciel; mais ces cieux divers composent un seul et même ciel, l'océan stellaire. Les corps célestes se succèdent à l'infini dans l'espace immense qui contient les Mondes et leurs habitants de tout genre.

Quelle différence persiste-t-on à établir entre la Terre et Vénus, entre la Terre et Saturne, entre la Terre et la Lune? Est-ce que toutes ces planètes ne sont pas au même rang, sous la domination puissante du Soleil? Est-ce qu'elles ne sont pas des Mondes semblables et dont la destination est la même? Et dans l'espace infini, quelle distinction veut-on encore établir entre le Soleil et les étoiles? La nature elle-même ne se charge-t-elle pas de nous révéler la pluralité des soleils et des terres dans les champs illimités de l'étendûe? L'univers entier n'est qu'un immense être organisé dont les Mondes sont les parties constitutives, dont Dieu est la vie. Univers infini, forme infinie — si l'on peut prendre cette expression — de la pensée infinie. Cette vérité se révèle à notre raison dans une lumière inaliénable.

Ceux qui poursuivent ces contemplations n'ont à craindre aucune douleur. Ils contemplent l'histoire même de la nature, cette histoire écrite en nous-mêmes pour nous diriger dans l'exécution des lois divines qui sont également gravées dans notre cœur. Une vue si haute leur fait mépriser les pensées indignes. Ils savent que le ciel est partout, en nous, autour de nous, que nous n'y montons et n'y descendons point; que, comme les autres astres, nous tournons librement et régulièrement dans le domaine qui nous appartient et dans l'espace dont nous faisons partie. La mort ne nous ouvre plus de perspectives effrayantes; le mot redoutable n'existe même plus. Rien ne peut se détruire quant à la substance; tout change seulement de face en parcourant l'espace infini.

La Pluralité des Mondes, regardée comme obscure par

les péripatéticiens, est donc non-seulement possible, mais encore nécessaire; elle est un irrésistible effet de la cause infinie. En même temps elle nous montre dans l'univers un spectacle étonnant et admirable, une image de l'excellence de Celui qui ne peut être ni compris ni conçu. Elle manifeste avant tout la grandeur de Dieu et de son gouvernement, et de plus elle affermit et console l'esprit humain.

Dans son poëme latin *De Immenso et Innumerabilibus, seu de Universo et Mundis,* Bruno établit peut-être avec plus d'éloquence encore sa croyance en la Pluralité des Mondes. Sommairement, voici la filiation de ses idées. Le globe que nous habitons est une planète; par conséquent il ne constitue pas à lui seul le monde. — Toutes les planètes doivent être, comme la Terre, couvertes de plantes et d'animaux divers, et habitées par des êtres doués, comme nous, de raison et de volonté. Le Soleil autour duquel tourne la Terre n'est pas l'unique soleil; il en existe une multitude. — L'ensemble que forme cette masse incalculable d'étoiles et de corps célestes compose l'univers infini. — Tout est donc rempli de l'infinité; hors de l'infinité, il n'est rien. Dieu est la pensée animatrice de cet infini.

Parmi les plus belles pages de ce poëme, celle-ci mérite en première ligne nos profonds hommages :

« Tout être aspire, en vertu de sa constitution, au but de son existence. L'homme tend à la perfection intellectuelle et spirituelle... Si l'homme est destiné à connaître l'univers, qu'il élève ses yeux et ses pensées vers le ciel qui l'environne et les Mondes qui volent au-dessus de lui. Voilà un tableau, un miroir où il peut contempler et lire les formes et les lois du bien suprême, le plan et l'ordonnance d'un ensemble parfait. C'est là qu'il peut ouïr

20

une harmonie ineffable, c'est par là qu'il peut monter au faîte d'où l'on aperçoit toutes les générations, tous les âges du monde... Qu'on ne craigne pas que cette recherche, cette soif de l'immensité rende indifférent sur la vie présente et les choses terrestres. Notre esprit a beau s'élever de plus en plus; tant qu'il reste uni au corps, la matière le tient enchaîné à l'état actuel. Non, que ce vain scrupule ne nous empêche pas d'admirer sans cesse la splendeur de la Divinité, la demeure superbe du Tout-Puissant. Étudier l'ordre sublime des Mondes et des êtres qui se réunissent en chœur pour chanter la grandeur de leur Maître, telle est l'occupation la plus digne de nos intelligences. La conviction qu'il existe un tel Maître, pour soutenir un tel ordre, réjouit l'âme du sage, et lui fait mépriser l'épouvantail des âmes vulgaires, la mort. »

Nous voudrions pouvoir nous étendre davantage sur l'histoire de cet homme illustre; mais les statues de notre galerie sont nombreuses, et nous ne pouvons nous arrêter auprès de chacune d'elles aussi longtemps que notre sympathie nous y engagerait. On voit que Bruno est fils de l'école italique, en ce qu'il partage le dogme pythagoricien sur la transmutation des choses créées, la migration des âmes à travers différents corps; et précurseur de Leibnitz, en ce qu'il considère la monade comme l'essence et le fondement de toutes choses, — la monade, entité spirituelle, formant l'essence de chaque être, et s'élevant incessamment par la série des corps jusqu'au faîte de la destinée des créatures.

L'intérêt qu'inspire le nom de Bruno s'accroît lorsqu'on le considère non-seulement comme le dernier et le plus célèbre rejeton de cette Académie de Florence que les Médicis avaient établie en l'honneur de Platon, mais comme le représentant le plus courageux et le plus original d'un groupe nombreux de penseurs et d'écrivains indépendants. « Il semble, dit M. Bartholmess, que les annales modernes n'offrent ni une région, ni une époque plus riche en grands hommes et en sociétés savantes que ne le fut l'Italie du seizième siècle. Or le fier proscrit de Nola est la tête de ce parti généreux ; disciple de Pythagore et de Parménide, continuateur de Platon et des néo-platoniciens, apologiste de Copernic, Bruno est le précurseur de tous ceux qui, parmi les modernes, ont lutté et souffert pour l'affranchissement de l'intelligence et la propagation des lumières. La sympathie qu'inspire sa figure, à la fois pleine de douceur et de finesse, de modestie et de profondeur, s'accroît encore elle-même lorsque nous savons quelle destinée lui était réservée. »

Combien l'âme est douloureusement impressionnée, en effet, lorsque nous savons que pour des assertions purement en dehors des intérêts temporels, de la politique et de la sécurité matérielle et morale des hommes, pour des opinions purement métaphysiques, et dans tous les cas profondément religieuses, cet homme franc et courageux dut choisir entre le bûcher et la retractation de ses idées ! Il choisit la mort de préférence à l'hypocrisie. Combien triste est ce spectacle, et combien admirable est le courage d'un tel martyr ! Il n'entre pas dans l'esprit de ces études de rapporter ces procès indignes ; mais nous ne pouvons nous empêcher de rappeler ici le passage de la lettre d'un témoin oculaire (Gaspard Schoppe), en ce qui concerne la mort de notre éminent penseur.

« ... Le 9 février dernier, dans le palais du grand inquisiteur, en présence des très-illustres cardinaux du Saint-Office, en présence des théologiens consultants et du magistrat séculier, Bruno fut introduit dans la salle de l'inquisition, et là il entendit à genoux la lecture de la sentence prononcée contre lui. On y racontait sa vie, ses études, ses opinions, le zèle que les inquisiteurs avaient déployé pour le convertir, leurs avertissements fraternels, et l'impiété obstinée dont il avait fait preuve. Ensuite il fut dégradé, excommunié et livré au magistrat séculier, avec prière, toutefois, qu'on le punît avec clémence et sans effusion de sang. A tout cela Bruno ne répondit que ces paroles de menace : « La sentence que « vous portez vous trouble peut-être en ce moment plus « que moi. » Les gardes du gouverneur le menèrent alors en prison : là on s'efforça encore de lui faire abjurer ses erreurs. Ce fut en vain. Aujourd'hui donc (17 février 1600) on l'a conduit au bûcher... *Le malheureux est mort au milieu des flammes, et je pense qu'il sera aller raconter, dans ces autres Mondes* qu'il avait imaginés, comment les Romains ont coutume de traiter les impies et les blasphémateurs. Voilà, mon cher, de quelle manière on procède chez nous contre les hommes, ou plutôt contre les monstres de cette espèce. »

Ainsi finit l'auteur de *l'Infinité des Mondes*.

Si cet exemple montre qu'il y avait alors d'illustres défenseurs de la vérité, le suivant établit, par contre, que l'ancien système comptait encore dans tous les rangs des partisans obstinés et aveugles.

Il est du sort des vérités d'être contredites dès leur apparition dans l'histoire de la pensée humaine, et de se voir combattues avant même d'avoir atteint la virilité nécessaire pour soutenir le combat et en sortir victorieuses. C'est ainsi que, dès l'aurore de notre doctrine

scientifique, dès les premiers jours de la philosophie
expérimentale, alors que de rares esprits généreux en
cherchaient l'affirmation dans les premiers ouvrages de
l'optique, on vit des hommes disputer sur ce même terrain les conquêtes légitimes de la science.

C'est sous ce jour peu sympathique que se présente le
fier Jules-César La Galla, dans son ouvrage (1) dédié à
l'illustrissime et révérendissime cardinal Aloysio Caponio,
récemment investi du rang de sénateur par le pape
Paul V. L'auteur est un péripatéticien inébranlable, qui
prétend, envers et contre tous, défendre la philosophie
séculaire du grand maître Aristote. Il y a, dit-il, des
hommes illustres qui ont cru à l'existence d'autres
Mondes, tels : Orphée, Thalès, Philolaüs, Démocrite,
Héraclite de Pont, Anaxagore et Plutarque. Galilée nous
a même montré dans la Lune un globe semblable à celui
que nous habitons, comme le très-antique Orphée l'avait
déjà chanté dans ces vers :

> Molitus est aliam Terram infinitam, quam lampadem
> Immortales vocant, Terreni vero Lunam
> Quæ multos montes habet, multas urbes, multas domus.

Une multitude d'autres auteurs anciens ont été de cet
avis, et, parmi nos contemporains, le cardinal de Cusa,
Nicolas Copernic et autres ; mais, de ce qu'une erreur
aussi flagrante a été partagée (ou peut-être seulement
simulée) par des hommes connus, ce n'est pas une raison pour qu'en notre siècle de lumières nous niions le
témoignage des sens et donnions dans la rêverie.

Démocrite a proclamé plusieurs Mondes semblables au

---

(1) *De Phænomenis in orbe Lunæ, novi telescopii usu a Galileo
physica disputatio.* Venise, 1612.

nôtre et habités comme lui. Son école et d'autres qui
vinrent ensuite enseignaient que les atomes et les forces
de la nature, étant en nombre infini, ont dû former par delà
celui que nous habitons d'autres globes terrestres analogues ; que l'espace n'a pas de bornes et donne la place
suffisante pour ces globes; qu'il est vide et est un lieu
tout préparé pour cette destination ; que rien n'empêche d'admettre un grand nombre d'astres ; que la
Lune, particulièrement, nous révèle l'un d'eux, par les
campagnes qu'elle montre au télescope. A ces suppositions vides de sens, je donne une réfutation impossible
à contredire. — (Voyons?) — Quand vous me dites que
l'espace est vide, je réponds que je ne vous entends
point, et que le vide ce n'est pas de l'espace. Quand
vous me dites que le vide est infini, vous ne savez
vous-même ce que vous dites, attendu qu'on ne peut
accoler à rien un adjectif qualificatif. En vain me direz-
vous que l'espace possède les trois dimensions, et
que trois lignes qui se coupent en un même point
peuvent être idéalement prolongées à l'infini. Si l'espace possède les trois dimensions : hauteur, longueur
et largeur, c'est un corps, et alors il n'est pas vide ;
si vous niez que ce soit un corps, je vous répondrai
qu'il ne saurait posséder les trois dimensions ; si vous
admettez que l'espace est un corps, je prouverai clairement comme quoi la Terre étant le plus lourd des corps,
occupe nécessairement le centre de l'espace où tendent
les corps pesants, et qu'il ne saurait exister d'autres
Terres en quelque endroit de l'espace que ce soit. Voulez-vous vous tirer de là en disant que l'espace n'est ni
matière ni vide? Je ne comprends pas cette espèce de
neutralité-là. D'un autre côté, si vous supposez les corps
infinis, je réponds que cela est impossible ; et puis, si

les corps sont infinis, il n'y a plus de vide, ni fini, ni infini, car les corps rempliraient entièrement l'espace. —
Ainsi voilà une spirituelle .démonstration, qui très-cer-
tainement ne laisse rien à désirer.

L'auteur affectionne beaucoup le syllogisme : Ou le
vide excède la matière , dit-il quelque part (p. 33), et
alors la matière n'est pas infinie ; ou la matière remplit
le vide, et alors le vide n'est pas davantage infini : tirez-
vous de là ; l'un et l'autre sont impossibles. Je puis vous
objecter aussi que la matière est divisible et que, par
conséquent, elle n'est pas infinie. Du reste, toutes ces
discussions sont parfaitement vides, et même il n'est pas
bon qu'elles soient agitées , car en imaginant d'autres
Mondes vous semblez douter de la perfection de celui-
ci , qui est l'œuvre de Dieu, et vous devenez *téméraire*,
pour ne pas dire impie, d'oser aller plus loin que Dieu
vous a mis. C'est pourquoi récemment Jordanus Brunus
a mérité d'être appelé ἄθεος par Élisabeth d'Angleterre.
On pourrait facilement démontrer, au surplus, que de
même qu'il n'y a qu'un Dieu, qu'une cause première, de
même il n'y a qu'un Monde.

Mais voici d'autres arguments non moins irrésistibles.
Toutes choses tendent au centre du Monde , au centre de
la Terre. Or, si vous imaginez un autre Monde , voyez
quelle difficulté vous jetez au milieu des tendances naturelles des choses. Où sera cet autre Monde ? Où tendra-
t-il ? Sera-t-il au centre ? Alors la Terre serait hors du
centre, ce qui est absurde. Laissez-vous la Terre au
centre ? alors ce Monde n'y sera pas. Voyez dans quel
embarras vous mettez la nature. Que serait-ce si, au lieu
de deux Mondes , vous en imaginiez un grand nombre,
et surtout un infini ? Voici , du reste, une excellente
raison qui vous met à court, elle est de saint Thomas

lui-même : ou les Mondes que vous créez sont égaux au nôtre en perfection, ou ils lui sont inégaux. S'ils lui sont égaux, ils sont de trop ; s'ils lui sont inférieurs, ils sont imparfaits ; s'ils lui sont supérieurs, le nôtre est imparfait. Or Dieu n'a rien fait en vain ni rien d'imparfait. Donc, etc.

Plusieurs théologiens pensent, en vérité, que Dieu aurait pu, s'il l'avait voulu, faire plusieurs Mondes, car il lui est possible de créer une matière nouvelle. Mais il n'en a rien fait et n'en fera jamais rien. La preuve, c'est qu'il n'y en a qu'un, comme il est dit dans les Écritures, et notamment dans le premier chapitre de l'évangéliste Jean : *Et Mundus per ipsum factus est. Mundus*, et non pas *Mundi*. (Il n'y a qu'un Créateur, qu'une Providence.) Et, comme un seul Monde renferme toute la perfection de l'action divine, tout aussi bien qu'un grand nombre, ce grand nombre devient inutile.

La Galla affirme d'autre part qu'il n'y a pas un Monde dont la ressemblance avec le nôtre soit assez grande pour autoriser notre doctrine, pas même la Lune, dont l'illumination n'est pas due au Soleil, comme on l'admet généralement, mais lui appartient en propre.

Ce sophiste, du reste, n'a pas été épargné par ceux de ses contemporains qui soutenaient la nouvelle doctrine. César La Galla, dit l'auteur du *Monde dans la Lune*, se jette à la traverse de toutes nos raisons. Il va jusqu'à dire que Galilée et Kepler ne font que se moquer en ce qu'ils écrivent sur ce point, et il se fait fort qu'ils n'ont jamais pensé à d'autres Mondes. Or voyez les paroles de Kepler, ainsi qu'elles sont couchées en la préface du quatrième livre de son *Epitome*, et voyez ce qu'a écrit Campanella de Galilée et ce que celui-ci a souffert, et dites-moi si La Galla sait ce qu'il dit. Ce

même homme n'a-t-il pas écrit que l'hypothèse des excentriques et des épicycles n'a pas été admise, parce
qu'il n'y a pas de mathématicien assez fou pour cela ?
Cependant l'histoire dit l'opposé. Or je crois que ses
assertions sont également vraies dans le premier cas et
dans le second. C'est tout aussi vrai que quand il soutient
que la Lune ne brille pas par réflexion.

Celui qui voudrait perdre son temps, ajoute notre critique, à lire ce grand livre *De Phœnomenis* trouverait
autant d'erreurs et de menteries que de fautes d'impression, dont ledit livre est criblé, et je crois que l'auteur a
été aussi impatient de le composer que de le voir imprimé : comment faire de bons livres de cette ma-
nière-là ?

Cependant Jules-César La Galla avait eu soin de faire
imprimer en tête de son ouvrage : « Si dans ce livre
d'or, ami lecteur, tu trouves quelques petites incorrec-
tions typographiques, comme des manques de vir-
gules ou autres choses aussi insignifiantes, tu songeras
que, malgré le plus grand soin, on ne peut les éviter
dans un si grand nombre de lettres, et tu y suppléeras
facilement. »

On voit, par les courts extraits qui précèdent, qu'à
cette époque on ne mettait pas moins d'ardeur ni moins
de ténacité que de nos jours à défendre les opinions que
l'on représentait. Nous avons fait connaissance, au commencement du dix-septième siècle, avec plus d'un rétrograde de ce genre, mais nous ne ferons pas à ces
aveugles l'honneur de parler d'eux en 1865, et nous
reviendrons avec bonheur à nos illustres ancêtres.

GALILÉE (1).

C'est que le parti dominant était doublement fort ; il s'appuyait sur Aristote d'une part, sur la théologie d'autre part. Saint Thomas, en effet, avait établi, comme nous l'avons vu, ses démonstrations sur les principes du philosophe de Stagire ; depuis le treizième siècle surtout, les péripatéticiens dominaient le monde par l'école la plus solide, la mieux soutenue qui ait jamais existé. Quelle puissance pouvait oser rivaliser contre elle ? Quelle autorité pouvait s'élever en face de ce droit séculaire consacré par d'éminents génies, et prétendre renverser un édifice auquel chaque siècle avait apporté sa pierre ?

Envisageons maintenant la question sous la face principale qu'elle présente au commencement du dix-septième siècle, sous sa face théologique. L'opinion du mouvement de la Terre comptait déjà de nombreux partisans depuis la publication de Copernic, défenseurs ardents et innovateurs, jeunesse de l'âge nouveau qui commençait. Inventées en 1606, les lunettes d'approche avaient révélé les montagnes de la Lune, les phases de Vénus, les satellites de Jupiter ; le regard humain, voyageant dans le Ciel, y rencontrait dès lors des Mondes semblables au nôtre : les conséquences de cette vérité sont d'une telle importance, au point de vue théologique, que les plus audacieux n'osaient les regarder en face. Or, ces conséquences étaient le point vulnérable de la doctrine du mouvement de la Terre. Chaque siècle a son arme particulière : l'imputa-

_____

(1) Né en 1564 (jour de la mort de Michel-Ange), mort en 1642 (mois de la naissance de Newton).

tion d'hérésie était alors l'arme irrémissible contre laquelle aucun attaqué ne pouvait se défendre. « Gens du dix-neuvième siècle que nous sommes, dit M. Ph. Chasles (1), les uns librement protestants, les autres librement catholiques, quel mal ferions-nous à notre ennemi si nous prouvions aujourd'hui qu'il est *hérétique*? Sous Louis XIV, Hamilton ne nuisait pas à son héros Grammont quand il avouait que ce héros volait au jeu. Le dix-huitième siècle abjura l'ancienne indulgence pour le vol de l'argent, mais se montra bien plus doux pour l'escroquerie amoureuse ; prendre la femme du voisin devint alors chose avouée, élégante, de bonne grâce. Plus tard, les idées changèrent. Si, en 1793, vous eussiez été assez hardi pour publier à Paris l'apologie de la messe, vous eussiez eu la tête tranchée. Un siècle plus tôt, ce même Paris vous brûlait en place de Grève si vous attaquiez la liturgie. Londres, à la même époque, vous assommait avec le lourd bâton attaché à une courroie (*protestant flail*) si vous étiez soupçonné de papisme. C'est l'humanité. De 1550 à 1650, la pire accusation était encore l'imputation d'athéisme, de déisme ou d'incrédulité. Le simple doute à l'égard des choses de la foi perdait un homme. En 1620, au temps de Galilée, le signe de mort, c'était : *hérétique!* »

Comme nous l'avons montré dans notre note sur le *Dogme chrétien*, qui termine *La Pluralité des Mondes habités*, les conséquences de la nouvelle doctrine des Mondes étaient en contradiction avec l'interprétation reçue de la parole de Dieu, et, selon le mot du P. Le Gazre, elles rendaient « suspecte l'économie du Verbe incarné. » Comme l'a fort bien établi un professeur qui, depuis

(1) *Galileo Galilei*, VIII.

plus de dix ans, fait des œuvres de Galilée l'objet spécial de ses études (1), « on redoutait les conséquences
logiques qui découlaient de cette nouvelle conception des
relations de la Terre avec le reste des Mondes, et qui
menaçaient de bouleverser les idées théologiques les
plus solidement assises, ébranlant non un seul dogme,
mais tous les dogmes ensemble. Il ne s'agissait plus ici
de chimères mathématiques sorties du cerveau de
quelques rêveurs, et dont le vulgaire avait fait ses gorges
chaudes ; on était en présence de réalités physiques que
Galilée faisait toucher au doigt et à l'œil avec son admirable lunette. Si la Terre était une planète, de quelle
privilége pouvait-elle se glorifier ? Pourquoi les planètes,
qui sont habitables, ne seraient-elles pas habitées ?
Dieu et la nature ne font rien en vain. Mais alors d'où
viennent leurs habitants ? Comment peuvent-ils descendre
d'Adam, être sortis de l'arche de Noé, avoir été rachetés
par le Christ ? etc. »

Galilée n'était pas dupe de ces conséquences ; aussi
évitait-il, autant qu'il le pouvait, de les mettre en évidence. Il connaissait son siècle ; plus hardi que Copernic, il fut aussi plus habile ; mais le moyen d'éviter
l'épée de Damoclès ? Tout en sachant, sans la moindre
ambiguïté, que la doctrine était déclarée hérétique, il
cherchait tous les moyens d'esquiver cette accusation si
dangereuse. « Un certain père Jésuite, écrit-il le 28 juillet 1634 à Deodati, a imprimé à Rome que l'opinion du
mouvement de la Terre est de toutes les hérésies la plus
abominable, la plus pernicieuse, la plus scandaleuse, et
que l'on peut soutenir dans les chaires académiques, dans

---

(1) J. Trouessart. V. son étude : *Quelques mots sur les causes du
procès et de la condamnation de Galilée.*

les sociétés, dans des discussions publiques et dans des ouvrages imprimés tous les arguments contre les principaux articles de foi, contre l'immortalité de l'âme, contre la création, contre l'incarnation, etc., à l'exception seulement du dogme relatif à l'immobilité de la Terre; qu'en conséquence cet article de foi doit être considéré comme tellement sacro-saint avant tous les autres, qu'il n'est licite d'émettre contre lui aucun argument dans une discussion, fût-ce pour en prouver la fausseté (1). »

Il serait difficile d'imaginer une animadversion plus acharnée. Galilée défendait avec enthousiasme la science nouvelle, aussi fut-il bientôt regardé comme la personnification même de sa cause. Du haut des chaires comme par la voie de l'imprimerie on le combattait personnellement. Le premier mot d'accusation fut lancé par le P. dominicain Catticini, qui ouvrit un jour son sermon par le jeu de mots suivant, pris au texte des Actes des Apôtres : *Viri Galilæi ! quid respicitis in Cœlum?* Hommes de Galilée, que cherchez-vous au Ciel ?

Le nouvel astronome était allé au delà de Copernic, et c'est peut-être là l'origine de la réputation qu'on lui fait encore aujourd'hui, de le regarder comme le véritable rénovateur du système du Monde; il représenta la nouvelle doctrine jusqu'à son dernier soupir. Mais tout en comprenant les considérations théologiques auxquelles elle donnait naissance, il faisait en sorte de les esquiver, sans atténuer pour cela la valeur de ses principes. Tandis que ses ennemis voulaient lui faire proclamer quelque déclaration sur l'habitation des autres Mondes, il écrivait au duc Muti, à propos des montagnes de la Lune, « qu'il

(1) Melchior Inchofer a Societate Jesu, *Tractatus sylleplicus.*

ne peut y avoir sur la Lune d'habitants organisés comme
sur la Terre. » Plus officiellement, dans son *Système
cosmique*, il avait soin de présenter l'habitation de la
Lune sous une face complétement étrangère à l'habitation
terrestre.

« Y a-t-il sur la Lune, dit-il, ou sur quelque autre
planète des générations, des herbes, des plantes ou des
animaux semblables aux nôtres? Y a-t-il des pluies, des
vents, des tonnerres comme sur la Terre? Je ne le sais
ni le crois, et encore moins que ces globes soient habités
par des hommes. Mais cependant, de ce qu'il ne s'y en-
gendrerait rien de semblable à ce qui existe parmi nous,
je ne vois pas qu'il y ait nécessairement à inférer qu'il ne
s'y trouve rien de sujet au changement, et qu'il ne puisse
y avoir des choses qui se modifient, qui s'engendrent,
qui se dissolvent, et non-seulement différentes des nôtres,
mais très-éloignées de nos idées et, au résumé, tout à
fait inconcevables. Et de même que, si une personne était
née et avait été élevée dans une vaste forêt, au milieu des
animaux sauvages et des oiseaux, sans avoir jamais rien
connu de l'élément liquide, il lui serait impossible de
concevoir par la seule imagination qu'il pût y avoir dans
l'ordre de la nature un Monde totalement différent de la
Terre, rempli d'animaux qui, sans jambes et sans ailes,
marcheraient rapidement, non-seulement à la surface,
comme les animaux à la surface de la Terre, mais inté-
rieurement, dans la profondeur, et en s'y arrêtant dans
l'immobilité, à l'endroit où ils voudraient, ce que les
oiseaux mêmes ne peuvent faire dans l'air; bien plus,
d'imaginer que les hommes pussent y habiter, y bâtir des
palais et des cités, et avec un tel mode de voyager que,
sans aucun travail, il leur serait loisible de se transporter
dans les régions les plus lointaines avec leurs familles,

leurs maisons et leurs cités tout entières ; de même, dis-je, que je suis parfaitement certain que cette personne, même en la supposant douée de l'imagination la plus puissante, ne se ferait jamais idée des poissons de l'Océan, des navires, des flottes; de même nous ne pouvons conclure, à bien plus forte raison, sur la nature des habitants de la Lune, quoiqu'il y ait vraisemblablement certaines manifestations vitales sur cette planète, qui est séparée de nous par une grande distance.

Dans une lettre à Gallanzoni, il est plus explicite encore. Aux yeux de celui qui ne croirait pas à la Pluralité des Mondes, les planètes, dit-il, seraient un immense et malheureux désert, dénué d'animaux, de plantes, d'hommes, de villes, d'édifices, et rempli d'un morne silence : « Un immenso diserto infelice; vuoto di animali, di piante, di uomini, di città, di fabbriche ; pieno di silenzio e di ozio. »

Ces déclarations étaient plus que suffisantes; fort heureusement pour ses jours, il n'y avait point chez lui la passion qui fit monter Jordano Bruno sur le bûcher. Les persécutions de l'illustre Toscan furent purement morales; mais ce vieillard vénérable ne fut-il pas en proie à la plus amère douleur lorsqu'il dut prononcer, à genoux, les paroles suivantes, devant le tribunal de l'inquisition :

« Moi, Galilée, dans la soixante-dixième année de mon âge, étant constitué prisonnier et à genoux devant Vos Éminences, ayant devant les yeux les Saints Évangiles, que je touche de mes propres mains, *j'abjure, maudis et déteste l'erreur et l'hérésie du mouvement de la Terre.* »

Condamné à la prison perpétuelle et à réciter une fois par semaine les sept psaumes de la pénitence, il lui fut permis, à la fin de la même année, d'habiter la villa d'Arcetri, qu'il avait louée près de Florence, mais à condition « qu'il y vivrait dans la solitude, n'inviterait personne à venir le voir, et ne recevrait pas les visites qui se présenteraient. » Ses œuvres furent proscrites et mises à l'index, et elles y sont encore.

KEPLER (1).

Joh. KEPPLERI, *Mathematici olim Imperatorii*, SOMNIUM, *seu opus posthumum de Astronomia lunari.* Divulgatum a Ludovico Kepplero filio. — Francfort, 1634.

Malgré l'estime que nous portons aux originaux et l'usage à peu près exclusif que nous en faisons dans nos études, nous avions cherché pendant plusieurs années un exemplaire de la traduction française du *Cosmotheóros* d'Huygens, lorsqu'un jour de l'an de grâce 1860, un bouquiniste intelligemment dévoué à notre cause put satisfaire notre désir. L'exemplaire en question contient la traduction d'un certain Dufour, « ordinaire de la musique du Roy, disait une note à la main, et portait en titre : « *La Pluralité des mondes*, par feu Monsieur Huygens, *cy-devant* de l'Académie royale des sciences. En face de ce titre naïf, le premier propriétaire dudit exemplaire avait écrit la curieuse note que voici :

« Ceux qui voudront sçavoir s'il y a plusieurs Mondes pourront lire le livre qu'a fait sur ce sujet M. de Fontenelle ; mais pour ceux qui voudront pousser leurs vues plus loin et sçavoir ce qu'on fait dans ces Mondes-là, si l'on y cultive les sciences et les arts, si l'on y fait la

(1) Né en 1571, mort en 1630.

guerre, et plusieurs autres questions de cette importance, qu'il est pourtant permis d'ignorer, peuvent lire ce nouveau traité (Huygens) : ils y trouveront toutes ces questions résolues. Le traducteur a mis à la tête de sa version une préface savante et bien écrite, dans laquelle il éclaire avec beaucoup d'esprit l'ouvrage qu'il a traduit, et en expose avec beaucoup de netteté tout le fonds. »

Et la note manuscrite se terminait comme il suit : « Tout est sçavant dans ce livre, et ce serait se tromper que de le regarder comme les *Voyages* de Cyrano, ou comme le *Songe astronomique* de Kepler. »

C'est par cette note que nous avons appris que le grand astronome s'était spécialement occupé du pays lunaire comme station astronomique, et il nous a paru intéressant de reproduire au préambule de notre étude sur cet opuscule le jugement du lecteur inconnu d'Huygens. (Nous venons de reconnaître, en lisant le *Journal des Savants* de 1702, où il est parlé de la Pluralité des Mondes, que ce jugement appartient à l'auteur anonyme de l'article sur ce sujet ; mais il ne perd rien pour cela.)

Le *Songe* de Kepler est un ouvrage posthume, publié par les soins de son fils, le médecin Louis Kepler, dans le but de ne laisser aucune lacune aux œuvres du savant. Il fut composé avant l'an 1620, car il est suivi d'un appendice volumineux de 223 notes écrites de 1620 à 1630. Malgré son titre d'*Astronomie lunaire*, il ne donne, pas plus que les autres œuvres du savant mathématicien, une affirmation bien positive de sa croyance à la pluralité des races humaines sur les Mondes célestes ; à proprement parler, il n'entre pas encore dans la question même, et l'on pourrait dire à ce sujet que, si les trois illustres fondateurs de l'astronomie se sont permis d'y faire chacun un pas, ils n'en ont fait qu'un seul : Copernic, timide, fit

le premier, Galilée le second, Kepler le troisième ; mais le
vestibule n'est pas encore franchi, et la tapisserie qui
nous cache l'entrée du temple n'est pas encore écartée.

Mœstlin (*in Thesibus*), Tycho Brahé (*De nova stella*),
avaient, l'un après l'autre, témoigné à leur disciple leur
sympathie pour l'idée d'une multiplicité des Mondes, et
souvent, pour mieux consacrer l'égalité de la Terre et des
autres planètes, ils avaient dit que cette Terre était de
nature astrale, ou encore, que la Lune et les planètes
étaient de nature terrestre. Le génie de Kepler s'assimila
ce qu'il y avait de bon dans la nouveauté de l'enseignement de ses maîtres et surpassa bientôt tous ceux qui
l'avaient précédé. La découverte lente et pénible de ses
trois lois immortelles devait établir pour jamais l'égalité
de la Terre et des planètes, et la fraternité des Mondes
sous la paternité glorieuse de l'astre du jour. Celui qui
proclamait à la face du monde ces lois universelles était
affranchi de tous les préjugés antiques sur la supériorité
nominative dont les habitants de la Terre avaient décoré
leur patrie, il connaissait la valeur relative de ce petit
Monde, son peu d'importance réelle dans l'ensemble du
système, et son insignifiance devant l'étendue et la richesse des créations du ciel. Aussi peut-on observer, en
quelque endroit de ses traités astronomiques où il soit
question de l'état physique des planètes, que l'idée qui
nous domine était au fond de son esprit, et devait
répandre parfois un souffle de vie parmi ces globes
muets que sa main puissante pesait et gouvernait dans
l'espace.

Son *Somnium* consacre en particulier cette idée, sans
l'affirmer explicitement pour cela, comme nous l'avons
fait remarquer plus haut. L'auteur prend la Lune pour
observatoire, et cherche quel aspect le monde extérieur

peut offrir à ceux qui y résideraient, sans s'inquiéter beaucoup pour cela de la nature de ses habitants, ni même du degré d'habitabilité de notre satellite. Que la Lune puisse être habitée, c'est une question toute résolue pour lui et dont la réponse ne saurait être révoquée en doute ; mais qu'elle le soit en réalité, et par des êtres intelligents, c'est une supposition qu'il ne cherche pas à démontrer. Voici sous quelle forme Kepler présente sa fiction.

Pendant l'année 1608, dit-il, comme on s'occupait des différends entre les deux frères, l'empereur Rodolphe et l'archiduc Mathias, je fus excité par la curiosité publique à lire des livres bohémiens. Je lus par hasard l'histoire de « Libussæ viraginis », si fameuse dans l'art magique, et comme cette nuit-là j'avais passé quelques heures dans la contemplation des étoiles et de la Lune, lorsque je fus endormi, il me sembla lire en songe un livre apporté du marché (nundinis), dont la teneur était la suivante.

Duracoto est mon nom, ma patrie est l'Islande, que des anciens nommèrent Thulé ; ma mère était Fiolxhildis, qui, après sa mort, me fit écrire cette relation... L'auteur raconte sa vie dans la préface du traité. Comme il était encore enfant, sa mère avait coutume de le mener, vers la Saint-Jean, aux plus longs jours d'été, dans les gorges du mont Hécla, où elle se livrait avec lui à des opérations magiques. Plus tard, ils se dirigèrent vers Berge en Norvége, et visitèrent Tycho Brahé qui habitait l'île de Huéne ; là le jeune homme studieux fut initié aux secrets de l'astrologie et à la connaissance de l'astronomie ; il se livra à l'étude des astres et connut bientôt les phéno-mènes célestes et leurs causes. L'automne et l'hiver se passèrent dans l'étude. Au printemps, le jeune voyageur s'éleva vers le pôle, dans la région du froid et des té-

nèbres, et certain soir où la Lune commençait son croissant, il fit connaissance avec elle.

Les noms dont se sert Kepler symbolisent généralement
sa pensée. Ainsi sa description de l'ile de *Levania* n'est
autre que la description de la Lune, à laquelle il donna ce
nom tiré de l'hébreu : Lbana ou Levana, parce que les
mots hébraïques sont plus spécialement employés dans
les sciences occultes. De même le nom de Fiolxhildis,
dont nous avons parlé tout à l'heure, a pour étymologie
Fiolx, nom donné à l'Islande sur une carte géographique
qui se trouvait alors dans la chambre de Kepler, et la
terminaison féminine gothique hildis, comme dans Ma-
thildis, Brunhildis, etc. Plus loin il appellera la Terre vue
de la Lune, du nom de *Volva*, dont l'explication sera
facile à trouver.

L'ile de Levanie est située dans les profondeurs de
l'espace, à la distance de 50,000 milles allemands. Le
chemin qui y conduit ou qui en ramène est rarement ouvert, et, du reste, d'une difficulté extrême, que l'on
n'affronte qu'au péril de sa vie. La première partie du
voyage est âpre et repoussante, surtout à cause du grand
froid et de son action sur l'organisme ; la seconde partie
est moins difficile, car, arrivée à un certain point du
voyage, la masse du corps se dirige, sans efforts et par sa
propre vertu, au lieu de sa destination. Mais une grande
lassitude résulte ordinairement des difficultés vaincues.
Lorsqu'on atteint Levanie, c'est comme lorsqu'on descend
d'un navire sur la terre.

Sur toute la Levanie, l'aspect des étoiles fixes est le
même que chez nous, mais les mouvements des planètes
diffèrent. Au lieu de diviser l'étendue géographique en
cinq zones, comme ici (une torride, deux tempérées et
deux glaciales), on la partage seulement en deux parties

fondamentales : ainsi les deux parties du monde sont
l'hémisphère des Subvolves et l'hémisphère des Privolves.
Le cercle qui les divise passe par les deux pôles.

Les vicissitudes des jours et des nuits se font sentir là
comme sur la Terre, mais ils manquent des variétés qui se
manifestent dans le cours de notre année. Pour toute la
Lévanie, les jours sont presque égaux aux nuits, si ce
n'est que, pour les Privolves, chaque jour est plus court
que la nuit, tandis que, chez les Subvolves, il est plus
long. De même que la Terre nous paraît immobile, à nous
qui l'habitons, de même les habitants de la Levanie se
croient immobiles et voient les astres courir. Leur jour et
leur nuit réunis égalent un de nos mois. Ici l'année se
compose de 365 jours solaires et de 366 jours sidéraux,
marqués par la révolution diurne des étoiles ; ou plus
précisément, quatre années renferment 1,461 jours sidéraux ; là, en un an, ils ont 12 jours solaires et 13 jours
sidéraux, ou plus précisément, en 8 ans, 99 jours du
soleil et 107 jours des étoiles. Mais le cercle de 19 ans
leur est plus familier, car dans cet intervalle le Soleil se
lève 235 fois, et les étoiles fixes 254.

Comme sur la Terre, une ligne équatoriale divise également les deux hémisphères polaires ; ceux qui habitent
sous cette ligne voient chaque jour le Soleil passer sur
leurs têtes ; de cette ligne aux pôles, sa déclinaison est
plus ou moins grande. Ils n'ont ni hiver ni été, et ne connaissent pas nos alternatives de saisons. Il résulte de
l'intersection de l'équateur et du zodiaque, qu'ils ont,
comme nous, quatre points cardinaux, — ce que sont
chez nous les équinoxes et les solstices. L'origine du
cercle zodiacal se trouve à cette intersection. L'auteur de
l'*Harmonice Mundi* étudie la sphère lunaire dans toutes
ses parties.

Il y a une grande différence entre l'hémisphère des Privolves et l'hémisphère des Subvolves. La présence de *Volva, la Tournante* (*la Terre*, animée de son mouvement diurne), influe, à plusieurs égards, sur l'état de chaque hémisphère ; celui des Privolves peut être appelé intempéré, celui des Subvolves tempéré. Car, chez les premiers, la nuit, qui est égale à quinze des nôtres, étend les ténèbres et le froid sur leur contrée, et tout y est gelé, les vents eux-mêmes y produisent un froid glacial. A cet hiver succède un été plus brûlant que ceux de notre Afrique ; le séjour de Levanie est fort peu digne d'envie.

Pour passer à l'hémisphère des Subvolves, nous commencerons par le cercle limité qui marque ses bornes. Là, à certaines époques de l'année, Mercure et Vénus apparaissent deux fois plus grands qu'aux habitants de la Terre, surtout pour ceux qui habitent le pôle boréal. La Tournante est de première utilité dans l'astronomie de ces peuples. L'étoile polaire, dont la hauteur nous sert à mesurer les degrés de latitude, est remplacée là-haut par la Terre, dont l'élévation au-dessus de l'horizon sert au même usage. Ceux du centre la voient au zénith, et du centre à l'horizon mathématique, la hauteur décroît suivant l'éloignement. Pour eux, la nuit complète n'existe pas, et le froid qui règne de l'autre côté est atténué par le rayonnement de l'immobile Tournante. Leurs pôles ne sont pas marqués par des étoiles fixes, mais par celles qui nous indiquent le pôle de l'écliptique. Les étoiles et les planètes passent derrière la Tournante et sont occultées par elle ; il en est de même du Soleil. Les habitants de l'autre hémisphère sont privés de tous ces phénomènes.

Il arrive par l'action du Soleil que, tour à tour, les vapeurs atmosphériques et une partie des eaux de chaque hémisphère, passent successivement de l'un à l'autre.

Quand l'astre de la chaleur échauffe le pays des Subvolves, il attire les eaux du pays opposé et les disperse
en nuées dans celui-là ; lorsque la nuit vient et que le
Soleil passe chez les Privolves, un phénomène inverse se
produit. Le circuit de toute la Levanie ne dépasse pas
1,040 milles allemands, tout au plus le quart de la Terre ;
cependant elle possède de très-hautes montagnes, de
très-profondes vallées, de sorte que sa sphéricité est
moins parfaite que celle de notre monde. Les cavernes
sont, pour les Privolves, le principal remède contre les
rigueurs du chaud et du froid.

Tout ce qui naît du sol ou s'élève à sa surface est d'une
grandeur remarquable ; tout s'y forme avec rapidité. Mais
rien n'est stable, ni habitants, ni habitations. Ils font le
tour de leur globe en moins d'un jour, soit à pied, soit
en volant, soit en naviguant. Si l'on voulait indiquer par
une comparaison la différence qui existe entre les deux
hémisphères, on pourrait dire que celui des Subvolves
qui reste constamment tourné de notre côté, ressemble à
nos villes et à nos *jardins*, tandis que l'autre ressemble
à nos *champs*, à nos forêts et à nos déserts.

Par des canaux profonds ils conduisent les eaux brûlantes dans les cavernes, afin de les rafraîchir ; ils demeurent là une partie du jour et y prennent leurs repas ;
c'est seulement vers le soir qu'ils sortent. Les fruits du
sol naissent, vivent et meurent le même jour, et chaque
jour en offre de nouveaux. — Ils dépècent les animaux
pour l'alimentation. Quoiqu'ils sortent fort peu pendant
l'ardeur du jour, on les voit quelquefois s'exposer volup-
tueusement au soleil, à l'entrée des cavernes fraîches où
ils peuvent facilement rentrer.

Kepler termine son histoire en disant que très-souvent
les nuages répandent la pluie sur l'hémisphère des Sub-

volves, et que c'est un ouragan de ce genre qui le tira de son rêve lunaire. — Cet ouvrage se compose en outre du traité de Plutarque, *De facie in orbe Lunæ*, et d'un long commentaire dont le grand astronome honore l'œuvre de l'historien grec.

Kepler s'est-il souvenu de l'opinion de Pythéas? Ce géographe disait (1) qu'à l'île de Thulé, à six jours de la Grande-Bretagne vers le Nord, et dans tous ces quartiers des régions boréales, il n'y avait ni terre, ni mer, ni air, mais un composé des trois, sur lequel la Terre et la mer étaient suspendues, et qui servait comme de lien à toutes les parties de l'univers, sans qu'il fût possible d'aller dans ces espaces, ni à pied, ni sur des vaisseaux. Pythéas en parlait comme d'une chose qu'il avait vue. Dans tous les cas, la réminiscence n'eût pu être que volontaire; l'auteur des *trois lois* savait mieux que personne à quoi s'en tenir.

Ce fait nous rappelle le récit que Le Vayer rapporte dans ses Lettres. Il paraît qu'un anachorète, probablement un neveu des Pères des déserts d'Orient, se vantait d'avoir été jusqu'au bout du monde et de s'être vu contraint d'y *plier les épaules*, à cause de la réunion du ciel et de la Terre dans cette extrémité.

Abundat divitiis, nulla re caret, dit une règle de la grammaire latine, très-librement traduite par le vieil adage : Abondance de biens ne nuit pas. Ce proverbe n'est pas toujours vrai. Nous sommes littéralement encombré par les in-folio latins astrologiques imprimés du quinzième au dix-huitième siècle, sans compter les manuscrits ; la liste seule de leurs titres occuperait un volume de la grosseur de celui-ci. Lalande, par la réunion des seuls titres des livres astronomiques publiés depuis les Grecs jusqu'en 1781, a formé un in-4° gigantesque. Or, les travaux d'astronomie sérieuse sont amplement dépassés par ces traités astrologiques, où l'alchimie se mêle à la mystique, où les

(1) Bayle, *Dict. crit.*, art. Pythéas.

sciences occultes règnent en souveraines. Un grand nombre traitent
en passant notre sujet, mais c'est au point de vue de certains arguments de convenance, de certaines idées harmoniques, de certains
rapports apparents, et non sous l'aspect astronomique ou philosophique.
Il nous est radicalement interdit, à moins de faire un dictionnaire, de
notifier tous les ouvrages qui ont dit leur mot sur notre sujet. Mais
nous sauvegardons cette lacune en présentant les types les plus remarquables, chacun dans son genre, et en les faisant comparaître
personnellement dans notre Revue. Leur ensemble comporte l'aspect
complet de la question; citer après eux tous les autres discours, ce
serait faire une répétition inutile.

Pour ne rappeler que les noms célèbres de ces époques reculées,
nous nommerons *Cornelius Agrippa*, philosophe hermétique et alchimiste, qui dans son traité *De occulta philosophia* (1531), décrit la
nature des six cieux dont il enveloppe la Terre, selon le système de
Ptolémée. Il y a dans ce lourd traité des moyens mécaniques pour la
prédiction des phénomènes astronomiques, qui ne laissent pas d'être
fort remarquables, même pour ceux qui calculent aujourd'hui la *Connaissance des Temps*. — *Jérôme Cardan*, dans son *Ars magna*,
(1545), et dans le *De subtilitate* (1550), se montre à la fois astronome
et physicien, mais aussi alchimiste et géomancien; on lui doit la for-
mule pour la résolution des équateurs cubiques, qui porte son nom,
quoiqu'il l'ait reçue de Tartaglia. Il est, avec Fabricius et Swedenborg,
l'un de ceux qui ont prétendu avoir reçu chez eux des habitants de la
Lune. — *François Patrice*, professeur à Ferrare, qui descendait, par
l'esprit, de Zoroastre, d'Hermès Trismégiste et d'Asclépias, a soutenu
dans sa *Nova de universis philosophia* (1591) que la Terre et la Lune
sont deux astres complémentaires, que nous sommes la Lune de la
Lune, et qu'une destinée commune relie ces deux Mondes. — *Guillaume
Gilbert*, célèbre médecin anglais, qui découvrit les principales propriétés de l'aimant et devina la loi de gravitation, présente la Lune
comme une autre Terre, plus petite que la nôtre, mais peuplée d'êtres
vivants, éclairée par le Soleil pendant le jour et par la Terre pendant
la nuit (*De magnete, magneticisque corporibus physiologia nova*,
1600). — *Campanella*, qui subit sept fois la torture, proclama la
Pluralité des Mondes et l'existence des habitants de la Lune dans son
Apologia pro Galileo (1622), et dans la *Cité du Soleil*, et soutint,
comme Origène, l'animation et la vie intelligente des astres dans son
De sensu rerum et magia (1620). Élève de Telesio, il se fit l'ardent
rénovateur de la philosophie libérale, contre Aristote et l'Ecole. C'est
l'un des martyrs du Fanatisme aveugle et cruel. Nous ne pouvons nous
empêcher de converser un instant avec lui, de lui demander ce qu'il a
souffert pour ses convictions, et ce qu'il a su défendre envers et contre
tous.

« La dernière fois la torture a duré quarante heures. Garrotté avec des cordes très-serrées qui me déchiraient les os; suspendu, les mains liées derrière le dos, au-dessus d'un pieu de bois aigu *qui m'a dévoré la sixième partie de ma chair* et tiré dix livres de sang, au bout de quarante heures, me croyant mort, on mit fin à mon supplice; les uns m'injuriaient, et, pour accroître mes douleurs, secouaient la corde à laquelle j'étais suspendu; les autres louaient tout bas mon courage. Guéri enfin, par miracle, après six mois de maladie, j'ai été plongé dans une fosse, etc. On a continué à m'accuser d'hérésie, parce que je dis qu'il y a des changements dans le Soleil, la Lune et les étoiles, contre Aristote qui fait le Monde éternel et incorruptible. »

Du fond de sa fosse humide et infecte, il écrivait, après avoir subi la torture pour la septième fois sans succomber : « Voici douze ans que je souffre et que je répands la douleur par tous les sens. Mes membres ont été martyrisés *sept* fois; les ignorants m'ont maudit et bafoué; le soleil a été refusé à mes yeux; mes muscles ont été déchirés, mes os brisés, mes chairs mises en lambeaux, mon sang a été répandu; j'ai été livré aux plus cruelles furcurs; ma nourriture est insuffisante et corrompue. N'en est-ce pas assez, ô mon Dieu, pour me faire espérer que tu me défendras? » Ces paroles étaient écrites du vivant des inquisiteurs. Erythræus, témoin oculaire, ajoutait : « Toutes les veines et artères qui sont autour du siége ayant été rompues, le sang coulant des blessures ne put être arrêté. » Campanella eut tant de fermeté cependant, que pendant *trente-cinq heures* il ne laissa pas échapper une seule fois un mot indigne d'un philosophe.

Plus hardi et plus téméraire que Galilée, à cette époque où l'hypocrisie devait être l'habit officiel, ce frère de Bruno avait encore le courage inimaginable d'écrire dans ses moments de liberté des satires comme celle-ci :

SONNET

A LA LOUANGE DE L'ANERIE

O sainte et béate ânerie, sainte ignorance, sainte sottise, bénigne dévotion qui seule rend les âmes plus satisfaites que ne sauraient le faire toutes les recherches de l'intelligence !

Aucune veille assidue, aucun labeur, aucune contemplation philosophique ne peut arriver jusqu'au ciel où tu fixes ta demeure.

Esprits investigateurs, à quoi vous sert d'étudier la nature et de connaître si les astres sont formés de feu, de terre ou d'eau.

La sainte et béate ânerie néglige tout cela; car, les mains jointes et à genoux, elle n'attend son bonheur que de Dieu.

Rien ne l'afflige, rien ne la préoccupe, excepté le souci du repos éternel que Dieu daigne nous accorder après notre mort.

En apprenant la condamnation de Galilée, Descartes avait rejeté au fond de ses cachettes les plus introuvables son livre sur *le Monde, ou Traité de la Lumière*, où il faisait une profession de foi en faveur de notre doctrine plus explic'te que dans son *Traité des Tourbillons.* Son ami intime, le P. Mersenne, tout craintif qu'il était par état et qu'il se montre en effet dans son *Commentarium in Genesim* (1640), se laisse cependant séduire par la ressemblance du Monde lunaire au nôtre ; ce qui fait dire à Lebret, éditeur responsable de Cyrano : « Le Père de Mersenne, dont la grande piété et la science profonde ont été également admirées de ceux qui l'ont connu, a douté si la Lune n'était pas une Terre, à cause des eaux qu'il y remarquait, et que celles qui environnent la Terre où nous sommes en pourraient faire conjecturer la même chose à ceux qui en seraient éloignés de soixante demi-diamètres terrestres, comme nous sommes de la Lune. Ce qui peut passer pour une espèce d'afûrmation, parce que le doute, dans un si grand homme, est toujours fondé sur une bonne raison. » — Un autre zélé partisan des doctrines de Descartes, Henri Leroy, dit Regius, insiste comme Patrizzi sur le rapport qui lie la Lune et la Terre et qui paraît en faire deux astres voisins par leur destinée comme ils le sont par leur position dans l'espace. (*Philosophia naturalis*, 1654.) — L'auteur de la *Sélénographie* (1647), Jean Hévélius, a passé la plus grande partie de sa carrière d'astronome à l'étude du pays lunaire, dont il a décrit le premier la configuration géographique ; il partage l'idée des théoriciens précédents qui assimilent le globe lunaire au globe terrestre.

CHAPITRE VI.

La Lune continue d'être le lieu de rendez-vous des voyageurs. *L'Homme dans la Lune,* de Godwin. — *Le Monde dans la Lune,* de Wilkins — Le paradis dans la Lune. — Rheita : *Oculus Enoch & Eliæ.* Curieuse alliance des idées aſtronomiques & des idées religieuses.

(1638 — 1645)

＊

L'invention des lunettes rapprochant les distances excite dans les esprits ingénieux un mouvement nouveau, dont aucun siècle antérieur ne montre d'exemple. Depuis Christophe Colomb, l'imagination créa quelques centaines de voyages aux îles australes, aux archipels indiens, aux terres des antipodes; à l'époque où nous sommes arrivés, elle prend un plus vaste essor et s'élance au delà du Monde où nous sommes : c'est la période romantique de notre doctrine.

The Man in the Moon, by GODWIN. London, 1638.

L'Homme dans la Lune, ou le Voyage chimérique fait au Monde de la Lune, par Dominique GONZALÈS, aventurier espagnol. — Paris 1648.
Cette histoire, à la fois fort amusante et fort simple,

est une œuvre posthume de l'évêque anglais François Godwin de Llandaff, publiée en 1638. Elle fut traduite dix
ans plus tard en français, par Jean Baudoin, fécond
traducteur, à qui l'on doit des traductions de Tacite,
Suétone, Le Tasse et Bacon. Quand nous disons traduite,
nous voulons dire imitée, car on chercherait vainement
ici une transcription littérale de l'original anglais,
plus positif et plus sérieux. L'auteur français présente
ainsi son opuscule au lecteur : « Possible que ce nouveau Monde ne trouvera pas un meilleur accueil en
ton opinion que ne fit d'abord celui de Colomb ;
toutefois ces grandes terres de l'Amérique dont il eut la
première idée ont reçu depuis une infinité de colonies, et
quoiqu'elles fussent alors inconnues, si est-ce qu'enfin il
s'est vérifié depuis que l'étendue n'en est pas moins
vaste que celle de tout le reste du monde. Que si cela ne
te persuade assez bien, tu n'as qu'à te représenter que ce
qui est véritable touchant les antipodes a été autrefois un
aussi grand paradoxe que celui-ci : *qu'il y a dans la
Lune divers peuples qui l'habitent et qui se gouvernent
entre eux d'une façon fort différente de la nôtre.* Ces
vérités semblent avoir été particulièrement réservées aux
siècles où nous sommes. »

L'auteur imaginaire du Voyage à la Lune est Dominique Gonzalès, gentilhomme de Séville. Le premier tiers
du roman est occupé par la narration accidentée des
vicissitudes de la vie de gentilhomme, d'un long voyage
aux antipodes et de l'arrivée de l'aventurier dans une île
solitaire, l'île Sainte-Hélène. Cette île, qu'un grand
nom devait tant illustrer plus tard, est habitée pendant
un an par notre aventurier et son nègre ; ne pouvant
s'apprivoiser avec les hommes, par la raison, dit-il, qu'il
n'y en avait aucun, il chercha la compagnie des oiseaux

et des bêtes sauvages. Particulièrement il se mit à apprivoiser des *cygnes sauvages* (*gansas*), qui n'existent qu'en
cette partie du monde, à diriger leur vol vers les objets
blancs, à s'en servir pour porter dés fardeaux, et plus
tard enfin à se faire transporter lui-même à l'aide d'un
attelage de ces lamellirostres. Or il arriva que, par suite
d'aventures qu'il serait superflu de rapporter, notre héros
s'échappa à l'aide de ses *gansas* d'un vaisseau qui faisait
naufrage, et fut porté sur le haut du pic de Ténériffe. C'était
alors la saison où ces oiseaux, du nombre des passagers,
ont coutume de s'envoler par diverses troupes, et voilà
qu'en réminiscence de leur voyage ordinaire nos cygnes
s'enlèvent, s'enlèvent... où? L'auteur sur son bâton (car
c'était là tout son attelage) ne s'en doutait pas; mais il
s'aperçut bientôt qu'il s'éloignait de terre.

La première expérience aérienne fut qu'à une certaine
hauteur les corps ne pèsent plus. Les oiseaux volaient avec
une telle vitesse, qu'il lui fallut une résolution espagnole
pour ne pas mourir d'épouvante. Il vogua pendant douze
jours. Dès le premier jour il se vit enveloppé d'une multitude d'esprits malins qui venaient effaroucher ses coursiers; néanmoins il put faire la paix avec eux, et ces démons
eurent même l'obligeance de le fournir de vivres et d'une
bouteille de vin des Canaries, pour le reste de son voyage.
Mais il paraît qu'en plein éther on ne ressent plus l'aiguillon de la faim ni celui de la soif; ce n'est qu'en mettant le pied sur la Lune que l'appétit lui revint. Malencontreusement, lorsqu'il voulut prendre dans sa poche la
viande, les poissons, le vin qu'il avait reçus, il ne trouva
plus que des feuilles sèches, du poil de chien... et autres
ingrédients que nous ne nommerons pas, par décence.
Ce qui lui manifesta clairement la nature perverse des
esprits de l'air,

Pendant sa traversée, il constata le mouvement de la Terre et put se convaincre que les adversaires de Copernic ne savaient ce qu'ils disaient. Il reconnut aussi qu'il allait du côté de la Lune, car celle-ci grandissait de jour en jour, et bientôt il découvrit ses vallées et ses montagnes. Enfin ses *gansas* atteignirent l'atmosphère de cet astre. On pourra se demander sans doute comment le voyageur assis sur son piquet, les jambes pendantes, et tenant sa corde des deux mains, — comme le témoignent les gravures dont son chef-d'œuvre est orné, — pendant l'espace de douze jours et de douze nuits, pouvait garder une pareille position. Il répond qu'en cette posture il reposait aussi à son aise que s'il eût été couché sur quelque bon lit de plume.

Avant d'arriver à la Lune il constata comme dernière expérience que ceux qui mettent une région de feu au-dessus de la région de l'air sont de vrais ignorants, qui n'ont jamais vu la moindre trace de ce qu'ils avancent. — Il toucha la Lune un mardi 11 septembre, comme elle était dans le 20e degré de la Balance, et arriva doucement sur une montagne. (Le narrateur n'a pas réfléchi qu'en entrant dans la sphère d'attraction de la Lune, il devait *tomber* et non pas être entraîné par ses oies).

Voilà un nouveau mode primitif d'excursion à la Lune ; de temps en temps beaucoup d'autres y feront suite, trop souvent à l'insu les uns des autres.

Mais voyons quelle impression lui fait notre satellite à son arrivée.

Je remarquai premièrement, dit-il, que, comme le globe de la Terre paraissait là beaucoup plus gros que ne fait à nous la Lune, ainsi plusieurs choses s'y découvraient incomparablement, et j'ose bien dire même trente fois plus longues et plus larges qu'en notre Monde. Leurs arbres

surpassaient du tiers la hauteur de ceux de nos forêts ;
leurs animaux sont aussi plus gros que les nôtres, mais
n'offrent aucune ressemblance avec eux, si ce n'est pour
les oiseaux, qui paraissent être ceux qui s'absentent de
notre Monde pendant l'hiver et qui pourraient bien le
venir passer sur la Lune.

Notre aventurier était occupé à manger des feuilles et
à regarder ses oies précieuses, lorsqu'il se vit environné
d'une certaine sorte de gens, dont la stature, la mine et
l'habillement lui semblèrent fort étranges. Ils avaient la
taille différente, mais pour la plupart deux fois plus
grande que la nôtre, le teint olivâtre, le geste plaisant,
et des habits si bizarres qu'il est impossible d'en faire
comprendre la forme ou la matière. La couleur elle-même
ne saurait être dépeinte ; ce n'était ni du blanc, ni du
noir, ni du rouge, ni du vert, ni du jaune, ni du bleu, ni
pas une des couleurs composées des précédentes : on ne
peut pas plus la définir que faire comprendre à un aveugle
la différence qu'il y a entre le vert et le bleu.

Le rang social des hommes de la Lune est fixé d'après
leur taille. Il y a du reste trois espèces d'hommes : ceux
de dix pieds, ceux de vingt et ceux de trente. Les premiers dont il fit la rencontre étaient de l'espèce de vingt
pieds. Le plus grand de cette troupe se prosterna devant
lui, puis le conduisit dans son palais, dont les chambres
avaient cinquante pieds de haut.

Leur langue est musicale et universelle. Ainsi, chez
tous les peuples de la Lune, le nom de notre héros, Gonzalès, se prononce comme ceci :

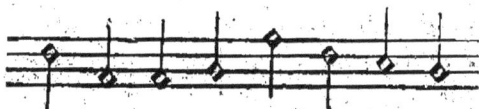

Le prince du pays, nommé Pylonas (autant du moins qu'on peut le conjecturer par leurs tons), était le plus grand de la province; mais ce n'était encore qu'un prince, car il est bon de dire que la Lune entière est gouvernée par un seul monarque, ayant sous lui vingt-neuf princes, dont chacun a vingt-quatre autres. C'est à ce dernier ordre que Pylonas appartenait. La tradition rapporte que la famille royale est originaire de la Terre; d'où est venu le premier monarque, Irdonozur; les membres de cette auguste lignée vivent 30,000 lunes, *c'est-à-dire* 1,000 *ans*. Il est difficile de savoir comment l'auteur établit cette deuxième déduction.

Un phénomène bien remarquable se passe journellement à la surface de la Lune. Il y a là si peu de pesanteur, que lorsqu'un homme saute ou cabriole, il lui arrive de s'élever à cinquante ou soixante pieds et de ne plus retomber, parce qu'il se trouve alors *en dehors* de la sphère d'attraction lunaire. A l'aide d'éventails que l'on agite dans les airs lorsqu'on se trouve ainsi à une certaine hauteur on voyage facilement.

Dominique Gonzalès fut fort bien reçu par les princes qu'il visita, à ce point qu'il eut toutes les peines du monde à obtenir la permission de retourner sur la Terre. C'est l'hiver de 1600 à 1601 qu'il passa dans ce Monde. Il fut étonné de ce qu'il y a là des jours d'un demi-mois et des nuits d'égale durée, et non moins surpris de voir que la plupart des habitants dorment pendant tout ce long jour, du lever au coucher du Soleil, car ils ne peuvent supporter l'éclat de cette lumière; et qu'ils font leur jour de la nuit, éclairés qu'ils sont par la Terre, de son premier à son dernier quartier. Selon l'habitude commune, il s'endormit au lever du Soleil et dormit quinze jours.

Un beau matin le roi de la famille Irdonozur le fit demander, et s'enquit près de lui de son histoire merveilleuse. Parmi les cadeaux qu'il lui fit, on remarque un certain diamant, nommé *pierre lunaire*, qui jouit d'une étonnante propriété : appliquée d'une face sur le corps, elle rend léger ; de l'autre face elle augmente le poids. Quant à la pierre qui rend invisible, il paraît que les hommes lunaires ne l'ont pas mieux trouvée que nous.

Les habitants de la Lune sont bons, exempts de misères, vivant longuement. On n'y connaît ni vols, ni perfidies, ni meurtres. Après la mort même, leur privilége se conserve ; les corps restent intacts sans subir aucune altération, et chaque famille possède ses ancêtres. La mort n'est pour eux qu'un passage à une vie meilleure ; et l'on s'en réjouit, sans y apporter ni dissimulations, ni grimaces, dit l'auteur, bien au contraire de nous, qui, la plupart du temps, en pareil cas, paraissons tristes sans l'être ; ou si nous le sommes, c'est pour nos intérêts particuliers plutôt que pour aucun regret que nous ayons en la perte de nos amis.

Au mois de mars de l'an 1601, comme trois de ses cygnes étaient déjà morts, notre voyageur craignit, en attendant plus longtemps de ne plus avoir le moyen de passer à la Terre. Aussi se hâta-t-il de prendre congé de Pylonas, lequel le pria de saluer de sa part Élisabeth de Bretagne, comme étant la plus glorieuse dame de son siècle. Il le lui promit ; et le jeudi 29, trois jours après son réveil de l'assoupissement que lui avait causé la clarté de la dernière lune, il se remit à la discrétion de sa machine, prit avec lui les joyaux du roi et quelques vivres, et en présence d'une foule nombreuse de peuple badaud, lâcha les rênes à ses cygnes sauvages.

Dix jours après il arriva en Chine, où il se fit passer

pour sorcier, en mettant à profit les singulières propriétés de la pierre lunaire que le roi Irdonozur lui avait donnée. — A ce voyage anecdotique succède une œuvre sérieuse.

A discourse concerning a new World and another Planet, in two books, by John WILKINS.—London, 1640.

Le Monde dans la Lune, divisé en deux Livres : le premier prouvant que la Lune peut être un Monde; le second que la Terre peut être une planète. Par le sieur DE LA MONTAGNE. — Rouen, 1655 (1).

De ces deux ouvrages, le second est, sans contredit, la traduction française du premier, avec quelques modifications adaptées à la France catholique, parfois fort peu respectée par l'évêque anglais Wilkins (notamment lorsqu'il invite les prêtres à préparer un viatique eucharistique à l'usage des voyageurs pour la Lune). Le sieur de la Montagne ne cite ni le titre, ni le pays, ni l'auteur de la « pièce curieuse et pleine de belles choses

(1) Deux vol. in-12, avec des gravures et un frontispice remarquable par sa naïveté, qui rappelle un peu celui du *Dialogo* de Galilée. On est au bord de la mer. L'horizon lointain est formé par la ligne où le ciel et les eaux semblent se réunir. Au-dessus de cet horizon le système planétaire est dessiné. Il y a trois personnages sur le rivage; Copernic, à gauche, tient en main un hochet : le Soleil et la Terre; Galilée, à droite, tient un télescope; Kepler lui souffle dans l'oreille. Sur les orbites célestes, on voit les divinités à cheval : madame Vénus sur son orbe ; Saturne, avec sa faux, se tient en équilibre comme il peut sur le dernier cercle.

L'ouvrage de Wilkins fut couronné d'un certain succès. Il fut traduit en français à Londres même, en 1640, in-8°, sous le titre de « *Découverte d'un nouveau Monde*, pour montrer qu'il est probable qu'il y a un autre Monde habitable dans la Lune, et un Discours pour faire voir la possibilité du passage, plus un Traité des planètes. » Il fut encore traduit en allemand en 1713.

dont il donne la traduction à sa patrie » ; mais en comparant les deux livres on en reconnaît bientôt l'identité. L'original anglais fut publié en deux fois avant de paraître en un seul volume. Le premier traité parut en 1638, avec ce titre : *That the Moon may be a Planet*; le second en 1639 avec ce titre : *That the Earth may be a Planet*. On voit là les titres des deux livres composant l'édition française.

La coïncidence de l'apparition de cet ouvrage et de celui de Godwin, dont nous venons de parler, a même fait accuser Wilkins de plagiat, en ce que, comme le précédent, il parle de moyens à employer pour monter à la Lune; mais cette accusation ne peut être sérieusement soutenue, attendu que les deux livres n'ont été publiés qu'à quelques mois d'intervalle, et surtout par la raison que Wilkins est un homme sérieux, traitant la question au point de vue de la science physique et religieuse, et soutenant son opinion par des arguments bien établis, tandis que Godwin n'a écrit qu'un roman, sans se préoccuper de la solidité du fondement sur lequel il l'édifiait.

Cet ouvrage, comme presque tous ceux de la même époque, est remarquable par une préoccupation dominante dont nul auteur ne peut s'affranchir. Ce n'est pas au point de vue scientifique qu'on envisage la question de l'habitation des astres, mais au point de vue du dogme religieux; ce n'est point sur une argumentation physique ou physiologique que ses plus fervents partisants cherchent à fonder leur croyance, mais sur l'accord plus ou moins facile qu'on peut établir entre cette idée et le christianisme. Il s'agit moins de savoir si les autres Mondes sont doués des conditions d'existence, de l'air, de l'eau, des agents calorifiques et lumineux, etc., que de savoir s'il y a dans la *Bible* quelque texte qui permette cette opinion. Citons de la préface de ce livre un passage qui met bien en évidence cette grande préoccupation.

« S'il se trouve des personnes assez superstitieusement scrupuleuses, dit l'auteur, pour appréhender qu'il n'y ait en ces opinions de la Pluralité de Mondes et du mouvement de la Terre quelque chose qui choque la religion ou l'Écriture, sous ombre que quelques-uns autrefois semblent les avoir rejetées, aussi bien que celle des Antipodes, ces personnes-là me permettront de leur dire franchement qu'à moins de se crever tout exprès les yeux de l'entendement et renoncer au sens commun, il faut, de toute nécessité, qu'ils avouent et qu'ils reconnaissent, que tant s'en faut qu'il y ait rien de l'une ou l'autre de ces opinions qui déroge en la moindre façon à la foi, à l'Écriture ou à la raison ; qu'au contraire ils trouveront qu'elles s'accordent extrêmement bien avec toutes les trois et contribuent infiniment à la plus grande gloire du Créateur. Comme cela se pourra voir par la lecture de ce Discours, lequel effectivement, suivant son principal but, lève tous ces doutes et scrupules et répond très-solidement à toutes les objections et à tous les principaux arguments que ceux de sentiment contraire tirent de la raison ou de l'Écriture. » L'auteur ajoute un peu plus loin cette réflexion naïvement fine : « Si en ces matières épineuses, où j'ai travaillé tout seul, sans aide et sans assistance, il m'est arrivé en quelque endroit de broncher et de m'égarer, ma consolation est que, d'un côté, j'espère que les savants me le pardonneront volontiers et y suppléeront aisément, et que d'autre part je m'assure que les ignorants ne s'en apercevront point. »

En même temps qu'il indique le but principal du livre, le passage que nous venons de rapporter donne une idée suffisante de la grande indépendance d'es-

prit de l'auteur et de sa franchise, à cette époque où
l'hypocrisie était plus favorable. Dans tout le cours
de l'ouvrage, il fait preuve d'une excellente faculté de
raisonnement, et parfois d'une certaine finesse, d'autant
plus remarquable que la naïveté de nos aïeux ne laisse
pas d'y répandre encore son charme enfantin. L'auteur
anglais et l'auteur français sont deux grands libéraux de
leur époque. Nous admirons leur franche expression.

L'une des premières propositions a pour titre : « Que
la nouveauté et singularité qui paraît en cette opinion
n'est pas un fondement suffisant pour prouver qu'elle
est erronée». «En la recherche des vérités théologiques,
dit l'auteur, la plus rare méthode est, avant toute chose,
de regarder à l'autorité divine, parce que celle-là porte
avec elle une aussi claire évidence à notre foy que ne le
saurait être aucune autre chose à notre raison. Mais au
contraire, en l'examen des points de philosophie, ce
serait s'y prendre au rebours de bien que de commencer
par le témoignage et opinion des hommes, et après descendre aux raisons qui se peuvent tirer de la nature et
de l'essence des choses mêmes. Quoi ! disent nos adversaires, une nouveauté comme celle-ci débusquera-t-elle
une vérité qui par successive tradition a passé par tous les
âges du monde et qui a été non-seulement reçue dans
l'opinion du vulgaire, mais aussi des plus savants philosophes et des doctes personnages? Penserons-nous aussi
que ces excellents personnages dont le Saint-Esprit s'est
servi pour rédiger les saintes lettres par écrit, et qui
étaient extraordinairement inspirés des vérités surna-
turelles, fussent néanmoins ignorants là-dessus; que
Josué, Job, David, Salomon n'en sussent rien? — Je réponds à cela que nous ne devons pas être si superstitieusement attachés à l'antiquité que de prendre pour

canonique tout ce qui part de la plume d'un Père ou qui a été approuvé par le consentement des anciens. »

Et il conclut par ces paroles d'Alcinous : Il convient à un chacun, en la recherche de la vérité, de se conserver toujours une liberté philosophique, et non pas se rendre tellement esclave de l'opinion de qui que ce soit, que de croire que tout ce qu'il dit soit infaillible. Il nous faut travailler à découvrir ce que les choses sont en elles-mêmes, par notre propre expérience et par un entier examen de leur nature, et non pas par ce qu'un autre en dit.

L'auteur ne pense pas (du moins il ne dit pas) pour cela, que le texte biblique soit tellement en dehors de la science qu'on puisse trouver entre lui et elle des contradictions flagrantes, mais il adopte le mode d'explication dont on se sert encore aujourd'hui pour défendre la même cause, savoir : que ce texte est susceptible d'une infinité d'interprétations, et que, dans tous les cas, on est à l'abri sous ce fait : que le Saint-Esprit accommode son expression à l'erreur de nos imaginations, et parle des choses non sur ce qu'elles sont en elles-mêmes, mais selon qu'elles nous paraissent. C'est par ce moyen que sont justifiées les paroles de Dieu à Job, — et celles de Josué au Soleil et à la Lune : « Soleil, tiens toi coy sur Gabaon, et toi, Lune sur Ajalon, » et la rétrogradation de l'ombre du Soleil de dix degrés sur le cadrant d'Achaz; ces miracles sont longuement commentés et naïvement expliqués.

Un passage qui montre clairement que le Saint-Esprit ne parle pas exactement touchant les choses naturelles, est celui des Lois et des Chroniques, où il est fait mention de la mesure de la coupe ronde (mer de fonte) de Salomon, dont le diamètre était de dix coudées et la circonférence de trente. De nos jours, Arago (*Astronomie populaire*) a tiré tout simplement de ce fait la conclusion que les Hébreux ne connaissaient pas le rapport de la circonférence au diamètre; notre commentateur en conclut que le Saint-Esprit ne s'occupe pas de ces choses-là, — ce qui, au fond, revient peut-être au même.

Il en est de même des expressions suivantes, tirées de la Bible : les bouts des Cieux, — les fondements de la Terre, — Dieu a étendu la Terre sur les mers, — l'aspic bouche ses oreilles, — les deux luminaires du ciel, etc.; versets que l'on doit interpréter non à la lettre, mais au sens vulgaire. Malgré le parti délibéré d'enlever de cette manière toutes les difficultés de la Bible, notre auteur se trouve parfois fort embarrassé. Par exemple, lorsqu'il s'agit de cette parabole de Jésus : A la fin des temps les étoiles tomberont du ciel; il annonce d'abord qu'elles seront cachées de notre vue, et que c'est *comme* si elles tombaient hors de leur lieu accoutumé. Mais voici que l'Apocalypse est plus explicite : Les étoiles du ciel tomberont sur la Terre, comme le figuier jette çà et là ses figues lorsqu'il est secoué par un grand vent. Alors l'auteur se tire d'embarras par un autre parti : Il s'agit, dit-il, non des vraies étoiles, mais des filantes, des comètes et autres météores ignés, que l'opinion du peuple vulgaire et ignorant appelle du même nom d'étoiles.

Divers doctes personnages sont tombés dans de grandes absurdités lorsqu'ils ont voulu tirer la vérité physique des paroles de l'Écriture : ainsi les savants juifs, qui prouvent que l'os de la jambe d'Og le géant avait trois lieues de long, et que Moïse, haut de quatorze coudées, ayant en main une lance de dix aunes de longueur et sautant de dix coudées en haut, ne lui pouvait atteindre qu'à la cheville; et ceux qui expliquent comment le bœuf Béhemoth dévore par jour l'herbe sur mille montagnes, en disant qu'il en pousse autant pendant la nuit qu'il en a mangé pendant le jour. Et ceux qui parlent de cette grenouille grande comme une bourgade de soixante maisons, laquelle fut mangée par un serpent immense, celui-ci par une corneille plus merveilleuse encore, qui, en s'envolant, éclipsa le soleil et remplit tout le monde de ténèbres. Que si vous voulez savoir, dit l'écrivain, le nom propre de cet oiseau, voyez au psaume 50, verset II, où il est appelé יין, c'est-à-dire l'oiseau des montagnes. Il semble, ajoute-t-il finement, qu'il était quelque peu parent de cet autre oiseau dont ils nous disent que les jambes étaient si longues qu'elles atteignaient jusqu'au fond de cette mer où une hache mettrait sept ans a tomber avant d'atteindre le fond.

Tous les commentateurs à la lettre sont tombés dans des obscurités analogues, plus ou moins graves. Ceux qui soutiennent qu'il y a des nappes d'eau au-dessus du firmament étoilé, comme il est dit en la Genèse : De cette opinion sont Philon, Josèphe, Justin martyr, Théodoret, saint Augustin, saint Ambroise, saint Basile et presque tous les autres Pères; et encore Bède, Strabus, Damascène, Thomas d'Aquin. Justin martyr explique même pourquoi : 1° pour rafraîchir ou tempérer l'ardeur du mouvement des orbes solides, et de là vient que Saturne est plus froid que nulle autre planète; 2° pour presser et resserrer les cieux, de peur que, par la fréquence et violence des vents, ils ne vinssent à se rompre et à s'éparpiller les uns avec les autres. Ceux qui ont disputé sur la rondeur ou la non-rondeur des cieux, selon les expressions bibliques, ont de même erré dans l'imaginaire. Et ceux qui de cette parole de Job : Qui est-ce qui a fermé la mer avec des portes,

concluent, que c'est un miracle perpétuel que la Terre
ne soit pas submergée. Et ceux qui songent à cette parole de Jésus : Mène-nous en pleine eau (*in altum* au
latin), en recueillent tout de suite que la mer est plus haute
que la terre. Mais cela ressent tant « l'ignorance mo-
nacale » qu'on ne peut s'en rire.

Quelques-uns ont voulu prouver que les étoiles avaient
de l'entendement ou de l'intelligence, à cause de ce passage
de l'Écriture : Mes mains ont étendu les cieux comme
une tente pour y habiter. J'ai commandé à toute leur
armée. Or, disent-ils, il n'y a que les créatures intelligentes qui soient capables de préceptes ; donc il faut que
les étoiles aient des âmes raisonnables. De cette opinion
étaient Philon et plusieurs rabbins qui ajoutent qu'elles
chantent à toute heure la louange de Dieu, à cause de
cette parole de Job : Les étoiles du matin chantant ensemble ; et de David : Il n'y a langage d'où leur voix
ne soit ouïe, et leurs propos ont été jusqu'au bout du
monde. Et du mot רום de Josué, qui veut dire silence. C'est probablement des considérations de cette
nature qu'Origène augura que les étoiles seraient sau-
vées.

Il faut donc croire que l'Ancien Testament comme le
Nouveau n'ont aucun rapport avec les vérités physiques,
qu'il ne faut point tordre leurs versets pour en tirer
quelque chose en faveur de la science. L'Écriture, en sa
propre et naturelle signification, n'affirme ni le mouvement ni l'immobilité de la Terre ; lorsque vous prétendez
lui trouver un sens, je me fais fort de lui en trouver un
autre. Et celui qui commente cette parole de l'Ecclésiaste : Une génération passe et l'autre génération vient,
mais la Terre demeure éternellement ferme, et qui conclut de l'*In æternum stat* l'immobilité de cette Terre, je

traduis, non par immobile, mais par permanente, et je crois que conclure de là l'immobilité de la Terre serait une chose aussi faible et aussi ridicule que si on raisonnait ainsi : Un meunier va et un autre meunier vient, mais le moulin demeure toujours : donc le moulin n'a point de mouvement.

Le caustique écrivain lève ainsi, les unes après les autres, les nombreuses difficultés que présentait l'interprétation de la Bible aux partisans de la nouvelle doctrine, difficultés qui nous sont encore opposées aujourd'hui par des dissidents arriérés. Toutes ces expressions fautives : les deux bouts du monde, le milieu de la Terre, les appuis du ciel, la solidité de la Terre, etc., etc., sont justifiées. Nous n'insisterons pas plus longtemps sur ce genre d'arguments ; pour mettre dans tout son jour la discusssion dogmatique élevée à cette époque, il faudrait un et plusieurs volumes, surtout si nous présentions nominativement les questions et les réponses. Cet aspect a, du reste, beaucoup perdu, depuis deux siècles, de sa gravité et de sa profondeur, et de nos jours son plus grand intérêt est plutôt de curiosité historique que de conscience. A ces exemples nous pouvons ajouter les arguments de convenances qui, à cette époque, étaient fort en faveur.

Il est convenable, dit Fromond, que l'enfer, *qui est* au centre de la Terre, soit le plus éloigné possible du siége des bienheureux. Or ce ciel, qui est le siége des bienheureux, est concentrique au ciel des étoiles. Donc il faut que notre Terre soit au milieu de cette sphère, et ainsi par conséquent au centre de l'univers. — Comment résister à la puissance d'une telle argumentation, et à celle de l'interprétation suivante : Les affaires humaines sont souvent nommées dans la Bible :

OEuvres qui se font sous le Soleil. Donc il faut que la
Terre soit sous lui, et par conséquent plus proche du
centre du monde que le Soleil!

Les raisons de convenance étaient alors, disons-
nous, fort en faveur; les esprits les plus indépendants ne
songent pas à s'en affranchir. Kepler lui-même y sacrifie,
et c'est même par leur usage qu'après trente ans de recherches sur les figures symétriques de la géométrie, il
trouva ses trois lois immortelles. Donc il ne faut pas
s'attendre à ce que notre auteur soit au-dessus d'eux. Il
y a des erreurs inhérentes aux siècles, que nul ne peut
reconnaître. Kepler ne veut que six orbes de planètes,
parce qu'il ne faut pas qu'il y ait plus de cinq proportions, tout autant qu'il y a de corps réguliers en mathématiques. Dans le livre dont nous parlons, si l'on place
le Soleil au centre, c'est parce que cette place lui
convient.

Parmi les objections qu'on a faites contre le mouvement de la Terre (à part la première, qui consiste dans
les apparences) nous citerons celle de la force centrifuge, par suite de laquelle tous les objets devraient être
rejetés avec violence dans les airs, objection que Copernic crut lever en disant que, le mouvement de la Terre
étant *naturel* et non *artificiel*, il ne pouvait engendrer
aucune violence comme celui-ci, — argument partagé par
notre auteur. Celui-ci répond toutefois avec Gilbert par
une considération ingénieuse. Si vous supposez que l'univers entier des étoiles tourbillonne par une vitesse aussi
prodigieuse que vous lui assignez, n'y a-t-il pas peu d'espérance que ce petit point imperceptible de la Terre ne
soit pas entraîné avec le reste? — Mais voici un dernier
exemple de la naïveté de certaines objections, à propos
du mouvement naturel et du mouvement artificiel dont

nous parlions tout à l'heure. Posé, dit un adversaire, que ce mouvement fût *naturel* à la Terre ; mais il ne peut pas être naturel aux villes et aux bâtiments, car ceux-ci sont artificiels ! A quoi notre spirituel auteur répond simplement : Ha ! ha ! hé !

Ainsi nos pères ne riaient pas moins que nous des remarques bénévoles que l'on opposait parfois à leur manière de voir.

Toutes les considérations qui précèdent se rapportent au traité *Que la Terre peut être une planète*. Voici maintenant ce qui concerne la Lune. A notre avis, nous ne saurions donner une meilleure idée de ce travail qu'en énonçant les propositions principales qui le constituent. Si cet énoncé est un peu monotone, en revanche il expose clairement et succinctement la suite des idées qui forment l'argumentation ; s'il manque d'élégance, sa simplicité donne tout ce qu'elle promet. Voici ces propositions :

Que la pluralité des Mondes ne répugne à pas un principe de la raison ou de la foi ;

Que les cieux ne sont pas d'une matière si pure qu'elle les puisse exempter de la corruption ;

Que la Lune est un corps solide, épais et opaque et n'a aucune clarté d'elle-même ;

Que plusieurs mathématiciens, tant anciens que modernes, ont cru qu'il y a un Monde dans la Lune ; et que cela se peut probablement recueillir des maximes de ceux qui sont d'autre sentiment ;

Que ces taches et ces plus claires parties que nous voyons dans la Lune montrent la différence d'entre la mer et la terre en cet autre Monde-là ;

Que dans le corps de la Lune il y a de hautes montagnes, de profondes vallées et des campagnes spacieuses;

Qu'il y a une atmosphère ou globe d'air vaporeux et grossier qui environne immédiatement le corps de la Lune;

Que comme ce Monde-là est notre Lune, qu'ainsi notre Monde est la Lune de ce Monde-là;

Qu'il est bien probable que dans ce Monde-là il y a des météores semblables à ceux que nous avons dans le nôtre;

Qu'il y a bien de l'apparence qu'en ce monde-là il y a des habitants, mais qu'on ne peut pas dire avec certitude de quelle espèce ils sont;

Qu'il n'est pas impossible que quelqu'un de la postérité puisse découvrir un moyen pour nous transporter en ce Monde de la Lune, et d'avoir commerce avec ses habitants.

Telle est sommairement la marche suivie par Wilkins et par La Montagne. Les deux derniers chapitres sont ceux qui nous offrent le plus vif intérêt, attendu que c'est dans cette partie que l'originalité du livre se manifeste principalement. Or voici comment parle l'auteur :

Ayant traité ci-dessus des saisons et des météores qui appartiennent à ce nouveau Monde, je dois dire maintenant un mot ou deux de ses habitants, touchant lesquels on pourrait mouvoir plusieurs questions difficiles, comme savoir si ce lieu-là est plus incommode pour l'habitation que n'est notre Monde, ainsi que l'estime Kepler; s'ils sont de la semence d'Adam; s'ils sont là en état de béatitude, ou quels moyens il pourrait y avoir pour leur salut. Je me contenterai de coucher ici seulement ce que j'en ai appris et remarqué dans les écrits des auteurs que j'ai lus sur ce sujet.

Il ne s'est point fait encore jusqu'ici de découverte touchant ces choses, sur laquelle nous puissions bâtir avec certitude. Cependant nous pouvons conjecturer en général qu'il y a des habitants dans cette planète-là, car, autrement, pourquoi la Nature aurait-elle fourni ce lieu-là de toutes commodités propres pour l'habitation, comme nous avons déclaré ci-dessus? Dira-t-on qu'il y a une trop grande et trop insupportable chaleur? Mais la longueur des nuits refroidit l'hémisphère et le Soleil est longtemps avant de pouvoir le réchauffer; la fréquence des ondées qui y tombent vers le milieu du jour la rafraîchit. Cusa et Campanella sont de cet avis-là, et croient qu'il y a des hommes, des animaux et des végétaux. Campanella ne peut pas bien déterminer si ce sont des hommes, ou plutôt quelque autre espèce de créature. Si ce sont des hommes, il croit qu'ils ne peuvent pas être infectés du péché d'Adam, mais que peut-être ils en ont de leur propre qui les ont pu assujettir à la même misère que nous, dont peut-être ils ont été délivrés par le même moyen que nous, à savoir par la mort de Jésus-Christ, et ainsi croit-il que ce passage des Éphésiens se doit entendre, là où l'apôtre dit que « Dieu recueillit ensemble toutes choses en Christ, tant ce qui est ès cieux que ce qui est en la Terre. » Mais, ajoute notre discoureur, je n'ose pas ainsi me jouer des vérités divines, ou appliquer ces passages selon que la fantaisie le suggère; mais comme j'estime que cette opinion ne contrarie point à aucun passage de l'Ecriture, aussi crois-je semblablement qu'elle ne nous peut pas prouver. Partant, la seconde conjecture de Campanella pourra être la plus vraisemblable, à savoir que les habitants de ce Monde-là ne sont point hommes comme nous, mais quelque autre espèce de créature qui ont quelque proportion et ressemblance avec notre nature.

Remarquons, à propos de ce passage de Campanella, que les auteurs principaux que nous passons en revue nous donnent, en même temps que leurs idées, celles de leurs contemporains qui ont traité la question subsidiairement.

Wilkins semble particulièrement embrasser cette seconde opinion, que les hommes de la Lune diffèrent essentiellement de nous, et c'est l'une des vues que nous louons le plus dans son ouvrage. On sait sur quels principes nous établissons cette manière de voir.

Ils peuvent être, dit-il, d'une nature toute différente des autres choses d'ici-bas, et telle que nulle imagination ne peut décrire, nos entendements n'étant capables que des choses qui sont entrées par nos sens (on se souvient de l'axiome *Nil est in intellectu quin prius fuerit in sensu*). Peut-être, dit-il encore, les habitants de la Lune sont-ils d'une nature mixte. Outre les créatures déjà connues dans le monde, il peut y en avoir beaucoup d'autres. Il y a un abîme entre la nature des hommes et celle des anges. Il se peut faire que les habitants des planètes soient d'une nature mitoyenne entre ces deux. Il n'est pas incroyable que Dieu n'en ait créé de toutes sortes afin de se glorifier plus complétement ès œuvres de sa puissance et de sa sagesse,

Nicolas de Cusa estime aussi qu'ils diffèrent de nous à divers égards. — Ici l'auteur cite du cardinal l'opinion que nous avons rapportée dans notre chapitre sur cet homme célèbre. — Plutarque rapporte qu'un prêtre de Saturne lui a raconté la nature de ces Sélénites, disant qu'ils étaient de diverses dispositions, les uns se plaisant à vivre ès plus basses parties de la Lune, d'où ils peuvent regarder en bas sur nous, pendant que les autres demeurent colloqués plus haut, resplendissants tous comme rayons de Soleil.

Mais toutes ces conjectures ne satisfont pas notre philosophe : il voudrait la certitude, et cette certitude ne peut guère être obtenue qu'en se transportant soi-même dans ce Monde voisin, entreprise dont la réalisation l'intrigue au plus haut degré. Il n'en désespère pas. «Si nous considérons seulement, dit-il, par quels degrés, et combien lentement tous les arts parviennent d'ordinaire à leur plein accroissement, nous n'aurons pas grand sujet de douter que celui-ci semblablement ne se puisse découvrir parmi les autres secrets. Ç'a toujours été jusqu'ici la méthode de la Providence de ne point nous enseigner toutes choses en un instant, mais de nous mener par degrés d'une connaissance à l'autre.

« Il s'est passé un fort long temps avant qu'on pût distinguer les planètes d'avec les étoiles fixes, et quelque temps après cela, avant que l'on ait découvert que l'étoile du matin et celle du soir sont une même étoile. Et je ne doute point qu'en un plus grand espace de temps on ne découvre aussi cette invention et autres excellents mystères. Le temps, qui a toujours été le père des vérités nouvelles, et qui nous a révélé beaucoup de choses que nos ancêtres ont ignorées, manifestera aussi à notre postérité ce que maintenant nous désirons mais ne pouvons pas connaître. Un temps viendra, dit Sénèque, que toutes ces choses qui sont maintenant cachées sortiront à la lumière du jour par la diligence d'un long âge. Les arts ne sont pas encore parvenus à leur solstice. L'industrie des siècles à venir, assistée des labeurs de leurs devanciers, pourra atteindre à cette hauteur à laquelle nous ne saurions parvenir. Comme nous nous émerveillons de l'aveuglement de ceux qui nous ont précédés, ainsi notre postérité admirera notre ignorance.

« Dans les premiers âges du monde, les Irlandais se croyaient être les seuls habitants de la Terre, ou, s'il y en avait d'autres, ils ne pouvaient pas concevoir comment il serait possible d'avoir commerce avec eux, étant ainsi séparés par la mer profonde et spacieuse. Mais les siècles suivants trouvèrent l'invention des navires, dans lesquels, toutefois, il fallut un hardi aventurier pour se hasarder des premiers, selon le dire du tragédien :

> Trop hardy fut celuy qui d'un foible vaisseau
> Osa fendre premier l'inconstant sein de l'eau.

L'invention de quelque moyen pour nous transporter à la Lune ne nous peut pas sembler plus incroyable que cette autre le semblait au commencement, et partant il n'y a nul juste sujet de se décourager dans l'espérance de pareil succès.

« Voire mais, direz-vous, on ne peut pas naviguer à la Lune, à moins que ce que les poëtes feignent fût véritable, à savoir qu'elle fait son lit en la mer. Nous n'avons pas un Drake ou un Colomb à présent pour entreprendre ce voyage, ou un Dédale pour inventer un passage au travers de l'air. — Je réponds qu'encore que nous ne les ayons pas, pourquoi les siècles à venir ne pourraient-ils pas susciter d'aussi éminents esprits pour des entreprises nouvelles. Kepler est d'opinion que, sitôt que l'art de voler aura été découvert, quelqu'un de sa nation sera une des premières colonies qui se transplanteront en cet autre Monde-là. »

L'ingénieux penseur cherche à résoudre les difficultés qui naissent de la pesanteur, de la rareté de l'air et du froid de l'espace ; il pense qu'arrivé à une certaine élévation, on ne serait plus soumis à l'attraction de la Terre et qu'alors on pourrait voguer librement. Mais il est véritablement l'un des précurseurs de Montgolfier et l'un des inventeurs de la navigation aérienne, dans le passage suivant, qui, malgré son aspect naïf, mérite toute notre attention.

C'est une notion assez gentille dont Albert de Saxe fait mention, dit-il, et après lui François Mendoce, que l'air en quelque partie d'icelui est navigable. Et ce fut ce principe statique qui est que tout vaisseau d'airain ou de fer (comme par exemple un chaudron) duquel, bien que la substance soit beaucoup plus massive que celle de l'eau, néanmoins, étant plein d'air plus léger, il flottera sur l'eau et n'enfoncera point. De même, supposez qu'un vaisseau ou une écuelle de bois fût posé sur les bords extérieurs de cet air élémentaire, *si la cavité est pleine d'air éthéré*, elle y demeurerait flottante, et d'elle-même ne pourrait pas tomber en bas, non plus qu'un vaisseau vide couler à fond.

Il songe à toutes les précautions à prendre. Comment se nourrirait-on pendant le voyage? En quelle hôtellerie se reposerait-on? Il n'y a pas de châteaux aériens pour recevoir ces nouveaux chevaliers errants. Quant à la nourriture, il ne ferait pas bon se fier à cette plaisante imagination de Philon, juif, qui estime que l'harmonie des sphères suppléerait au défaut d'aliment. Peut-être, comme certains animaux hibernants, pourrait-on dormir d'ici là, ou encore comme Démocrite, qui se nourrissait pendant plusieurs jours de la seule odeur du pain chaud, pourrait-on rester sans aliments en respirant le plein air éthéré. Du reste, le voyage serait-il si long qu'on ne puisse emporter ses vivres avec soi?...

L'invention consisterait à imiter le vol des oiseaux en s'appliquant des ailes, ou à monter sur le dos de grands oiseaux, comme on raconte qu'il y en a à Madagascar, ou enfin à construire un char volant; cette machine se pourrait inventer des mêmes principes par lesquels Archytas fit voler un pigeon de bois, et Regiomontanus un aigle.

L'accomplissement d'une telle invention, dit l'auteur en terminant, serait d'un si excellent usage, qu'elle suffirait non-seulement à rendre un homme fameux, mais aussi le siècle dans lequel il aurait vécu. Car, outre les étranges découvertes qui par le moyen d'icelle se pourraient faire en cet autre Monde-là, elle serait encore d'un avantage inconcevable pour voyager ici-bas.

Malgré les erreurs inhérentes à l'époque, on remarque dans cet intéressant ouvrage des lueurs avant-courrières de la vérité astronomique, et l'aurore des sciences. Ainsi, tandis que d'un côté il croit encore que les étoiles sont à égales distances de nous et occupent la même zone céleste, et ne s'élève pas à l'idée de leur nombre et de leur importance, d'un autre côté, il parle de leur parallaxe avec autant de justesse qu'on pourrait le faire de nos jours, et admet avec Copernic que le diamètre de l'orbite terrestre est insensible à côté de leur distance, répondant ainsi à l'objection contre le mouvement de la Terre tirée de l'immobilité des étoiles. De même Wilkins donne l'explication de la lumière cendrée de la Lune par la réflexion de la Terre.

L'auteur du *Monde dans la Lune*, comme plusieurs écrivains du seizième siècle et des temps antérieurs, a remis au jour l'opinion qui place les champs Élysées dans cet astre voisin. Cette opinion compte de nombreux partisans, et les sentiments variés des uns et des autres

ne manquent pas d'offrir un certain intérêt historique.
Ouvrons ici une très-large parenthèse.

DU PARADIS DANS LA LUNE.

Si quelques-uns ont estimé que Dieu, au commencement du monde, ayant créé trop de terre pour en faire
un globe parfait, et ne sachant pas bien où employer le
reste, en fit la Lune; d'autres, par un intérêt contraire,
ont doté cet astre d'un état de supériorité et de noblesse
fort supérieur à celui de la Terre. Des anciens ont été
d'opinion, dit notre auteur, que leurs cieux et leurs
champs Élysées étaient dans la Lune où l'air est très-
serein et pur. Ainsi Socrate, ainsi Platon et ses sectateurs l'estimaient être le lieu où ces plus purs esprits
habitent, lesquels sont affranchis du sépulcre et de la
contagion des corps. Et par la fable de Cérès, errant
continuellement çà et là à la recherche de sa fille Proserpine, on n'entend pas autre chose que le désir des humains
qui vivent sur la terre de Cérès d'obtenir une place
chez Proserpine, c'est-à-dire dans la Lune.

Plutarque aussi semble être de ce même sentiment;
mais il tient qu'il y a deux lieux de félicité correspondant à ces deux parties de l'homme qu'il se figure rester
après la mort : l'âme et l'entendement. — On a vu cette
théorie dans notre chapitre sur Plutarque.

Le même écrivain pensait aussi que le lieu des démons
et damnés était dans la moyenne région de l'air, et sur
ce point des écrivains modernes et orthodoxes se sont
accordés avec lui. Il est vrai que saint Augustin affirme
que ce lieu de l'enfer ne se peut découvrir; mais il en est
d'autres qui en savent montrer la situation par l'Écriture,
les uns le tenant être en un autre Monde hors celui-ci,

parce que l'Évangile l'appelle σκότοι ἔξωθεν, ou ténèbres extérieures. Mais la plupart veulent qu'il soit placé
au centre de notre Terre, parce qu'il est dit que Jésus-
Christ descendit aux plus basses parties de la Terre. Et
quelques-uns de ceux-ci assurent si fort que c'est là sa
situation, qu'ils vous en savent aussi décrire tous les
bouts et les côtés, et de quelle capacité il est. François
Ribera, en son commentaire sur l'Apocalypse, parlant de
ces mots où il est dit que « le sang sortit du pressoir
jusqu'aux freins des chevaux par mille six cents stades »,
les interprète devoir être entendus de l'enfer, et que
ce nombre-là exprime le diamètre de sa concavité, qui
est 200 milles italiques. Mais Lessius croit que cette opinion leur donne trop d'espace, car, dit-il, le diamètre
d'une lieue étant multiplié cubiquement sera une sphère
capable de contenir 800,000 millions de damnés, assi-
gnant à chacun d'eux six pieds carrés, tandis qu'à son
avis il n'y aura pas en tout 100,000 millions de damnés.
Vous voyez, remarque Wilkins, que ce hardi jésuite a été
fort soigneux qu'un chacun de ces malheureux-là n'eût pas
plus de place en enfer qu'il ne lui en faut. Quoi qu'il en
soit, ajoute-t-il, il est probable qu'on ne peut rien savoir
là-desssus, et que l'enfer est partout où une âme est tourmentée.

Et pour en revenir à notre Lune, lorsque Plutarque
l'appelle un astre terrestre, ou une terre céleste, ces
idées correspondent au paradis terrestre des scolastiques.
Or que ce paradis soit dans la Lune ou proche de la
Lune est l'opinion de quelques modernes, lesquels, selon toute apparence, la dérivent de l'assertion de Platon
ou de celle de Plutarque. Tostatus attribue cette opinion
à Isidore Hispalensis et au vénérable Bède ; Pererius la
dit être de Strabus et de Rabanus son maître. Les uns

veulent qu'il soit situé en un lieu qui ne se peut découvrir,
ce qui a obligé l'auteur du livre d'Esdras de tenir pour
plus difficile « de connaître les issues du paradis que de
peser le poids du feu ou de mesurer le vent, ou de rappeler le jour qui est passé. » Mais, nonobstant tout cela,
il en est qui estiment qu'il est sur le sommet de quelque
haute montagne sous la ligne, et ceux-ci interprètent
que la zone torride est cette épée flamboyante dont le
paradis terrestre était gardé. Le consentement de divers
autres est que le paradis est situé en quelque haut et éminent lieu. Avec lui s'accordent Rupert, Scot et la plupart des autres scolastiques, comme les citent Pererius
et le chevalier Rawley. La raison qu'ils en donnent est
que, selon toute apparence, ce lieu-là n'a point été inondé
par le déluge, puisqu'il n'y avait point de pécheurs pour
attirer cette malédiction. Tostatus pense que le corps
d'Enoch y est conservé, et quelques-uns des Pères,
comme Tertullien et saint Augustin, ont affirmé que les
esprits bienheureux étaient réservés en ce lieu-là jusqu'au
jour du jugement. Il serait facile de produire le consentement unanime des Pères pour prouver qu'il est encore
réellement existant et que c'est le même auquel saint
Paul fut ravi et celui que Jésus promit au larron, et celui
d'où nos premiers parents furent bannis. Comme il n'y a
sur la Terre aucun endroit qui réunisse les conditions
précédentes, il n'est pas incroyable que ce soit le Monde
de la Lune.

D'ailleurs, comme tout le genre humain devait aller nu
si Adam ne fût point tombé, il était nécessaire que cet
endroit fût affranchi des extrémités du froid et du chaud.
Or cela ne pouvait être si commodément en un air plus
bas qu'en un air plus haut. Voyant que nulle montagne
n'était convenable pour cela, et que nous ne saurions

imaginer aucun lieu séparé de cette terre qui fût plus propre ou plus commode pour l'habitation que cette planète-là, on en a conclu que c'était là où il était. Deux raisons principales l'établissent : 1° le paradis terrestre n'était point situé sur la Terre, puisque le déluge a couvert les plus hautes montagnes ; 2° il fallait qu'il fût d'une certaine étendue, et non pas une petite portion de terre, puisque tout le genre humain y eût vécu si Adam ne fût pas tombé.

Rendons justice à l'auteur du *Monde dans la Lune*, qui n'accepte pas bénévolement toutes ces conjectures et qui témoigne par les paroles suivantes de son bon sens et de sa valeur : « Je n'oserais rien affirmer, moi, de ces Sélénites ; mais je crois que les siècles à venir en découvriront davantage. »

Dans son voyage à la Lune, Cyrano de Bergerac aborde d'abord vraisemblablement au paradis terrestre, où l'on garde encore le souvenir de l'illustre Mada (Adam). Malgré la mutilation de son texte, on peut reconnaître là l'idée d'y avoir vu le séjour de notre premier père.

A côté de la tradition qui place le paradis terrestre dans la Lune, on peut suivre les traces d'une tradition différente qui le place dans l'hémisphère austral, vers l'équateur. On se souvient en particulier que Dante y aborde directement en remontant aux antipodes, et qu'il lui trouve la forme d'une montagne fort élevée, boursouflure causée, paraît-il, par la chute de Lucifer lorsqu'il fut précipité du ciel en terre par l'archange Gabriel. L'opinion de Christophe Colomb ne différait pas essentiellement de la précédente. « J'ai cru pendant quelque temps la Terre sphérique, dit-il, mais je suis arrivé à me faire une autre idée du monde ; je trouvai qu'il n'était pas rond de la manière qu'on l'écrivait, mais qu'il a la forme d'une *poire*, ou encore celle d'une pelote ronde, sur l'un des points de laquelle existerait une espèce de mamelon. Or je crois que, si je passais sous la ligne équinoxiale en arrivant à ce point le plus élevé dont j'ai parlé, je trouverais une température plus douce et de la diversité dans les étoiles et dans les cieux; non pas que je croie pour cela que le point où est la plus grande hauteur soit agréable, qu'il y ait même de l'eau, ni qu'on puisse s'élever jusque-là, mais parce que je suis convaincu que là est le *Paradis terrestre*, où personne ne peut arriver, si ce n'est par la volonté de Dieu (1). » Le religieux amiral crut voir dans bien des fleuves du Nouveau monde des eaux descendues de ce lieu de délices, et le quinzième siècle vit paraître bien des descriptions de villes éclatantes, depuis celle de Cipangu par Marco Polo, jusqu'au pic de Ceylan, où l'on voyait la trace du pied d'Adam. Du reste, ce n'est qu'à regret que l'on voyait l'évêque d'Avila transporter le jardin de volupté dans la Lune ou dans quelque autre région extra-terrestre, et les moines ne manquaient pas de dire aux pèlerins qui revenaient d'Orient : « Si le paradis terrestre ne s'est pas éteint dans un évanouissement, comme ces vapeurs trompeuses du mirage qu'on voit au désert de Syrie, il est toujours à Eden, dans l'Arabie Heureuse. »

On aura déjà remarqué, sans doute, que jusqu'au point où nous sommes arrivé, la colonisation des astres s'est arrêtée à la Lune : c'est plutôt une simple dualité qu'une pluralité de Mondes, que l'on a plaidé jusqu'ici. Et c'est à peu près ce qui existe encore de notre temps dans nos provinces : si on parle d'autres Mondes, on songe tout de suite à la Lune. Nous nous rappelons que dans notre en-

(1) *Colleccion de los viages*, etc. Madrid, 1825.

fance, lorsque notre curiosité soulevait cette question,
c'est de la Lune que l'on causait et non des astres lointains plus inconnus. Au cercle de la Lune s'arrête le premier essor de la pensée humaine. Avant la naissance
de Socrate, Ocellus de Lucanie avait écrit (1) : « La ligne
de partage entre l'immortel et le mortel est le cercle
que décrit la Lune. Tout ce qui est au-dessus d'elle et
jusqu'à elle est l'habitation des dieux ; tout ce qui est
au-dessous est le séjour de la nature et de la discorde :
celle-ci opère la dissolution des choses faites ; l'autre la
production de celles qui se font. » Il semble que,
longtemps après ces temps antiques, cette opinion ré-
gnait encore, et que l'empire de la nature physique ait
été confiné au système de la Terre.

Ce n'est pas que le regard ne s'étende quelquefois
au delà ; mais les ailes ne sont pas assez fortes pour
permettre un vol plus hardi, et l'ombre d'un profond
mystère s'étend encore devant les Mondes célestes. Il
faut faire le premier pas avant le second, et à cette époque on se contente sagement du premier. Si vous consi-
dérez les autres planètes, dit l'auteur du *Monde dans
la Lune*, vous trouverez peut-être assez vraisemblable
que chacune d'elles puisse être un Monde divers, d'autant
plus qu'elles ne sont pas toutes en un même globe,
ainsi que le semblent être les étoiles fixes. Mais ce serait
trop débiter d'abord. La principale chose à quoi je vise
en ce discours est de prouver seulement qu'il y en peut
avoir un dans la Lune. — On voit qu'à plus forte raison
on ne songeait guère aux étoiles fixes.

La raison expérimentale de ce fait se trouve dans la

---

(1) Περὶ τῆς τοῦ Παντός Φύσεως. B. (*De la nature de l'univers*,
chap. ii).

première découverte de la lunette de Galilée. Cette lunette, la première de toutes, et qui émerveilla à un si haut degré nos bons aïeux, était cependant bien modeste, car son grossissement ne fut jamais porté au delà de 32, et fut ordinairement inférieur à cette limite. Avec cette lunette, la Lune était le seul astre qui pût être observé et étudié avec quelque intérêt, les planètes offrant à peine des disques appréciables.

Nous avons voulu exposer longuement les tendances qui précèdent, parce qu'elles représentent l'époque où nous sommes arrivés. L'ouvrage que voici donne la raison de ces tendances, en nous offrant l'exemple d'un étrange mariage entre les idées astrologiques et les idées religieuses.

A. RHEITA. *OEil d'Enoch et d'Elie.*

Oculus Enoch et Eliæ, sive radius sidereomysticus, etc. (1), Antuerpiæ, in-folio, 1645.

Parmi les plus opulentes des bibliothèques des cloîtres du moyen âge on trouvera difficilement un livre qui

(1) Voici le titre complet de cet ouvrage dans toute son étendue; nous l'offrons aux curieux comme un véritable type des titres analogues, si communs au moyen âge. « *Oculus Enoch et Eliæ, sive radius sidereomysticus.* Pars prima, authore R. P. F. Antonio de Rheita, ord. Capucinorum, concionat. et provinciæ Austriæ ac Bohemiæ quondam præbitore. Opus philosophis, astronomis et rerum cœlestium æquis æstimatoribus non tam utile quam jucundum : quo omnium planetarum veri motus, stationes et retrocessiones, sine ullis epicyclis vel æquantibus, tam in theoria Tychonica quam Copernicana compendiosissime et jucundissime demonstrantur, exhibenturque. Hypothesis Tychonis quoad absolutam veritatem stabilitur ac facilior ipsa Copernicana redditur, reformatur et ad simplicissimam normam et formam reducitur. Hisce accesserunt novæ harmonicæ determinationes molium et proportionum planetarum ad invicem. Item plurimæ aliæ novitates cœlo ab authore deductæ. Probabilissima causa

puisse rivaliser avec ce grand in-folio de sept cents pages. L'union bizarre que l'on remarque en lui entre la grandeur et la singularité des vues en font un livre à part. Le frontispice représente le Monde soutenu par une triple chaîne au milieu de la nef d'une basilique byzantine. Le Sauveur du Monde supporte le sommet de la chaîne sans fin que soutiennent des anges, des apôtres et enfin les rois de l'époque en costumes. La naïveté de l'expression donne à ce dessin une originalité sans égale.

Cet ouvrage colossal s'ouvre par deux épîtres dédicatoires. La première est adressée au Fils de Dieu : *Deo opt. max. Christo Jesu, rerum omnium patratori, siderum pientissimo conditori et moderatori, etc.*; la seconde à Ferdinand III d'Autriche : *Augustissimo invictissimoque Cesari romani imperii septemviris, etc.* Dans la première lettre on assiste à la consécration du livre par le Dieu trinaire, dans la seconde à son adoption par un terrestre empereur. Mais passons sur ces détails.

L'auteur croit saintement à l'immobilité de la Terre et à sa position centrale dans le Monde unique, composé de la Terre, des astres et du ciel Empyrée. Aussi son raisonnement devient singulier lorsqu'il arrive au chapitre de la Pluralité des Mondes.

Comme il ne manque pas d'auteurs, tant anciens que

fluxus et refluxus Oceani. Ratio brevis conficiendi telescopium astronomicum. Et ultimo planetologium mechanicum et novum, quo paucissimis votis veri omnium planetarum motus jucunde exhiberi queunt. — Pars altera, sive *Theo-Astronomia*; qua consideratione visibilium et cœlestium, per novos et jucundos conceptus prædicabiles ab astris desumptos, mens humana, invisibilia Dei introducitur. Opus theologis, philosophis et verbi Dei præconibus utile et jucundum. »

modernes, qui aient traité cette hypothèse, dit-il, il convient d'en parler ici. Dans son *Traité sur les Oracles*, Plutarque rapporte que Platon croyait à plusieurs Mondes : à cinq. De même, si l'on en croit Théodoret, Aristarque, Anaximène, Xénophane, Diogène, Leucippe, Démocrite et Épicure opinèrent pour une infinité de Mondes. Et Métrodore disait « qu'il serait aussi absurde de ne placer qu'un Monde dans l'espace infini que de croire à l'existence d'un seul épi de blé dans une vaste campagne » (1).

Mais afin de mieux comprendre cette question, il importe d'établir la distinction suivante : ou l'on entend par le mot Monde toute la matière existante, l'univers entier; ou l'on entend seulement une certaine partie de l'univers, comme par exemple la Terre, enveloppée du reste comme un noyau de son fruit. Dans le premier cas, émettre l'idée qu'il y a plusieurs Mondes, c'est non-seulement téméraire, mais c'est encore contradictoire.

Et voici le grand sophisme du théologien, sophisme qui ne lui est pas personnel. Au delà du Monde, au delà de l'univers entier, il n'y a qu'un *espace imaginaire*. Or, cet espace imaginaire ne possède pas les propriétés de l'étendue, il n'est ni long, ni large, ni profond. Comme cet espace n'est rien, absolument rien, autrement dit le pur néant, il est évident qu'on ne peut mettre quelque chose dans rien; et par conséquent il n'y a pas de Mondes possibles dans l'espace imaginaire.

---

(1) Cette phrase de Métrodore de Chio peut passer pour une de celles qui eurent le plus de succès depuis 2,000 ans. Nous l'avons trouvée 35 fois citée, à commencer par Plutarque, à finir par l'auteur de la *Pluralité des Mondes habités*.

Nous nous déciderons à laisser cette divagation sans commentaire, ayant déjà exprimé plus haut notre jugement à son égard.

Avec cette restriction, l'auteur admet la possibilité de plusieurs Mondes, et cette opinion favorable, nous la devons à l'influence du cardinal de Cusa, qui, on se le rappelle, ne voulait pas que l'univers possédât un seul séjour inhabité. Le corollaire du chap. xi (Lib. II *De docta ignorantia*), occupe, en effet, par sa citation, la plus grande partie du chapitre consacré par Antonio Rheïta à la Pluralité des Mondes. Cet écrivain a de plus le libéralisme de rejeter l'opinion du P. Mersenne, qui concluait la non-Pluralité des Mondes du silence de l'Écriture Sainte à cet égard.

Le P. Rheïta n'avait pas toujours une bonne vue. Un jour il prit de petites étoiles aux environs de Jupiter pour de nouveaux satellites de cette planète; et voulant faire sa cour au pape Urbain VIII, il lui en fit hommage sous le titre d'astres *urbanoctaviens*, nom malheureux qui imitait fort mal le titre d'astres de Médicis donné par Galilée aux quatre satellites de Jupiter.

Ni l'opinion pythagorique sur les animaux lunaires, ni celle de Thalès de Milet, rapportée par Théodoret (*Sermone IV*), ni celle d'Héraclite et de Démocrite ne touchent notre auteur. Il ne pense pas non plus, comme quelques-uns d'alors et d'aujourd'hui, que les productions de la Lune, hommes, animaux et plantes, soient 43 fois plus petites que celles de la Terre, par la raison que la Lune serait 43 fois plus petite que notre globe. Non, il ne s'occupe pas de la taille des lunariens; seulement il espère que les siècles futurs éclaireront les hommes à ce sujet, grâce aux progrès de l'optique. Il se contente de dire qu'il fait tour à tour très-chaud et très-froid sur la Lune, qu'il n'y pleut jamais, mais qu'il y a quelquefois de la rosée.

Mais en revanche, notre théoricien croit que le firmament est une sphère solide : ce fait est évident pour lui, parce que certaines expressions des Livres saints autorisent cette assertion. De même, il pense que les cieux qui sont au-dessus du firmament sont formés *d'eau*, par la raison que le mot hébraïque שמים (*schamaïn*), signifie *aqua*. Ces interprétations sont le point de départ d'une série de conjectures à perte de vue sur ce que deviendront le Ciel et la Terre après le jugement dernier.

Ailleurs il calcule d'une façon très-curieuse la largeur du ciel. Voici en résumé la marche de son raisonnement. Le diamètre du Soleil est la racine carrée de la distance du Soleil à la Terre. De même que le diamètre de la Terre est contenu 1,000 fois dans le diamètre de l'écliptique, de même le diamètre du corps solaire est contenu 1,000 fois dans le rayon de l'orbite de Saturne. Or, comme le diamètre du Soleil en diamètres de la Terre est la racine carrée de sa distance à Saturne (car cent fois cent font 10,000 diamètres de la Terre), de même le diamètre de la sphère de Saturne est pareillement la racine carrée en diamètres solaires du rayon ou du demi-diamètre du firmament, Mais, comme le diamètre du Soleil est contenu 1,000 fois dans celui de la sphère de Saturne, le demi-diamètre du firmament équivaudra à 1,000,000 de diamètres solaires, lequel nombre multiplié par 10 donnera 10,000,000 de diamètres terrestres, ou 20,000,000 de demi-diamètres. Si maintenant nous multiplions ce nombre par 1,000 (heures que renferme le rayon de la Terre), nous aurons 20,000,000 d'heures pour le demi-diamètre du firmament.

De même que le diamètre de Saturne est la racine carrée en diamètres solaires du demi-diamètre du firmament, ainsi celui-ci sera en diamètres de la sphère de Saturne la racine carrée du demi-diamètre du ciel Empyrée. Ce calcul terminé donne 20,000,000,000,000 demi-diamètres de la Terre, ou, en heures :

20,000,000,000,000,000.

Et comme le rapport du diamètre à la circonférence est $\frac{7}{22}$, en multipliant par 22 et en divisant par 7, on trouve pour résultat final que la circonférence du ciel Empyrée, exprimée en heures, égale 125,714,285,714,285,714.— Ce qui donne au bon père capucin un motif de confiance très-fondé pour la place réservée aux élus du Seigneur; et l'exclamation de Baruch vient bien à point ici : *O Israel, quam magna est domus Dei!* Que la maison de Dieu est grande !

Ce serait pour nous un véritable plaisir de continuer notre conversation avec Maria-Antonio de Rheita, surtout si le temps nous était donné d'aller jusqu'à la Tropologia II de l'Anagoge VI de la seconde partie, qui traite « de l'effet du son de la trompette dans les oreilles des pécheurs *in die judicii;* » ou encore de suivre ses comparaisons entre le Père éternel et le Premier Mobile, et de la vierge Marie à Vénus lucifer (la planète); ou encore de la valeur mystique des signes du zodiaque et des douze fruits des sept dons du Saint-Esprit, etc.; mais l'espace nous manque en vérité, et la foule des auteurs qui viennent nous harcèle et nous commande.

CHAPITRE VII

Discours nouveau prouvant la Pluralité des Mondes ; que les astres sont des Terres habitées, et la Terre une estoile, etc., par PIERRE BOREL. (1647).

Ce médecin ordinaire du roi, auteur de traités de science médicale et d'histoire naturelle plus connus de la postérité que celui dont nous venons de donner le titre, nous offre le prélude des œuvres de Cyrano de Bergerac. Les listes bibliographiques indiquent à l'impression de cet ouvrage la date de 1657 ; mais nous n'avons pu trouver nulle part un exemplaire imprimé. La bibliothèque de l'Arsenal possède un manuscrit qu'un écrivain très-versé dans ce genre d'études (1) a présenté comme il suit :

À l'époque où Cyrano composa son *Voyage à la Lune*, les philosophes et les savants qui se livraient à

_____

(1) Le bibliophile Jacob, à l'obligeance duquel nous devons la connaissance de ce manuscrit.

des observations astronomiques étaient préoccupés de
savoir si les astres, le Soleil et la Lune surtout, avaient
ou non des habitants. Cyrano pourrait bien s'être servi,
sinon inspiré, d'un traité très-ancien, dans lequel cette
question est examinée au point de vue de la science de ce
temps-là. Borel était en relation avec Gassendi, Mersenne, Rohault, etc. On doit supposer qu'il connaissait
aussi l'auteur du *Voyage dans la Lune*. En tout cas,
son ouvrage est intitulé : « Discours nouveau prouvant la
Pluralité des Mondes ; que les astres sont des terres habitées, et la Terre une estoile ; qu'elle est hors du centre
du monde, dans le troisième ciel, et se trouve devant le
Soleil, qui est fixe, et autres choses très-curieuses. »
Nous croyons que ce mémoire n'a pas été imprimé. Le chapitre XXX, *Des choses qui sont dans la Lune et autres
astres*, a quelque analogie avec un passage de la préface
de Lebret dans les œuvres de Cyrano. « Quelques stoïciens, dit Borel, ont creu qu'il y avoit des peuples non-
seulement en la Lune, mais dans le corps du Soleil. Et
Campanella dit que ces vives et reluisantes demeures
peuvent avoir leurs habitants, qui sont possible plus savants que nous et mieux informés des choses que nous
ne pouvons comprendre.

« Mais Galileus, qui, de nostre temps, a veu clairement dans la Lune, a remarqué qu'elle pouvoit estre habitée, veu qu'elle a des montagnes, car les parties plaines
sont les obscures, et les montueuses les claires, et qu'il
y a autour de ces taches comme des monts et des rochers. C'est pour cela que quelqu'un a dit que les astres
ne reluisent qu'à cause de leur irrégularité, soutenans
que nous ne les verrions jamais, s'ils estoient sans montagnes pour refleschir le Soleil. »

Borel dans son chapitre XLIV, recherche « par quels

moyens on pourroit descouvrir la pure vérité de la Pluralité des Mondes et particulièrement ce qui est dans la Lune. » Il s'exprime ainsi au sujet des machines aérostatiques : « Et enfin quelques-uns se sont imaginez que comme l'homme a imité les poissons en nageant, qu'il pourra aussi trouver l'art de voler, et que par cet artifice il pourroit, sans aucun de ces moyens, voir la vérité de cette question. Les histoires nous rapportent des exemples des hommes qui ont volé. Plusieurs philosophes le croient possible, et entre autres Roger Bacon. Je pourrois ici rapporter tous ces exemples et diverses raisons de cela, mesme des instrumens et machines pour cet effet, mais je le réserveray pour ma magie naturelle, parce que, quand même on pourroit voler, cela serviroit de peu, pour ce sujet, parce que, outre que l'homme, par sa pesanteur, ne s'élèveroit guère haut, il ne pourroit pas demeurer fixé pour regarder le ciel ou se servir des visuels, mais auroit son esprit tout bandé à conduire sa machine. »

En attendant que ce magnifique résultat de la navigation aérienne soit atteint, continuons les voyages faits sur les seules ailes de l'imagination.

Cyrano de Bergerac. — *Voyage dans la Lune* (1649). *Histoire des États et Empires du Soleil* (1652) (1).

« La Lune était dans son plein, le ciel était décou-

(1) Les dates que nous donnons ici sont les dates probables où les œuvres de Cyrano furent connues à l'état de manuscrits. La première édition du *Voyage à la Lune* est de 1656, quoique le catalogue de la Bibliothèque du roi, rédigé par l'abbé Solier, en mentionne une de 1650; la première des *États du Soleil* est de 1662. Ces deux éditions elles-mêmes sont posthumes, Cyrano étant mort en 1655, et furent publiées par les soins de Henri Lebret, son exécuteur testamentaire.

vert, et neuf heures du soir étaient sonnées, lorsque, revenant de Clamart, près Paris (où M. de Cuigy le fils, qui en est le seigneur, nous avait régalés, plusieurs de mes amis et moi), les diverses pensées que nous donna cette boule de safran nous défrayèrent sur le chemin : de sorte que, les yeux noyés dans ce grand astre, tantôt l'un le prenait pour une lucarne du ciel, tantôt un autre assurait que c'était la platine où Diane dresse les rabats d'Apollon ; un autre, que ce pourrait bien être le Soleil lui-même, qui, s'étant au soir dépouillé de ses rayons, regardait par un trou ce qu'on faisait au monde quand il n'y était pas. — Et moi, leur dis-je, qui souhaite mêler mes enthousiasmes aux vôtres, je crois, sans m'amuser aux imaginations pointues dont vous chatouillez le temps pour le faire marcher plus vite, que la Lune est un Monde comme celui-ci, à qui le nôtre sert de Lune. » Quelques-uns de la compagnie me régalèrent d'un grand éclat de rire.... Ainsi peut-être, leur dis-je, se moque-t-on maintenant, dans la Lune, de quelque autre qui soutient que ce globe-ci est un monde. »

La charmante entrée en matière que voilà ne vous offre-t-elle pas un délicieux avant-goût pour l'histoire qui va venir, et n'est-elle pas une excellente lettre de passe-port donnant à son auteur plein droit de cité dans notre domaine? Savinien Cyrano, né à Bergerac, petite ville du Périgord, mérite une bonne et due présentation. Même aujourd'hui, on ne connaît guère à son propos que les deux vers de Boileau :

> J'aime mieux Bergerac et sa burlesque audace
> Que ces vers où Motin se morfond et nous glace.

Cependant il mérite mieux de la postérité. Nous dirons avec Charles Nodier que l'aspect sous lequel il faut considérer Cyrano est beaucoup plus large. C'était un talent irrégulier, inégal, capricieux, confus, répréhensible en une multitude de points; mais c'était un talent de mouvements et d'invention. On ne s'en doute pas... Qui a lu Bergerac?

Vers l'année 1638, l'abbé Gassendi, dont le nom célèbre illustrait déjà la France, tenait à Paris, dans une rue silencieuse bordant les Thermes de Julien, non loin du Collège de France où il était professeur, un petit cénacle philosophique dont le jeune Chapelle, Lamothe Le Vayer, Bernier, Hesnaut, Molière, étaient les disciples assidus. Le jeune Cyrano, d'humeur batailleuse et d'une volonté peu élastique, s'était mis en tête de faire partie de cette jeune et brillante compagnie et, de gré ou de force, d'être admis parmi les auditeurs privilégiés du maître. Il paraît même que, s'il fut reçu, la disposition prise en sa faveur avait principalement pour cause le besoin de mettre un terme aux harcellements et aux menaces du fougueux néophyte. Nous avons oublié de dire que Cyrano était un grand rieur en même temps qu'un homme très-vif, et que, fort malencontreusement pour ce dernier point de son caractère, sa physionomie offrait une singularité qui portait au rire tous ceux qui le regardaient : c'était la longueur extraordinaire de son nez; plusieurs payèrent de leur vie l'imprudence de lui avoir ri en face. Dassoucy, qui a raconté son combat avec le singe de Brioché, au bout du Pont-Neuf, flatte peu son portrait. « Sa tête, dit-il, paraissait presque veuve de cheveux, on les eût comptés de dix pas : ses yeux se perdaient sous ses sourcils; son nez, large par la tige et recourbé, représentait celui des babillards jaunes et verts qu'on nous apporte d'Amérique; ses jambes figuraient des fuseaux, » etc. Malgré cela, Cyrano de Bergerac ne manquait pas d'esprit : c'est à coup sûr l'un des plus grands originaux qui aient existé; de la race de Rabelais et de Montaigne, on peut le regarder comme le dernier des Gaulois. Au surplus, il va lui-même plaider sa cause. Reprenons le récit interrompu.

« Cette pensée dont la hardiesse biaisait à mon humeur, affermie par la contradiction, se plongea si profondément chez moi, que, pendant tout le reste du chemin, je demeurai gros de mille définitions de Lune, dont je ne pouvais accoucher; de sorte qu'à force d'appuyer cette croyance burlesque par des raisonnements presque sérieux, il s'en fallait peu que je n'y déférasse déjà quand le miracle ou l'accident, la Providence, la fortune, ou peut-être ce qu'on nomme vision, fiction, chimère ou folie, si on veut, me fournit l'occasion qui m'engagea à ce discours. Étant arrivé chez moi, je montai dans mon cabinet, où je trouvai sur la table un livre ouvert que je n'y avais point mis. C'était celui de Cardan, et quoique je n'eusse pas dessein d'y lire, je tombai de la vue, comme par force, justement sur une histoire de ce philosophe qui dit : qu'étudiant un soir à la chandelle, il aperçut entrer, au travers des portes fermées, deux grands vieillards, lesquels, après beaucoup d'interrogations qu'il leur fit, répondirent qu'ils étaient habitants de la Lune, et en même temps disparurent. Je demeurai si surpris, tant de voir un livre qui s'était apporté là tout seul, que du temps et de la feuille où il s'était rencontré ouvert, que je pris toute cette enchaînure d'incidents pour une inspiration de faire connaître aux hommes que la Lune est un Monde... Sans doute, dit-il plus loin, les deux vieillards qui apparurent à ce grand homme sont ceux-là mêmes qui ont dérangé mon livre, et qui l'ont ouvert sur cette page pour s'épargner la peine de me faire la harangue qu'ils ont faite à Cardan. Mais, ajoute-t-il, je ne saurais m'éclaircir de ce doute si je ne monte jusque-là. »

Un jour donc notre physicien se met à l'œuvre. Il attache autour de lui « quantité de fioles sur lesquelles le Soleil dardait ses rayons si violemment que la chaleur, qui les attirait comme elle fait les plus grosses nuées, l'éleva si haut, qu'enfin il se trouva au-dessus de la moyenne région. » Mais, comme cette attraction le faisait monter avec trop de rapidité, et qu'au lieu de s'approcher de la Lune, comme il l'avait pensé, elle lui paraissait plus éloignée qu'à son départ, il cassa quelques-unes de ses fioles afin de redescendre sur terre. Or, pendant son ascension, la Terre avait tourné, et au lieu de redescendre à son point de départ, il se trouva au Canada ! où une compagnie de soldats, tambour battant, vinrent le prendre pour le conduire au gouverneur.

Il essaya une seconde machine, mais à peine commençait-il ses premiers essais qu'il fit la culbute et fut obligé de s'enduire le corps de moelle de bœuf pour adoucir ses blessures. Comme le lendemain il cherchait sa machine perdue, il la trouva au milieu de la place de Québec : les soldats l'avaient prise pour la carcasse artificielle d'un dragon volant, et avaient pensé qu'on devait la bourrer de fusées d'artifice pour la faire voler. Surpris et furieux de rencontrer « l'œuvre de ses mains » en aussi grand péril, Cyrano saisit le bras du soldat qui allumait le feu, lui arracha sa mèche, et sauta sur la machine... mais c'était un mauvais moment : le feu d'artifice éclate, homme et machine sont lancés à une hauteur prodigieuse... et voilà qu'au bout de quelque temps, la machine redescend, tandis que le voyageur aérien continue de monter... Accoutumée de sucer la moelle des animaux, la Lune suçait celle dont il s'était enduit la veille, et l'attirait si bien qu'il s'en approchait rapidement. Enfin, un certain moment, Cyrano tomba les pieds en l'air; la gravité de sa chute l'empêcha de se souvenir de la façon précise dont elle s'accomplit; il se réveilla sous un pommier.

Les mutilations opérées sur le manuscrit de Cyrano, à cause des allusions faites ici au paradis terrestre, ne permettent pas de reconstruire l'idée de l'auteur. Cependant on peut voir qu'après avoir cherché quelque temps si la Lune était habitée, il rencontre, couché à l'ombre, un jeune adolescent, descendant de Mada (l'anagramme est transparente), qui était venu de la Terre vers la Lune par une machine composée de fer et d'*aimant*. Le mode d'ascension consistait à jeter en l'air une forte boule d'aimant naturel : cet aimant attirait la machine de fer dans laquelle le voyageur était assis. Il avait continué l'opération jusqu'au moment où il était parvenu dans la sphère d'attraction de la Lune.

Mais il paraît (les lacunes n'expliquent pas cette contradiction) que Cyrano fut longtemps avant de voir les habitants de la Lune. Voici comment il rapporte sa première rencontre : « … Au bout d'un demi-quart de lieue, je rencontrai deux fort grands animaux, dont l'un s'arrêta devant moi, l'autre s'enfuit légèrement au gîte ; au moins je le pensai ainsi, à cause qu'à quelque temps de là, je le vis revenir accompagné de plus de sept ou huit cents de même espèce, qui m'environnèrent. Quand je les pus discerner de près, je connus qu'ils avaient la taille et la figure comme nous. Cette aventure me fit souvenir de ce que jadis j'avais ouï conter à ma nourrice des sirènes, des faunes et des satyres. De temps en temps, ils élevaient des huées si furieuses, causées sans doute par l'admiration de me voir, que je croyais quasi être devenu monstre. Enfin, une de ces bêtes-hommes, m'ayant pris par le côté, de même que font les loups quand ils enlèvent des brebis, me jeta sur son dos et me mena dans leur ville, où je fus plus étonné que devant, quand je reconnus, en effet, que c'étaient des hommes, de n'en rencontrer pas un qui ne marchât à quatre pattes. »

Les habitants de la Lune marchent à quatre pattes, comme on voit, ils ont en moyenne douze coudées de longueur ; aussi s'étonnaient-ils à la fois et de la petitesse et de la singularité du corps de notre homme terrestre. Les échevins le commirent à la surveillance du gardien des bêtes rares, et on lui apprit à faire la culbute, figurer des grimaces, en un mot, amuser le public. Il fut bientôt consolé par le démon de Socrate, esprit originaire du Soleil, qui avait habité la Terre avant le règne d'Auguste, au temps des oracles, des lares, des fées, et qui récemment avait pris le corps d'un jeune habitant de la Lune au moment de sa mort. Ce démon le rendit philosophe et lui servit à bien observer les choses de ce nouveau Monde.

Il y a sur la Lune deux sortes de langage. La première, en usage chez les grands, n'est qu'une harmonie de tons divers ; les arguments de scolastique, les discussions, les plus graves difficultés d'un procès, s'agitent également par un concert. C'est ce qui explique plus loin le nom du roi *La-la-do-mi* , de la rivière. (Cyrano ne connaissait-il pas *l'Homme dans la Lune*, de Godwin ?) La seconde, en usage chez le peuple, s'exécute par le trémoussement des membres ; les mots consistent dans l'agitation signi-

ficative d'un doigt, d'une oreille, d'un œil, d'une joue, etc.,
de sorte que l'on ne dirait pas un homme qui parle, mais
un corps qui tremble.

Le mode de nutrition ne diffère pas moins du nôtre.
La salle à manger se compose d'une grande pièce nue,
au milieu de laquelle on fait entrer le convive, que l'on
dépouille entièrement. Cyrano demande un potage ; aussitôt il sent l'odeur du plus succulent mitonné qui frappa
jamais le nez du mauvais riche. « Je voulus, dit-il, me
lever de ma place pour chercher à la piste la source de
cette agréable fumée ; mais mon porteur m'en empêcha :
— Où voulez-vous aller ? me dit-il, achevez votre potage.
— Et où diable est ce potage ? lui répondis-je presque
en colère. — Vous ne savez donc pas comment on mange
ici ? Puisque vous l'ignorez encore, sachez que l'on ne
vit que de fumée. » L'art de la cuisine est, en effet, de
renfermer dans de grands vases moulés exprès l'exhalaison
qui sort des viandes en les cuisant ; on débouche le vase
où l'odeur de plusieurs mets est rassemblée, on en découvre après cela un autre, et ainsi jusqu'à ce que la
compagnie soit rassasiée.

On s'éclaire avec des vers luisants enfermés dans du
cristal. Cyrano vit cependant, plus tard, deux boules de
feu resplendissantes servant au même usage : c'étaient
des rayons de soleil purgés de leur chaleur. Les lits sont
des couches de fleurs, où de jeunes garçons vous attendent
pour vous déshabiller, vous étendre et vous chatouiller
jusqu'à ce qu'on s'endorme.

Les *vers* sont la monnaie courante du pays. Un jour
qu'en une certaine campagne il avait manifesté à son
hôte le désir de manger une douzaine d'alouettes, il les
vit tomber à ses pieds toutes rôties. « Ils ont l'industrie
de mêler parmi leur poudre une composition qui tue,

plume, rôtit et assaisonne le gibier. » Le proverbe vient
sans doute de quelqu'un descendu de la Lune. Or,
comme il demandait à payer, on lui répondit que sa dé-
pense montait à un sixain. C'est une bonne monnaie : avec
un sonnet, il y a de quoi faire ripaille pendant huit jours.

Contrairement à ce qui se passe dans notre Monde, ce
sont les jeunes gens qui sont respectés par les vieux, par
la raison que la jeunesse est plus capable que la vieillesse.
Le père n'a pas d'autorité sur le fils; « il n'a tenu qu'au
hasard que votre père n'ait été votre fils comme vous
êtes le sien. Savez-vous même s'il ne vous a point empêché d'hériter d'un diadème? Votre esprit peut-être
était parti du ciel, à dessein d'animer le roi des Romains dans le sein de l'impératrice; en chemin, par
hasard, il rencontre votre embryon, et peut-être que pour
abréger sa course il s'y loge. »

On retrouve dans Cyrano toutes les écoles de l'antiquité, de Pythagore à Pyrrhon, et si Leibnitz n'eût
été à cette époque qu'un tout petit enfant de quelques
années, nous dirions qu'on y rencontre aussi Leibnitz et
Bernouilli. Écoutons un fragment de conversation en faveur d'un chou. « Dire que Nature a plus aimé l'homme
que le chou, c'est nous chatouiller pour nous faire rire...
Ne croyez-vous pas, en vérité, si cette pauvre plante
pouvait parler quand on la coupe, qu'elle ne dit :
« Homme, mon cher frère, que t'ai-je fait qui mérite la
« mort? Je pourrais vivre en sûreté en un lieu sauvage,
« mais j'aime ta société. A peine suis-je semé dans ton
« jardin que, pour te témoigner ma complaisance, je
« m'épanouis, je te tends les bras, je t'offre mes enfants
« en graine... et pour récompense de ma courtoisie, tu
« me fais trancher la tête. » Le péché de massacrer un
homme n'est peut-être pas si grand, parce que vous ne

faites que changer le domicile de l'âme, tandis que vous
tuez complétement le végétal. Dans la famille de Dieu, il
n'y a point de droits d'aînesse : si donc les choux n'eurent point de part avec nous au fief de l'immortalité, ils
furent sans doute avantagés de quelque autre. Souvenez-
vous donc, ô de tous les animaux le plus superbe ! qu'encore qu'un chou que vous coupez ne dise mot, il n'en
pense pas moins. Mais le pauvre végétant n'a pas des
organes prop:.s à hurler comme vous ; il n'en a pas pour
frétiller ni pour pleurer... que si enfin vous insistez à me
demander comment je sais que les choux ont ces belles
pensées, je vous demande comment vous savez qu'ils ne
les ont point, et que tel d'entre eux, à votre imitation,
ne dise pas le soir en s'enfermant : « Je suis, monsieur
le Chou Frisé, votre très-humble serviteur Chou Cabus. »

Dans la Lune il y a deux sortes de villes : les séden-
taires et les mobiles. Les maisons des premières sont des
sortes de tours, percées au centre d'une grosse et forte
vis, qui règne de la cave jusqu'au toit, par laquelle on les
hausse ou les baisse à discrétion au-dessus et au-dessous
du sol, selon la température. Les maisons mobiles ont
construites sur roues et bordées de soufflets et de voiles
à l'aide desquels on voyage. Chaque maison possède un
physionome, qui, le soir, vient vous visiter et ordonne
les fleurs et les essences qui conviennent à votre chambre
à coucher, selon votre tempérament.

La sépulture est une punition pour les criminels : la
coutume est de brûler les morts. Mais voici la plus belle
façon d'inhumer, que Cyrano toutefois pourrait bien avoir
empruntée aux Massagètes (1). Quand un philosophe se
sent près de son terme, il assemble ses chers dans un

_____

(1) Voyez Hérodote, *Histoire,* liv. I, ccxvi.

banquet somptueux. Chacun s'est abstenu de manger
pendant vingt-quatre heures; arrivés au logis du sage,
ils sacrifient au Soleil et viennent embrasser le vieillard
sur son lit. « Quand c'est au rang de celui qu'il aime
le mieux, après l'avoir baisé tendrement, il l'appuie sur
son estomac, et joignant sa bouche sur sa bouche, de la
main droite il se plonge un poignard dans le cœur.
L'ami ne détache point ses lèvres qu'il ne le sente expirer; alors il retire le fer de son sein et se met à sucer
le sang. Un second lui succède, puis un troisième, un
quatrième, et enfin toute la compagnie. Les jours suivants se passent à manger le mort en commun, et à ne
se nourrir d'autre mets. » Cyrano ajoute, en termes de
sa façon, que des jeunes filles viennent se joindre à eux ;
s'il y a un ou plusieurs nouveau-nés, ils représentent la
descendance du mort.

Il nous arrive souvent dans cette revue où nous voudrions tout condenser, de subir l'embarras du choix;
cette remarque est surtout applicable aux œuvres de
Cyrano de Bergerac. L'abondance nous presse. Nous ne
voulons cependant pas laisser notre homme dans la
Lune; mais avant d'en redescendre, indiquons encore le
singulier cadran solaire que l'original écrivain donne
pour horloge aux Lunaires. « J'ai demandé plusieurs
fois par la rue, dit-il quelque part, quelle heure il était,
mais on ne m'a répondu qu'en ouvrant la bouche, serrant
les dents et tournant le visage de travers. — C'est une
commodité qui leur sert à se passer d'horloge; car de
leurs dents ils font un cadran si juste que, lorsqu'ils
veulent instruire quelqu'un de l'heure, ils ouvrent leurs
lèvres, et l'ombre du nez qui vient tomber sur leurs dents
marque comme un cadran celle dont le curieux est en
peine. »

Cyrano revint sur la Terre, porté par le démon de Socrate, qui l'avait protégé pendant tout son voyage ; il ne mit qu'un jour et demi à faire le chemin. La rapidité de l'arrivée le priva de ses sens, et c'est en Italie qu'il se réveilla, mollement étendu sur les bruyères d'une colline. De tous les côtés arrivèrent une multitude de chiens de toute espèce, accoutumés d'aboyer à la Lune, et qui sentaient qu'il en venait. Il se rendit à Rome, et revint de Civita-Vecchia à Marseille. Bientôt après il partit pour les

États et Empires du Soleil.

Nous ne raconterons pas tous les malheurs du pauvre Bergerac à son retour dans son pays, où, grâce au curé de l'endroit, il fut honni de tous comme un magicien, un sorcier, un confident du diable. De malheurs en malheurs et de maladresses en maladresses, il se vit un certain jour prisonnier de par le roi, comme il se sauvait à travers la bonne ville de Toulouse, et fut sans façon engouffré dans une fosse où il entrait dans la bourbe jusqu'aux genoux. Il en fait une triste peinture. « Le gloussement terrible des crapauds qui pataugeaient dans la vase, dit-il me faisait souhaiter d'être sourd ; je sentais des lézards monter le long de mes cuisses, des couleuvres m'entortiller le cou... D'exprimer le reste je ne puis. » Cyrano aimait le grand air, le soleil et la liberté ; il se sentait donc fort mal au fond de cette tour. Par le privilége de quelques amis, il obtint de changer le pied de la tour pour son sommet. C'est dans cette nouvelle résidence, que, jouissant de la société de plusieurs prisonniers, il se mit à construire, sous prétexte d'instruments de physique, une machine aérienne à l'aide de laquelle il espérait retourner à Cotignac.

C'était une grande boîte fort légère, fermant hermétiquement au besoin, haute de six pieds, large de trois
à quatre. Cette boîte était percée dans sa face inférieure,
et en haut par une ouverture donnant accès dans un
globe de cristal dont le goulot descendait dans la boîte.
Ce globe était icosaèdre, à facettes et produisait l'effet
d'un miroir ardent.

Un matin, il se trouvait assis dans sa machine, sur la
terrasse de sa tour. Le soleil éclairait l'icosaèdre transparent, et ses rayons descendant dans la cellule, pro-
duisaient de magiques effets de coloration, lorsque l'ac-
teur se sentit tressaillir comme quelqu'un enlevé par
une poulie. Que se passait-il? Le vide survenu dans l'i-
cosaèdre, par suite des rayons solaires, attirait, pour être
rempli, l'air qui s'engouffrait dans la machine par l'ouverture inférieure, et la poussait en haut. Cette opération
était si rapide, qu'au moment où le voyageur remis de sa
surprise voulut s'orienter et diriger par une ficelle une
voile qu'il avait adaptée à son icosaèdre, afin de voguer
vers Cotignac, il se trouva élevé si haut, que la ville de
Toulouse n'était plus qu'un point. Il montait au Soleil. Les
approches de ce globe ardent ne le consumaient point,
parce que, dit-il. ce n'est pas le feu même qui brûle,
mais une matière plus grossière que le feu pousse çà et
là par les élans de sa nature mobile, et que dans l'éther
cette matière grossière n'existe pas.

L'aéronaute côtoya la Lune, laissa à main droite
Vénus alors en croissant, et plus tard Mercure. Il appro-
cha des taches du Soleil, petites terres qui roulent autour de cet astre, et à propos de la multitude de ces
taches, il se met à philosopher sur l'extinction possible
du Soleil, ajoutant que peut-être la Terre fut autrefois
Soleil et qu'alors elle était habitée par les animaux fabu-

leux et disproportionnés dont l'antiquité raconte tant d'exemples. Enfin, au bout de quatre mois environ, il aborda une de ces petites Terres, où il fut au comble de la joie de trouver un plancher solide, après avoir si longtemps joué le personnage d'oiseau. — N'oublions pas d'expliquer que si le voyageur est resté si longtemps sans nourriture, c'est que la nature ne donne le besoin de la faim que lorsqu'il est nécessaire pour l'alimentation du corps, et que la chaleur solaire est suffisante pour soutenir l'organisme. Écoutons maintenant le récit doublement original :

« Par des crevasses que des ruines d'eau témoignaient avoir creusées, je dévalai dans la plaine, où, pour l'épaisseur du limon dont la terre était grasse, je ne pouvais quasi marcher. Toutefois, au bout de quelque espace de chemin, j'arrivai dans une fondrière où je rencontrai un petit homme tout nu, assis sur une pierre, qui se reposait. Je ne me souviens pas si je lui parlai le premier, ou si ce fut lui qui m'interrogea ; mais j'ai la mémoire toute fraîche, comme si je l'écoutais encore, qu'il me discourut, pendant trois grosses heures, en une langue que je sais bien n'avoir jamais ouïe, et qui n'a aucun rapport avec pas une de ce Monde-ci, laquelle toutefois je compris plus vite et plus intelligiblement que celle de ma nourrice. Il m'expliqua, quand je me fus enquis d'une chose si merveilleuse, que dans les sciences il y avait un vrai, hors lequel on était toujours éloigné du facile, que plus un idiome s'éloignait de ce vrai, moins il était de facile intelligence. Quand je parle, ajouta-t-il, votre âme rencontre dans chacun de mes mots ce vrai qu'elle cherche à tâtons ; et, quoique sa raison ne l'entende pas, elle a chez soi nature qui ne saurait manquer de le comprendre. »

Le petit homme raconte ensuite à Cyrano comment
la terre qu'il habite était naguère un chaos brûlant,
comment elle avait sué, et comment cette sueur n'était
autre que la mer, dont le sel témoigne de son origine;
puis il explique comment les hommes naissent dans ce
monde du limon de la terre, d'une boursouflure causée
par l'action de l'ardeur solaire; et comme il s'éloignait
pour servir de sage-femme à un embryon de cette espèce à quelques pas de là, Cyrano revint à son appareil,
sur lequel il avait étendu sa chemise, de crainte
qu'il s'envolât; mais il ne le retrouva plus à l'endroit
où il l'avait laissé, et le vit voltiger à hauteur d'homme
avec des ondulations causées par la dilatation de l'air,
de sorte qu'il se mit à sauter à la façon d'un chat pendant un temps fort long. Enfin il parvint à le saisir et à
s'y installer de nouveau, et le voyage au Soleil fut continué.

En arrivant dans les régions voisines de cet astre, un
phénomène étrange se présente. Cyrano craignait d'être
arrivé dans le firmament solide et de s'y trouver en-
châssé, lorsqu'il s'aperçut que sa cabane et son corps
étaient devenus d'une telle transparence que la vue passait au travers sans s'y arrêter; sa machine même était
devenue complétement invisible, son corps lui montrait
sous leur aspect coloré tous ses détails organiques : les
poumons d'un rouge incarnat, le cœur vermeil balan-
çant entre la systole et la diastole, le foie, la circulation
du sang, etc. Par suite de la trop parfaite diaphanéité
de sa boîte, en allongeant le poing à trop bonne mesure,
il mit le comble à sa surprise en faisant éclater en
pièces l'icosaèdre de cristal, et le voilà suspendu dans le
vague de l'espace, tournant, dit-il, ses tristes yeux au
Soleil, et y portant sa pensée par ses regards : c'était là

le meilleur moyen d'arriver au but de son voyage, car
la force de la volonté est si puissante, qu'au bout de
vingt-deux mois (à dater de son départ) il aborda les
vastes plaines du jour.

« Cette terre est semblable à des flocons de neige em-
brasée (l'expression est assez hardie), tant elle est lumineuse : cependant c'est une chose assez incroyable que
je n'aie jamais su comprendre, depuis que ma boîte
tomba, si je montai ou si je descendis au Soleil. Il me
souvient seulement, quand j'y fus arrivé, que je mar-
chais légèrement dessus; je ne touchais le plancher que
d'un point et je roulais souvent comme une boule, sans
que je me trouvasse incommodé de cheminer avec la
tête non plus qu'avec les pieds. Encore que j'eusse quelquefois les jambes vers le ciel et les épaules contre terre,
je me sentais dans cette posture naturellement situé. Sur
quelque endroit de mon corps que je me plantasse, sur
le ventre, sur le dos, sur un coude, sur une oreille, je
m'y trouvais debout. Je connus par là que le Soleil est
un Monde qui n'a point de centre. Le respect avec lequel j'imprimais de mes pas cette lumineuse campagne
suspendit pour un temps l'ardeur dont je petillais d'a-
vancer mon voyage. Je me sentais tout honteux de marcher sur le jour... Après avoir, je crois, cheminé durant quinze jours, je parvins en une contrée du Soleil
moins resplendissante que celle d'où je sortais. »

La transparence du corps s'affranchit à mesure que le
voyageur pénètre des pays moins lumineux. Le sommeil,
cet hôte terrestre qui l'avait oublié depuis son départ,
revint le trouver comme il traversait une rase campagne,
entièrement découverte, sans le moindre buisson, et
notre héros s'endormit. Or, à son réveil il se trouva
sous un arbre, en comparaison duquel les plus hauts

cèdres ne paraîtraient que de l'herbe. Son tronc était d'or
massif, ses rameaux d'argent et ses feuilles d'émeraude,
les fruits étaient d'écarlate et d'ambre, les fleurs épa-
nouies étaient des roses de diamant, et les boutons de
grosses perles en poires. Au sommet un rossignol chan-
tait. Mais voici le point palpitant. « Je restai longtemps
interdit à la vue de ce riche spectacle et je ne pouvais
m'assouvir de le regarder. Comme j'occupais ma pensée
à contempler entre les autres fruits une pomme de Grenade extraordinairement belle, dont la chair était au
moins de plusieurs gros rubis en masse, j'aperçus re-
muer cette petite couronne qui lui tient lieu de tête, laquelle s'allongea autant qu'il le fallait pour former un
cou. Je vis ensuite bouillonner au-dessus je ne sais quoi
de blanc, qui, à force de s'épaissir, de croître, d'avancer et de reculer la matière en certains endroits, parut
enfin le visage d'un petit buste de chair. Ce petit buste
se terminait en rond vers la ceinture, c'est-à-dire qu'il
gardait encore par en bas sa figure de pomme. Il s'étendit pourtant peu à peu, et sa queue s'étant convertie en
deux jambes, chacune de ses jambes se partagea en
cinq orteils. Humanisée que fut la grenade, elle se déta-
cha de sa tige, et d'une légère culbute tomba justement
à mes pieds. Certes, quand j'aperçus marcher fièrement
devant moi cette pomme raisonnable, ce petit bout de
nain, pas plus grand que le pouce, et cependant assez
fort pour se créer lui-même, je demeurai saisi de vénération. « Animal humain, me dit-il (en cette langue ma-
trice dont je vous ai autrefois discouru), après t'avoir
longtemps considéré du haut de la branche où je pen-
dais, j'ai cru lire dans ton visage que tu n'étais pas originaire de ce Monde; c'est à cause de cela que je suis
descendu, pour en être éclairci au vrai. »

L'arbre merveilleux était formé par la réunion de tout
un peuple dont ce petit être était le roi. A l'ordre de celui-ci, tous les fruits, toutes les fleurs, toutes les feuilles,
toutes les branches, l'arbre tout entier tombe pièces par
pièces en petits hommes, voyant, sentant et marchant,
lesquels, comme pour célébrer le jour de leur naissance,
se mettent à danser autour de Cyrano. Le petit être et
Cyrano entrent bientôt en grande conversation, mais en
raison de la faiblesse de ses poumons, le premier veut
subir une nouvelle transformation, afin d'être plus en
harmonie avec son interlocuteur. Aussitôt, tous les petits
hommes tourbillonnèrent en cercle avec une telle rapidité
que Cyrano en eut le vertige; les tourbillons se serraient
et s'activaient encore, les danseurs se brouilllèrent d'un
trépignement beaucoup plus prompt et plus imperceptible : il semblait que le dessein du ballet fût de represen-
ter un énorme géant, car, à force de se mêler et de se
gravir les uns sur les autres, on ne discernait plus qu'un
colosse. En un mot, il arriva que le grand corps multiple fut réduit à la forme d'un élégant adolescent; le roi
lui entra dans la bouche et l'anima; de cette façon il put
continuer sa conversation avec Cyrano.

Il s'agissait précisément de la nature de ces transformations singulières. Ces êtres nés sur le Soleil possèdent tantôt une individualité, tantôt forment les parties
d'un seul tout. Vingt mille petits êtres constituent, par
exemple, un aigle. A la volonté du roi de cette troupe,
une moitié peut tomber et se transformer en rivière, une
autre partie former un bateau, et le roi entouré d'une
cour imaginée, voguera paisiblement sur l'onde. Toute
autre métamorphose est possible, et c'est ce que raconte
le Solarien.

Peu de romans sont dignes d'être comparés par la

finesse et l'originalité à l'Histoire des oiseaux de cet
empire du Soleil : Cyrano n'est pas longtemps en bonne
fortune parmi les habitants de cette contrée, bientôt une
sédition s'élève contre ce représentant de la terrible humanité ; les conseils d'un phénix (oiseau séculaire qui se
rend au Soleil après avoir pondu son œuf unique), l'assistance et les consolations d'une pie charitable qui s'est
faite son défenseur, ne le sauvent pas de la haine des
êtres ailés. Les mieux disposés ne peuvent trouver de
bonnes raisons pour sa défense. Tous sont par nature
ligués contre lui.—Encore, disent-ils, si c'était un animal
qui approchât un peu davantage de notre figure, mais justement le plus dissemblable et le plus affreux ; enfin une
bête chauve, que la nature n'a pas seulement pris la peine
de vêtir, un oiseau déplumé, une chimère amassée de
toutes sortes de natures et qui fait peur à toutes... Et
le discours avien se termine par ces magnifiques périodes
oratoires : — L'Homme si sot et si vain, qui se persuade
que nous n'avons été faits que pour lui ; l'Homme qui,
avec son âme si clairvoyante, ne saurait distinguer le
sucre de l'arsenic, et qui avalera de la ciguë que son
beau jugement lui aura fait prendre pour du persil ;
l'Homme qui soutient qu'on ne raisonne que par le rapport des sens et qui cependant a les sens les plus faibles, les plus tardifs et les plus faux d'entre toutes les
créatures ; l'Homme, enfin, que la nature, pour faire de
tout, a créé comme les monstres, mais en qui elle a de
plus infus l'ambition de commander à tous les animaux et
de les exterminer ! Voilà ce que disaient les plus sages,
les autres criaient de concert qu'il était horrible de
croire qu'une bête qui n'avait pas le visage fait comme
eux eût de la raison. « Eh quoi! murmuraient-ils l'un à
l'autre, il n'a ni plumes, ni bec, ni griffes, et son

âme sera spirituelle! Ô Dieu! quelle impertinence! »

On conçoit qu'en pareille occurrence le voyageur dépaysé devait se sentir mal à l'aise et faire d'ailleurs fort mauvaise mine, ce qui ne pouvait qu'aggraver sa position. Il use de toute son éloquence pour témoigner qu'il n'est point homme, qu'il a cette espèce en aussi grande horreur que ses accusateurs, et qu'il appartient à la race des singes; mais les oiseaux de longue robe le jugent, de plus, hypocrite et menteur. Le procès traîne en longueur, d'autant plus qu'au moment où le jugement devait être donné le ciel devint mauvais, et que l'on ne prend là aucune décision lorsque le ciel n'est pas serein, parce que l'on craint que la mauvaise température de l'air n'altère la bonne constitution de l'esprit des juges. Pendant ce sursis, il fut nourri dans sa prison du pain du Roi, c'est-à-dire d'une cinquantaine de vers de sept heures en sept heures.

Enfin le jour du jugement arriva; voici quelques-uns des considérants :

Que cet animal soit un homme, cela ne fait pas difficulté : premièrement, par un sentiment d'horreur dont nous sommes tous saisis à sa vue; secondement, en ce qu'il rit comme un fou; troisièmement, en ce qu'il pleure comme un sot; quatrièmement, en ce qu'il se mouche comme un vilain; cinquièmement, en ce qu'il est plumé comme un galeux; sixièmement, en ce qu'il porte...; septièmement, en ce qu'il a toujours deux rangées de grès carrés dans la bouche, qu'il n'a pas l'esprit de cracher ni d'avaler; huitièmement et pour conclusion, en ce qu'il lève en haut tous les matins ses yeux, son nez et son large bec, colle ses mains ouvertes, la pointe au ciel, plat contre plat, comme s'il s'ennuyait d'en avoir deux libres, se casse les jambes par la moitié, en sorte qu'il tombe sur ses gigots, puis avec des paroles magiques qu'il bourdonne, ses jambes rompues se rattachent et il se relève.

Accusé de magie, de despotisme et de servilité par la création de la noblesse, d'orgueil et de cruauté sur les animaux, le criminel est condamné au plus terrible des genres de mort : à la *mort triste*. Il est vrai qu'un étourneau, grand jurisconsulte, après avoir frappé trois fois de sa patte contre la branche qui le soutenait, voulut entreprendre sa défense, mais un remords lui vint aussitôt, et pour le salut de son âme, il déclare ne vouloir contribuer à la durée d'un monstre tel que l'Homme. — Toute la populace claqua du bec en signe de réjouissance et pour approuver la sincérité d'un « si oiseau de bien. »

Qu'est-ce que la mort triste ? C'est une mort qui contient la douleur de plusieurs, la plus cruelle qui soit au monde. Ceux des oiseaux qui ont la voix la plus mélancolique et la plus funèbre sont délégués vers le coupable, qu'on porte sur un funeste cyprès. Là, ces tristes musiciens s'amassent tout autour et lui remplissent l'âme de chants si lugubres, de plaintes si tragiques, que l'amertume de son chagrin désordonnant l'économie de ses organes et lui pressant le cœur, il se consume à vue d'œil et meurt suffoqué de tristesse...

Cependant, comme c'était le roi Colombe qui occupait alors le trône, ce dernier supplice fut commué par indulgence, et l'Homme fut seulement condamné à être mangé des mouches.

C'est en épisodes de ce genre que se passe le voyage au Soleil. Le langage des arbres conversant dans le silence des forêts n'est pas moins digne d'attention que les faits précédents; on entend en lui la brise du soir au bord des bois, le bruissement éternel du feuillage ; ces arbres parlent entre eux médecine, histoire naturelle, mœurs, amours. Plus tard Cyrano assiste au combat singulier de la Bête à feu et de l'animal Glaçon, Salamandre et Remore. Dans ces excursions il rencontre Campanella ; l'auteur de la *Cité du Soleil* lui explique comment, lorsqu'une Plante, un Animal ou un Homme expire, son âme monte, sans s'éteindre, à la sphère du Soleil. Le célèbre Calabrais le conduit au lac symbolique du Sommeil, au sein duquel se rendent cinq ruisseaux épuisés de lassitude après seize heures de cours : la Vue, l'Ouïe, l'Odorat, le Goût, le Toucher. Mais il n'est rien de si merveilleux dans ce monde brillant, notre père, que les trois fleuves qui l'arrosent : la Mémoire, large mais troublé jour et nuit par le ramage importun des geais, des perroquets, des pies, etc.; l'Imagination, plus étroit mais plus creux, dont l'onde, légère et brillante, étincelle de tous côtés : les poissons qu'il nourrit, les arbres qui le couvrent de leur ombre, les oiseaux qui voltigent à l'entour sont les êtres les plus invraisemblables qui se puissent concevoir; le Jugement, au cours profond, coule avec une lenteur incroyable, va et revient éternellement sur lui-même.

La vie des animaux du Soleil est fort longue ; ils ne finissent que de mort naturelle, qui n'arrive qu'au bout de sept à huit mille ans. Cependant quelquefois les philosophes meurent par une sorte d'hydropisie de l'esprit, la tête gonfle démesurément et éclate.

L'histoire des États du Soleil se termine comme elle commence, du moins en ce qui nous reste des manuscrits de l'auteur. Le dernier épisode est une députation venue de la province des Amants, petite Terre avoisinant le Soleil ; c'est une jeune épouse qui demande justice contre son mari accusé par elle d'avoir tué deux fois son dernier enfant. Ce récit, peu digne de notre souvenir, ne touche en aucune façon à notre sujet.

Nous serions certes plus intéressés de savoir par quel nouveau mode d'aviation Cyrano de Bergerac revint dans son pays; mais l'histoire est complétement muette. Ces voyages ultra-terrestres sont des œuvres posthumes. Peut-être celui qui tant aimait la sphère brillante du Soleil s'y envola-t-il en réalité avant d'avoir terminé sa narration fictive, et peut-être n'en est-il pas encore revenu.

Parmi les admirateurs de Cyrano de Bergerac, plusieurs essayèrent de l'imiter dans ses spéculations hardies, mais tous restèrent au-dessous du maître. Nous ne pouvons cependant nous empêcher de citer ici l'ami « le plus inviolable » de Cyrano, Henri Lebret, qui fut aussi son exécuteur testamentaire et publia la première édition posthume du *Voyage dans la Lune*. A propos d'une ascension qu'il fit au pic du Midi et des épisodes les plus intéressants de son voyage, il rapporte le récit suivant, dans lequel on retrouve quelques traits de plume à la Bergerac :

« J'étendis mon manteau sur la neige de la montagne, dit-il, et malgré le froid, je m'y endormis. Mon guide et Champagne, qui est un témoin irréprochable de tout cela, en firent autant, jusqu'à ce que l'envie de boire leur fit perdre celle de dormir; après quoi, ne sachant que faire, et la nuit étant venue, ils s'amusèrent à regarder la Lune, qui était plus pleine qu'un œuf, et dans laquelle ayant découvert, par le moyen de ma lunette, beaucoup de choses qui les étonnèrent, le bruit de leur admiration m'éveilla. Je pris la lunette, qui s'appelle en terme de l'art un télescope, et, l'appuyant sur une pointe de rocher, je portai ma vue dans ce grand rond lumineux, dont je parcourus toutes les parties; mais je les distinguai bien mieux, sans comparaison, qu'on ne les a marquées dans les cartes qu'on en a faites, car j'y vis effectivement des mers, des forêts, des montagnes, des rivières et des villes; j'y découvris même des rossignols sur des arbres, et je crois que si j'eusse eu quelque invention qui m'eusse autant allongé les oreilles que le télescope m'allongeait les yeux, je les eusse ouï chanter. Cela me donna beaucoup de satisfaction; de sorte qu'ayant fait éloigner mon guide et Champagne, pour n'en être pas interrompu, je repris le télescope et me remis à contempler de plus belle ce Monde qui fait rire si mal à propos tant de sottes gens qui ne croient rien de ce qu'on en dit; et, tout de bon, j'y découvris des choses qui renchérissent par-dessus ce qu'en ont écrit les plus grands philosophes. Le peuple, entre autres choses, y est grand, puissant, et y marche à quatre pattes, comme le dit monsieur de Bergerac, ce à quoi je n'avais pas ajouté beaucoup de foi avant cela ; mais je doute d'autant moins à cette heure de tout ce qu'il en a écrit, que je l'y vis lui-même sur un grand char tiré par six hippogriffes, qui marchaient des pieds et des ailes avec tant de rapidité, que je le perdis de vue un moment après. Il passa au milieu d'une multitude incroyable de peuple, et entra dans une grande ville qui était au bout du chemin que les hippogriffes avaient enfilé, et au devant de laquelle il y avait une espèce d'arc triomphal rempli de plusieurs inscriptions à sa louange, d'où je conjecture que c'était une entrée solennelle qu'on lui faisait en cette ville-là, et je me réjouis de voir que tôt ou tard les grands hommes sont récompensés, et que le ciel permet, quand leur propre pays leur témoigne de l'ingratitude, que les étrangers leur rendent les honneurs qui leur sont dus... »

Nous n'en citerons pas plus long ; l'épisode tourne à *l'Orlando furioso*, sans être aussi spirituel ni aussi intéressant. Lebret est un élève de Bergerac, qui, comme beaucoup d'autres, n'a gardé de lui que la facétie, sans avoir l'esprit philosophique dont la fiction n'est que le voile.

CHAPITRE VIII

Tergiversations de l'essor. Le voyage extatique céleste du Père Athanase Kircher & les habitants myftiques des Mondes. — — L'habitation des aftres selon Gassendi. — Les théologiens proteftants & les théologiens catholiques.

(1656-1667)

Le père Athanase KIRCHER. *Itinerarium exstaticum, quo mundi opificium... etc., exponitur ad veritatem.* — « Voyage extatique céleste, où l'on contemple l'admirable mécanisme du Monde, la nature, les forces, les propriétés, la structure et la composition des astres fixes et errants, depuis le globe infime de la Terre jusqu'aux derniers confins du Monde. » — Rome, 1656 (1).

Le père Athanase Kircher, auteur du *Mundus subterraneus*, d'un *Voyage en Chine* et d'un grand nombre de traités scientifiques fort estimés de leur temps, représen-

(1) Cet ouvrage eut une seconde édition en 1660 (Herbipoli, Wurtzbourg), et une troisième en 1671, même ville, augmentée et annotée par Gaspard Schott, élève de Kircher.

tera un instant pour nous le type curieux des derniers dis-
puteurs de la scolastique du moyen âge, qui, sur deux
autels voisins, encensaient Aristote et saint Thomas, et se
laissaient volontiers assoupir dans les vagues accords de la
musique céleste que Pythagore avait entendus deux mille
ans auparavant. Notre récit serait d'une longueur désespérante si nous faisions comparaître ici dans leur étendue
toutes les théories dont astrologues et métaphysiciens se
bercèrent pendant plusieurs siècles, et nous ne leur assu-
rons véritablement une place que sur la présentation de
leurs qualités intéressantes. Celui-ci est un type qui en
résume plusieurs et qui se trouve particulièrement digne
de notre complaisance.

On verra que ce 'fameux rêveur est encore partisan
du système de Ptolémée, qui place la Terre au centre du
Monde, et de l'esprit biblique, qui donne à cette Terre
une importance capitale, unique dans la création. Du
reste, il a soin de déclarer dans sa *Prælusio parænetica*
qu'il se soumet en tout et pour tout à l'opinion des livres sacrés et des Pères de l'Église, et que s'il s'est permis d'entrer en extase et de faire un voyage planétaire,
ce n'est point pour voir autre chose que ce qui est communément enseigné; au contraire, nous aurons lieu de
reconnaître que le bon Père n'a vu que ce que l'on avait
cru voir avant lui, depuis le ravissement de saint Paul
au troisième ciel jusqu'aux accusateurs de Galilée, qui
n'avaient pas manqué de reproduire le jeu de mots du
prédicateur : *Viri Galilæi, quid aspicitis in cœlum?*

Avant de commencer le grand voyage extatique, résumons en quelques mots le dessein du livre. Theodidactus
(c'est le nom du voyageur) représente le Père Kircher à
l'état d'esprit, — car il dit expressément qu'il voyage en
cet état; — Cosmiel est un génie fort heureusement

nommé, qui se charge de conduire le néophyte dans toutes les parties du monde céleste, « depuis le globe terrestre jusqu'aux derniers confins de l'univers étoilé », qui lui lève toutes les difficultés de la route et lui explique tous les mystères de ce monde inexploré. Ils commencent par la Lune et terminent à Saturne leur excursion planétaire ; de là ils se rendent au Firmament, et c'est en ce lieu que se clôt le premier dialogue. Le second est une théorie cosmothéologique sur la création du Monde, l'harmonie des globes, la destinée des cieux. Donnons-nous le plaisir de traduire les paroles mêmes de l'auteur terminant l'exposition de son plan à la fin de sa préface. « Afin que rien ne manque à cet ouvrage sur la constitution du Monde, dit-il, il est traité dans la seconde partie : de la divine Providence et de son action, du ciel Empyrée, de l'espace imaginaire, de la fin du Monde, des abîmes cachés des desseins de Dieu et de l'excellence de la foi catholique ; le tout à la plus grande gloire de Dieu et de sa Mère, et au salut du prochain. Bonjour, lecteur, et porte-toi bien. » (Traduction littérale.)

Le jour où Théodidactus fut ravi en extase, un délicieux concert versait l'enivrement dans son être, l'enveloppant de mystérieuses langueurs. L'effet de cette suave mélodie fut si puissant que l'âme ne put rester plus longtemps prisonnière dans sa prosaïque prison corporelle. Des images fantastiques et saisissantes rayonnèrent au-dessus d'elle, elle s'envola comme d'un sommeil et se trouva dans le vide d'un monde inconnu. Mais bientôt un homme d'un aspect insolite marcha vers elle ; sa tête et sa face rayonnaient, ses yeux brillaient comme des charbons ardents ; ses vêtements exotiques n'étaient d'aucune forme connue ; des ailes vastes et resplendissantes lui étaient données ; ses pieds et ses mains surpassaient la beauté des pierres précieuses ; dans sa droite il portait une sphère où l'on voyait des astres errants, des sphères colorées. A l'aspect de cet être étrange, Théodidactus tremble, ses cheveux se dressent sur sa tête, sa voix s'arrête dans son gosier : *Vox faucibus hæsit* (l'auteur connaît son Virgile). Mais de la voix la plus suave qui soit au monde : « Lève-toi, ne crains rien, Théodidactus ; voici que tes désirs sont exaucés et que je te suis envoyé afin de te révéler la splendeur et la majesté du Dieu tout-puissant, autant du moins que cela peut être permis aux êtres mortels. Mon nom est Cosmiel, ministre du Très-Haut et génie du Monde ; mon auréole sacrée représente la gloire des chérubins, mes yeux enflammés sont les illuminations célestes, la sphère que je porte d'une main est le symbole du monde sidéral, la balance que je tiens de l'autre est celui des lois divines. Viens, mon fils, le chemin du ciel nous est ouvert, voici la majesté du créateur et la magnificence de la créature ; viens, mon fils ! »

Et voilà notre voyageur en marche pour la Lune. Pendant son trajet, il observe l'aspect successif de la Terre vue à différentes hauteurs, et, remarque fort curieuse, avant d'arriver à la Lune il jette un dernier regard sur notre Monde et y reconnaît, grâce à l'explication de Cosmiel, le... Paradis terrestre, région triangulaire située sur la mer Caspienne et qui brille d'un éclat sans égal ; c'est là qu'Enoch et Élie attendent le jugement dernier. En arrivant près de la Lune, le voyageur se sent attiré et tremble de tous ses membres, car il lui semble qu'il va se briser la tête sur quelque rocher. Oh ! qu'est-ce que je ressens, doux directeur de mon âme ? Je vous en prie, ayez bien soin de votre serviteur ; si vous m'abandonniez, où irais-je, où serais-je porté, où serait la fin de

mon voyage? Et Cosmiel rétablit sa confiance par dés paroles d'affection, en lui assurant que, quoique nul mortel
ne se soit tiré de là, parce que nul n'y est allé, il le protége et le garde avec certitude. Puis il souffle sur lui,
et dès lors voilà Théodidactus affranchi pour jamais des
besoins organiques de la faim, de la soif, et nul élément
ne lui peut être funeste.

Sur la Lune, un spectacle intéressant s'offre à sa vue.
Ici des vallées profondes, là de longues chaînes de montagnes, là des mers, des lacs, des îles. Des fleuves descendent à l'Océan, des rochers blancs couronnent les coteaux abruptes; les campagnes sont verdoyantes. Mais,
chose singulière, ce n'est point l'herbe qui les colore, ce
sont des pierres précieuses lunaires particulières à ce
Monde; si bien que, si le voyageur les emportait sur la
Terre, elles remonteraient d'elles-mêmes à la Lune, qui est
leur « lieu naturel ». L'eau de la Lune est pure et limpide
comme il n'en est pas sur la Terre. Mais dans la mer et
dans les fleuves il n'y a pas le plus modeste poisson,
dans les plaines le plus modeste brin d'herbe, et les continents n'ont jamais été foulés par le pied d'aucun animal.
Au lieu de végétaux on y voit des efflorescences qui ressemblent un peu à des arbres métalliques. On s'attend à
ce qu'il n'y ait pas un être humain sur la Lune, et en
effet cet astre est complétement inhabité. Écoutons un
excellent raisonnement de Cosmiel : La Terre est le lieu
naturel de l'homme, voilà pourquoi il n'y a pas d'hommes
sur la Lune; or, s'il n'y a pas d'hommes, il n'y a pas
besoin d'animaux, et s'il n'y a pas d'animaux il n'y a pas
besoin de plantes; donc il est tout naturel que la Lune
soit inhabitée... Comme Dieu a créé les astres pour la
Terre, dit-il plus loin, ce serait bien inutilement qu'il
aurait mis des créatures sur la Lune; comme il n'y a pas

deux harmonies, de même il n'y pas deux univers. — Mais, reprend Théodidactus, si pourtant il y avait eu des hommes sur la Lune, de quelle forme seraient-ils? — Mon fils, reprend le génie, pour répondre à ta supposition insensée, je dirai qu'ils ressembleraient plus à des monstres qu'à des hommes, attendu que l'humide n'étant pas le même ici que là-bas, les organes qui veulent l'humide seraient atrophiés; et puis il en aurait été de même pour le sec, pour le chaud et pour le froid. Les hommes terrigènes sont les seuls possibles dans la condition d'hommes.

Le séjour sur la Lune se passe en observations et en conversations. Nous mentionnerons seulement que de là les interlocuteurs voient clairement que la Terre ne tourne pas, et qu'ils dissertent agréablement sur les rapports occultes qui existent entre les sept planètes et les sept principaux membres du corps humain.

— ... O mon Cosmiel très-aimable, que vois-je? Montons plus vite, je vous en prie : c'est si beau! Quelle splendeur incomparable! quelle lumineuse pureté! ô mon bon Cosmiel! Venez donc vite au sein de ce palais d'or et de cristal; est-il rien au Monde de plus merveilleux et de plus superbe?... C'est par ces exclamations que le voyageur entre dans la sphère de Vénus, et nous n'avons pu résister au plaisir de les rapporter ici.

Ces eaux pures et brillantes qui baignent les vallées de Vénus seraient-elles bonnes pour baptiser? — Mais certainement; pourquoi pas? Ne sont-elles pas de même nature que celles de la Terre, puisque les quatre éléments sont indivisibles et universels? En instituant le sacrement de baptême, Dieu a voulu qu'on pût se servir de toutes les eaux naturelles; il n'y a que celle qui provient des mé-

taux, par le feu, ou des végétaux, qui fasse exception,
parce qu'elle n'est pas élémentaire (1).

Mais, s'il y a des vignes dans Vénus, est-ce que le vin
provenant de ces raisins posséderait les propriétés requises
pour l'usage du saint Sacrifice? — Semblablement, ô
mon fils, de même que le baptême serait légitime avec
les eaux de cet astre, de même il est très-probable que
l'Eucharistie pourrait être célébrée sous les deux espèces.

De Vénus on voit la Terre sous l'aspect d'une simple
étoile. Elle offre des phases, et l'auteur est conséquent
avec lui-même, ici comme ailleurs, puisqu'il professe le
système de Ptolémée, dans lequel Vénus se trouve entre
la Terre immobile et le Soleil tournant. On sait qu'en
réalité, la Terre n'offre pas de phases aux habitants de
Vénus, et qu'en général les planètes n'offrent des phases
qu'à celles qui leur sont supérieures dans l'ordre des distances au Soleil. De Vénus le Soleil paraît comme un immense océan de feu.

Une île magnifique se présente aux voyageurs; ils descendent en ce brillant séjour, dont nulle chose humaine
ne saurait donner une idée. Des parfums de musc et d'ambre y caressent l'odorat; les végétaux semblent des édifices
de pierres précieuses, une immense variété de couleurs les
décore, et les rayons du Soleil en s'y reflétant en augmentent encore la magnificence par leurs jeux infinis. Mais
l'homme cherche, cherche une créature vivante et n'en
trouve pas : la nature inanimée répond seule à ses regards... Cependant voici que d'une colline de cristal sort
un chœur de jeunes gens d'une beauté incomparable; essayer de décrire leurs perfections serait un dessein inu-

(1) Nous ferons remarquer, en passant, que la chimie a dû modifier
ces assertions théologiques.

tile, nulle parole humaine ne serait capable de dépeindre
une telle beauté. Ils sont vêtus de robes blanches où les
rayons du Soleil font naître de tendres nuances et de
chatoyantes couleurs; ils descendent de la colline : les
uns tiennent des cymbales et des cythares, et des flots
d'harmonie s'élèvent dans les airs; les autres portent
d'admirables corbeilles de fleurs où les roses et les lis,
les hyacinthes et les narcisses se succèdent à l'envi... A
la vue d'un pareil spectacle, captivés sous le triple charme
des parfums, de la musique et de la beauté, Théodidactus
s'apprête à saluer les illustres représentants de la race
humaine en ce Monde splendide, mais Cosmiel l'arrête
en lui faisant comprendre que ces êtres n'appartiennent
pas à la famille des hommes. La Terre est l'habitacle de
l'homme; ici, ce sont des anges, des ministres du Très-Haut
préposés à la garde du Monde de Vénus, ce sont eux qui
le guident dans sa route à travers les espaces, afin d'accomplir les desseins de la nature (1). Puis le génie continua en exposant comment lesdits anges versent aux lieux
inférieurs l'influx propice de la planète Vénus, grâce
auquel les habitants de la Terre qui naissent sous cette
bonne étoile deviennent beaux, gracieux et doués d'un
excellent caractère.

Quelques écrivains ont interprété à l'inverse les conversations de Kircher et ne s'étant pas donné la peine (ou le
plaisir) de lire en entier ce gros in-quarto de cinq cents
pages, ont simplement effleuré son latin emphatique. Ils
ont cru voir que l'extatique peuplait les planètes d'habitants en harmonie avec la valeur astrologique des Mon-

(1) « In fines a *Natura naturante* intentas agitant. » Cette expression de « *Natura naturante* » est généralement attribuée à Spinoza. Cependant celui-ci n'était qu'un tout jeune homme à l'époque où Kircher
écrivait ces paroles.

des, tandis qu'au contraire il s'en défend éternellement, ne voit jamais dans le ciel aucun vestige de la race humaine terrestre, et ne rencontre en fait d'êtres vivants que les esprits immortels.

Avant de quitter ce ravissant globe de Vénus, Théodidactus demande à Cosmiel de cueillir quelque chose de ces beautés répandues dans les campagnes, afin d'en rapporter un témoignage à son retour sur la Terre; mais Cosmiel lui faisant comprendre que Vénus est le « lieu naturel » de ces choses, et qu'aussitôt mises en liberté elles y reviendraient par nature ou bien se transformeraient en choses terrestres, il regrette son mouvement de curiosité.

La planète Mercure, de très-antique mémoire, exerce une influence remarquable sur l'esprit aussi bien que sur le corps; elle nous donne la finesse, l'habileté, la capacité, la puissance, la santé, la force, l'activité et la vivacité. Aussi, dès que Théodidactus, ayant mis le pied sur Mercure, eut goûté de l'eau d'une source voisine, il se trouva un homme transformé physiquement et moralement; peu s'en fallut qu'il ne se mît à danser, comme si le sang de ses veines eût été changé en vif-argent. Remarquons une fois pour toutes que, dans ce système qui touche à l'astrologie judiciaire tout en la rejetant, les planètes sont les instruments dont Dieu se sert pour l'action morale du monde aussi bien que pour son gouvernement physique.

Des montagnes brillantes, des plaines dorées s'étendent sur les continents de Mercure. La lumière y est si vive que des yeux mortels ne pourraient la supporter sans une grâce spéciale; la chaleur y est si intense que tout organisme succomberait à ses atteintes. C'est pourquoi, outre les raisons citées plus haut contre l'habitation des planètes en général, il en est d'autres non moins concluantes contre le climat de Mercure en particulier. Si les voyageurs rencontrent un groupe d'hommes mûrs, dont la tête est couronnée d'une auréole radieuse, dont la barbe est d'or pur, dont les ailes resplendissent, dont la main droite porte un caducée, on a déjà deviné que ce sont les ministres directeurs du monde de Mercure.

En vérité, les mots nous manquent, comme ils manquèrent à Kircher, pour exprimer dignement l'effet produit par l'astre solaire sur ceux qui viennent le visiter; lui comparer les sept merveilles du monde, c'est naturellement comparer zéro à l'infini; toutes les expressions bibliques, שמש, החמה, חרש, en d'autres termes Schemesc, Hamma, Cheresc, sont d'une faiblesse insignifiante à côté de la réalité; l'enthousiasme de l'extatique est au comble, à ce point qu'il supplie et conjure son protecteur, non plus par la tendresse, par l'honneur, par les affections humaines, mais par... les entrailles de la miséricorde divine : *Rogo te per viscera misericordiæ Dei, ne me derelinquas, o Cosmiel!* Son génie ne l'abandonne pas, et, grâce à sa protection, ils descendent à la surface du Soleil, porté sur un beau nuage de pourpre.

Comme les autres corps célestes, le Soleil est composé des quatre éléments. Il y a des continents et des mers. Les mers, où réside un liquide flamboyant, offrent l'aspect insolite d'une diversité inexprimable de fluides divers, de feux différents; ce sont là les eaux solaires. Quant aux parties solides, elles offrent ce caractère singulier d'être essentiellement poreuses, percées en tous sens d'une multitude de canaux où circulent des feux de toute nature. Mais le fait sur lequel l'attention doit spécialement se porter, c'est la structure générale du sol, où des alvéoles sont creusées et présentent l'aspect de figures rhomboédriques juxtaposées. Dans ces alvéoles, comme un miel d'un nouveau genre, se trouve le feu solaire, renfermé ainsi entre les parties solides comme dans un « vase admirable, » selon la parole de l'Ecclésiaste.

On voit en outre d'immenses cratères volcaniques lancer dans les airs des vapeurs et des gaz. Ces mouvements intérieurs, joints au mouvement général du Soleil sur son axe, produisent une agitation perpétuelle à sa surface. Il est du reste essentiellement hétérogène, contrairement au principe d'Aristote : en lui se trouvent les germes des choses et des êtres. (Nous signalerons même ici, par occasion, le mot moderne de panspermie qui s'y trouve en toutes lettres : *Corpus Solis panspermia pollet*). De l'urne solaire se déversent toutes les richesses du royaume planétaire.

Kircher regarde le Soleil comme surpassant de mille fois le volume de la sphère terrestre. Il était ici plus rapproché de la vérité que Cyrano de Bergerac, qui ne le croyait que de quatre cent trente-quatre fois plus gros. Dire ce que l'on voit en ce grand corps serait chose impossible ; toutes les splendeurs s'y trouvent rassemblées. Un jour, ils voient tomber non loin d'eux une pluie de feu semblable à nos pluies d'eau, et, à mesure que le nuage se dissolvait, une plus grande clarté se répandait autour d'eux ; où les nuages planaient lourds et touffus, on était dans une demi-lumière, parfois même dans une obscurité relative, et rien ne paraissait plus extraordinaire que de songer qu'étant sur le Soleil même on pouvait n'être pas éternellement dans la lumière. Les taches que l'on voit de la Terre ont pour origine les vents qui se forment dans les méandres des corps solaires, s'élèvent dans les airs et troublent par leur densité la surface

blanche, et encore les vapeurs qui s'élèvent sur la superficie entière du Soleil. Quant au feu solaire lui-même,
il est pur et représente la sphère de l'Empyrée; les rayons
qui s'en échappent sont des feux de second ordre qui
pénètrent et brûlent; la lumière est un feu de troisième
ordre.

« Les comètes sont filles du Soleil; elles naissent des
éruptions formidables qui se manifestent parfois à sa surface, et qui occasionnent les obscurcissements dont l'histoire garde le souvenir, comme celui qui survint à la
mort de César. Au bout d'un certain temps, les comètes
se dépouillent dans l'espace des vapeurs qui les enveloppent et se transforment en étoiles. Nous n'analyserons pas les théories cosmographiques du bon Père, et
nous passerons à la planète Mars, en ayant soin toutefois d'ajouter que les anges solaires sont infiniment plus
magnifiques encore que ceux de Vénus, et que, sans
l'assistance de l'excellent Cosmiel, notre héros serait
mort plusieurs fois de surprise et d'atterrissement.

Changement à vue et transformation complète. L'influx de Mars est si terrible qu'avant même d'y arriver
Théodidactus se sent empester de vapeurs méphitiques
et fétides, en même temps que sa vue est désagréable-
ment impressionnée par l'aspect horrible de la planète
rouge. Heureusement, et nous avons oublié de le dire,
que son génie protecteur porte toujours sur lui une fiole
merveilleuse, véritable antidote contre tous les désastres
de l'entreprise. Ainsi, avant d'arriver sur le Soleil, un
baptême de cette liqueur l'avait rafraîchi et gardé contre
les atteintes de la chaleur; plus loin elle le réchauffera si
le besoin s'en fait sentir; aujourd'hui elle le «réconforte»
contre les terribles approches du Monde de Mars. Protégé par cette panacée, le voyageur met le pied sur Mars,

et contemple, non sans horreur, ces campagnes affreuses hérissées de volcans enflammés, traversées de rivières flamboyantes, creusées de fournaises et de cavernes ignivomes. La substance du sol paraît de soufre, d'arsénic et autres matières malignes ; les lacs sont de bitume et de naphthe ; l'atmosphère, emplie de tourbillons fétides, charrie des masses nuageuses effrayantes. Séjour âpre et détestable, nul pas humain ne vous fera l'honneur d'imprimer sa trace sur vos sillons sulfureux, et nulle poitrine humaine ne viendra s'asphyxier en respirant vos gaz perfides. Que les ministres de mort qui sont préposés à votre garde, cavaliers géants et formidables, montés sur des chevaux horribles dont les narines lancent des flammes, ne s'attendent pas à ce que nul être qui se respecte suive la trace de Kircher ; reste solitaire dans ta région de mort, ô planète malheureuse, que Vulcain seul consentirait à habiter, s'il n'avait contre toi d'excellentes raisons de haine ! et nous, âmes sensibles et raisonnables, élevons-nous d'une sphère, et prenons route vers le Monde superbe qui trône là-haut dans l'espace !

Quatre Lunes en diverses phases planaient dans le ciel, et une forte odeur d'ambre se faisait sentir, lorsque Théodidactus se vit déposé sur une haute montagne d'un globe inconnu. Des eaux limpides couraient dans la vallée, et l'on eût juré se retrouver sur Vénus si le présent globe n'eût été, à côté de celui-ci, dans la proportion d'un œuf de poule à un œuf d'hirondelle. A la distance où Jupiter se trouve du Soleil, la lumière de l'astre du jour n'est plus assez puissante pour être réduite à ses seules forces ; aussi Jupiter et ses quatre Lunes ajoutent-ils à la lumière qu'ils reçoivent du Soleil une autre clarté qui leur est propre. De cette lumière jovienne résulte une incomparable richesse dans les jeux du jour sur les eaux, sur la terre et dans les nuages. Ajoutons à cela certaine harmonie insolite parcourant les retraites profondes et le bord des ruisseaux au doux murmure, et, par dessus tout, un parfum indéfinissable dont les odeurs les plus suaves de notre Monde ne sauraient nous donner une idée, et nous comprendrons l'étonnement et l'admiration du nouvel hôte de ce royal univers. Mais écoutons un instant nos deux interlocuteurs : *Utrum homines in globo Jovis sint.*

« Il me semble que, sous la bénignité d'un tel ciel, et sur un Monde aussi magnifique, la Sagesse divine n'aurait pas mal fait de placer quelque créature intelligente qui pût en jouir.

— Ne sais-tu pas, mon ami, que c'est à ma protection seule que tu dois de pouvoir vivre ici, et que si jamais un mortel pouvait y arriver naturellement, il rendrait l'âme à la première minute?

— Sans doute ; mais si l'on y plaçait des hommes constitués d'une autre façon, de manière à y vivre?

— Les raisons exposées plus haut t'ont montré que la Terre est le lieu naturel de la race humaine, et qu'il n'y a rien qui puisse la remplacer.

— Cependant, reprend Théodidactus, puisqu'il y a ici, aussi bien que sur la Terre, les quatre éléments universels, les insectes, les petits êtres qui naissent de la fermentation et des substances végétales ne pourraient-ils pas y être nés? (On voit que la doctrine de la génération spontanée ne s'est jamais perdue.)

— Il y a une telle diversité de nature entre les mixtions élémentaires opérées sur ce Monde et celles qui existent à la surface de la Terre, que les plus petits êtres vivants ne sauraient y recevoir naissance ; cherche bien, et tu n'en trouveras pas un.

Théodidactus ne se décourage pas. — Mais si la Puissance divine, ajoute-t-il, avait placé ici des êtres mâles et des êtres femelles, est-ce qu'ils ne se reproduiraient pas chacun selon son espèce ?

— J'admire ta simplicité, répond l'imperturbable génie, dont la faiblesse néanmoins se trahit un peu ; mais où trouveras-tu les choses nécessaires à l'entretien de la vie ? où la proportion de l'air ? où les aliments ? où les animaux et les plantes ?...

— Pardonnez à ma simplicité, ô Cosmiel, reprend l'interlocuteur ; mais dites-moi encore, je vous prie, pourquoi les graines que l'on apporterait ici ne germeraient-elles pas, et pourquoi ne pourrait-on cultiver cette terre inculte et qui paraît si bien préparée ? »

Le divin Cosmiel revient à sa thèse favorite et répond que toute chose terrestre, semence ou germe, tend à la Terre et ne se trouve bien qu'en son lieu naturel, si bien que tout ce qu'on pourrait apporter sur Jupiter retournerait au plus vite à la Terre, de son propre mouvement, ou se transformerait en éléments inertes joviens.

Et le bon Kircher conclut en ces termes : *Recte et sapienter omnia decidisti*. « Vous avez tout décidé droitement et sagement. »

Hélas ! malgré sa sagesse d'outre-tombe, le génie s'est bien trompé, — nous espérons, du moins, qu'on le pense avec nous ; — et voici quelques vues nouvelles, non moins intéressantes, où il s'est également fourvoyé, malgré la perspicacité que révèlent ces idées elles-mêmes.

Depuis leur départ de la Terre, les philosophes se sont aperçu qu'ils n'ont plus entre les mains aucune mesure du temps, de sorte qu'ils ne savent plus à quelle date ils sont. Il est vrai qu'à leur arrivée sur le Soleil, Cosmiel, dont la vue est excellente, avait pu reconnaître qu'à

Rome on célébrait alors la fête de Saint-Pierre et Saint-Paul; mais depuis lors ils ne savent plus ce que c'est qu'un jour et une nuit. De là des recherches relativement au jour de Jupiter. Comme ce globe surpasse d'un peu plus de onze fois le globe terrestre, Cosmiel annonce que la durée du jour offre les mêmes rapports, et que sur cette planète il mesure 284 heures. Ceci est parfaitement faux, comme on sait; mais voici une coïncidence singulière. Il se trouve précisément que le rapport entre la durée de l'année jovienne et la durée de l'année terrestre est 11,8, à peu près le même qu'entre le diamètre de Jupiter et le diamètre de la Terre; de sorte qu'au lieu du nombre 365, l'année jovienne est représentée par le nombre 4,550. En vérité, la conclusion relative à la durée du jour semblait légitime; mais les conséquences qui nous paraissent logiques ne le paraissent pas toujours aux lois de la Nature, et loin d'être onze fois plus grand que le jour terrestre, celui de Jupiter est plus de moitié plus court.

Les voyageurs eurent occasion de saluer en passant les anges gardiens; c'étaient des images humaines de haute taille, marchant d'un pas majestueux, enveloppées de manteaux royaux flottant sévèrement sous l'agitation du vent; leur maintien et leurs visages respiraient la grandeur, leur main droite tenait levé un glaive enrichi de pierres précieuses, leur main gauche portait des cassolettes de parfums. Comme ils s'approchaient, les images s'envolèrent sur un nuage, et nos chevaliers errants terminèrent leur excursion jovienne en visitant les satellites du grand Monde.

Après Jupiter on voyage sur Saturne, planète de malheur. C'est un séjour triste, glacé, monotone, où l'homme mourrait d'ennui dès la première heure, s'il

n'était encore plus tôt détruit par les influences funestes
de sa constitution. Taciturnes, marchant le front penché,
accablés dans la contemplation intérieure, sont les ministres directeurs de cet astre ; de la main gauche ils
tiennent une faux, de la main droite des poisons perfides.
Du haut de Saturne ils exercent sur les habitants de la
Terre la vengeance du juste et de l'opprimé, la punition du coupable, et souvent ils éprouvent les bons par
la peine et la douleur. Tel est Saturne, tels sont ses
anges, telle est l'impression produite sur Théodidactus ;
et si cette dernière planète du système n'était un bon
observatoire pour observer de plus près les étoiles, et une
excellente occasion de pérorer sur la vanité des choses
humaines, dont les plus brillantes sont invisibles à cette
distance, nos interlocuteurs ne se seraient certainement
pas donné la peine de s'y arrêter, et se seraient en droite
ligne élevés de suite au Firmament.

Parvenu au Firmament, Kircher paraît surpris de ne
point se trouver au milieu de l'armée des constellations ;
il se demande où sont les cornes du Bélier, le baudrier
d'Orion, la queue du Scorpion, la Poule et ses poussins ;
mais il reconnaît bientôt que les étoiles sont situées à
d'immenses distances les unes des autres, que la lumière
du Soleil serait insuffisante pour les illuminer à une telle
distance et qu'elles brillent de leur propre lumière. Il est
transporté sur l'étoile de la canicule, Sirius, vaste Soleil
autour duquel roule une Lune comme la nôtre, et l'on
croirait presque un instant que Kircher a deviné les systèmes stellaires ; puis on se rend à l'étoile polaire. Or
ce parcours de l'équateur au pôle met en question la
possibilité du mouvement diurne de tant d'étoiles, si
éloignées, autour du point imperceptible de la Terre ; et,
pour l'expliquer, l'auteur suppose l'existence de l'éther,

que les Hébreux nomment Rakiangh, lequel éther pénètre
tous les corps jusque dans leur constitution la plus intime. Or cet éther est en mouvement autour de la Terre,
et les corps célestes plongés dans cette substance aérienne
et pénétrés par elle suivent nécessairement son mouvement. Si l'on demande quelle est la puissance directrice
des étoiles, on répond que ce sont des anges préposés à
la garde de chacune d'elles, semblables à ceux que nous
avons rencontrés sur les planètes, et qui les dirigent
chacune dans la voie qui lui est tracée par les décrets éter-
nels. Mais Théodidactus ne peut concevoir la possibilité
d'un mouvement aussi rapide. Cosmiel lui répond qu'il
est aussi facile à Dieu de faire parcourir le Ciel en vingt-
quatre heures aux globes guidés par les anges, qu'à lui,
Cosmiel, de l'avoir transporté en un clin d'œil de Sirius
à l'étoile polaire (la réponse est superbe en vérité); que,
du reste, Scheiner et Mersenne ont prouvé qu'une pierre
tombant du Firmament sur la Terre n'emploierait pas plus
de six heures à cette chute; qu'en outre, si l'on veut
absolument un exemple naturel de la vitesse possible, on
n'a qu'à songer à celle de la foudre; mais qu'au fond de
tout on doit croire incompréhensibles les œuvres de Dieu.
On parle ensuite de l'origine des étoiles temporaires,
notamment de celle qui apparut dans Cassiopée en 1572;
enfin de l'immensité de la création, et l'auteur est bien
embarrassé lorsqu'il songe que l'espace physique est nécessairement infini, mais que cette assertion étant une
erreur théologique, il ne peut la prononcer. Le voyage se
termine par une action de grâces à Celui qui a fait tant
de choses incompréhensibles en l'honneur de l'Homme.

Nous voudrions exposer la seconde partie de ce voyage
avec la même étendue, mais l'espace nous presse, et nous
devons clore ici ce résumé. Ajoutons cependant qu'au-

dessus du vaste Firmament il y a l'immobile Empyrée, où le Fils de l'Homme et la Vierge Marie sont assis corporellement, où les élus doivent pénétrer après le jugement. Cette lumineuse région surpasse dans sa clarté les soleils les plus radieux ; elle enveloppe l'univers comme la circonférence autour d'un point. Si nous ne remarquons pas d'ici son éblouissante lumière, c'est parce que, entre elle et le Firmament, une immense nappe d'eau est étendue : les Eaux supérieures, séparées, au second jour du monde, des Eaux inférieures. Il semble cependant que l'auteur ait tendu à deux idées opposées lorsqu'il disserte, d'un côté, sur l'immensité de cet Empyrée qui enveloppe l'univers entier, et, de l'autre, sur le petit nombre des élus. Pour peupler ce vaste séjour, il eût été probablement mieux avisé non-seulement de ne pas insister sur le petit nombre des élus de la Terre, mais encore de regarder les autres Mondes comme autant de patries d'où les âmes peuvent s'envoler au jour de leur pardon vers leur résidence dernière.

Le moine nous mène à l'abbé, et Kircher n'est pas médiocrement flatté de se trouver sur le chemin de Gassendi.

GASSENDI. *Si les astres sont habitables.*

De Cœli Sidèrumque substantia (cap. VI, *Sintne Cœlum et Sidera habitabilia ? — Syntagma philosophicum,* anno 1658, posthume.)

Que les astres soient animés, comme l'a cru toute l'antiquité, à l'exception d'Épicure, qu'ils soient des dieux, comme quelques-uns ont eu la témérité de le supposer, ou que chaque sphère soit gouvernée par un esprit préposé à sa garde, ce sont des conjectures imaginaires que

crée la spéculation vagabonde. Qu'il y ait des êtres spirituels, des esprits ou démons, de nature et de formes inconnues, habitant la Lune et les autres astres, et venant
s'immiscer aux affaires de l'humanité terrestre, c'est une
opinion qui appartient au domaine de l'idée. Mais il appartient à la science de demander si les astres sont, comme
la Terre, susceptibles d'être habités par des animaux ayant
quelque analogie avec ceux qui peuplent notre monde,
parmi lesquels se rencontrerait une race humaine ou une
race ayant quelque rapport avec la nôtre. En d'autres
termes, on peut légitimement s'inquiéter de savoir si la
Lune, le Soleil et les autres astres sont autant de Mondes,
ou, ce qui est la même chose, si ces corps célestes sont
autant de terres comme la nôtre. Cette idée était déjà née
chez les anciens, puisque Orphée, Pythagore, Épicure en
ont traité; et il fallait qu'elle eût eu une certaine noto-
riété pour que Lucien racontât son voyage chez les habitants de la Lune, du Soleil et de Vénus. Il semble que,
pour la Lune en particulier, cette opinion ait été plus générale et plus constante, car on l'appelle tour à tour
terre céleste ou étoile terrestre. Les pythagoriciens enseignaient que la Lune est habitée par des animaux et des
végétaux plus grands et plus beaux que les nôtres, surpassant même ceux-ci de quinze fois. Hérodote paraît
avoir fait allusion à cette manière de voir, lorsqu'il parle
des femmes de la Lune, qui sont ovipares, et dont le
fœtus est de quinze fois ceux des femmes terrestres, selon
que le rapporte Néoclès de Crotone à propos d'un œuf de
cette sorte tombé de la Lune. Xénophane dit, par la plume
de Lactance, que, dans le côté concave de la Lune, il y a
une autre terre et une autre race d'hommes qui y vivent
comme nous vivons ici; Cicéron ajoute que c'est une
terre habitée où existent des villes nombreuses et des

montagnes; Macrobe est du même avis en ce qui concerne les peuples lunaires.

Ainsi parle le philosophe Gassendi. Les objections fondées sur les apparences, ajoute-t-il, ne peuvent détruire ce sentiment. Lorsque Plutarque rapporte cette parole d'Héraclite, que les habitants de l'hémisphère de la Lune tourné de notre côté devraient être attachés comme Ixion pour ne pas tomber, cette difficulté est sans valeur, et les habitants de la Lune auraient la même raison pour craindre que nous ne tombions sur eux lorsque, par le mouvement de la Terre, nous nous trouvons aux antipodes de ceux qui paraissent en haut, du côté des étoiles. Lorsqu'on objecte le climat, la température, l'état atmosphérique, on ne songe pas que les êtres lunaires sont par nature fort différents des êtres terrestres, beaucoup plus que les êtres des différentes parties de notre Monde, et qu'ils possèdent des moyens d'existence complétement étrangers aux nôtres. Nos plantes et nos animaux n'y pourraient vivre; ce n'est pas une raison pour que les humains de là ne puissent être nourris d'une manière quelconque. De même, lorsqu'on songe à l'ardeur funeste du climat tropical et de la chaleur qui perpétuellement règne à l'équateur terrestre, et de même au froid glacial des nuits d'hiver et des hautes altitudes, et lorsqu'on se reporte aux jours et aux nuits de la Lune égaux à quinze des nôtres, il semble que ces conditions extrêmes rendent cet astre inhabitable. Cependant il n'en doit pas être ainsi. Les natures qui naissent et meurent sur ce Monde sont d'un autre mode que celles qui naissent et meurent sur le nôtre, et nous ne pouvons le concevoir, de même qu'ils ne pourraient, s'ils sont douées d'intelligence, concevoir notre mode d'existence.

La diversité qui doit exister entre les lunaires et les

terrestres doit se manifester sur une échelle plus grande
encore entre les diverses planètes de notre système. Mercure et Vénus sont plus proches du Soleil que la Terre;
Mars, Jupiter et Saturne en sont plus éloignés. Or, les
substances de Mercure et de Vénus doivent être d'autant
plus nobles et plus en harmonie avec la lumière et la chaleur que ces planètes sont plus voisines de la source resplendissante et sont davantage imprégnées de son rayonnement splendide. Au contraire, les Mondes de Mars, de
Jupiter et de Saturne ont leurs substances d'autant plus
grossières et moins en harmonie avec la lumière et la
chaleur qu'elles sont plus éloignées de ce foyer brillant
et n'en reçoivent les bienfaits qu'avec parcimonie. Si nous
animons les êtres inconnus qui peuvent peupler ces
mondes, nous arriverons, sous un autre point de vue, à
admettre qu'une gradation du genre suivant existe entre
eux : ils seront plus petits et plus parfaits sur Mercure
que sur Vénus; plus petits et plus parfaits sur Vénus que
sur la Terre; de même sur la Terre que sur Mars, sur
Mars que sur Jupiter, sur Jupiter que sur Saturne. Nous
admettrons aussi par analogie que les êtres de la Lune
doivent être beaucoup plus petits que ceux de la Terre,
et par là nous trouverons vaine l'espérance d'apercevoir
jamais un habitant de la Lune à l'aide du télescope. Quant
à la perfection de ces êtres, nous la supposons au même
degré que la nôtre, attendu que la Lune est à la même
distance moyenne du Soleil, quoique tantôt elle en soit
plus proche et tantôt plus éloignée.

Telle est la grande théorie de Gassendi. Plus tard
Bode et Emmanuel Kant émettront une opinion diamétralement opposée.

Quant au Soleil, il nous paraîtra favorisé d'une habitation bien supérieure à celle de la Terre et des autres

planètes, autant que ce globe surpasse les précédents en noblesse et en grandeur. Au premier abord, il semble qu'un astre étincelant comme le Soleil, foyer gigantesque de tant de lumière et de tant de chaleur, ne soit pas disposé pour l'habitation ; mais si l'on examine la diversité qui existe entre les êtres terrestres eux-mêmes, suivant leur lieu d'existence, l'air, la terre ferme ou les eaux, on sera conduit à admettre qu'il y a des créatures formées pour ce royaume lumineux et ardent. Ils sont faits pour ce régime, et transportés à la surface de la Terre ou des autres planètes, ils périraient de froid, de même que nos animaux aériens périssent dans l'eau, et que nos animaux aquatiques périssent dans l'air. Les mêmes raisonnements doivent être appliqués aux étoiles, et consacrer l'habitation de la multitude de ces astres lointains.

On ne voit, il est vrai, les étoiles que sous la forme de points lumineux perdus dans le firmament, et l'imagination ne peut, sans un grand effort, créer sur elles de vastes campagnes. De là, elles apparaissent dans l'esprit comme des solitudes et d'inutiles déserts. Mais la raison ne peut se contenter de ces apparences, surtout lorsque nous réfléchissons que, vue de Saturne, la Terre éclairée par le Soleil nous produirait le même effet. Nous admettons avec le cardinal de Cusa, qui, il y a deux cents ans, avançait déjà les mêmes propositions, que les astres du ciel sont peuplés de végétaux, d'animaux et d'hommes, suivant un mode différent de celui qui a présidé à la formation des créatures terrestres.

Il en est qui peuvent objecter, et qui ont en effet objecté, que l'univers est créé pour l'homme de la Terre, et qu'il n'est nul besoin de chercher à agrandir le domaine de la vie. Nous ne croyons pas que nous soyons le but de la création ; nous croyons que Dieu lui-même est le but de son œuvre. C'est pour sa gloire qu'il a tout établi, et nous et les autres êtres. Serait-ce pour nous qu'il aurait donné le jour aux anges qui perpétuellement l'assistent, le louent et le glorifient? Où étions-nous lorsque les astres du matin chantaient ses louanges, et lorsque tous les fils de Dieu lui rendaient hommage? Dites-nous si tant de météores, tant de fossiles, tant de plantes, tant d'animaux qui sont aux lieux déserts, à la surface de la Terre, au fond des mers, n'existent que pour l'homme? Dans ce cas, leur existence serait bien inutile. N'ayons donc pas l'audacieuse impiété de croire que Dieu n'a pu établir sur de tels Mondes des êtres raisonnables analogues à nous et bien supérieurs, qui les connaissent, en apprécient la richesse et en glorifient l'Auteur de toutes choses.

C'est notre amour-propre qui nous inspire ces sentiments, et c'est se flatter de trop de mérite que de croire que Dieu n'ait rien fait que pour nous, et que, lorsqu'un objet nous paraît en dehors de nous et inutile à notre destinée, nous présumions incontinent qu'il serait créé en vain et ne serait pas dans la nature. Quoi! n'est-ce pas assez que, n'étant que poudre et que cendre, il nous ait honorés de sa présence visible, qu'il ait daigné converser avec nous, qu'il nous ait rachetés de son précieux sang, et qu'il nous ait mérité une gloire et une félicité éternelles, pour que nous refusions d'admettre qu'il ait formé d'autres créatures auxquelles il aurait accordé des dons naturels sans connexion utile avec nous? Est-ce que Dieu ne peut point se proposer de tirer d'elles une gloire indépendante de nous, et de les avoir faites pour soi-même et non pour nous?...

On a quelquefois regardé Gassendi comme partisan de la doctrine de *l'âme du Monde*, et certains passages de

ses œuvres si nombreuses semblent autoriser ce jugement. Cependant il a pris grand soin d'éloigner de ses
commentateurs cette fausse interprétation. A l'opposé des
pythagoriciens, il n'admet l'âme du Monde que dans le
sens d'une force universelle inconsciente animant chaque
atome de matière, laquelle force n'est pas Dieu. Dieu
gouverne le Monde comme celui qui gouverne un navire;
il ne fait pas partie intégrante du Monde, pas plus qu'un
capitaine de vaisseau ne fait partie intégrante de son es-
quif. C'est « une force particulière, diffuse par tout le
Monde, qui, comme une espèce d'âme, en lie et attache
ensemble les parties, qui en empêche la dissipation, qui
ramène chacun à son tout, les terrestres à la Terre, les
lunaires à la Lune, et ainsi des autres, et qui cause entre
elles quelque rapport, correspondance et sympathie mutuelle. Elle exerce une action plus générale encore, par
le corps de la Terre, par celui de la Lune, par celui de
Mercure et des autres globes, relie l'ensemble, mais
diffère de l'âme végétative, de la sensitive et de la raisonnable, et est nommément incapable des dons spirituels, de la grâce et de la béatitude. Elle dépend de Dieu,
mais n'est point Dieu, attendu que Dieu ne saurait être
divisé par partie et appartenir aux formes transitoires. »
Ainsi Gassendi n'est pas panthéiste.

Le mouvement en faveur de l'habitation des astres se
manifestait à cette époque chez les esprits les plus dissemblables. En 1667, le pieux Baxter, en même temps
qu'il se faisait chapelain de l'armée du parlement d'Angleterre contre Cromwell, permettait à son esprit de s'é-
lever chrétiennement vers les sphères sidérales, précédant en cela Thomas Chalmers comme Frayssinous. Il
est vrai qu'à son point de vue, comme sous celui de quelques théologiens pétrifiés de notre époque, notre doc-

trine était une consolation pour les âmes sensibles à propos du nombre des damnés; mais nous n'avons pas à nous préoccuper de ce détail. « Je sais que c'est une chose incertaine, dit-il (1), et qui ne nous est pas révélée, si tous ces globes sont peuplés ou non. Mais si l'on considère qu'il y a à peine sur la Terre, dans l'eau ou dans l'air, un lieu qui ne soit pas habité; que les hommes, les quadrupèdes, les oiseaux, les poissons, les insectes ou les reptiles remplissent presque tout l'espace; on pensera qu'il y a une probabilité, équivalant à une certitude presque incontestable, que des parties de la création, plus vastes et plus importantes, sont également peuplées; qu'elles ont des habitants analogues à leur grandeur et à leur majesté, comme les palais ont d'autres habitants que les chaumières... Quelque nom qu'on donne à ces habitants, je ne fais aucun doute que notre nombre, comparé au leur, ne soit pas un contre un million. » Baxter suppose donc, non-seulement les planètes habitées, mais il les croit encore peuplées sériairement, chacune selon son importance. « J'ignore, dit l'auteur de *Christianisme et libre examen*, comment il pouvait concilier cette opinion avec la prépondérance que la cosmogonie mosaïque attribue à notre planète dans le système de la création, le premier verset de la Genèse plaçant exactement sur la même ligne la Terre et le reste du Monde. »

On a vu, dans notre chapitre sur saint Thomas, qu'à la même époque les disciples du Docteur angélique, théologiens réguliers et séculiers, scolastiques, professeurs, continuaient à combattre, en France, cette idée de la nature de l'univers, qui chaque jour devenait, par sa propre force,

---

(1) *Reasons of christian religion.*

de plus en plus puissante. Depuis Cyrano de Bergerac surtout, on s'occupait beaucoup des habitants de la Lune, et ces préoccupations s'étaient traduites jusque sur le théâtre. Tout le monde se souvient que, dans l'hiver de 1684, la Comédie italienne fit fureur avec son *Arlequin empereur dans la Lune*, et que « tout Paris » courut rire à ce spectacle. C'était un mois à peine après la mort de Corneille, et le succès de cette plaisanterie lunaire fit oublier à beaucoup la perte que le théâtre de France venait de faire en son créateur.

L'écrivain que nous allons présenter sera moins grave que Gassendi et Baxter ; mais il aura le talent de s'approprier tous nos auteurs qui précèdent et de les représenter anonymement (sans façon), dans sa personne, à l'admiration des âges futurs.

CHAPITRE IX

Les grands Voyages. — Fontenelle : *Entretiens sur la Pluralité des Mondes*. Aftronomie des Dames, — Voyage au Monde de Descartes. — Huygens : *Cosmotheôros, ou Conjectures sur les Terres célestes & leurs habitants.*

(1686-1698)

FONTENELLE. — *Entretiens sur la Pluralité des Mondes.* — 1686.

De tous les sujets effleurés par le neveu de Corneille. science, histoire, éloges académiques, théâtre, poésie, romans, sujets variés et nombreux, dont la réunion forme les onze volumes de l'édition complète de 1767, le charmant petit livre de la *Pluralité des Mondes* est le seul, a-t-on dit, qui ait surnagé pour sauver dans l'avenir la réputation de son auteur. Combien d'écrivains envieraient cet héritage ! combien ont disparu sans laisser le plus mince opuscule qui restât digne de l'attention des hommes ! combien n'ont dû leur gloire passagère qu'à la complaisance ou à la frivolité des journalistes de leur temps ! Le livre de Fontenelle est resté ; depuis il a personnifié son auteur aux yeux de la postérité... il a même personnifié pendant longtemps la question même de la Plura-

lité des Mondes, et les autres ouvrages écrits sur ce
sujet se sont vus effacés par l'éclat de celui-ci.

Malgré les rares exceptions, qui couronnent de succès
un livre sans mérite, l'observation montre qu'en général ce sont les livres les meilleurs qui restent le plus
longtemps, et que la vraie célébrité ne s'attache guère
qu'aux travaux dignes d'être récompensés par elle. Or le
livre de Fontenelle méritait, quelle que paraisse sa frivolité, le succès qu'il a obtenu, non-seulement en France,
où de nos jours encore sa lecture est attrayante et in-
structive, mais encore chez les nations étrangères qui
en possèdent des traductions. L'auteur lui-même a pu
jouir longtemps de son succès; on sait que le brillant
secrétaire de l'Académie des sciences vécut juste un
siècle (1657-1757) : il put entendre pendant plus de
soixante-dix ans le bruit qui se continuait autour de son
livre dans le monde précieux de la régence. Quoique,
selon sa propre parole, il n'ait jamais senti battre son
cœur d'enthousiasme et d'amour, quoiqu'il n'ait jamais
pris au sérieux aucun sentiment, aucune œuvre, aucune
vérité, aucun principe; quoiqu'il ait pu dire lui-même, à
l'âge de quatre-vingt-dix-huit ans, qu'il n'avait jamais
ri ni pleuré, et qu'en vrai Normand qu'il était, s'il avait
eu les mains pleines de vérités, il se serait bien gardé
de les ouvrir, il comptait pourtant un grand nombre
d'amis, et des plus puissants. Le régent aimait particulièrement son esprit. On rapporte de lui cette proposition :
« Monsieur de Fontenelle, voulez-vous habiter le Palais-
Royal? *Un homme qui a fait la* Pluralité des Mondes
doit loger dans un palais. — Prince, le sage tient peu
de place et n'en change pas; *pourtant* je viendrai demain habiter le Palais-Royal avec armes et bagages,
c'est-à-dire avec mes pantoufles et mon bonnet de

nuit. » Dès lors il habita le Palais. C'est là qu'il écrivit
ses *Éléments de la géométrie de l'infini*, dont il disait :
« C'est un livre qui ne peut être entendu que par sept
ou huit géomètres de l'Europe, et je ne suis pas de ces
huit-là.

L'un de nos contemporains a écrit que Fontenelle « a
passé sous le soleil sans voir le ciel, près des femmes
sans ouvrir son cœur, vu la colline sans mordre à la
grappe empourprée; qu'il a perdu quatre-vingts ans à
entortiller de rubans les vérités les plus vulgaires, à cultiver des fleurettes sans parfum, à s'éblouir par ces feux
d'artifice du style qui ne laissent que l'ombre à leur suite,
à peser, comme a dit Voltaire, une pointe et une épi-
gramme dans des balances de toiles d'araignée; que ce
fut un poëte sans âme, sans grandeur, sans simplicité,
qui n'a babillé que pour les femmes savantes de son
temps... etc. (1). Pour le juger directement, ouvrons
son livre et lisons. La première page nous donnera déjà
le meilleur échantillon de son style et de son mode de
philosophie; nous feuilleterons ensuite, de manière à
nous arrêter, comme il convient, aux pages les plus
brillantes. Ses premières paroles rappellent un peu Cyrano (2); mais le moyen que deux beaux esprits ne se
rencontrent pas en frappant à la même porte?

« Nous allâmes un soir, après souper, dit-il, nous promener dans le parc, la marquise et moi. Il faisait un
frais délicieux, qui nous récompensait d'une journée fort
chaude que nous avions essuyée. La Lune était levée il y

---

(1) A. Houssaye, *Galerie du dix-huitième siècle.*
(2) Charles Nodier a écrit que « Fontenelle a pris les Mondes dans
le *Voyage à la Lune,* que Voltaire y a pris *Micromégas,* et Swift les
Voyages de Gulliver. » — Cependant suffit-il que deux écrivains se
rencontrent, pour qu'on soit en droit d'en conclure que le second a
copié ou imité le premier?

avait peut-être une heure, et ses rayons, qui ne venaient
à nous qu'entre les branches des arbres, faisaient un
agréable mélange d'un blanc fort vif avec tout ce vert
qui paraissait noir. Il n'y avait pas un nuage qui dérobât
ou qui obscurcit la moindre étoile; elles étaient toutes
d'un or pur et éclatant, et qui était encore relevé par le
fond bleu où elles étaient attachées. Ce spectacle me fit
rêver, et peut-être, sans la marquise, eussé-je rêvé assez longtemps; mais la présence d'une aimable dame
ne me permit pas de m'abandonner à la Lune et aux
étoiles.

« — Ne trouvez-vous pas, lui dis-je, que le jour même
n'est pas si beau qu'une belle nuit?

« — Oui, me répondit-elle, la beauté du jour est comme
une beauté blonde qui a plus de brillant; mais la beauté
de la nuit est une beauté brune qui est plus touchante. »

C'est sur ce pied que s'engage la galante conversation, et voilà que peu à peu, la marquise meurt d'envie
de savoir ce que c'est que les étoiles. Mais le narrateur
se fait désirer : « Non, il ne me sera pas reproché que
dans un bois, à dix heures du soir, j'aie parlé de philosophie à la plus aimable personne que je connaisse.
Cherchez ailleurs vos philosophes. »

Cependant l'auteur se serait vu fort mystifié si la gracieuse interlocutrice l'avait pris sur parole, car, au fond,
c'est lui qui est le plus désireux d'enseigner l'astronomie
à sa compagne. Voilà pourquoi il cède si vite à d'aussi
agréables sollicitations. Et en effet, c'est bien sur l'astronomie que les causeries s'engagent, et non sur la Pluralité des Mondes; et, à ce titre, le livre de Fontenelle
est le premier traité d'astronomie populaire. Malheureu-
sement, l'auteur est un partisan du système des tourbillons de Descartes contre Newton, dont le nom même

lui paraît inconnu, et toutes ses théories se trouvent pécher par leur base, depuis l'explication du mouvement de la Terre, portée comme un vaisseau sur le plein des espaces, jusqu'à celle de la lumière assimilée à un jeu de balles élastiques.

Le premier Monde sur lequel s'exercent les conjectures relatives à l'habitation, c'est notre voisine la Lune. Pour mieux faire ressortir la possibilité de son habitation, Fontenelle la compare à Saint-Denis, vu du haut des tours Notre-Dame de Paris. « Supposons, dit-il, qu'il n'y ait jamais eu nul commerce entre Paris et Saint-Denis, et qu'un bourgeois de Paris, qui ne sera jamais sorti de sa ville, soit sur les tours Notre-Dame et voie Saint-Denis de loin; on lui demandera s'il croit que Saint-Denis soit habité, comme Paris. Il répondra hardiment que non; car, dira-t-il, je vois bien les habitants de Paris, mais ceux de Saint-Denis, je ne les vois point; on n'en a jamais entendu parler. Il y aura quelqu'un qui lui représentera qu'à la vérité, quand on est sur les tours de Notre-Dame, on ne voit pas les habitants de Saint-Denis, mais que l'éloignement en est cause; que tout ce qu'on peut voir de Saint-Denis ressemble fort à Paris, que Saint-Denis a des clochers, des maisons, des murailles, et qu'il pourrait bien encore ressembler à Paris pour être habité. Tout cela ne gagnera rien sur mon bourgeois; il s'obstinera toujours à soutenir que Saint-Denis n'est point habité, puisqu'il n'y voit personne. » Notre Saint-Denis c'est la Lune, et chacun de nous est ce bourgeois de Paris qui n'est jamais sorti de la Seine.

L'habitation de la Lune s'admet ainsi peu à peu, sans peine; et lorsque plus tard Fontenelle lui dit que peut-être la Lune n'est pas habitée à cause de la rareté de l'air, la marquise se fâche tout rouge. On disserte alors sur les phénomènes célestes, en particulier sur les éclipses, et l'on se demande si les habitants de la Lune ne sont pas effrayés par ces phénomènes, comme les humains l'ont été pendant si longtemps. « Je n'en doute nullement, répond finement l'écrivain. Je voudrais bien savoir pourquoi messieurs de la Lune auraient l'esprit plus fort que nous. De quel droit nous feraient-ils peur, sans que nous leur en fassions? Je croirais même, ajoute-t-il, que comme un nombre prodigieux d'hommes ont été assez fous et le sont encore assez pour adorer la Lune, il y a des gens dans la Lune qui adorent aussi la Terre, et que nous sommes à genoux les uns devant les autres. »

Quant aux *hommes* des autres Mondes, Fontenelle, faisant allusion, ici et dans sa préface, à certaines conséquences théologiques que l'on peut tirer de cette appellation, dit positivement qu'il n'y a d'hommes que sur la Terre. Ailleurs, les habitants ne sont pas des hommes. Quoiqu'il y ait ici une insignifiante question de mots, le philosophe envisage un instant la question de plus haut. Nous ne sommes dans l'univers que comme une petite famille, dit-il, dont tous les visages se ressemblent ; dans une autre planète, c'est une autre famille, dont les visages ont un autre air. Apparemment, les différences augmentent à mesure que l'on s'éloigne : « Et qui verrait un habitant de la Lune et un habitant de la Terre remarquerait bien qu'ils seraient de deux Mondes plus voisins qu'un habitant de la Terre et un habitant de Saturne. »

Ce sujet est pour Fontenelle l'occasion de faire une ingénieuse histoire d'un monde dont le peuple est chaste et stérile, dont la reine seule est féconde, mais d'une fécondité étonnante. Mère de tout son peuple, « elle fait des milliers d'enfants; aussi ne fait-elle rien autre chose. » C'est le monde des Abeilles.

On en vient bientôt aux planètes de Vénus et Mercure. « L'élément de la première de ces planètes est très-favorable aux amours. Le menu peuple de Vénus n'est composé que de céladons et de silvandres, et leurs conversations les plus communes valent les plus belles de Clélie.

« — Je vois présentement d'ici, interrompt la marquise, comment sont faits les habitants de Vénus; ils ressemblent aux Maures Grenadins : un petit peuple noir, brûlé du Soleil, plein d'esprit et de feu, toujours amoureux, faisant des vers, aimant la musique, inventant tous les jours des fêtes, des danses et des tournois.

« — Permettez-moi de vous dire, madame, réplique Fontenelle, que vous ne connaissez guère bien les habitants de Vénus. Nos Maures Grenadins n'auraient été auprès d'eux que des Lapons et des Groënlandais pour la froideur et pour la stupidité. Mais que sera-ce des habitants de Mercure? Ils sont plus de deux fois plus proches du Soleil que nous. Il faut qu'ils soient fous à force de vivacité. Je crois qu'ils n'ont point de mémoire, non plus que la plupart des nègres; qu'ils ne font jamais de réflexions sur rien; qu'ils n'agissent qu'à l'aventure et par des mouvements subits; et qu'enfin c'est dans Mercure que sont les Petites-Maisons de l'univers. »

Fontenelle fait ensuite une conjecture que l'observation a démentie, et une assertion peu fondée. La première est que la planète doit tourner très-vite, afin que le jour ne soit pas long; la seconde est que Vénus et la Terre les éclairent pendant la nuit. Or la durée du jour sur Mercure est de 1 h. 5 m. 28 s., 9 minutes plus longues que celle du jour terrestre; et l'éclat de Vénus et de la

Terre ne répand qu'une lumière insignifiante sur les nuits de Mercure.

Le brillant narrateur a commis une erreur d'un autre genre en ce qui concerne la visibilité de la Terre pour les habitants de Jupiter « pendant les nuits de cette planète. » Du Monde jovien on ne peut voir le nôtre que sous l'aspect d'une petite étoile voisine du Soleil, se montrant un peu avant son lever, ou un peu après son coucher.

Le Soleil n'est pas habitable, et, dans tous les cas, ses habitants seraient aveugles de naissance. C'est pourtant dommage, ajoute-t-on, l'habitation serait belle. Cela n'est-il pas pitoyable? Il n'y a qu'un lieu dans le monde d'où l'étude des astres puisse être extrêmement facile, et justement dans ce lieu-là il n'y a personne.

Arrivé au monde de Jupiter, le spirituel conteur pense que l'avantage auquel les habitants de cet astre puissent le plus raisonnablement prétendre vis-à-vis de ceux de leurs satellites, c'est de leur faire peur. Dans la lune, qui est la plus proche, dit-il, les habitants de cette lune voient la planète seize cents fois plus grande que notre Lune ne nous paraît. Quelle monstrueuse planète suspendue sur leurs têtes! En vérité, si les Gaulois craignaient anciennement que le ciel ne tombât sur eux et ne les écrasât, les habitants de cette lune auraient bien plus de sujet de craindre une chute de Jupiter.

L'ordre et l'harmonie des corps célestes est une cause d'admiration pour la marquise, notamment en ce qui concerne les causes finales, mais elle est désappointée de ne pas trouver à Mars la plus petite lune, quoique cette planète soit plus éloignée du Soleil que la Terre. Son savant interlocuteur veut la consoler. On ne peut vous le dissimuler, dit-il, Mars n'a point de lune; mais il faut qu'il

ait pour ses nuits des ressources que nous ne savons pas.
Vous avez vu des phosphores de ces matières liquides ou
sèches, qui, en recevant la lumière du Soleil, s'en imbibent
et s'en pénètrent, et jettent ensuite un assez grand éclat
dans l'obscurité. Peut-être a-t-il de grands rochers fort
élevés, qui sont des phosphores naturels, et qui prennent
pendant le jour une provision de la lumière qu'ils rendent pendant la nuit. Vous ne sauriez nier que ce ne fût
un spectacle assez agréable de voir tous ces rochers
s'allumer de toutes parts, dès que le Soleil serait couché,
et faire sans aucun art des illuminations magnifiques, qui
ne pourraient incommoder par leur chaleur. Vous savez
encore qu'il y a en Amérique des oiseaux qui sont si lumineux dans les ténèbres, qu'on s'en peut servir pour
lire. Que savons-nous si Mars n'a point un grand nombre
de ces oiseaux, qui, dès que la nuit est venue, se disper-
sent de tous côtés et vont répandre un nouveau jour?

On voit que ce n'est ni l'ingéniosité, ni le talent d'invention qui manquent à l'esprit de Fontenelle. Cependant, malgré la bonne volonté de la marquise, désormais
docile et d'humeur excellente, il n'ose mettre des habitants sur l'anneau de Saturne; cet anneau lui paraît
une habitation trop irrégulière. Quant à ceux de la planète, « les gens de Saturne, dit-il, sont assez misérables,
même avec le secours de l'anneau. Il leur donne la lumière, mais quelle lumière! Le Soleil même n'est pour
eux qu'une petite étoile blanche et pâle. Si vous les met-
tiez dans nos pays les plus froids, dans le Groënland ou
dans la Laponie, vous les verriez suer à grosses gouttes
et expirer de chaud. S'ils avaient de l'eau, ce ne serait
point de l'eau pour eux, mais une pierre polie, un marbre;
et l'esprit-de-vin, qui ne gèle jamais ici, serait dur
comme nos diamants. »

— Vous me donnez une idée de Saturne qui me glace, dit la marquise, au lieu que tantôt vous m'échauffiez en me parlant de Mercure.

— Il faut bien que les deux mondes qui sont aux extrémités de ce grand tourbillon soient opposés en toutes choses.

— Ainsi, reprit-elle, on est bien sage dans Saturne; car vous m'avez dit que tout le monde était fou dans Mercure.

— Si on n'est pas bien sage dans Saturne, répond l'observateur, du moins, selon toutes les apparences, on est bien flegmatique. Ce sont des gens qui ne savent ce que c'est que rire, qui prennent toujours un jour pour répondre à la moindre question qu'on leur fait, et qui eussent trouvé Caton d'Utique trop badin et trop folâtre.

Ainsi sont peuplées les planètes de notre tourbillon; l'esprit règne et court d'une causerie à l'autre, et les quatre premiers soirs se passent sans qu'on puisse s'en apercevoir. Arrivés aux étoiles fixes, nos deux philosophes en font le sujet d'un cinquième soir, et n'en causent que plus à leur aise : « La marquise sentit une vraie impatience de savoir ce que les étoiles fixes deviendraient. — Seront-elles habitées comme les planètes? me dit-elle. Ne le seront-elles pas? Enfin, qu'en ferons-nous? — Vous le devineriez peut-être si vous en aviez bien envie, répondis-je. Les étoiles fixes ne sauraient être moins éloignées de la Terre que de 27,660 fois la distance d'ici au Soleil, qui est de 38,000,000 de lieues; et si vous fâchiez un astronome, il les mettrait encore plus loin... »

Il n'y a pas besoin de fâcher un astronome pour faire reculer les étoiles bien au delà de cette distance; attendu que la plus voisine (α du Centaure) est éloignée de nous de 226,000 fois la distance d'ici au Soleil, au lieu de

27,600. Aussi bien Fontenelle était-il loin de se douter de la grandeur de la Voie Lactée et de l'immense étendue occupée par les soleils qui la composnt, lorsqu'il écrivait que « les petits tourbillons et les voies de lait sont si serrés, qu'il me semble que d'un Monde à l'autre on pourrait se parler, ou même se donner la main ; au moins je crois que les oiseaux d'un Monde passent aisément dans un autre, et que l'on y peut dresser des pigeons à porter des lettres, comme ils en portent ici, dans le Levant, d'une ville à l'autre. »

Mais ce qui intéresse le plus la curieuse marquise, ce sont encore les habitants des comètes voyageuses. Le professeur plaint le régime de ces habitants ; l'élève, au contraire, les envie. Rien n'est si divertissant, dit-elle, que de changer ainsi de tourbillons. Nous, qui ne sortons jamais du nôtre, nous menons une vie assez ennuyeuse. Si les habitants d'une comète ont assez d'esprit pour prévoir le temps de leur passage dans notre Monde, ceux qui ont déjà fait le voyage annoncent aux autres par avance ce qu'ils y verront. Vous découvrirez bientôt une planète qui a un grand anneau autour d'elle, disent-ils peut-être en parlant de Saturne. Vous en verrez une autre qui en a quatre petites qui la suivent. Peut-être même y a-t-il des gens destinés à observer le moment où ils entrent dans notre Monde, et qui crient aussitôt : *Nouveau Soleil ! nouveau Soleil !* comme ces matelots qui crient : *Terre ! terre !*

Sans contredit, nul traité sur notre sujet n'avait été plus divertissant, et celui-ci méritait le succès entre tous. Les plus petits faits servent de canevas pour de gracieuses broderies. Au dernier soir, par exemple (entretien supplémentaire), à propos des changements arrivés dans la Lune, sur Jupiter, parmi les étoiles, il raconte ainsi l'histoire d'une variation d'aspect, observée sur une montagne de la Lune. « Tout est en branle perpétuel, et par conséquent tout change ; il n'y a pas, jusqu'à une certaine demoiselle que l'on a vue dans la Lune avec des lunettes, il y a peut-être quarante ans, qui ne soit considérablement vieillie. Elle avait un assez beau visage ; ses joues se sont enfoncées, son nez s'est allongé, son front et son menton se sont avancés, de sorte que tous ses agréments se sont évanouis, et que l'on craint même pour ses jours. »

— Que me contez-vous là ? interrompt la marquise.

— Ce n'est point une plaisanterie, reprend l'auteur. On apercevait dans la Lune une figure particulière qui avait l'air d'une tête de femme, qui sortait d'entre les rochers, et il est arrivé du changement dans cet endroit-là. Il est tombé quelques morceaux de montagnes, et ils ont laissé à découvert trois points qui ne peuvent plus servir qu'à composer un front, un nez et un menton de vieille.

— Ne semble-t-il pas, dit-elle, qu'il y ait une destinée malicieuse qui en veuille particulièrement à la beauté ? Ç'a été justement cette tête de demoiselle qu'elle a été attaquer sur toute la Lune.

— Peut-être qu'en récompense, termine l'écrivain, les changements qui arrivent sur notre Terre embellissent quelques visages que les gens de la Lune y voient : j'entends quelques visages à la manière de la Lune ; car chacun transporte sur les objets les idées dont il est rempli. Nos astronomes voient sur la Lune des visages de demoiselles ; il pourrait être que des femmes qui observeraient, y verraient de beaux visages d'hommes. Moi, madame, je ne sais si je ne vous y verrais point. »

Certes, pour le redire une dernière fois, voilà bien les

plus charmantes imaginations auxquelles puisse s'abandonner l'esprit qui veut effleurer notre sujet, sans lui
demander ce qu'il peut avoir de grave et de véritablement
utile. Fontenelle est bien le fils de son époque. Mais
est-ce à dire pour cela que la vérité scientifique et philosophique ait moins d'attraits et moins de poésie? Non,
les temps sont changés, et nous pouvons l'affirmer aujourd'hui, quoi que nous fassions, quelles que soient les
ressources de notre imagination, nous ne trouverons jamais dans le roman autant de beauté, autant de richesse,
autant de magnificence que dans la réalité naturelle, dé-
pouillée de tous les vains ornements et contemplée dans
sa pureté nue et sans voiles.

Cependant la fiction restera longtemps parmi les
hommes. Voici maintenant comme intermède un nouveau
voyage dans le ciel, le *Voyage du Monde de Descartes,* par le P. Daniel (1). Est-ce une histoire sérieuse
ou badine? demandez à l'auteur.

Le P. Daniel avait pour ami, vers la fin du dix-septième siècle, un bon vieillard octogénaire, ancien confident de Descartes et dévoué de cœur au cartésianisme.
Parmi les découvertes psychologiques de l'illustre auteur
de la *Théorie des Tourbillons* se trouvait en première
ligne le secret de l'union de l'âme et du corps dans la
glande pinéale, et aussi le secret de sa séparation. Aussi
Descartes s'était-il quelquefois servi de ce secret merveilleux pour voyager dans le ciel pendant plusieurs nuits
consécutives en laissant son corps endormi. Il avait révélé
ce secret à ses amis intimes, notamment au P. Mersenne

---

(1) L'auteur de l'*Histoire de France.* La 3ʳᵉ édit. de son *Voyage* est
de 1692.

et au vieillard dont nous parlons. C'est pourquoi, depuis la mort du philosophe, ce vieillard allait souvent le visiter dans le ciel.

On ignore généralement le fin mot de la mort de Descartes ; on l'ignorerait même toujours si notre historien ne l'avait relaté pour l'édification de la postérité. Trois ou quatre mois après son arrivée en Suède, où la reine Christine l'avait fait venir, le savant philosophe fut pris, au milieu de l'hiver, d'une inflammation de poumons. Pendant cette maladie, qui eût pu ne pas avoir de suites graves, il fit un voyage dans l'espace, comme il en avait coutume de temps à autre ; mais voilà que son âme fut tellement intéressée dans ses études cosmiques, qu'elle resta plusieurs jours sans penser à son corps. Il s'ensuivit que les médecins déclarèrent l'état du corps en danger extrême, attendu qu'à toutes les questions, ce corps, par un mouvement machinal, répondait seulement par habitude ; qu'il se trouvait bien mal, et paraissait un automate d'où la pensée s'était retirée. Dans cet état de gravité, on lui appliqua les ventouses et d'autres remèdes violents qui l'épuisèrent jusqu'au point de devenir cadavre et désormais incapable de servir aux fonctions vitales. L'âme de Descartes ne soupçonnait pas ces détails, et, à son retour, elle reconnut avec désappointement l'invalidité de son corps et dut se résoudre à n'y plus rentrer. Elle revint au troisième ciel qu'elle affectionnait particulièrement, c'est-à-dire à l'espace *indéfini* qu'elle avait créé au delà des cieux étoilés, et comme en ces espaces lointains la matière se trouve encore à l'état chaotique, elle résolut de la diriger suivant les principes de la théorie des Tourbillons et d'y former un Monde.

Le P. Daniel apprit du vieillard le secret de se déshabiller de son corps et de voyager librement dans l'espace, et certaine nuit, comme la Lune était dans son plein, et que les étoiles brillaient dans le ciel pur, ils partirent ensemble, accompagnés du P. Mersenne, qui pour lors avait depuis longtemps déjà dit adieu à son corps. Avant de quitter la Terre, ils constatent, par des observations, le mérite de la physique de Descartes sur l'essence de la matière, les transformations du mouvement, l'éternité des choses, conversations fort longues à reproduire, mais qui, paraît-il, ne duraient qu'un instant insaisissable, parce que le langage des esprits est d'une rapidité et d'une concision incomparables. Enfin, dit l'auteur, nous tirâmes vers le globe de la Lune. Mon âme ressentit un plaisir inconcevable à s'élever ainsi dans les airs et à errer dans ces vastes espaces qu'elle ne pouvait parcourir que des yeux lorsqu'elle était unie à son corps.

Ce plaisir me faisait ressouvenir de celui que j'avais goûté quelquefois en dormant, lorsque je m'imaginais en songe avancer à grands pas dans l'air sans toucher à terre. Nous rencontrâmes en chemin, ajoute le rarrateur, une infinité d'âmes de toutes nations, et même des Lapons et des Finlandais, des Brachmanes, et je me souvins alors que j'avais lu en effet dans divers livres que le secret de la séparation de l'âme d'avec le corps était connu chez ces peuples. Mais environ à cinquante lieues de cette planète, il y a une région fort habitée, surtout de philosophes la plupart stoïciens. Et depuis cet endroit jusqu'à ma sortie du globe de la Lune, je trouvai de quoi démentir l'histoire sur le chapitre d'une infinité de personnes qu'elle suppose être mortes, quoiqu'elles ne soient pas plus mortes que M. Descartes.

La Lune a une atmosphère qui peut avoir trois lieues de hauteur. Comme les voyageurs étaient près d'y entrer, ils virent d'assez loin trois âmes qui s'entretenaient en-

semble fort sérieusement. Par le respect que plusieurs
autres qui les accompagnaient faisaient paraître pour
elles, ils jugèrent que c'étaient des âmes de conséquence. En effet, s'étant informés, ils apprirent que
c'étaient Socrate, Platon et Aristote qui s'étaient donné
rendez-vous en ce lieu pour un intérêt commun : faire
relever leurs statues détruites par suite des guerres des
Turcs contre Venise. Ces trois hommes n'étaient pas
morts à la façon du vulgaire. Socrate, aussitôt qu'il
vit sa perte résolue, avait ordonné à son esprit familier d'entrer en sa place dans son corps et de faire bonne
contenance jusqu'à la fin, tandis que lui partirait pour un
grand voyage parmi les Mondes. Aristote avait quitté
son corps sur la côte de l'Euripe, et les biographes en
avaient conclu qu'il s'était jeté dans l'abîme et en avait
été ramené par le reflux.

Chacun a pu remarquer sur les cartes de la Lune que
les noms de convention dont on a nommé les différentes
contrées sont généralement pris dans l'histoire. Ainsi il
y a le mont Copernic, le mont Tycho, le Leibnitz, etc.
Or il arrive, par une coïncidence merveilleuse, que les
hommes célèbres qui ont quitté la Terre pour la Lune
ont précisément établi leur résidence dans ces contrées
que fortuitement, en apparence, nous appelons de leurs
noms.

Dans le cirque, Platon, ce philosophe célèbre, a
établi sa république, et Aristote a fixé son lycée sur le
mont qui porte son nom.

Tout en discutant les propositions fondamentales de
la physique d'Aristote, dont nos voyageurs avaient reconnu la fausseté, surtout en ce qui concerne la sphère
de feu placée au-dessous de la Lune, et dont ils n'a-
vaient pas vu la moindre trace, ils arrivèrent au globe de

la Lune. Ils virent qu'elle est une masse de matière assez semblable à celle dont la Terre est composée. On y voit des campagnes, des forêts, des mers et des rivières. Ils n'y virent point d'animaux, mais ils pensèrent qu'elle pourrait néamoins en nourrir si l'on y en transportait. Quant à des hommes en chair et en os, il n'y en a pas. Cyrano s'est trompé, dit le narrateur, les âmes de la Lune, en le voyant venir, revêtirent la forme humaine pour lui parler et s'informer du Monde terrestre, et l'induisirent en erreur. C'est là le royaume de la matière inerte et de l'esprit ; il n'y a point de pensées unies à des corps, point de vie matérielle. Les inégalités qui nous paraissent dans le disque de la Lune sont en partie des îles, dont les mers de ce globe sont agréablement diversifiées, et en partie des éminences et des vallées de son continuent. Elles appartiennent à divers fameux astronomes ou philosophes dont elles portent les noms et qui en sont les seigneurs. Ils mirent pied à terre dans le Gassendi. Ce lieu, disent-ils, nous parut fort joli et fort propre, et tel en un mot que l'a pu rendre un abbé comme M. Gassendi, qui a de l'esprit, de l'art et de la science. De Gassendi, le P. Mersenne les mena à la Terre qui porte son nom. Elle est fort agréablement située sur le même côté que le Gassendi, au bord de la mer des Humeurs, qui est un grand golfe de l'océan lunaire, terminé d'un côté par le continent, et de l'autre par un isthme, à l'extrémité duquel, au nord, est la presqu'ile des Rêveries. Le même jour, ils résolurent de visiter l'hémisphère lunaire qui reste constamment tourné vers la Terre.

Sur le bord de la mer des Pluies, ils découvrirent une espèce de ville fort grande, de figure ovale, qu'ils eurent la curiosité d'aller voir ; mais ils en trouvèrent toutes les avenues gardées par des âmes qui leur en refusèrent l'entrée. C'était la ville de Platon, la République, dans laquelle nul ne pouvait entrer sans y être autorisé par le maître, comme celui-ci était en voyage, on ne pouvait y être admis.

L'Aristote, qu'ils allèrent ensuite visiter au delà de la mer du Froid, était bien mieux gardé encore; cette cité paraissait vraiment en état de siége, et lorsque le vieillard eut annoncé que le voyageur était cartésien, les troupes extérieures prirent les armes. Elles étaient principalement armées de syllogismes en toutes sortes de figures et de formes, dont les uns concluaient pour l'âme des bêtes, d'autres pour la nécessité des formes substantielles dans les mixtes, les autres pour les accidents absolus. La ville ressemblait à Athènes, et son centre au Lycée où Aristote enseignait; on y admire la statue équestre d'Alexandre couronné de lauriers par la Victoire. (Ce monument ressemblait extraordinairement, dit l'auteur, à celui de la place des Victoires à Paris.) Toutes les figures du monument, ainsi que la plupart des statues de la Lune, sont en argent. Cette cité est remplie de péripatéticiens péripatétisant du matin au soir.

Nos voyageurs continuèrent leur excursion du côté du lac des Songes, sur les bords duquel ils rencontrèrent Hermotime et Lamia, dont les corps furent brûlés par ordre de leurs femmes, tandis que leurs âmes étaient en voyage. Ils virent aussi Jean Scot, qui fort longtemps déblatéra contre Descartes, parce que celui-ci avait prétendu prouver que le corps de Jésus-Christ pouvait être tout entier compris dans les plus petites particules d'hostie, et Cardan, qui demeure dans la péninsule des Rêveries avec force alchimistes et astrologues judiciaires.

Le P. Daniel, le P. Mersenne, le vieillard et deux péripatéticiens, ambassadeurs d'Aristote, se mirent en route pour le Monde de Descartes aussitôt qu'ils eurent suffisamment connu la nature de l'habitation lunaire. A raison de plusieurs millions de lieues par minute, ils se dirigèrent dans le ciel des étoiles fixes, vers le Sagittaire, constellation qu'ils eurent bientôt traversée, puis arrivèrent dans les espaces indéfinis où le vide existait en apparence, mais où Descartes voyait le plein et les matériaux primitifs nécessaires à la construction des Mondes. Ils avaient à peine fait cinq ou six mille lieues en long et en large, qu'ils rencontrèrent effectivement ce grand esprit occupé à son œuvre. L'auteur fut fort bien accueilli, grâce à ses parrains, et noua conversation avec le philosophe créateur. Là commence la critique du cartésianisme.

Depuis longtemps le P. Daniel conversait sur les tourbillons sans parvenir à comprendre les premiers principes de cette théorie, rencontrant sans cesse dans son esprit des objections d'école qui s'opposaient invinciblement à ce qu'il pût jamais admetre l'opinion cartésienne, lorsqu'il sentit tout à coup un changement extraordinaire s'opérer en lui, quelque chose d'analogue à un éblouissement. Dès cette révolution spirituelle, ses idées furent renouvelées et changées. Au lieu de ne voir que le vide dans l'espace, il y vit le plein; au lieu de ne reconnaître aucun mouvement, il vit que les atomes se groupaient suivant la volonté de Descartes, qu'un immense tourbillon avait pris naissance et qu'une véritable création s'opérait sous la main du maître. Voici l'explication de cet étrange phénomène.

Tandis que notre âme est unie à notre corps, la plupart de ses idées et de ses jugements dépendent de la disposition de notre cerveau. La diversité de cette disposition consiste dans la différence des espèces ou images

qui sont empreintes dans la substance cérébrale ou qui
sont imprimées dans le cerveau par le cours ordinaire
des esprits animaux qui s'y répandent. Cette disposition
diverse cause la nature des idées, de sorte que si l'on
faisait la dissection d'un cerveau péripatéticien et d'un
cerveau cartésien, et qu'on eût d'assez bons microscopes,
on reconnaîtrait une différence prodigieuse entre les
deux. Lorsque l'âme est séparée du corps, elle y tient
néanmoins pendant la vie par un lien invisible et reste
en harmonie avec lui. Or il était simplement arrivé que
le P. Mersenne était secrètement revenu sur la Terre, au
lit du P. Daniel, tandis que l'âme de celui-ci s'occupait
des tourbillons, et avait déterminé dans son cerveau un
nouveau cours des esprits animaux, de telle sorte qu'ils
ne passassent plus par les traces où ils avaient coutume
d'exciter dans son esprit des idées péripatéticiennes; il
les avait fait couler de la manière nécessaire pour faire
naître des idées cartésiennes. Ce qu'il avait si bien exécuté
que, soit en vertu de la sympathie, soit en vertu des lois
générales de l'union de l'âme et du corps, les idées du
P. Daniel se trouvèrent tout à coup changées, et il devint
disciple de Descartes !

Il assista à la formation d'un système planétaire analogue au nôtre, où le Soleil, aussi bien que les planètes
et les satellites, étaient identiquement représentés. Les
mouvements des sphères sur leurs orbites, ceux des satellites et des comètes, le flux et le reflux de la mer ; tous
les grands phénomènes de la nature se reproduisirent
dans la création de Descartes. Enthousiasmé d'un pareil
spectacle, notre nouveau prosélyte eût désiré rester plus
longtemps, mais il y avait déjà près de trente heures
qu'il avait quitté son corps, et la limite de sa liberté approchait. Le grand philosophe lui fit cadeau de deux ma-

gnifiques verres de lunettes, par lesquels l'auteur pouvait distinguer de la Terre les habitants de la Lune, mais en arrivant près de sa maison, comme son esprit traversait les murailles avec la rapidité prodigieuse dont il était doué dans son voyage, les verres (qui étaient matériels) furent arrêtés par les murs et brisés en mille morceaux.

L'allusion souvent ingénieuse qui se continue dans ce livre eut un grand succès (1). Il fut traduit en anglais, en italien et en hollandais. L'auteur n'avait, du reste, rien épargné pour accroître l'intérêt. Il y a plusieurs cartes géographiques de la Lune, et un grand nombre de figures pour l'explication du système cartésien et de la création d'un nouveau monde par le célèbre philosophe. Mais nous ne causerons pas plus longtemps avec cet hôte, lorsque l'astronome qui vient d'entrer nous adresse la parole.

CHRISTIANI HUGENII. — ΚΟΣΜΟΘΕΩΡΟΣ, *sive de Terris cœlestibus, earumque ornatu conjecturæ* (œuvre posthume) 1698. — HUYGENS (2). *Cosmotheôros, ou Conjectures sur les Terres célestes et leurs habitants.*

C'est pour la première fois que notre idée astronomique se voit entre les mains d'un mathématicien, qui fut en même temps l'un des plus grands astronomes de son siècle, et l'un des premiers membres de l'Académie des sciences, fondée par Colbert en 1666. Le savant Hollandais resta plongé dans l'étude de la physique jusqu'à l'extinction de

(1) Dans la même année de la publication de ce voyage, 1692, parurent les voyages de Jacques Sadeur dans la *Terre australe*. Ceux-ci se rapportent aux contrées inconnues de notre Monde, que le fantaisiste auteur peuple d'une race différente de la nôtre et d'animaux en dehors de toute espèce de classification zoologique, à la façon de Lucien et de Rabelais. Il n'y est pas autrement question de notre sujet.

(2) Né en 1620, mort en 1695.

ses forces, carrière laborieuse à laquelle on doit la découverte de la théorie de la lumière, celle d'un satellite et de l'anneau de Saturne, celle de plusieurs nébuleuses. Descartes avait deviné son avenir, comme il devina lui-même celui de Leibnitz. La contemplation du ciel avait exalté dans son âme l'idée de l'habitation des planètes, et vers la fin de sa vie, lorsque la révocation de l'édit de Nantes l'eut renvoyé dans sa patrie, malgré l'amitié que Louis XIV lui portait, il se reposa de ses recherches arides en se laissant bercer par cette idée magnifique de la valeur de l'univers.

Son livre fut publié à La Haye en 1698. Quatre ans plus tard une traduction française paraissait à Paris sous le titre de *la Pluralité des Mondes*. Une remarque curieuse à faire ici, c'est qu'à cette époque Fontenelle était censeur royal et que c'est à lui que l'on doit le permis d'imprimer placé en tête du livre.

Huygens ne s'est pas contenté, comme Fontenelle, de dire qu'il est vraisemblable que les autres astres sont habités comme la Terre; il a voulu, de plus, chercher quelle est la nature probable de ces astres et de leurs habitants, quelle connexion peut exister entre eux et nous, quelles sont leurs formes physiques, leurs figures, leurs manières d'être. Mais malgré sa clairvoyance pour indiquer la propension naturelle qui nous entraîne à juger toute chose sous un point de vue essentiellement humain, il s'est laissé glisser lui même dans l'illusion, et l'anthropomorphisme domine souverainement sa théorie tout entière.

Résumons en quelques sommaires la marche suivie par notre auteur. L'ouvrage est divisé en deux parties : la première traite de l'habitation des astres en général ; la seconde traite de chacune des planètes en particulier.

Le système de Copernic est d'abord exposé et adopté.
Puis viennent la grandeur des planètes, leurs diamètres
et le moyen de les connaître. L'uniformité qui doit se
trouver entre la Terre et les autres planètes prouvée par
des expériences d'anatomie. (Ces expériences sont que la
connaissance du système anatomique d'un animal quelconque donne par analogie celle de tous les autres de la
même espèce.) L'écrivain traite ensuite de l'excellence
des choses animées au-dessus des pierres, des montagnes
et des rochers, etc. Les planètes doivent avoir des choses
animées aussi bien que la Terre, et qui soient de la même
espèce que celles que nous voyons ici-bas. — L'eau est
le principe de tout ce qui s'engendre sur la Terre. Il y a
des eaux dans les autres planètes : leur différence avec
celles de la Terre, leur usage pour la production des
choses animées. Et la thèse favorite s'établit petit à petit :
les plantes et les animaux croissent et se multiplient dans
les planètes de la même manière que chez nous. La manière dont ils se meuvent d'une place à l'autre. Il y a des
hommes qui habitent les planètes. L'homme, quoique
vicieux, est toujours une créature considérable et la principale du monde. — Les hommes qui habitent les planètes
ont la raison, l'esprit, le corps de la même espèce que
ceux qui habitent sur la Terre. — Les sens des animaux
raisonnables et de ceux qui sont privés de la raison, qui
vivent dans les planètes, sont semblables à ceux de la
Terre. Usage des sens. — Le feu n'est point un élément,
il réside dans le Soleil. Il y a du feu dans les planètes :
les manières dont on l'excite, son utilité et ses usages.
— Les animaux ne doivent pas être dans les autres sphères
de grandeur différente de celle qu'ils ont sur la Terre. La
grandeur et l'excellence de l'homme au-dessus des autres
animaux par rapport à sa raison. Il y a dans les planètes

des hommes qui cultivent les sciences. Les instruments de mathématiques, l'art d'écrire et de mesurer doivent se trouver dans les planètes, peut-être avec moins de perfection que parmi nous. — Les habitants des astres doivent avoir des mains pour se servir des instruments de mathématiques : usage et nécessité des mains. Dextérité de l'éléphant à se servir de sa trompe comme d'une main. Les habitants des planètes ont des pieds et marchent comme nous. — Ils ont aussi, comme nous, besoin d'habits : la nécessité et l'utilité des vêtements. La grandeur et la disposition du corps de ces habitants sont semblables aux nôtres. — Le commerce, la société, la paix, la guerre, les autres passions et la douceur de la conversation, se doivent trouver parmi les habitants des planètes. — Ces hommes se bâtissent des maisons selon l'art de l'architecture, ils connaissent la marine et pratiquent la navigation. — Excellence de la géométrie, ses règles sûres et invariables ; les habitants des planètes la possèdent. — Explication curieuse de plusieurs questions sur la musique, touchant les consonnances et les variations qui se trouvent dans le chant ; les habitants des planètes possèdent cette science. — Description de tout ce qui se trouve parmi nous sur terre et sur mer : sciences, arts, richesses ; toutes ces choses diverses doivent se trouver parmi les habitants des planètes.

Ces sommaires, dont l'élégance laisse peut-être beaucoup à désirer, donnent une idée exacte de la théorie de Huygens. Il sera curieux pour nous de voir comment l'auteur développe ces idées et les illustre. Nous l'interrogerons principalement sur les raisons qu'il invoque en faveur de la ressemblance nécessaire des hommes des planètes avec nous.

En ce qui concerne les membres, et les mains en particulier : « Comment pourraient-ils se servir, dit-il, des instruments de mathématiques, des lunettes, et tracer des caractères et des figures, s'ils n'avaient pas de mains? Un certain philosophe de l'antiquité croyait que dans les mains se trouvaient tant d'avantages, qu'il mettait en elles le principe de toute la sagesse : ce philosophe voulait dire que sans le secours des mains les hommes n'auraient jamais pu cultiver leur esprit, ni comprendre les raisons de ce qui se passe dans la nature. Supposez, en effet, qu'au lieu des mains, l'on eût donné aux hommes la corne du pied d'un cheval ou d'un bœuf, ils n'auraient jamais bâti de villes ni de maisons, quoiqu'ils eussent été doués de la raison ; ils n'auraient pu s'entretenir d'autre chose que de ce qui regarde la nourriture, le mariage ou leur propre défense. Ils auraient été privés de toute sorte de science, de l'histoire des temps et des siècles passés; enfin ils auraient fort approché des bêtes. Quel instrument peut-il donc y avoir aussi commode que les mains pour faire et fabriquer ce nombre infini de choses qui nous sont utiles? » La trompe de l'éléphant, le bec des oiseaux, les divers organes de préhension, sont passés en revue, et comme, en fin de compte, la main est reconnue l'instrument le plus merveilleux, on en conclut que tous les êtres raisonnables de tous les Mondes ont des mains semblables à la nôtre. Nous avons vu (première partie, ch. XII) que de telles conclusions sont exagérées, fondées sur de pures illusions : là où s'arrêtent nos connaissances et nos conceptions, la puissance infinie de la nature continue son action libre.

Sur les cités et les habitations planétaires : « Il y a une raison qui porte à croire qu'ils se bâtissent des maisons, puisqu'il pleut dans leurs terres comme ici ; ce qui se voit au surplus dans la planète Jupiter par des traînées de nuages qui sont changeantes. Il y a donc et des pluies et des vents, parce qu'il faut que la vapeur que le Soleil a attirée retombe sur le sol ; le souffle des vents est visible dans l'atmosphère de Jupiter. Pour se garantir de cette incommodité, et pour passer les nuits en sûreté et en repos (car ils ont les nuits et le sommeil comme nous), il est vraisemblable qu'ils possèdent les choses nécessaires à leur conservation, qu'ils bâtissent des cabanes, des maisonnettes, ou qu'ils creusent des cavernes, comme toutes les espèces d'animaux qui sont sur notre terre (à la réserve des poissons) le font pour leur défense. Mais, ajoute l'auteur, pourquoi ne leur donner que des cabanes et des maisonnettes? Pourquoi n'élèveraient-ils pas de superbes et magnifiques bâtiments, aussi bien que nous? Si l'on compare avec notre Terre la grandeur des globes de Jupiter et de Saturne, on ne saurait concevoir aucune raison qui prouve que dans ces planètes ils ne connaissent pas aussi bien que nous la délicatesse de l'architecture, ni pourquoi ils ne bâtiraient pas des palais, des tours, des pyramides, beaucoup plus hauts que les nôtres, plus somptueux et mieux proportionnés. Comme l'adresse que les hommes font paraître dans leurs travaux est presque infinie, principalement à tailler la pierre, à cuire la chaux et la brique, à se servir du fer, du plomb, du verre et même de l'or pour l'ornement, pourquoi les autres planètes seraient-elles privées de cette industrie?

« Si la surface des planètes est partagée en mers et en terre ferme, comme la surface de notre globe, ainsi qu'il paraît dans Jupiter, et qu'à peine les nuées peuvent sortir d'une autre source que de l'Océan, nous devons croire qu'ils voyagent sur les mers, puisque autrement nous ne saurions sans un excès de présomption, attribuer au seul globe de la Terre l'utilité de la navigation. Sur les mers de Jupiter et de Saturne, la navigation doit être bien avantageuse par le secours de tant de lunes, et les habitants de ces deux planètes peuvent fort aisémennt connaître la mesure des longitudes, que nous n'avons pas encore pu trouver. S'ils ont l'usage des navires, ils ont tout ce qui y appartient : des voiles, des mâts, des ancres, des cordages, des poulies, des gouvernails, et l'usage de tous ces objets, pour naviguer par un vent presque contraire, pour aller en des lieux opposés par le même vent. Peut-être ont-ils aussi, comme nous, l'invention de la boussole et la connaissance de l'aimant. »

Les conjectures de l'astronome ne se bornent pas aux sciences exactes, ni aux arts utiles ; mais elles s'étendent jusqu'aux arts d'agrément et aux habitudes sociales. Ses commentaires sur la *musique* méritent une mention spéciale :

« S'ils se plaisent au chant et aux tons harmonieux, il faut qu'ils aient inventé quelques instruments de musique, puisque c'est par hasard qu'on les a découverts, soit par des cordes bandées, ou par le sifflement des roseaux et des tuyaux, qui ont donné naissance aux luths, aux guitares, aux flûtes et aux orgues, par le moyen du vent ou de l'eau. De même ils ont pu, dans les planètes, inventer des instruments qui ne sont ni moins charmants, ni moins délicats que les nôtres. Quoique nous reconnaissions que les tons et les intervalles du chant soient fixés et déterminés, cependant il y a des nations dont la manière de chanter est bien différente, comme autrefois chez les Doriens, les Phrygiens et les Lydiens ; et, de notre temps, chez les Français, les Italiens et les Persans. Il se peut faire, de même, que les habitants des planètes

aient une musique différente de celle-ci, quoiqu'elle soit
agréable à leurs oreilles ; et comme nous n'avons point
de raison qui nous oblige de croire qu'elle soit plus grossière que la nôtre, nous n'en avons pas non plus qui nous
empêche de croire qu'ils ne se servent aussi bien que
nous des sons chromatiques, et de dissonances agréables,
puisque c'est la nature qui fournit ces tons et ces demi-
tons, et qui les marque précisément par de justes proportions. Et, afin qu'ils nous égalent dans leurs concerts, et
qu'ils puissent avec art mélanger leur harmonie, il faut
qu'ils sachent adroitement se servir de nos tritons, de
fausses quintes, etc., et qu'ils sauvent ces dissonances à
propos. Quoique cela ne paraisse guère vraisemblable, il
se peut cependant que dans Jupiter, Saturne et Vénus,
ils aient, au-dessus du Français et de l'Italien, la théorie
et la pratique de cette science. » L'auteur développe
amplement la théorie du contre-point.

Il ne se borne pas à cet art de société. « Outre l'utilité
de la vie sociale, ils doivent avoir, comme nous, un grand
plaisir à converser, dans les discours familiers, dans
l'amour, dans la raillerie, dans les spectacles. Si nous
imaginions qu'ils passent leur vie dans un sérieux con-
tinuel, et sans quelque sorte de gaieté ou de récréation,
qui sont le meilleur assaisonnement de la vie, et dont à
peine on saurait se passer, nous la leur rendrions insipide, et, contre la raison, nous ferions la nôtre plus
heureuse que la leur. »

L'écrivain s'occupe des habitants des planètes avec
autant de soin et de prévenance que s'ils étaient de sa
famille ; il ne les laisse manquer de rien ; à tout prix il
faut qu'ils soient heureux et qu'ils nous ressemblent. (Ces
deux points sont-ils légitimement associés ? nous ne le
discuterons pas.) Aussi, tout ce qui précède n'est-il pas

encore suffisant. « Après avoir parlé des arts et de ce que les habitants des planètes ont de commun avec nous pour les usages et commodités de la vie, je crois qu'il est à propos, par l'estime que nous devons avoir pour eux, de faire le dénombrement de ce qui se trouve chez nous. » Et voilà qu'il passe en revue les richesses de la nature terrestre et de l'humanité, les imaginant volontiers sur tous les autres Mondes. « Les arbres et les herbes nous fournissent des fruits pour la nourriture et pour la médecine; en outre, ils donnent les matériaux qui servent à la construction des maisons et des navires. Du lin on tisse les vêtements; du chanvre et du genêt on tord le fil et la corde. Les fleurs répandent d'agréables parfums, et, quoiqu'il y en ait qui choquent l'odorat par leur mauvaise odeur, et que l'on trouve des herbes vénéneuses, cependant ces herbes et ces fleurs ont leurs qualités et leurs vertus, comme la nature l'a voulu. Des animaux, quelle prodigieuse utilité n'en retire-t-on pas? Les brebis fournissent la laine pour le vêtement; les vaches, du lait, et ces deux animaux fournissent des viandes alimentaires. Nous nous servons des ânes, des chameaux, des chevaux, tant pour porter nos hardes et nos bagages que pour nos propres voyages. L'excellente invention des roues, qui se présente ici à mon imagination, fait que je l'attribue volontiers aux habitants des planètes.

« L'usage de l'air, de l'eau, des machines dans lesquelles on les utilise comme agents, est commun à tous les hommes; ils donnent des forces prodigieuses. Moudre le blé, faire de l'huile, scier le bois, fouler des draps, broyer les chiffons pour en faire du papier, ce sont là quelques services dus aux machines. N'oublions pas l'art de la peinture et de la sculpture, le secret de cuire le verre, la manière de polir les glaces et d'en faire des

miroirs, des lunettes ; l'invention des horloges ou montres
à ressort (1), qui mesurent le temps avec une si grande
précision... Il est juste que nous nous imaginions aussi qu'il
y ait chez les habitants des planètes quelques-unes de
ces découvertes, qu'il se peut qu'ils en ignorent la plus
grande partie ; mais que, pour réparer la privation de ces
avantages, il faut qu'on leur en ait accordé d'autres en
aussi grand nombre, aussi beaux, aussi profitables et
aussi admirables que les nôtres. »

Et voici de quelle façon conclut l'auteur : « Quoique
nous ayons fait voir, par des preuves assez convaincantes,
que dans les terres planétaires existent des personnes
raisonnables, des géomètres, des musiciens ; qu'ils vivent
en société, qu'ils se communiquent leurs biens réciproquement ; que leurs corps sont assortis de mains et de
pieds ; qu'ils ont des maisons pour se garantir des injures
du temps, l'on ne doit pourtant pas douter que si quelque
Mercure ou quelque puissant génie nous conduisait en ces
lieux-là, ce ne fût pour nous un spectacle bien merveilleux
de voir la nouveauté de leurs figures et de leurs occupations ; mais, quoique l'on nous ait fait perdre toute
sorte d'espérance de pouvoir faire ce chemin, il ne faut
pas pour cela se rebuter de chercher soigneusement, autant que nos forces le permettent, quelle est la face des
choses célestes qui se présentent à la vue de ceux qui
passent leur vie dans chacune des planètes. »

Huygens s'est abusé en transportant sur les autres
Mondes la nature terrestre et les choses qui lui appartiennent. Mais, en dehors de cette manière de voir personnelle et arbitraire, son livre reste l'un des plus sérieux

---

(1) C'est Huygens lui-même qui appliqua le premier le pendule aux
horloges et le ressort spiral aux montres, 1657 et 1665.

et des plus savants écrits sur la question, surtout dans ses chapitres relatifs aux éléments astronomiques des planètes. Contrairement à l'opinion de Humboldt, nous félicitons l'astronome septuagénaire de son analyse cosmogonique, et nous le plaçons au premier rang du panthéon de nos auteurs.

CHAPITRE X

Voyages imaginaires au commencement du dix-huitième siècle. Fiction & fantaisie. — *Gongam.* — *Gulliver.* — Descentes sous la Terre. — *Niel Klim* dans les planètes souterraines. — Nouveaux départs pour la Lune & pour les planètes. — Excursion d'un anonyme au monde de Mercure. — Voltaire : *Micromégas,* relations d'un habitant du système de Sirius & d'un habitant de Saturne.

(1700-1750)

Le caractère de chaque siècle se traduit dans ses œuvres. Le sévère dix-septième siècle ferme à peine son dernier regard, que déjà l'ère d'une époque joyeuse s'annonce par mille symptômes. La science, physique ou métaphysique, ne dominera plus les esprits, jusqu'au jour où l'impulsion d'une ère nouvelle la rétablira; elle descendra dans l'ombre, tandis qu'aux rayons du blond soleil, des œuvres plus légères chatoieront à la superficie du monde. Du moins sera-ce là le caractère général de l'époque au sein de laquelle nous entrons.

D'illustres philosophes ont partagé notre doctrine, comme nous l'avons établi, lorsqu'à la tradition vulgaire nous avons opposé la tradition savante; mais ces

savants appartiennent surtout à la fin du dix-septième
siècle : Bayle, Descartes, Leibnitz, Bernouilli, Newton.
Le dix-huitième s'annonce par des systèmes arbitraires
et par des œuvres d'imagination.

Certaines de ces théories méritent d'être signalées par
leur originalité. Dans l'une d'elles (*Nouveau Système
de l'Univers*, Paris, 1702), Dieu est placé au centre des
Mondes ; de ce centre il communique avec tous les êtres
créés, tant spirituels que corporels, par une infinité de
lignes *spirales* se dirigeant vers la circonférence et revenant au centre d'où elles sont parties. La spirale est le
grand cheval de bataille de l'auteur anonyme ; c'est son
principe universel. Il donne pour excuse de son originalité
« que l'évidence étymologique du mot ne peut être con-
testée : *spiro*, je respire. » La spirale est le mode de vie :
Soleils et Mondes, corps et esprits sont mus en spirale.

En réponse à l'œuvre d'Huygens, le professeur Ch. Eimmart publia cette même année, à Nuremberg, son
livre sur le Soleil, dans lequel il combat le sentiment de
l'astronome précédent sur la nature des habitants des
astres. Selon l'auteur, il est de la grandeur de Dieu d'a-
voir mis dans la Lune des hommes tout différents de
races, et si dissemblables qu'ils n'aient aucune espèce de
rapport avec notre constitution. « Ce qu'il y a de remarquable, dit le *Journal des Savants*, c'est qu'Eimmart
sait cela précisément, et qu'il l'affirme sans craindre de se
tromper. » Sauf l'affirmation, qui ne saurait être fondée,
la théorie d'Eimmart est bonne en elle-même.

Plus tard, un autre physicien naturaliste, Wolff,
s'exercera à calculer la taille des habitants des planètes,
et trouvera que ces êtres sont d'autant plus hauts qu'ils
sont plus éloignés du Soleil, attendu que, selon lui, la
rétine est d'autant plus développée qu'il y a moins de

lumière, et que la longueur du corps doit être en harmonie avec ce développement de la rétine. Cette plaisante théorie ne saurait trouver aucune raison sérieuse à son appui.

On ne s'occupait pas encore de l'habitation des Mondes envisagée au point de vue doctrinal, sous l'aspect philosophique, et de longues années s'écouleront encore avant qu'on puisse la fonder sur une base solide. Il semble qu'on ait voulu l'aborder par toutes les voies indirectes possibles, avant de l'étudier directement, remarque trop fréquemment applicable à la plupart des œuvres humaines.

Le 14 avril 1733, Bonamy lut à l'Académie royale des inscriptions et belles-lettres un mémoire sur les « Sentiments des anciens philosophes sur la Pluralité des Mondes. » C'est une lecture historique, et l'opinion personnelle du savant érudit sur la question ne se montre sous aucun aspect. Remarque singulière, il semble plutôt pencher pour la négative, ou, du moins, c'est ce que les paroles suivantes tendraient à montrer : « Notre curiosité, dit-il, veut pénétrer dans les espaces inconnus et savoir ce qui s'y passe. C'est ce que Pline appelait une folie, et ce qu'il reprochait à quelques philosophes qui avaient voulu déterminer la mesure du Monde, et qui avaient eu la hardiesse de publier leurs sentiments dans des écrits ; comme si nous connaissions parfaitement celui dans lequel nous sommes renfermés.

« Quoi qu'il en soit, continue Bonamy, l'opinion de la Pluralité des Mondes a eu des partisans dans tous les temps. Aujourd'hui, il semble que le suffrage que d'habiles astronomes ont donné au système de la Pluralité des Mondes mette en droit de soupçonner *qu'il pourrait bien n'être pas absolument faux.* — Ce n'est point, après tout, de la vérité de ce sentiment qu'il s'agit dans ma dissertation ; j'ai seulement entrepris de faire voir que d'anciens philosophes l'ont enseigné. »

Ces déclarations suffisent pour nous édifier complétement sur l'individualité de l'auteur du mémoire en fait d'indépendance doctrinale. De sa narration, rédigée d'après les indications de Fabricius, nous rapporterons seulement ce qu'il dit de la Lune, attendu que le reste fait partie intégrante de nos études historiques précédentes.

« Il semble, dit-il, que la Lune ait été la planète favorite des anciens ; ceux qui ont cru l'infinité des Mondes, comme ceux qui ont cru la pluralité, lui ont donné des habitants ; on les appelait peuples lunaires, et la Lune terre céleste. Ce que les physiciens, au rapport de Macrobe, s'efforçaient d'établir par un grand nombre de preuves qu'il serait trop long d'énumérer : « Habitatores « ejus lunares populos nuncupaverunt, quod ita esse plu- « rimis argumentis, quæ longum est enumerare, docue- « runt. » Ce que l'on dit aujourd'hui des taches de la Lune, que les astronomes soupçonnent être des mers ou de profondes vallées, on le disait aussi du temps de Plutarque ; mais, afin que rien ne manquât à la Lune pour ressembler à notre Terre, on y mettait des fleurs, des bocages et des forêts où Diane s'exerçait à la chasse. »

Comme nous l'avons exprimé plus haut, c'est principalement l'aspect fantaisiste qui se montre dans les voyages imaginaires de cette époque. Cet aspect se développerait dans tout son éclat dans la série des romans qui suivent, si le caractère même de ces œuvres ne nous contraignait à passer rapidement notre revue.

Paris vit paraître, en 1711, *Gongam, ou l'Homme prodigieux, transporté dans l'air, sur la terre et sous les eaux.* Titetutefnosr.

Hérodote, parlant de l'hyperboréen Abaris, raconte que ce personnage mystérieux possédait une flèche magique, véritable talisman qui l'accompagnait sans cesse, soit dans ses prédictions sur les tremblements de terre et les grands phénomènes de la nature, soit dans ses visites aux assemblées des peuples. Mais le caractère le plus extraordinaire de cette flèche était sa propriété de transporter Abaris en tous lieux du Monde, sans qu'il eût besoin de nourriture ou de repos. Gongam est un Abaris moderne, qui, à l'aide d'une flèche semblable, parcourt le Monde depuis les hauteurs de l'atmosphère jusqu'aux profondeurs de l'Océan, et visite toutes les sociétés humaines possibles. Sa flèche le protége contre tous les dangers, et dans les chasses terribles comme sur les flots orageux, au moment funeste il se tire de tout embarras en prenant sa chère flèche, laquelle, outre tant de propriétés, possède encore celle de le rendre invisible.

Les Aventures du voyageur aérien (histoire espagnole) suivirent de près la précédente. Il s'agit d'une relation de voyages faits dans les airs; mais le voyageur ne découvre pas de peuples nouveaux : son secret ne lui sert qu'à parcourir rapidement notre globe. Les courses aériennes de notre touriste sont principalement destinées à encadrer des histoires galantes que nous regrettons de ne pouvoir offrir à nos amis. Cette même année encore (1711) salua l'œuvre capitale de Swift :

Gulliver's Travels in Lilliput. — Voyages de Gulliver, etc.

Comme les précédents, les voyages de Gulliver doivent simplement être mentionnés ici. Ils n'ont qu'un point de contact avec notre sphère : c'est le principe même sur lequel ils sont fondés : « Il n'y a point de grandeur absolue, et toute mesure est relative. » D'un autre côté, ils sont trop connus pour qu'il nous soit nécessaire de faire autre chose ici que d'en rappeler le souvenir.

« Certains esprits sérieux et d'une solidité pesante, dit son traducteur français, ennemis de toute fiction, ou qui daignent tout au plus tolérer les fictions ordinaires, seront peut-être rebutés par la hardiesse et la nouveauté des suppositions. Des pygmées de six pouces, des géants hauts de cent cinquante pieds, une île aérienne dont tous les habitants sont géomètres ou astronomes, une académie de systèmes et de chimères, une île de magiciens, des hommes immortels, enfin des chevaux qui ont la raison en partage dans un pays où les animaux qui ont la figure humaine ne sont point raisonnables : tout cela révoltera ces esprits solides qui veulent partout de la vérité et de la réalité, ou au moins de la vraisemblance et de la possibilité. Mais je leur demande s'il y a beaucoup de vraisemblance et de possibilité dans la supposition des fées, des enchanteurs et des hippogriffes. Combien cependant n'avons-nous pas d'ouvrages estimés qui ne sont fondés que sur la supposition de ces êtres chimériques ? Homère et Virgile, Ovide, l'Arioste et le Tasse sont pleins de fictions mythologiques.

« Le voyage dans l'île aérienne, ajoute encore l'abbé Desfontaines, est-il plus absurde dans sa supposition que le voyage dans la Lune de Cyrano de Bergerac? Cependant cette imagination burlesque a été goûtée de tout le monde. A l'égard du voyage dans le pays des Chevaux raisonnables, ou des Houyhnhnms, j'avoue que c'est la fiction la plus hardie ; mais c'est aussi celle où l'art et l'esprit brillent le plus. »

Dans ces voyages à Lilliput et à Brobdnignac, l'auteur

semble regarder les hommes avec un télescope, en deux sens contraires. Il tourne d'abord l'objectif de sa lunette du côté de l'œil, et voit les Lilliputiens sous une exiguïté imperceptible ; puis il regarde par l'oculaire, et les objets sont démesurément grossis. Ces allusions, aussi bien que celles des excursions suivantes à Laputa, île aérienne mue par l'aimant directeur, chez les Struldbruggs ou immortels, au pays de Yahous et des Houyhnhnms, illustrent de quelques aspects ingénieux le côté anecdotique de notre sujet.

Mais voici des touristes qui, à l'opposé des précédents, voyageant dans le ciel, dans les airs, ou sur notre planète, à la recherche de peuples nouveaux, vont descendre dans l'intérieur de la sphère terrestre, où ils trouveront soit d'autres êtres, soit même d'autres Mondes.

Relation d'un Voyage du pôle arctique au pôle antarctique par le centre du Monde. 1723. Il s'agit dans cet ouvrage d'une navigation souterraine. Un vaste tourbillon maritime entraîne le vaisseau dans les profondeurs de l'Océan, et le porte jusque sous la mer elle-même : c'est la région polaire intérieure, où les aurores boréales, les météores prennent naissance. Une longue traversée, pleine d'incidents merveilleux, fait passer nos voyageurs d'île en île dans ce royaume sombre, jusqu'au jour où, poussés par un vent du sud, ils remontent à la surface terrestre vers le cap de Bonne-Espérance. L'imagination pure fait librement les frais de cette pièce.

Lamékis, ou les Voyages extraordinaires d'un Egyptien dans la Terre intérieure, etc., par le chevalier de Mouhy (La Haye, 1737), — a aussi pour objet l'intérieur de la Terre ; mais ce n'est point un nouveau Monde que l'on y parcourt : on y découvre seulement une retraite de sages, ou pour mieux dire de zélés sectateurs de Sérapis, qui, pour célébrer tranquillement leurs mystères, avaient cherché à se dérober aux yeux du reste des hommes. Lamékis était un grand prêtre de Sérapis, vivant sous le règne de Sémiramis. Cette illustre souveraine lui manifesta un jour le désir d'être initiée aux mystères de la religion; et le grand prêtre la conduisit dans ces demeures secrètes où les prêtres ont établi leur sacré collége. Ce roman, comme les précédents, ne touche que très-indirectement à la série de nos auteurs (1).

Mais voici un ingénieux cosmopolite dont la relation nous offre un intérêt particulier :

Niel Klim dans les Planètes souterraines, par Louis DE HOLBERG, 1741.

Qu'il y ait plusieurs Mondes autour de la Terre, dans les vastes plaines du ciel, c'est ce dont nos voyageurs précédents ont été témoins dans leurs excursions planétaires ; mais qu'il y ait d'autres Mondes au-dessous de la surface de la Terre, c'est-à-dire dans l'intérieur de notre Globe, c'est ce que n'ont pas encore osé voir nos plus hardis explorateurs. Voici donc un nouvel aspect de la Pluralité des Mondes au point de vue historique; un aspect sans réalité, il est vrai, mais qui n'est pas dénué d'intérêt pour notre revue des créations imaginaires.

Les esprits étrangers aux sciences se sont plu souvent à interpréter à leur fantaisie les données scientifiques, et à bâtir sur un fondement peu solide tout un édifice de théories. C'est ce qui arriva, dit A. de Humboldt, à l'oc-

---

(1) Ces voyages imaginaires sont récemment reparus dans le monde littéraire sous une nouvelle forme, et ce n'est pas un médiocre intérêt de voir, parmi tant de nouveau-nés, bien des ressuscités.

casion des propositions du physicien Leslie, qui avait cru voir dans certains faits une preuve que la sphère terrestre était creuse. A peine cette proposition singulière fut-elle ainsi revêtue d'un caractère scientifique, que l'imagination se mit à voyager dans les cavités intérieures du globe, à y chercher quels êtres la nature avait dû y enfanter, quel devait être leur mode d'existence. Pour ne rien oublier, on avait fait circuler deux astres dans ce Monde souterrain : Pluton et Proserpine.

L'ouvrage du baron de Holberg, bien antérieur aux études de la géologie et de la physique du globe, semble néamoins, ouvrir la série des spéculations du même genre. Il eut un certain succès, car il fut bientôt traduit du danois, langue de l'auteur, en latin, pour le répandre chez les lecteurs savants de tous les pays ; et bientôt encore du latin en allemand, et en français par Mauvillon. Il a le mérite de l'originalité ; l'idée en est fine, le style pur et de bon goût.

C'est en 1664 que le voyageur à la conquête de nouveaux Mondes, descendit dans les abîmes. Il venait d'être reçu bachelier, et revenait à Berge, capitale de Norvége, sa patrie, le cœur palpitant et la tête pleine de grandes idées. Il voulut visiter les curiosités naturelles de son pays, parmi lesquelles la plus étrange était une caverne d'où sortaient des sons pareils à des sanglots. Il pria un jour deux savants de l'accompagner, l'un astronome, l'autre géologue, et se fit descendre par une corde dans l'intérieur de l'ouverture mystérieuse et sans fond.

Mais voilà que la corde casse, et que notre héros tombe, tombe pendant longtemps, au sein d'une obscurité complète. A force de descendre, il arrive à des régions un peu éclairées et successivement à une atmosphère tout aussi claire que la nôtre. Mais il ne reconnaissait

plus ni le soleil, ni le ciel, ni les autres astres : Longtemps
il tomba sans rien distinguer au-dessous de lui. Pendant
cette chute étrange, il se vit attaqué par un grison monstrueux, aux ailes immenses, parvint à l'enfourcher, et
continuant sa descente, il se vit enfin posé doucement à
terre par le grison.

La fatigue commençait à l'assoupir lorsqu'il fut éveillé
en sursaut par le beuglement colossal d'un taureau qui
venait de son côté. Le jeune Danois, craintif, ayant vu
quelques arbres du côté opposé, se mit à fuir et à grim-
per sur l'un de ces arbres. Mais quelle fut sa surprise
lorsqu'il entendit ce végétal former des accents doux, mais
aigus, et à peu près semblables à ceux d'une femme en
colère. Ce fut bien autre chose lorsque ce même arbre,
le repoussant, lui sangla un soufflet intelligemment appliqué. Il tomba étourdi, et crut rendre l'âme ; des mur-
mures et des bruits sourds se firent entendre de tous
côtés : et voilà que des arbres et des arbrisseaux en nombre immense s'avancèrent vers lui et l'entourèrent. Il ne
comprenait pas bien leur langage, mais il s'aperçut qu'ils
étaient indignés contre lui. La cause de cette indignation
était simple.

La planète Nazar, située au centre de la Terre sur laquelle il venait de descendre, est un Monde dont les habitants sont des Arbres. Or, par une circonstance malen-
contreuse, l'Arbre sur lequel il avait voulu monter pour
fuir le taureau était la femme de l'intendant de la ville
prochaine. La qualité de cette femme offensée rendait le
crime plus grave, car si c'eût été une femme du commun,
le mal n'aurait pas été bien grand ; mais d'avoir voulu
escalader une matrone de cet ordre, ce n'était pas baga-
telle chez une nation qui se piquait de modestie et de pu-
deur. Notre voyageur fut conduit prisonnier à la ville.

Ces hommes-arbres sont de notre taille. Il n'ont pas de racines, mais deux pieds extrêmement courts, ce qui est cause que les habitants de cette planète marchent à pas de tortue ; on va voir à quelle dignité ses pieds d'homme élèveront Nicolas Klimius ou Niel Klim.

Les Arbres ont l'esprit tardif, et, quelques mois après l'arrestation de Niel Klim, on reconnut qu'il n'était pas coupable de son action ; qu'il avait, du reste, de fort intéressantes qualités, et qu'on le présenterait à la cour avec une lettre de recommandation adressée au prince des Potuans, et conçue dans les termes suivants :

« En vertu des ordres que nous avons reçus de la part de Votre Sérénité, nous vous renvoyons l'animal soi-disant homme qui est venu ici, il y a quelque temps, de l'autre Monde ; nous l'avons instruit avec beaucoup de soin dans notre collège. Après avoir examiné avec toute l'attention possible la portée de son génie, et épié ses mœurs, nous l'avons trouvé assez docile et d'une conception très-prompte, mais d'un jugement si louche que, vu la précipitation de son esprit, à peine nous l'osons compter parmi les créatures raisonnables, bien loin de le juger propre à un emploi considérable. Cependant, comme il surpasse tous les habitants de cette principauté par la légèreté de ses pieds, nous le croyons très-capable de s'occuper de l'emploi de *coureur* de Votre Sérénité.

« Donné au séminaire de Kéba, au mois des Buissons.

« *Signé* : NEHEC, JOCHTAU, RAPOSI, CHILAC. »

On conçoit que la lecture de cette lettre de recommandation put indigner notre jeune bachelier et gonfler son cœur d'irritation. Il présenta ses titres académiques,

ses diplômes, qu'il a toujours soigneusement gardés sur
lui ; mais dans ce pays des Arbres, on ne comprend rien
à tous ces livres, et l'on ne reconnaît en lui que les facultés apparentes.

Cette révolte ne fit qu'aggraver son état ; mais le
prince fut indulgent, et il se contenta seulement d'or-
donner spik. autri. flok. skak. mak. tabu. mihalatti,
c'est-à-dire que l'être tombé du ciel serait employé
parmi ses coureurs ordinaires. Cet emploi fait connaître
à Niel Klim l'étendue et la nature du nouveau Monde où
il se trouve.

La planète Nazar n'a guère que 200 milles d'Allemagne
de circuit. Tous les Arboriens parlent la même langue,
quoique, malgré l'exiguïté de leur Monde, ils se connaissent peu, à cause de la lenteur naturelle de leur
marche. Il y a là fort peu de différence entre la nuit et
le jour, et on peut même assurer que les nuits y sont
plus agréables, car il n'est pas possible de rien imaginer
de plus resplendissant que cette lumière du Soleil, réfléchie et réverbérée par le firmament compacte, et ren-
voyée sur la planète, comme si une Lune d'une grandeur
immense luisait continuellement autour d'elle.

Les habitants consistent en Arbres de différentes espèces : comme Chênes, Tilleuls, Peupliers, Palmiers,
Buissons, etc.; d'où les seize mois de l'année reçoivent
leurs différents noms. Ainsi on date du *mois des Mar-
ronniers, mois des Ormes*. L'année souterraine contient seize mois; c'est l'espace de temps que la planète
de Nazar emploie pour sa révolution. L'une des premières lois de l'empire est d'avoir beaucoup d'enfants,
et les Arbres illustres sont les pères heureux, et non les
Césars qui font mourir des millions de leurs frères. On
n'y estime ni le luxe ni les fausses apparences. Le mé-

rite modeste est le seul reconnu. Aucun savant n'y peut écrire de livres s'il n'a atteint l'âge de trente ans accomplis, et s'il n'a été trouvé capable d'écrire par les professeurs de l'Université.

Parmi les provinces visitées par Niel Klim, nous mentionnerons celle des Cyprès. Ces Arbres sont remarquables par la diversité de leurs yeux. Quelques-uns les ont longs, d'autres carrés; il en est qui les ont très-petits, d'autres qui en ont de si larges qu'ils occupent toute la tête du tronc. Or ceux dont les yeux sont longs voient tous les objets longs; c'est de cette tribu que l'on tire les sénateurs, les prêtres et autres régnants. En recevant leur mission ils doivent prononcer ce serment : *Kaki monosco qui houque miriac Jacku mesembrii...* etc., c'est-à-dire en langage vulgaire : « Je jure que la sacrée table me paraît longue, et je promets de demeurer ferme dans cette conviction jusqu'au dernier souffle de ma vie. » — Cependant la table en question est carrée. — Cette obligation du serment intéressa beaucoup Niel Klim, surtout lorsqu'il assista à l'exécution d'un vieillard condamné au fouet, parce qu'il était « convaincu d'hérésie pour avoir enseigné publiquement que la sacrée table lui semblait carrée, et avoir persisté dans cette opinion diabolique, malgré les sages avertissements de ceux qui avaient les yeux ronds. » Là-dessus il prit envie au voyageur d'aller au temple éprouver s'il avait les yeux orthodoxes... Il y a là l'une des plus fines et des plus profondes fictions de l'ingénieux Holberg.

Dans une autre province, les vieillards sont menés en lisière par leurs fils, et leur sont soumis, par la raison qu'à partir de l'âge mûr l'homme décline et s'affaiblit, et par conséquent réclame un soutien au point de vue du corps et sous celui de l'esprit. Au pays des Ge-

nièvres, ce sont les femmes qui règnent en maîtresses
et mènent la vie active ; les hommes se reposent et
rêvent ; l'auteur assista au procès d'un jeune homme
dont une jeune fille avait obtenu les faveurs par force,
et les amis du jeune garçon voulaient réparer son honneur en forçant la jeune fille à l'épouser. Dans ce même
pays, notre jeune Danois eut toutes les peines du monde
à échapper aux désirs de la reine. Au pays des Philosophes, on vint un jour lui annoncer que ceux-ci, frappés
de la figure extraordinaire de son corps, avaient résolu
d'en examiner les ressorts cachés, de lui ouvrir le
ventre, d'éplucher ses entrailles, et de le disséquer,
dans le but de faire quelques découvertes utiles à l'a-
natomie. Notre héros, peu flatté de rendre personelle-
ment de pareils services à la science, se sauva à toutes
jambes. Il arriva dans la province de Cabac, où de nouveaux prodiges l'attendaient. Les habitants sont acé-
phales, c'est-à-dire sans tête. Ils parlent par une
bouche qu'ils ont au milieu de l'estomac ; ce défaut
naturel les exclut de tout emploi ; cependant quelquefois
on en fait des magistrats, à cause du mérite de leurs
paroles.

Fatigué de sa profession de coureur ordinaire, lorsque
Niel Klim eut visité la planète entière, il résolut de tenter
la fortune, et chercha quel projet il pourrait soumettre
à la cour dans le but de se faire une renommée. Son
expérience l'engagea, pour le bien général de la société
des Arbres, à proposer celui d'exclure les femmes de
toutes les charges de l'État. Or il faut dire que, dans le
royaume des Potuans, l'auteur d'un projet se met par sa
proposition même dans une alternative perplexe : si son
projet est accepté, il est nommé sénateur ; s'il est rejeté,
il est condamné à l'exil au Firmament. Celui de notre

héros fut rejeté dès le prime abord, et celui-ci condamné à l'exil.

Deux fois par an on voit arriver sur la planète des oiseaux d'une grandeur démesurée, appelés Cupac, c'est-à-dire oiseaux de poste, qui viennent à certains temps marqués et qui s'en retournent de suite. C'est par leur moyen qu'on exile au Firmament, en plaçant les condamnés dans une cage suspendue à l'oiseau colossal.

Vers le commencement du mois de Bonbac, le pauvre déshérité fut donc enlevé au ciel, et porté sur une terre habitée appartenant comme satellite au système de la planète Nazar. Cette terre est habitée par des singes, et l'état habituel des habitants est diamétralement l'opposé de ceux de la planète précédente : ils sont vifs, petulants, rapides. Aussi, à peine notre héros fut-il présenté au consul — un grand sapajou qui ne faisait que rire aux éclats — qu'il fut jugé d'un esprit si tardif et si hébété, qu'on le nomma Kakidoran, c'est-à-dire le nigaud, car on n'y estime que ceux qui conçoivent les choses avec rapidité, les débitent en verbiages, et passent vite à d'autres sujets.

Dans ce satellite, nommé la Martinie, la principale occupation des singes est de s'orner la queue de rubans multicolores, de bijoux et de pierres précieuses, et le voyageur fut forcé dès le lendemain de s'adapter une queue postiche, pour ne point paraître trop monstrueux. Pour saluer, ils tournent le dos et lèvent la queue, etc.

Kakidoran fit sa renommée et sa gloire dans ce Monde par l'invention des perruques — ce pourquoi il fut nommé ministre et anobli : au lieu de garder son nom roturier, il le changea pour celui beaucoup plus noble de Kikidoran.

Il visita les *terres étranges* qui accompagnent la

Martinie autour de la planète Nazar. Il aborda la terre
de Mézendor, où il fut reçu par une députation de
Basses ; car cette terre n'est habitée que par des instruments de musique. Ces Basses avaient un cou au bout
duquel était une tête fort petite ; le corps était lui-même
étroit, serré et couvert d'une certaine écorce polie. Au
milieu du ventre et sur le nombril, la nature avait mis
un chevalet avec quatre cordes. Toute la machine n'é-
tait soutenue que sur un pied, de sorte que chacun de
ces violons, sautant sur une seule jambe, parcourait en
peu de temps des champs de grande étendue. D'une
main ils tenaient l'archet, de l'autre ils touchaient les
cordes. Bien entendu, ce Monde ne connaît que le langage de l'harmonie. Dès leur quatrième année, on envoie
les enfants-musique à l'école, où ils apprennent à tirer
des sons mélodieux de leurs cordes, et c'est là ce qu'ils
appellent chez eux apprendre à lire et à écrire.

Il y a dans les régions glaciales de Mézendor l'empire des Êtres universels. Là, tous les animaux comme
tous les arbres sont doués de raison, et ils sont assis aux
divers degrés de l'échelle sociale suivant la valeur de
leur état de nature. Les éléphants composent le sénat,
les caméléons servent à la cour ; les troupes de terre
sont composées d'ours, de tigres ; celles de mer de
bœufs, de taureaux ; les arbres ont les emplois de juges,
à cause de leur modération naturelle ; les pies sont
avocats, les renards ambassadeurs, les corbeaux chargés de l'administration des héritages, les boucs gram-
mairiens, les chevaux consuls, les oiseaux courriers, les
chiens et les coqs gardeurs des villes. Le seul spectacle
de ces êtres de différentes espèces, qui vont et viennent,
parlent et raisonnent entre eux, n'est pas un petit sujet
de surprise pour les gens qui n'y sont point accoutumés.

La dernière étape du voyage de Nicolas Klimius aux régions souterraines est la terre de Quama, dont les habitants se rapprochent plus de l'humanité que tous les précédents : ce sont simplement des sauvages sans aucune espèce d'art ni d'industrie. Notre héros fut plus heureux là que partout ailleurs, parce que ces êtres lui ressemblaient assez pour comprendre sa valeur, et pour reconnaître sa suprématie. Aussi garda-t-il le titre de Pikil-fu dont on le décora, c'est-à-dire envoyé du Soleil. Il se fit empereur, par la grâce de Dieu, de toutes les provinces de Quama et y posa les fondements d'une cinquième monarchie.

Il jouit longtemps de sa royale grandeur. Mais un jour, dans une bataille aérienne, son vaisseau atmosphérique sauta, et notre roi fut lancé dans les espaces. Il aborda l'ouverture inférieure d'un volcan, et grâce à la force de projection qui se continuait, il arriva à la terre des humains par l'orifice dudit volcan.

Niel Klim revint dans son pays, et comme le marguillier de l'église Sainte-Croix, de Berge, sa paroisse, venait de mourir, il lui succéda dans sa modeste fonction.

L'auteur est le Molière danois; il offre plus d'un rapport avec le nôtre. Cependant son procédé diffère essentiellement de celui de Swift. Celui-ci nous fait, avec un grand art, passer peu à peu de notre Monde dans le Monde de ses créations. « Ses fictions les plus extraordinaires ont un si grand air de probabilité, dit J.-J. Ampère, qu'on se surprend à être presque de l'avis de ce vieux marin qui disait, après avoir lu le voyage de Lilliput : « Les voyages de ce capitaine Gulliver sont bien intéres- « sants, c'est dommage que tout n'y soit pas exact. » Holberg ne procède pas de la même manière; au lieu d'entrer en accommodement avec le bon sens du lecteur, il lui impose silence : c'est la méthode des magiciens, qui instantanément font apparaître leurs prestiges.

Nous ne pouvons laisser Holberg s'en retourner dans la foule des auteurs passés, sans traduire Hoffmann à la barre de la critique. L'auteur peu scrupuleux des *Contes nocturnes* a tout simplement volé le bien du précédent en écrivant son *Elixir du diable*. Cette nouvelle, disons-le, n'est autre que le voyage de Niel Klim ; l'ouverture est habilement ménagée, en ce qu'au lieu de descendre de suite à la fameuse caverne, il fait venir le diable en personne au milieu d'une compagnie d'étudiants. L'un d'eux goûte de l'élixir diabolique, et raconte ladite histoire comme souvenir d'une existence passée. — Rendons à César ce qui appartient à César.

Pendant que certains touristes du Nord descendaient sous la terre, d'autres continuaient de monter au-dessus du monde terrestre ; cette aviation éthérée ne s'est jamais perdue. Toutefois quelques-uns préféreront encore, pour la singularité, la descente à l'ascension. Le voyage au Monde de Descartes, que nous avons fait avec le P. Daniel à la fin du dernier siècle, reçut un pendant dans une nouvelle excursion souterraine : c'est un second *Voyage au Monde de Descartes*, par le P. le Coëdic (Paris, 1749).

Il offre de singulières ressemblances avec celui dont nous venons de parler ; mais la forme est bien différente. Le poëte suppose qu'il s'était endormi dans un bois épais, lorsque tout à coup il fut emporté par un vent impétueux dans les climats glacés de la Laponie, et conduit à un antre obscur, d'où il descendit dans un Monde semblable au nôtre. Le voyage est moins long que celui dont nous parlions tout à l'heure. Pendant qu'il parcourt ce monde inconnu, il aperçoit un grand et magnifique palais

dont le faîte se perd dans les nues. Il rencontre là le
P. Mersenne, compagnon juré de Descartes, que l'on
trouve partout où celui-ci doit être. Et, en effet, ce dévoué cartésien apprend à l'auteur du *Voyage* que l'âme du
grand philosophe habite en ces lieux ; qu'en quittant la
Suède il s'est retiré sous terre, où il construisit un nouveau Monde, et où il s'occupait dans un calme imperturbable à sonder les secrets de la nature. Ce Monde est
habité par les disciples de Descartes.

Tout cela est écrit sous la forme lyrique; c'est un poëme
en vers latins, où l'enthousiasme règne et souffle d'un
bout à l'autre.

Dans les conversations avec le maître, le voyageur apprend l'origine de toutes choses, comme on peut juger
par le passage *Tunc etiam didici...* « Là j'appris avec
quelle force l'aimant attire le fer, d'où viennent les
tremblements de terre, ce qui forme la chevelure des
comètes, pourquoi le tonnerre gronde dans le sein lumineux de l'éther, quelle est la nature du Soleil, où sont
les sources éternelles de sa féconde lumière, etc. »

Voici seulement maintenant les voyageurs célestes qui
remontent à la surface ; comme les titres surnageant emportés par le cygne lunaire de l'Arioste, quelques-uns
d'entre eux, depuis longtemps invisibles, demandent à
revoir la lumière du jour.

L'année qui sépare le dernier siècle en deux parties
égales reçut une *Relation du Monde de Mercure*,
qui ne laisse pas d'être fort ingénieuse. L'auteur ne s'est
pas contenté de rendre sa fiction amusante, il a encore
voulu donner un essai des variétés que la Nature est capable de répandre dans tous les globes, habitables et habités. Il décrit d'autres créatures raisonnables, d'autres

oiseaux, d'autres poissons, et souvent même il imagine
les plus singulières formations d'idées, dans le but d'établir que « la puissance infinie de la nature n'a pas été
embarrassée pour trouver d'autres variétés innombrables,
fondées sur sa connaissance infinie et sur un pouvoir que
rien ne saurait borner. »

Un matin qu'étant à la campagne, l'auteur anonyme de
cette relation observait Mercure quelques moments avant
le jour, et qu'il se plaisait à voir cette petite planète presque effacée par la lumière naissante, il fut surpris d'entendre marcher près de lui. C'était un rose-croix, vénérable de l'ordre, qui venait lui offrir une petite lunette
« philosophique ». L'observateur, ayant mis l'œil à l'oculaire, ne fut pas médiocrement étonné de l'excellence de
l'instrument maçonnique : il rencontra une terre habitée,
sur laquelle on distinguait aisément les beautés du paysage
et le mouvement des hommes et des animaux.

Après ce préambule fort bien à sa place ici, le rose-
croix fit subir à notre historien une légère opération qui
lui donna, en quelques secondes, la connaissance de la
langue arabe. C'est en cette langue des sages que lui-
même, ayant visité la planète Mercure, avait écrit une
relation de ce Monde, et c'est la traduction de ce manuscrit original que notre auteur nous présente.

Mercure est un Monde comme notre Terre, excepté
qu'il est considérablement plus petit, et qu'étant infiniment plus proche du Soleil, la nature semble avoir pris
plaisir à l'enrichir de tous ses présents et à l'embellir par
des variétés plus riantes et plus nombreuses que toutes
celles dont elle pare le reste de l'univers. Les montagnes, les mers, les arbres, les plantes, les animaux et les
hommes y sont plus petits que parmi nous. Il y a peu de
rivières plus creuses que nos fontaines un peu profondes.

Les plus hautes montagnes n'excèdent que de fort peu
nos collines; mais quelques-unes ne laissent pas d'avoir,
dans cette hauteur moyenne, l'air sourcilleux des Alpes
et des Pyrénées. Les arbres les plus hauts le sont à peu
près comme nos orangers en caisse, et il y a peu de fleurs
qui s'élèvent plus de terre que la jonquille et la narcisse.
Les montagnes nombreuses répandent une ombre nécessaire; elles sont presque toutes couvertes d'arbres chargés
de fleurs en tout temps; elles parfument l'air, et ces
fleurs, qui ne produisent point de fruits, sont éternelles;
car dans le Monde de Mercure les éléments de subsis-
tance des habitants ne se cultivent point comme ici :
la nature bienfaisante les fournit elle-même et cache les
lieux qui leur servent de magasin, pour ne laisser à la
portée des hommes que des objets toujours riants et propres seulement aux plaisirs.

Les habitants de Mercure sont tous moins grands que
nos hommes de la plus petite taille, et ils atteignent au
plus à celle d'un enfant de quinze ans. Ils ressemblent,
pour les traits du visage et pour la forme du corps, aux
idées charmantes que nous nous faisons des zéphyrs et des
génies. Leur beauté ne se fane qu'après plusieurs siècles :
la fraîcheur, la santé et la délicatesse y paraissent comme
inaltérables. S'il arrive pourtant, par quelque erreur de
la nature, que quelqu'un ait sujet de n'être pas content
de sa figure, il y a des moyens faciles pour la transformer. Tout ce petit peuple a des ailes, dont il se sert avec
une grâce et une agilité merveilleuses ; et quoique l'ardeur du Soleil l'empêche de s'élever assez haut pour sortir de l'ombre de leurs montagnes, ils volent facilement
d'un lieu à un autre. Les femmes ont aussi des ailes
qu'elles quittent et reprennent à leur gré, comme elles
font ici de leurs gants et de leurs éventails. Elles aiment

beaucoup sortir avec leurs ailes, soit pour satisfaire un nouveau goût, soit pour chercher de nouveaux plaisirs. Toutefois, lorsqu'elles arrivent à un certain âge, elles les laissent volontiers dans leur garderobe, parce que les années noircissent les plumes et que ce sont là leurs rides.

Un seul souverain règne sur Mercure ; les divers royaumes ne sont que des vice-royautés. La famille souveraine descend du Soleil, et la tradition conserve le souvenir de l'apparition du premier empereur : une ville capitale descendit des cieux sur un nuage éclatant, et sous les yeux des Mercuriens se fixa au centre du continent. Les habitants du Soleil n'ont pas de corps sensible, mais comme la matière obéit à leur volonté, le premier empereur de Mercure et tous ceux qui lui succédèrent se sont fait un corps semblable à celui des hommes qu'ils sont venus gouverner, mais plus parfait encore. Ces empereurs sont plutôt des présidents de république. Ils ne règnent ordinairement que cent ans. Ce terme expiré, ils retournent au Soleil, laissant sur Mercure leur corps pétrifié, dans l'attitude qui lui était la plus ordinaire. Ce corps incorruptible ne perd rien des agréments qu'il possédait étant animé ; excepté la parole et le mouvement, il conserve tout le reste : le coloris, la fraîcheur, le brillant des yeux et l'éclat du teint. Tous les empereurs sont gardés dans une galerie destinée à ce seul usage. Pendant sa présence sur la planète, le souverain peut se métamorphoser en autant de manières et aussi souvent qu'il le veut ; il peut même communiquer cette puissance à quelques-uns de ses sujets, et c'est là une des plus précieuses prérogatives de la couronne, car on produit parfois de singulières aventures par l'usage de ces transformations. Ce qu'il y a de très-remarquable dans la constitution des habitants de Mercure, c'est qu'ils sont absolument maîtres de tous les mouvements qui se font dans leur corps. Ils règlent la circulation de leur sang selon ce qu'ils ont dessein d'en faire; ils entretiennent leur estomac par l'usage de certains élixirs délicieux dont l'effet est immanquable. Tous les ressorts qui refusent si souvent de nous obéir, sont chez eux soumis à la volonté.

Ces habitants ne dorment jamais : la proximité du Soleil entretient un mouvement perpétuel dans la planète, qui ne peut être ralenti que par de grands accidents, et alors tout ce qui tombe dans l'inaction se trouve dans un péril manifeste. C'est pourquoi l'un des plus grands supplices auxquels on condamne les criminels, c'est de dormir un certain nombre de jours. L'état de l'âme règle l'état du corps. Un présomptueux, par exemple, enfle comme nos hydropiques; les imbéciles contractent une sorte d'étisie; le vaniteux perd autant de plumes de ses ailes qu'il s'est donné de louanges, vraies ou fausses; les avares fondent à vue d'œil; les flatteurs meurent à force de rire; les traîtres et les menteurs deviennent transparents et cassants comme du cristal, si bien qu'ils meurent ordinairement brisés en mille pièces.

Lorsqu'un habitant ou une habitante de la planète va partir pour un autre Monde, en d'autres termes, va mourir, ses amis sont invités à dresser un mémoire des qualités physiques qui leur manquent et que le voyageur possédait. Au moment du départ de l'âme, le corps tombe en poussière dorée, et les personnes héritent desdites qualités : un bossu se redresse, un aveugle voit, un boiteux reçoit une nouvelle jambe, une tête chauve se sent croître la plus belle chevelure, etc.

Si nous passons maintenant aux aliments, il n'y a dans Mercure ni cuisiniers, ni rôtisseurs, ni pâtissiers, ni au-

cun de ces officiers à qui la délicatesse de notre goût
donne tant d'emplois parmi nous. La nature a pris soin
elle-même de préparer et d'assaisonner d'une manière
exquise les repas de ces heureux habitants. Il n'en coûte
point la vie aux animaux, comme dans notre Monde; au
contraire, ce sont eux qui ont soin de la nourriture des
hommes. Sur le sommet de chaque montagne croissent
des mets précieux. Tous les goûts qui sont répandus sur
les autres Mondes, prenant leur origine du Soleil, s'arrêtent d'abord sur Mercure, et, au lieu de se disperser sur
la surface entière, se fixent sur les collines. On trouve là
tout ce que nous connaissons ici, et bien d'autres mets encore : une calebasse donne un jambon de la Mecque, une
pomme de rambour est une perdrix, les ortolans tout
rôtis se cueillent en gousses comme nos fèves. Il y a de
même là des sources de vin supérieur à ceux que l'on boit
sur la Terre, sur Mars, Jupiter et Saturne. Mieux que
cela : pour ne laisser aucune peine à ces habitants for-
tunés, la nature a donné à chacun d'eux un certain nombre
de grands oiseaux domestiques qui, sur un signe, partent
à la recherche d'un fruit et le rapportent; de sorte qu'en
se rangeant autour d'une table vide et en envoyant ces
aigles avec la carte, ils rapportent immédiatement de
quoi couvrir la nappe des primeurs les plus succulentes.

Ils n'ont pas seulement des êtres ailés pour domestiques, mais encore différentes espèces d'animaux terrestres avec lesquels ils conversent dans une langue naturelle. En passant dans les bois, on cause avec un
rossignol, lui demandant des nouvelles de sa dame, de
ses amis, de ses affaires. Seulement il faut savoir traiter
des matières accessibles à ces diverses intelligences : un
hippopotame ne raisonne pas comme une fauvette, ni une
tortue comme un lièvre, ni un tigre comme un agneau.

Les animaux ne se mangent pas les uns les autres et ne paissent pas l'herbe, mais sucent la séve des cailloux mercuriens. Ils sont tous très-bons pour l'homme ; les poissons s'éloignent du rivage quand une personne descend s'y baigner, et font la garde en crainte d'accident. S'agit-il de bâtir une maison, mille espèces se présentent. Canards, lapins, taupes creusent les fondements ; castors coupent les grands arbres et les façonnent ; ânes portent les pièces de bois façonnées ; ours se chargent des lourds matériaux à monter aux combles ; éléphants servent de grues pour élever les fardeaux par leur trompe ; tels sont les ouvriers : l'homme seul reste l'architecte. Ajoutons encore que les oiseaux ne chantent point en charivari comme les nôtres, mais unissent leurs mélodies en d'admirables concerts.

Mais la *Relation du Monde de Mercure* n'offre aucun détail plus intéressant que ceux qui se rapportent au mariage. « Le goût que les hommes ont pour la variété, dit l'auteur, étant si naturel et si nécessaire, les peuples de Mercure se sont bien gardés de rendre les mariages durables et indissolubles. Le bail est de deux ans ; après quoi les conjoints restent en pleine liberté réciproque. Lorsque deux fiancés veulent connaître s'ils se conviennent, ils se rendent dans le boudoir du Sphynx, en passant chacun par une salle de bains où ils revêtent des robes de cristal, qui, dans cette planète, est maniable comme notre taffetas (Lucien a eu la même pensée). Le cabinet du Sphynx est splendidement meublé et ne manque absolument de rien. C'est là que les fiancés doivent rester deux jours et deux nuits, et c'est seulement après ce tête-à-tête de quarante-huit heures, que l'on dresse le contrat, s'ils se conviennent. Dans ce contrat, pour faire dignement suite au prélude, on règle le nombre des petites entorses conjugales et des infidélités réelles qu'on est obligé de se passer l'un l'autre pour conserver la paix du ménage. Notre charmant causeur, entre dans des détails que nous ne pouvons pas rapporter. « Dès le lendemain de ses noces, ajoute-t-il plus loin, une femme peut lorgner, faire des mines, parler bas, agacer, sortir seule, revenir tard, se faire ramener et découcher même en cas de besoin, sauf à elle à donner des raisons plausibles de son absence, comme par exemple : Je me suis bien divertie, c'est l'amusement qui m'a retenue, c'est le plaisir qui m'a entraînée. Tout cela est ordinairement bien reçu (1). »

Nous laisserons à nos lecteurs le soin de juger si le Monde de Mercure leur plairait mieux que le Monde de la Terre, et nous nous arrêterons ici dans la lecture de notre relation. Le prétendu traducteur arabe entre dans

---

(1) Il semble qu'à cette époque les aventures galantes devaient nécessairement faire partie intégrante de toute composition littéraire. Les *Ames rivales* de Moncrif, en sont une nouvelle preuve. Parmi les différentes sectes philosophiques de l'Inde, l'une des principales enseigne que les âmes descendent des astres. Suivant ce principe, les âmes de premier ordre sortent du Soleil : ce sont les âmes des rois, des législateurs, des grands hommes. Les âmes de second ordre viennent de la Lune ou de quelque autre astre, etc. Mais de quelque ordre que soient les âmes, leur destinée dépend de Brahma ; c'est par l'ordre de ce dieu qu'une âme tombée dans ce monde passe d'un corps dans un autre. Si cette âme s'est mal comportée dans sa dernière demeure, elle entre dans une autre moins honorable ou plus exposée à des révolutions fâcheuses. Ainsi s'explique la diversité des vies présentes.

Pendant l'esclavage du corps, les âmes peuvent obtenir de Brahma la liberté de s'en retirer pour quelque temps, en récitant la prière nommée *Mandiran*, — et également la liberté d'animer d'autres corps. C'est sur cette donnée que Moncrif a construit son ingénieux petit roman des *Ames rivales*, dans lequel on voit le jeune prince de Carnate et son aimée princesse Amassita se donner rendez-vous pour l'Étoile du Matin, où ces deux âmes se plongent en de délicieuses extases.

l'histoire des mœurs, des habitudes, des sociétés de
Mercure, et sort du cadre que nous nous sommes tracé.
Il est suivi par un autre écrivain anonyme qui, l'année
suivante (1751), fit paraître les

Première, deuxième et troisième relations du voyage fait dans la Lune par M. ***.

L'opuscule qui porte ce titre est une fiction critique
écrite à propos de l'ouvrage *Considérations sur les*
Mœurs du siècle, récemment publié. L'auteur inconnu
assiste sur la Lune à un cours des cocorolis (professeurs)
fait au rikgril (université), commencé au quatrième point
de la cinquième heure de Jupiter (sept heures du matin).
Les élèves étaient à cheval, chacun des douze cocorolis
faisait la douzième partie du cours, et entre chaque partie, l'escadron des trois cents élèves piquait des deux,
ventre à terre, jusqu'à un kilomètre, et revenait avec la
même rapidité entendre un nouveau douzième de la conférence. Dans ce pays, l'attention ne peut exister longtemps et de perpétuels exercices sont nécessaires pour
garder l'activité de l'imagination.

Ce petit livre n'a, du reste, d'autre but que de faire la
critique de l'ouvrage dont nous avons parlé. Mais il fut
suivi d'une œuvre éclatante.

VOLTAIRE. *Micromégas. Voyages d'un habitant de Sirius et d'un habitant de Saturne* (1752).

Le roi Voltaire avait écrit dans son Optique que nous
n'avons pas de meilleures raisons pour affirmer la pluralité des Mondes que n'en aurait un homme ayant des
puces pour affirmer que son voisin en a comme lui. Le
digne philosophe plaisantait sans doute; il plaisantait en-

core, mais plus sagement, le jour où il créa Micromégas.

Nous ne doutons pas qu'un grand nombre de nos amis lecteurs ne connaissent cette spirituelle composition. Mais pourtant nous devons à notre revue de la rapporter succinctement et sans commentaires.

Voltaire dit avoir connu le voyageur, M. Micromégas, habitant du système de Sirius, dans le dernier voyage qu'il fit sur notre petite fourmilière; probablement encore qu'il fit sténographier ses charmants discours. Dans tous les cas, il affirme qu'il avait huit lieues de haut; d'où l'on peut conclure que le Monde d'où il sort devait mesurer une circonférence 21 millions 600,000 fois plus grande que celle de la Terre.

La taille de Son Excellence étant de la hauteur indiquée, tous nos sculpteurs et tous nos peintres conviendront sans peine que sa ceinture pouvait avoir cinquante mille pieds de tour, ce qui fait une très-jolie proportion. Son nez étant le tiers de son beau visage, et son beau visage étant la septième partie de la hauteur de son beau corps, il faut avouer que le nez du Sirien avait six mille trois cent trente-trois pieds, plus une fraction; ce qui était à démontrer.

Ayant été banni de la cour de son pays pour avoir fait un livre très-curieux, du reste, sur les insectes, mais qu'un vieillard ignorant et vétillard — nous suivons le récit — avait trouvé sentant l'hérésie, il se mit à voyager de planète en planète pour achever de se former l'esprit et le cœur, comme l'on dit.

Notre voyageur connaissait merveilleusement les lois de la gravitation et de l'attraction, et il s'en servait si à propos que, tantôt à l'aide d'un rayon de soleil, tantôt par la commodité d'une comète, il allait de globe en globe, comme un oiseau voltige de branche en branche.

Après avoir visité la Voie lactée et plusieurs autres
Mondes, il arriva dans le globe de Saturne. Quelque accoutumé qu'il fût à voir des choses nouvelles, il ne put
d'abord, en voyant la petitesse du globe et de ses habitants, s'empêcher ce sourire de supériorité qui échappe
quelquefois aux plus sages ; car enfin Saturne n'est guère
que sept cents fois plus gros que la Terre ; et les citoyens
de ce pays-là sont des nains qui n'ont guère que mille
toises, ou environ ; mais comme il avait bon esprit, il se
familiarisa vite avec ces gens, et lia même une étroite
amitié avec le secrétaire de l'Académie de Saturne. Dans
une conversation qu'ils eurent ensemble, Micromégas,
qui voulait s'instruire, lui demanda combien les hommes
de leur globe avaient de sens. — Nous en avons soixante-
douze, dit l'académicien, et nous nous plaignons tous les
jours du peu. Notre imagination va au delà de nos besoins : nous trouvons qu'avec nos soixante-douze sens,
notre anneau et nos cinq lunes, nous sommes trop bornés.
— Je le crois bien, dit Micromégas, car dans notre globe
nous avons près de mille sens, et il nous reste encore je
ne sais quel désir vague, quelle inquiétude qui nous aver-
tit sans cesse que nous sommes peu de chose et qu'il y a
des êtres beaucoup plus parfaits. — Combien de temps
vivez-vous ? continua le Sirien. — Ah ! bien peu, répliqua
le petit homme de Saturne, nous ne vivons que cinq
grandes révolutions autour du Soleil (à peu près quinze
mille ans). Vous voyez bien que c'est mourir aussitôt né.
— Si vous n'étiez pas philosophe, lui dit Micromégas, je
craindrais de vous affliger en vous apprenant que notre
vie est sept cents fois plus longue que la vôtre ; mais
vous savez trop bien que, quand il faut rendre son corps
aux éléments et ranimer la nature sous une autre forme,
ce qui s'appelle mourir, avoir vécu une éternité ou avoir

vécu un jour, c'est à peu près la même chose. J'ai été
dans des pays où l'on vit mille ans plus longtemps que
chez moi, et j'ai trouvé qu'on y murmurait encore. Enfin,
après avoir, pendant une révolution du Soleil, raisonné
l'un et l'autre et s'être communiqué ce qu'ils savaient,
ils résolurent de faire ensemble un petit voyage philosophique.

Comme il passait justement une comète, ils s'élancèrent
sur elle avec leurs domestiques et leurs instruments, et,
après avoir passé par Jupiter et Mars, ils aperçurent un
petit tas de boue sur lequel, après quelques indécisions,
ils se décidèrent de descendre. Après avoir fait le tour
de ce globe, qui était la Terre, ils arrivèrent à une petite
mare que nous nommons Méditerranée, et de là à un
autre petit étang qui, sous le nom de grand Océan, entoure la taupinière. Le nain n'en avait que jusqu'à mi-
jambe, et à peine l'autre avait-il de quoi mouiller son
talon. Ils firent tout ce qu'ils purent en allant et en revenant dessus et dessous ce petit globe, pour tâcher
d'apercevoir s'il était habité ou non. Ils se baissèrent,
ils se couchèrent, ils tâtèrent partout, mais ni leurs yeux,
ni leurs mains n'étaient proportionnés pour voir les petits
êtres qui rampent ici.

Le nain, qui jugeait quelquefois trop vite, décida
qu'il n'y avait personne sur la Terre; Micromégas lui fit
sentir poliment que c'était raisonner assez mal : « Car,
disait-il, vous ne voyez pas avec vos petits yeux certaines
étoiles de la cinquantième grandeur que j'aperçois très-
distinctement; concluez-vous de là que ces étoiles n'existent pas? — Mais, dit le nain, j'ai bien tâté. — Mais,
répondit l'autre, vous avez mal senti. — Mais, dit le
nain, ce globe est si mal construit, cela est si irrégulier
et d'une forme qui me paraît si ridicule! tout semble dans

le chaos; voyez-vous ces petits ruisseaux dont aucun ne va de droit fil, ces étangs qui ne sont ni carrés, ni ronds, ni ovales, ni sous aucune forme régulière; tous ces petits grains pointus dont le sol est hérissé et qui m'ont déchiré les pieds (il voulait parler des montagnes). En vérité, ce qui fait que je pense qu'il n'y reste personne, c'est que des personnes de bon sens ne sauraient y demeurer. — Eh bien, dit Micromégas, ce ne sont pas des personnes de bon sens qui y habitent, mais c'est peut-être par la raison que tout est aligné, tiré au cordeau dans Jupiter, dans Saturne, que tout ici est dans la confusion. Ne vous ai-je pas dit que dans tous mes voyages j'avais remarqué de la variété. » Le Saturnien répliqua à toutes ces raisons. La dispute n'eût jamais fini si, par bonheur, Micromégas, en s'échauffant, n'eût cassé le fil de son collier de diamants. Le nain en ramassa quelques-uns, et il s'aperçut, en les approchant de ses yeux, que ces diamants, de la façon dont ils étaient taillés, étaient d'excellents microscopes; il prit donc un de ces petits microscopes de cent soixante pieds de diamètre qu'il appliqua à sa prunelle, et Micromégas en choisit un de deux mille cinq cents pieds. Ils étaient excellents; mais d'abord on ne vit rien par leur secours, il fallut s'ajuster. Enfin l'habitant de Saturne vit quelque chose d'imperceptible qui remuait entre deux eaux dans la mer Baltique : c'était une baleine. Il la prit avec le petit doigt fort adroitement, et la mettant sur l'ongle de son pouce, il la fit voir au Sirien, qui se prit à rire une seconde fois de l'excès de petitesse dont étaient les habitants de notre globe. Le Saturnien, convaincu que notre globe est habité, s'imagina bien vite qu'il ne l'était que par des baleines; et comme il était grand raisonneur, il voulut deviner d'où un si petit atome pouvait tirer son origine.

Micromégas y fut fort embarrassé; il examina l'animal fort patiemment, et le résultat de l'examen fut de voir qu'il n'y avait pas moyen de croire qu'une âme fût logée là. Les deux voyageurs inclinaient donc à penser qu'il n'y avait point d'esprit dans notre habitation, lorsqu'à l'aide du microscope ils aperçurent quelque chose d'aussi gros qu'une baleine qui flottait sur la mer Baltique. On sait que dans ce temps-là même une volée de philosophes revenait du cercle polaire, sous lequel ils avaient été faire des observations dont personne ne s'était avisé jusqu'alors. Les gazettes dirent que leur vaisseau échoua au golfe de Bothnie et qu'ils eurent bien de la peine à se sauver; mais on ne connaît jamais le dessous des cartes.

Micromégas étendit la main tout doucement vers l'endroit où l'objet paraissait, et avançant deux doigts et les retirant par la crainte de se tromper, puis les ouvrant et les fermant, il saisit fort adroitement le vaisseau qui contenait ces messieurs et le mit encore sur son ongle sans trop le presser, de peur de l'écraser. « Voici un animal bien différent du premier, » dit le nain de Saturne; le Sirien mit le prétendu animal dans le creux de sa main. Les passagers et les gens de l'équipage, qui s'étaient crus enlevés par un ouragan et qui se croyaient sur une espèce de rocher, se mettent tous en mouvement; les matelots prennent des tonneaux de vin, les jettent sur la main de Micromégas et se précipitent après. Les géomètres prennent leurs sextants, et descendent sur les doigts du Sirien. Ils en firent tant qu'il sentit quelque chose qui lui chatouillait les doigts : c'était un bâton ferré qu'on lui enfonçait d'un pied dans l'index; il jugea par ce picotement qu'il était sorti quelque chose du petit animal qu'il tenait; mais il n'en soupçonna pas d'abord davantage. Le microscope, qui faisait à peine discerner un vaisseau d'une baleine, n'avait pas prise sur des êtres aussi imperceptibles que des hommes. Je ne prétends choquer ici la vanité de personne, mais je suis obligé de prier les importants de faire ici une petite remarque avec moi : c'est qu'en prenant la taille des hommes d'environ cinq pieds, nous ne faisons pas sur la Terre une plus grande figure qu'en ferait sur une boule de dix pieds de tour un animal qui aurait à peu près la six cent millième partie d'un pouce en hauteur. Figurez-vous une substance qui pourrait tenir la Terre dans sa main et qui aurait des organes en proportion des nôtres ; or, concevez, je vous prie, ce qu'elle penserait de ces batailles qui font gagner au vainqueur un village pour le perdre ensuite.

Après avoir bien examiné, Micromégas parvint avec beaucoup d'adresse à apercevoir les hommes, et même il vit qu'ils parlent, ce dont il fut très-étonné. Alors, pour pouvoir entendre leurs discours, il se fit une espèce de porte-voix avec son ongle, puis mettant dans sa bouche de petits cure-dents fort effilés dont le petit bout venait donner auprès du vaisseau, il lia conversation avec eux.

L'équipage fut d'abord étonné de ce qu'ils voyaient et de ce qu'ils entendaient, mais Micromégas le fut bien plus encore, lorsqu'il vit que les géomètres lui disaient sa hauteur avec leurs alidades et qu'ils connaissaient les hauteurs et les mouvements des astres. « Puisque vous savez si bien ce qui est hors de vous, leur dit-il, sans doute vous savez mieux encore ce qui est en dedans. Dites-moi ce que c'est que votre âme et comment vous formez vos idées. » Les philosophes parlèrent tous à la fois comme auparavant ; mais ils furent tous de différents avis. Le plus vieux citait Aristote, l'autre prononçait le nom de Descartes, celui-ci de Malebranche, cet autre de

Leibniz, cet autre de Locke. Un vieux péripatéticien dit tout haut avec confiance : « L'âme est une entéléchie et une raison, par qui elle a la puissance d'être ce qu'elle est. C'est ce que déclare expressément Aristote, page 633 de l'édition du Louvre. » Il cita le passage : « Je n'entends pas trop bien le grec, dit le géant. — Ni moi non plus, dit la mite philosophique. — Pourquoi donc, reprit le Sirien, citez-vous un certain Aristote en grec? — C'est, répliqua le savant, qu'il faut bien citer ce qu'on ne comprend point du tout dans la langue qu'on entend le moins. »

Le cartésien prit la parole et dit : « L'âme est un esprit pur qui a reçu dans le ventre de sa mère toutes les idées métaphysiques, et qui, en sortant de là, est obligé d'aller à l'école et d'apprendre tout de nouveau ce qu'elle a si bien su et qu'elle ne saura plus. — Ce n'était donc pas la peine, répondit l'animal de huit lieues, que ton âme fût si savante dans le ventre de ta mère, pour être si ignorante quand tu aurais de la barbe au menton. »

Alors Micromégas, adressant la parole à un autre sage qu'il tenait sur son pouce, lui demanda ce que c'était que son âme et ce qu'elle faisait. « Rien du tout, dit le philosophe malebranchiste ; c'est Dieu qui fait tout pour moi, je vois tout en lui, je fais tout en lui ; c'est lui qui fait tout sans que je m'en mêle. — Autant vaudrait ne pas être, reprit le sage de Sirius. — Et toi, mon ami, dit-il à un leibnizien qui était là, qu'est-ce que ton âme? — C'est, répondit-il, une aiguille qui montre les heures pendant que mon corps carillonne ; ou bien, si vous voulez, c'est elle qui carillonne pendant que mon corps montre les heures ; ou bien, mon âme est le miroir de l'univers et mon corps est la bordure du miroir : tout cela est clair. »

Un petit partisan de Locke était là tout auprès, et quand on lui eut adressé la parole : « Je ne sais pas, dit-il, comment je pense ; mais je sais que je n'ai jamais pensé qu'à l'occasion de mes sens ; qu'il y ait des substances immatérielles et intelligentes, c'est de quoi je ne me doute pas ; mais qu'il soit impossible à Dieu de communiquer la pensée à la matière, c'est de quoi je doute fort. Je révère la puissance éternelle ; il ne m'appartient pas de la borner : je n'affirme rien ; je me contente de croire qu'il y a plus de choses possibles qu'on ne le pense. »

L'animal de Sirius sourit ; il ne trouva pas celui-là le moins sage, et le nain de Saturne aurait embrassé le sectateur de Locke sans l'extrême disproportion. Mais il y avait là, par malheur, un petit animalcule en bonnet carré qui coupa la parole à tous les autres animalcules philosophes ; il dit qu'il savait tout le secret, que tout cela se trouvait dans la *Somme de saint Thomas* ; il regarda de haut en bas les deux habitants célestes ; il leur soutint que leurs personnes, leurs Mondes, leurs Soleils, leurs étoiles, tout était fait uniquement pour l'homme. A ce discours, nos deux voyageurs se laissèrent aller l'un sur l'autre, en étouffant de ce rire inextinguible qui, selon Homère, est le partage des dieux ; leurs épaules et leur ventre allaient et venaient, et dans ces convulsions, le vaisseau que le Sirien avait sur son ongle tomba dans une poche de la culotte du Saturnien. Ces deux bonnes gens le cherchèrent longtemps ; enfin ils retrouvèrent l'équipage et le rajustèrent fort proprement. Le Sirien reprit les petites mites ; il leur parla encore avec beaucoup de bonté, quoiqu'il fût un peu fâché dans le fond du cœur de voir que les infiniment petits eussent un orgueil infiniment grand.

CHAPITRE XI

I.es Mondes imaginaires se suivent, nombreux ; les Mondes réels restent rares. — Swedenborg : *Des Terres habitées.* — *Voyages de milord Céton dans les sept planètes.* — Opinions de Lambert & de Kant. — Derham : *Habitants des comètes.* — Excursions céleftes. — Fielding. — Quelques arrêts théologiques. — *Nouvelles de la Lune,* par Mercier. — Les Hommes volants & Rétif de la Bretonne. — Bode : *Habitants des planètes & des étoiles.*

(1750-1800)

SwEDENBORG. *Arcana cœlestia. Des Terres dans notre Monde solaire, qui sont appelées planètes, et des Terres dans le ciel astral ; de leurs habitants, de leurs esprits et de leurs anges, d'après ce qui a été entendu et vu par Emmanuel Swedenborg. 1758.*

Le mysticisme n'est pas aussi éloigné des sciences positives que des esprits superficiels l'enseignent, et la contemplation mathématique des lois et des phénomènes est une voie qui peut y mener directement. A défaut d'autres exemples, l'étude de la marche suivie par Swedenborg dans ses travaux, depuis ses recherches miné-

ralogiques jusqu'à ses arcanes célestes, en passant par
la « philosophie de la nature », donne un tracé facile de
la pente sur laquelle se laisse glisser l'esprit chercheur.

L'illuminé de Stockholm paraît être un homme de bonne
foi. Certains faits merveilleux et authentiques, comme celui
de voir, de Gothembourg, à 50 lieues de distance, l'incen-
die du quartier de Südermalm à Stockholm, et quelques autres non moins suprenants, placent Swedenborg au rang
de ces êtres inexpliqués que l'on a nommés *visionnaires*,
qualification qui soulevait la moquerie au siècle dernier,
et qui de nos jours appelle la discussion. Nous ne
voulons faire ici ni l'apologie, ni la censure de ce
théosophe ; que ses visions soient purement subjectives,
c'est ce que le critique impartial est autorisé à croire,
quoique en certaines circontances, comme dans le cas cité
plus haut, elles révèlent une valeur plus haute. Au point
de vue qui nous intéresse pour notre tableau, les
voyages du rêveur dans les planètes, voyages qui, selon
lui, duraient quelquefois plusieurs jours, et même plusieurs
semaines ; ses discours avec les esprits des habitants des
sphères célestes, doivent être présentés par eux-mêmes,
dans leur nature individuelle, abstraction faite de leur
origine. On les appréciera ainsi d'une manière indépendante. Peut-être nous suggéreront-ils quelques réflexions
qui montreront comment Swedenborg ne s'est pas élevé
au delà de la sphère terrestre, et comment ses visions
les plus hardies ne sont encore que des idées d'ici-bas,
plus ou moins brillamment réfléchies dans le miroir infi-
dèle que son cerveau tenait constamment tendu devant les
images intérieures.

Soyons, ici comme précédemment, sobre de commentaires, car nos mines littéraires sont riches, et mieux
vaut mettre à jour la valeur cherchée que d'ouvrir cha-

que séance par la théorie. Écoutons l'illuminé suédois nous expliquant d'abord comment il fut mis en relation avec les habitants des autres Mondes. — Remarque essentielle : il ne faut pas avoir l'esprit distrait pour suivre sa pensée.

« Comme, d'après la divine miséricorde du Seigneur, les intérieurs qui appartiennent à mon esprit m'ont été ouverts ; — et par ce moyen, il m'a été donné de parler non-seulement avec les Esprits et les Anges qui sont près de notre Terre, mais aussi avec ceux qui sont auprès des autres ; — ayant eu par conséquent le désir de savoir s'il y a d'autres Terres, quelles sont ces Terres, et quels en sont les habitants, il m'a été donné par le Seigneur de parler et de converser avec les Esprits qui proviennent des autres Terres, avec les uns pendant un jour, avec d'autres pendant une semaine, et avec d'autres pendant des mois (1), et d'être instruit relativement aux Terres qu'ils avaient habitées, et à la vie, aux mœurs et au culte des habitants, et à diverses choses dignes d'être rapportées. Et puisqu'il m'a été donné de savoir de cette ma-

---

(1) Le *Diarium* ou *Journal* de Swedenborg indique même à quelle époque ces entretiens ont eu lieu. Toutes les dates sont comprises entre le 23 janvier et le 11 novembre 1748 ; c'est en septembre qu'ils ont été le plus fréquents. Voici ces dates pour chaque Terre :

Mercure, 16 et 18 mars ; 21, 22 et 23 septembre ; 11 novembre 1748.
Jupiter, 23, 24, 25, 26, 27 et 28 janvier ; 1, 2, 9, 10, 11, 19 et 20 février ; 1, 2, 20, 23 et 25 mars ; 3, 4, 5 et 23 septembre ; 6 octobre.
Mars, 19 mars ; 22, 23, 25 et 26 septembre ; 6 novembre.
Saturne, 18 et 20 mars ; 25 septembre.
Vénus, 16 mars ; 26 septembre.
Lune, 22 septembre.
Terres dans le ciel astral, 23 et 24 janvier, 1, 3, 16, 18, 20, 23, 25, 27 et 29 mars ; 3 avril ; 3, 5, 15, 21, 22, 23, 24, 25 et 30 septembre ; 2 et 6 octobre ; 7 novembre.

nière ces détails, il m'est permis de les décrire d'après ce que j'ai entendu et vu (1). »

Sous cette forme mystique, il y a quelque valeur plus solide. Ainsi la considération logique de la pluralité des Mondes est rationellement développée : « Je me suis entretenu avec les Esprits sur ce qu'il peut être cru par l'homme qu'il y a dans l'univers bien plus qu'une seule Terre, en ce que le ciel astral est immense et renferme des étoiles innombrables dont chacune, dans son lieu ou dans son Monde, est un Soleil comme notre Soleil, mais de grandeur différente : quiconque réfléchit avec attention conclut que toute cette immensité ne peut être qu'un moyen pour une fin qui est la dernière de la création, laquelle fin est un royaume céleste dans lequel le Divin puisse habiter avec des anges et des hommes ; car l'univers visible, ou le ciel, éclairé par tant d'étoiles innombrables, qui sont autant de Soleils, est seulement un moyen pour qu'il existe des Terres, et sur elles des hommes, avec lesquels est formé le royaume céleste. — Lors même que la raison dicte Swedenborg, elle enveloppe toujours sa parole d'une forme étrangère.

La conception la plus singulière à relever dans ces théories, c'est celle de l'Univers-Homme. Jamais la propension anthropomorphique n'a été plus féconde. Cette idée des correspondances est des plus bizarres. Citons les propres expressions du Voyant : Que tout le Ciel représente un seul homme, qui, pour cela, a été nommé le Très-Grand Homme, et que chez l'homme toutes les

---

(1) « D'après ce que j'ai entendu et vu. » C'est qu'en effet Swedenborg ne prétend pas seulement avoir connu le genre d'habitation des Mondes par des entretiens avec les Esprits de ces Mondes, mais encore y avoir été transporté lui-même en esprit, et, tandis que son corps reposait à Stockholm, avoir voyagé dans les sphères.

choses en général, et chacune en particulier, tant les extérieures que les intérieures, correspondent à cet Homme ou au Ciel, ; c'est un arcane non encore connu dans le monde ; mais que cela soit ainsi, c'est ce qui a été démontré dans plusieurs endroits. Mais, pour constituer ce Très-Grand Homme, ceux qui viennent de notre Terre dans le Ciel ne suffisent pas ; ils sont respectivement en trop petit nombre, il faut qu'il en vienne de plusieurs autres Terres ; et il est pourvu par le Seigneur à ce que, dès qu'il manque quelque part une qualité ou une quantité pour la correspondance il soit aussitôt tiré d'une autre Terre des personnes qui remplissent (ce vide), afin que le rapport soit constant, et qu'ainsi le Ciel se soutienne. »

Dans cet Univers-Homme, la planète Mercure et ses habitants représentent la mémoire des choses immatérielles, et Vénus la mémoire des choses matérielles. Swedenborg est assuré de ces correspondances, il les a observées lui-même : quelques passages de sa narration donneront une idée de la simplicité de son récit.

« Des Esprits de Mercure étant chez moi lorsque j'écrivais et expliquais la parole quant à son sens interne, et percevant ce que j'écrivais, disaient que les choses que j'écrivais étaient tout à fait grossières, et que presque toutes les expressions se présentaient comme matérielles... Plus tard, il me fut envoyé par les Esprits de Mercure un papier long, inégal, formé d'un assemblage de plusieurs papiers, et qui paraissait comme imprimé en caractères tels que ceux de notre Terre ; je leur demandai s'ils avaient de telles choses chez eux : ils répondirent qu'ils n'en avaient point, et je perçus qu'ils pensaient que, sur notre Terre, les connaissances étaient sur les papiers, et non par conséquent dans l'homme ; se moquant ainsi de ce que les papiers, pour ainsi dire, savaient ce que l'homme ne savait point.

« Tous les Esprits, en quelque nombre qu'ils soient, ont été des hommes. Ils restent, quant aux affections et aux inclinations, absolument tels qu'ils ont été quand ils ont vécu hommes dans le Monde. Puisqu'il en est ainsi, le génie des hommes de chaque Terre peut être connu par le génie des Esprits qui en proviennent. »

Mais, pour connaître leur forme corporelle, le visionnaire s'adresse directement aux habitants. « Je désirais savoir de quelle face et de quel corps sont les hommes de Mercure, et s'ils sont semblables aux hommes de notre Terre ; alors s'offrit à mes yeux une femme tout à fait semblable à celles qui sont sur la Terre ; son visage était beau, mais un peu plus petit que celui des femmes de notre Terre ; elle était aussi plus mince de corps, mais d'une égale grandeur : sa tête était enveloppée d'une étoffe posée sans art... Il s'offrit de même un homme, qui de corps était aussi plus mince que ne le sont les hommes de notre Terre : il était vêtu d'un habit bleu foncé, s'adaptant juste au corps, sans plis ni saillies d'aucun côté... Ensuite se présentèrent des espèces de leurs bœufs et de leurs vaches, qui, il est vrai, différaient un peu des espèces de notre Terre, mais qui étaient plus petites, et approchaient en quelque sorte d'une espèce de biche et de cerf. »

On voit que l'illuminé est bien loin de s'affranchir de la Terre. De Mercure il passe à Jupiter (nous ne savons dans quel ordre), et voici ce qu'il en connut :

Sur Jupiter les hommes sont distingués en nations, familles et maisons, et tous habitent séparément avec les leurs ; leurs fréquentations sont surtout entre parents et alliés ; jamais personne ne désire le bien d'un autre. Quand je voulais leur dire que sur notre Terre il y a des guerres, des pillages et des assassinats, ils se détournaient et refusaient d'écouter. Il m'a été dit par les Anges que les Très-Anciens sur notre Terre habitaient de la même manière, c'est-à-dire distingués en nations, familles et maisons ; que ces hommes étaient innocents et agréables au Seigneur... Par une fréquentation de langue élevée avec les Esprits de Jupiter, je demeurai convaincu qu'ils étaient plus probes que les Esprits de plusieurs autres Terres ; leur abord, quand ils venaient, leur présence et leur influx étaient si doux et si suaves, qu'il est impossible de l'exprimer.

J'ai pu voir quelle était la vie des habitants de Jupiter : ils ont un état de félicité intérieure ; je l'ai remarqué en ce que j'ai aperçu que leurs intérieurs n'étaient point fermés du côté du ciel. Il m'a aussi été montré quelle est la face des habitants de cette Terre. Ils croient qu'après la mort leurs faces deviendront plus grandes, plus rondes et plus lumineuses. Ils se lavent avec soin et se garantissent avec précaution de l'ardeur du Soleil : un voile d'écorce de couleur d'azur enveloppe leur tête et cache leur visage. C'est par la face qu'ils parlent, quoiqu'ils aient un langage de mots : un langage aide l'autre. J'ai été informé par les Anges que le premier langage de tous sur chaque Terre a été le langage par la face, et cela au moyen des lèvres et des yeux, qui en sont les deux origines : la face a été nommée l'image et l'indice du mental. Ce langage l'emporte sur celui des mots, c'est la pensée elle-même qui se révèle dans sa forme véritable ; il ne peut y avoir ni dissimulation ni hypocrisie.

Ils ne vont pas le corps droit ni en se traînant à la manière des animaux ; mais ils s'aident des paumes des mains et s'élèvent alternativement à demi sur les pieds...

Suivent des détails tout à fait puérils sur la manière dont ils marchent, dont ils s'assoient, etc.

Leurs chevaux sont semblables aux nôtres, mais beaucoup plus grands ; ils sont sauvages et vivent dans les forêts. Dans le sens spirituel, le cheval signifie l'intellectuel d'après les scientifiques.

Dans le Très-Grand Homme (l'Univers), les habitants de Jupiter représentent l'*Imaginatif de la Pensée.* — Ils reconnaissent comme nous Jésus-Christ pour le Seigneur Dieu.

Un jour Swedenborg rencontra des esprits de Jupiter « ramoneurs de cheminées », avec la figure couverte de suie ; ils appartenaient au cercle d'intelligences qui, dans le Très-Grand-Homme, constituent « la province des Vésicules séminales » ! Un autre jour il conversa avec quelques-uns qui s'imaginaient éternellement « fendre du bois ». Mars est dans la poitrine du Mégacosme. Lorsque le médium voulut converser avec ses habitants, il lui fallut passer par la singulière opération que voici : « Les Esprits s'appliquèrent à ma tempe gauche, et là ils me soufflaient leur langage, mais je ne le comprenais point ; il était doux quant au flux ; je n'en avais pas perçu de plus doux auparavant ; c'était comme l'aure la plus douce : il soufflait d'abord vers la tempe gauche et vers l'oreille gauche, par en haut ; et le souffle s'avançait de là vers l'œil gauche, et peu à peu vers le droit, et découlait ensuite, sortant de l'œil gauche vers les lèvres ; et, arrivé aux lèvres, il entrait dans le cerveau par la bouche, et par un chemin au dedans de la bouche... Je crois même ajoute le conteur, que c'était par la trompe d'Eustache... Quand le souffle fut parvenu dans le cerveau, je compris leur langage, et il me fut donné de converser avec eux : j'observais que lorsqu'ils me parlaient, les lèvres chez moi étaient en mouvement, à cause de la correspondance du langage intérieur avec le langage extérieur. » Le langage des habitants de Mars n'est pas sonore, mais s'insinue par un influx psychique... Ils nous sont supérieurs par l'esprit, mais les descriptions que donne le voyageur extatique sur leur corps, leurs sociétés, leur habitudes, restent toujours éminemment terrestres.

L'une des assertions les plus originales de l'extatique de Stockolm est ce passage à propos des habitants de la Lune, qui parlent d'autant plus fort qu'ils sont plus insignifiants. « Leur voix, poussée de l'abdomen comme une éructation, produit un bruit semblable à celui du tonnerre. Je perçus que cela venait de ce que les habitants de la Lune parlent, non pas du poumon, comme les habitants des autres Terres, mais de l'abdomen, au moyen d'un certain air qui s'y trouve resserré ; et cela parce que la Lune n'est pas entourée d'une atmosphère de même nature que celle des autres Terres. J'ai été instruit que les Esprits de la Lune représentent dans le Très-Grand Homme le cartilage scutiforme ou xiphoïde auquel par devant sont attachées les côtes, et d'où descend la bandelette blanche qui est le soutien des muscles de l'abdomen. »

Swedenborg affectionne particulièrement son idée des correspondances ; dans la plupart des Mondes qu'il visite, « l'interne » de chacun est visible sur l'externe. Il en résulte, pour certains usages de la vie, des appréciations qui ne laissent pas d'être fort curieuses. Ainsi il arrive un jour au voyageur d'assister à la cérémonie des fiançailles sur une Terre bien éloignée d'ici, car elle n'appartient point à notre système planétaire, mais à un autre tourbillon solaire dont on ne peut franchir la distance et les frontières qu'avec la permission des esprits-sentinelles.

C'est la cinquième Terre qu'il visita dans le ciel astral (ne pas lire austral). Voici la cérémonie :

« La fille qui approche de son âge nubile est retenue à la maison et ne peut en sortir jusqu'au jour où elle doit être mariée ; elle est alors conduite à une certaine maison nuptiale, où sont aussi amenées plusieurs autres jeunes filles qui sont nubiles ; et là elles sont placées derrière une cloison qui s'élève jusqu'à la moitié de leur corps, de sorte qu'elles ne se montrent nues que quant à la poitrine et à la face : alors les jeunes gens s'y présentent pour se choisir une épouse ; et quand un jeune homme en voit une qui a de la conformité avec lui, et vers laquelle l'entraîne son mental, il la prend par la main ; si elle le suit, il la conduit dans une maison préparée d'avance, et elle devient son épouse : en effet, ils voient d'après les faces si les mentals sont d'accord, car la face de chacun est le miroir du mental. » Ajoutons que, si les jeunes chercheurs d'épouses ne trouvent pas celle qui leur plaît dans l'une de ces expositions, ils visitent les autres, car il y en a un grand nombre dans la même ville ! Cette coutume est au moins singulière, mais Swedenborg ne songe pas qu'il l'a rendue inutile, aussi bien que le détail de la cloison qui cache la moitié du corps, en disant deux pages auparavant « que les hommes et les femmes de cette Terre vont tous entièrement nus ». — Dans cette Terre lointaine, « les maisons sont construites en bois, avec un toit plat, autour duquel règne un rebord en pente ; le mari et l'épouse habitent le devant, les enfants la partie attenante, les domestiques le derrière. Ils se nourrissent de fruits et de légumes, boivent du lait avec de l'eau : ce lait leur vient de vaches qui ont de la laine comme les brebis ».

Étudier dix pages des Arcanes célestes swedenborgien-

32

nes ou en lire dix volumes laisse dans l'esprit la même
impression. A part les fils de la Nouvelle-Jérusalem, Swedenborg reste incompréhensible. Sage au commencement
d'un discours, fou à la fin ; prudent ici, téméraire là ;
logique et inconséquent à tour de rôle ; il resta éternellement absorbé dans une sorte de faculté médianimique
qu'il n'eut pas la puissance de diriger vers les véritables
lumières, qui seules doivent séduire les grandes intelligences.

S'il s'agissait pour nous de faire comparaître ici tous
ceux pour lesquels l'idée de l'habitation des Mondes fut
le point de départ de théories philosophiques, aux œuvres de Swedenborg nous devrions ajouter celles de
Saint-Martin, Delormel, Charles Bonnet, Dupont de Ne-
mours, Ballanche, Herder, Lessing, Schlegel, Savy, etc.
Mais notre champ est si large que nous nous sommes
astreints à ne point sortir de ses propres limites. Voyons
maintenant d'autres tableaux de notre galerie planétaire.

Voyages de milord Céton dans les sept planètes, par
Marie-Anne DE ROUMIER. La Haye, 7 vol., 1765.

Il paraît que le manuscrit de ce voyage fut apporté à
l'auteur par un esprit du feu, ou salamandre, sorti des
flammes de son foyer, au milieu d'un pétillement d'étin-
celles. — Ce qui commence par rappeler un peu *le
Diable boiteux* de Lesage.

Milord Céton, jeune rejeton d'une bonne famille an-
glaise du temps de Cromwell, voyage en compagnie d'une
sœur chérie, jeune fille qui bientôt va compter seize
printemps. Monime, c'est son nom, n'a pas moins de
qualités intérieures que de qualités extérieures ; pendant

les troubles du royaume elle est reçue avec son frère dans un ancien château retiré, habité présentement par les esprits de leurs ancêtres. Le premier de ceux-ci les confie à la protection d'un génie nommé Zachiel, savant esprit dont les jours se sont écoulés parmi les sphères célestes, dans l'étude des mystères de la création. Il ins-truit ses jeunes et ardents protégés dans la science du Monde; puis, après de longs entretiens empruntés à nos auteurs précédents :

« Comme vous êtes suffisamment instruits, leur dit-il, pour connaître et distinguer les merveilles que je me prépare à vous développer, et que je veux vous favoriser de tout mon pouvoir, c'est dans une partie de ces Mondes que je vais vous conduire; nous commencerons par les planètes, et, si vous voulez, par celle de la Lune, qui est la plus proche de la Terre. — Ah! mon cher Zachiel, dit Monime, vous me comblez de joie; partons, je vous en conjure, dans l'instant. Tenez, il me semble que j'en-tends déjà le bruit des Mondes célestes, et que je vois les actifs et laborieux habitants des planètes et ceux de ces brillantes étoiles appliqués à leurs fonctions ordi-naires. Dans cet instant, mon âme ravie se sent prête à rompre sa prison pour jouir d'avance des précieux avan-tages que vous nous proposez. »

Ainsi tressaillent d'avance nos deux jeunes philosophes. Pour accomplir le voyage avec plus de facilité, le génie les transforme en mouches, avec l'intention de les revêtir sur chaque planète du corps des habitants. Et ils se met-tent en route pour la *Lune*, montés sur les ailes de Zachiel.

La contemplation de l'univers étoilé les remplit d'ex-tase; ils traversent l'espace dans un vol d'une rapidité délicieuse, sont comme anéantis par cette rapidité dans les hauteurs de l'air; mais, à peine arrivés sur la Lune, ils sont ranimés l'un et l'autre d'un souffle divin, qui fit sur eux la même impression que la rosée du ciel lorsqu'elle humecte une fleur fraîchement éclose. Ils descendent alors dans le pays. Les chemins leur paraissent fort agréables par la variété, la beauté et la fertilité des campagnes; ils admirent la richesse des terrains, couverts des précieux dons de Cérès et de Pomone. Les vignes préparaient aux vignerons une abondante récolte; des maisons de plaisance diversifiaient le paysage, mais ces maisons semblaient n'être que de jolis petits châteaux de cartes : elles étaient sans profondeur, tout était portes ou croisées; — car, et voici où nos voyageurs en viennent, tout est superficiel dans la Lune, tout est extravagant et ridicule.

Rien de vrai, tout apparence. Ce ridicule des Lunaires se montre partout; il est répandu dans leur façon de penser, dans leurs ouvrages, dans leurs goûts, dans leurs modes; ils ont un langage affecté, un ton arrogant, des manières libres et peu sérieuses ; ils s'embrassent à tous moments, se tutoyent, jurent, s'emportent; l'orgueil est leur vice ordinaire; la nécessité de jouir du présent est leur maxime. On peut les comparer à des décorations de théâtre, qui perdent toujours à être examinées de trop près, parce que leur esprit n'a aucune consistance; toutes leurs passions sont vives, impétueuses et passagères; la vanité les exerce, l'inconstance les varie, et jamais la modération ne les soumet, etc... La satire des mœurs du temps est transparente.

Parmi les nouveautés du séjour à la Lune, on peut remarquer le pays des hommes sans tête. Rien ne saurait exprimer la surprise des visiteurs lorsqu'ils virent ces êtres sans yeux, ni nez, ni oreilles, et qui des cinq sens ne connaissent que le toucher. Cependant ils ont une bouche au milieu de la poitrine, qui est si prodigieusement large qu'on la prendrait pour un four : leurs bras sont très-longs ; leurs mains grandes et toujours prêtes à recevoir, leurs pieds semblables à ceux des ânes, et ils ne s'en servent que pour faire des sauts en arrière. (L'allégorie ne manque pas d'un certain caractère.)

Nos voyageurs quittèrent la Lune, et pour aborder au « second ciel », à Mercure, ils s'embarquèrent dans une comète, où ils furent témoins de la perfidie et de la funeste exaltation des fanatiques. Mercure est le séjour de l'opulence, du luxe, du faste et des magnificences ; de somptueux édifices ornent toutes les villes ; de beaux châteaux, des parcs admirables embellissent leurs campagnes. Dans toute cette planète, l'argent est le seul dieu, le seul ami, le seul mérite qu'on révère : ce métal ennoblit ; il donne de la naissance et de l'esprit aux personnes les plus stupides. Il fait encore parvenir aux plus hautes dignités, quoiqu'on n'ait nulle sorte de talents pour les remplir : c'est ce qui fait qu'on n'est occupé dans ce moment que des moyens par lesquels on peut acquérir de grands biens. Pour y parvenir tous les moyens sont bons. L'un des premiers titres de noblesse, c'est d'avoir des dettes. — Les dettes de jeu sont notamment des dettes *d'honneur*.

L'injustice règne dans ce Monde, le riche dilapide le pauvre sans que celui-ci puisse en appeler à la justice, attendu que la justice est rendue par le premier, et que les frais de procès ruinent d'ailleurs le gagnant aussi bien que le perdant. Le commerce domine en maître, sur terre et sur mer. Ils ne reconnaissent d'autre divinité que la Fortune. Autour du temple de la Fortune, dans la capitale des Cilléniens, nos voyageurs remarquèrent plusieurs vastes bâtiments ; c'étaient des écoles où l'on enseignait toutes les ruses. Dans celle-ci, les marchands se fortifient dans l'art de tromper et de s'enrichir à la faveur des banqueroutes ; dans cette autre, on apprend à séduire et à tromper ses meilleurs amis à la faveur de fausses promesses ; ailleurs, les joueurs s'y perfectionnent dans la rapine.

Dans le temple, des personnes se prosternent aux pieds de la Fortune. Les unes la supplient de les débarrasser d'un père que la mort a oublié, ou d'un oncle éternel qui fait languir une succession considérable ; d'autres l'invoquent pour être favorisés au jeu, pour la perte de leurs voisins, etc. L'astrologie et la magie sont les sciences principales cultivées dans ce Monde, et là comme ailleurs, c'est la cupidité qui est la passion dominante. — On voit par ce coup d'œil général l'idée fondamentale qui préside dans le voyage de notre romancier aux sept Mondes de notre groupe planétaire.

Si Mercure est un Monde gouverné par l'intérêt cupide, la troisième planète, *Vénus*, offre un heureux contraste. Là règne en effet le gentil dieu d'amour.

Nos voyageurs y descendirent dans une plaine émaillée des plus précieux dons de Flore. D'un côté de ce lieu charmant coulait le fleuve des Délices et, de l'autre, celui de la Volupté, qui entretiennent par leurs douces chaleurs les plantes dont leurs rives sont embellies ; et le Soleil, joignant à l'éclat de ses rayons sa pourpre dorée, les fait lutter comme une mer de jaspe. Sur ces deux fleuves, on voit se promener le cygne majestueux, relevant comme un manteau royal ses ailes blanches. Dans le Monde de Vénus, toute la Nature ne respire que le plaisir, la joie et la volupté ; il semble que l'univers entier leur paye le tribut de son obéissance et soit forcé de

rendre hommage à la prééminence de leur empire. —
Il n'entre pas dans nos vues de faire l'exposition de ces
romans, mais la fleur est trop belle pour être élaguée.

Dans cet empire cupidonien, ce sont les femmes qui
gouvernent l'État. Et quelles femmes! Les beautés les
plus merveilleuses de l'antique mythologie ne nous en
donnent qu'une faible idée. Aussi, comme elles sont à
la tête des affaires, et que les plus importantes négo-
ciations ne se font que par elles, on devine facilement
quelle est la première des occupations des heureux
habitants de Vénus.

En entrant dans ce Monde, la respiration seule de
l'atmosphère suffit pour impressionner. La jeune Monime
sent son cœur palpiter dès le moment où elle y pose le
pied, quoiqu'elle n'existe, comme nous le savons, que
sous la forme d'une mouche. Afin qu'elle puisse ressentir
toutes les influences de cette planète, Zachiel la transforme en une habitante de Vénus, c'est-à-dire en une
nymphe; il lui donne la taille et la majesté de Diane, la
jeunesse de Flore, la beauté et les grâces de Vénus.
Pour Céton, il lui garde son corps de mouche, car au milieu de tant de séductions, il perdrait sûrement la pureté de son cœur; Monime, femme, est plus forte, et
nous allons voir comment elle garde sa vertu.

On la présente à la reine des Idaliens, dont le château
s'élevait au milieu du site le plus enchanteur. «Dans les
avenues, les arbres sont d'une telle hauteur, qu'en élevant les yeux jusqu'au faîte fleuri, on doute si c'est la
terre qui les porte, ou si eux-mêmes ne supportent point
la terre suspendue à leurs racines : on dirait que leur
front splendide est forcé de plier sous la pesanteur des
globes célestes; leur bras étendus vers le ciel semblent
l'embrasser et demander aux étoiles la pure bénignité

de leurs influences. On voit, de tous côtés dans cet endroit délicieux, des fleurs qui, sans avoir eu d'autre jardinier que la nature, répandent une suave odeur qui captive » (1). Plus loin, on croit entendre les ruisseaux, par leur doux murmure, raconter des gentillesses aux cailloux qui les environnent. Ici les oiseaux font retentir les airs de leurs chansons, et chaque feuille est la source d'une harmonie.

Un Idalien croit que sans les flammes de Cupidon tout languirait dans la Nature, que ce dieu est l'âme du Monde, l'harmonie de l'Univers; et le plus beau présent que l'homme ait reçu du ciel, c'est le doux penchant qui l'entraîne vers sa compagne. Une Idalienne partage ces tendres sentiments plus ardemment encore, de sorte que rien ne s'oppose au bonheur complet de ces êtres charmants.

Or il arriva que l'un des plus beaux Idaliens de la cour, le prince Pétulant, se sentit pris d'une passion tendre et violente à la fois pour Taymuras, nom idalien de Monime incarnée. La belle Taymuras, malgré sa vertu et son courage, ressentait fatalement les influences délicieusement perfides de la planète Vénus ; il lui fallait des efforts surhumains pour résister à son prince. Elle eut

(1) On rencontre à chaque instant, même dans les détails, des coïncidences frappantes entre auteurs fort différents. Mais ici il y a plus qu'une coïncidence. Dans son voyage à la Lune, Cyrano parle ainsi : « Les arbres étaient si hauts que je doutais si la terre les portait ou si eux-mêmes ne portaient point la terre pendue à leurs racines. Leur front, superbement élevé, semblait aussi plier sous la pesanteur des globes célestes; leurs bras, étendus vers le ciel, témoignaient, en l'embrassant, demander aux astres la bénignité pure de leurs influences, avant qu'elles aient rien perdu de leur innocence au lit des éléments. Là, de tous côtés, les fleurs, sans avoir d'autre jardinier que la nature, respirent une haleine si douce, quoique sauvage, qu'elle éveille et satisfait l'odorat, etc. »

cependant la force admirable de remettre pendant plusieurs mois l'heure tant désirée où ils devaient se rencontrer au temple d'amour.

Ce temple est divin, malgré le *torrent d'Inquiétudes* qui roule à l'entour, pour se précipiter ensuite dans la *mer des Délices*. On voit dans l'intérieur un vaisseau gouverné par un Amour; ce vaisseau représente le Cœur de l'homme; les voiles qui semblent l'agiter sont les Désirs, les vents qui les enflent sont les Espérances, les tempêtes sont la Jalousie. Il y a encore, non loin de là, un arbre unique, qui ne peut croître dans aucun autre endroit du monde, ne fleurit que la nuit et dans les lieux sombres, et provoque à la tendresse ceux qui le touchent. Autour du temple sont de délicieuses retraites, parfumées et silencieuses.

L'amour du prince Pétulant était enfin partagé par Taymuras, et celle-ci lui avait enfin accordé le lieu et l'heure, malgré les conseils que la mouche Céton s'efforçait de lui souffler à l'oreille et les piqûres de rage qu'elle lui avait faites pendant ses entretiens avec le prince. Le lieu du rendez-vous était somptueusement paré de fleurs printanières, et la retraite voluptueuse subjuguait les sens.... Mais voilà que soudain, du beau corps de Taymuras, le génie Zachiel retira l'âme de Monime. Indescriptible fut, comme bien on pense, le désappointement du prince Pétulant.

On voit que l'auteur féminin de ces voyages ne manquait pas d'une certaine habileté dans le mécanisme de ses romans. Telle est la planète de Vénus. Nos voyageurs trouvent un nouveau contraste en arrivant sur Mars, — planète aride et sablonneuse.

C'était à l'entrée de la nuit. Déjà le crépuscule avait revêtu la campagne de ses sombres livrées ; le silence

marchait à sa suite ; les animaux et les oiseaux s'étaient
réfugiés dans les lieux de leurs retraites ; Hespérus,
conducteur des bandes étoilées, brillait à leur tête ; le
firmament étincelait de vifs saphirs, la Lune (laquelle ?)
s'élevait et étendait sur l'obscurité son manteau d'argent.

Mars est un pays de batailles où les peuples et les
rois sont en perpétuelle guerre. La Guerre, telle est la
divinité qui préside à leurs destinées : honneurs, biens,
affections, existences, tout lui est sacrifié.

Zachiel conduisit d'abord nos deux jeunes philosophes,
malgré les frissonnements de Monime, au temple de la
Gloire. Cet édifice est situé sur le sommet d'un rocher,
le plus élevé et le plus escarpé qui fut jamais. Ce
temple gagne infiniment à être vu de loin, ses beautés
ne se développent que successivement ; plus elles
sont éloignées, plus elles brillent ; la proportion de leur
éclat est la même que celle de leur éloignement. A peine
furent-ils arrivés au pied du rocher, qu'ils ne virent plus
que des précipices affreux : ils n'osaient faire un seul pas.
Un autre point de vue, plus rebutant encore, leur ins-
pira de nouvelles répugnances : c'était un monceau de cadavres horiblement défigurés, qui couvraient le fond du
vallon.

Ces morts, c'étaient : Cromwell, le tyran de l'Angleterre ; Totila, roi des Goths, qui se rendit effroyable sous
Justinien Ier ; Attila, roi des Huns, Scythe de nation ;
Nicoclès, tyran de Sicyone ; Hérimas, persécuteur de
Memnon ; Cassius et Brutus, assassins de César ; etc.
Il y avait encore, dans le fond du précipice, la multitude
des Anglais qui se donnent la mort à eux-mêmes, faiblesse prise pour du courage par ceux qui confondent le
désespoir avec l'intrépidité, et la pusillanimité qui se

laissé abattre avec l'héroïsme qui nous rend supérieurs aux obstacles.

Voici venir des écrivains marchands de gloire. « Messieurs, leur dit un de ces poëtes, je vous présente des poëmes que j'ai composés pour les grands conquérants : qui pour les grands politiques, qui pour les génies vastes ; j'y ai laissé les noms en blanc, choisissez. » — Puis vinrent des offres de service pour les porter au temple. Ils acceptèrent un Pégase. La Renommée s'annonça aussitôt avec ses cent bouches et ses cent trompettes, son cheval ailé fut en même temps attelé à leur char, ils furent portés jusqu'aux nues, et se trouvèrent dans la grande place du temple.

Un tourbillon de fumée les investit ; survint ensuite un coup de vent qui sembla ranimer des volcans de souffre et de salpêtre ; puis une compagnie singulière les environna. Des visages balafrés, des yeux crevés, des crânes hachés, des oreilles coupées, des bras en écharpe, des jambes de bois, des corps couverts de plaies et d'emplâtres, des femmes aux seins arrachés : tels furent les objets qui se présentèrent à leurs yeux.

Portés sur les ailes du génie, nos voyageurs voguèrent vers l'astre du jour. Ils franchirent son atmosphère lumineuse, et le site où ils abordèrent était si merveilleux qu'ils le prirent pour les iles fortunées des Hespérides.

C'étaient des plaines émaillées de mille fleurs nouvelles, des bocages délicieux, des vallées fleuries dont l'herbe tendre et la verdure étalaient sur le pré un coloris charmant. Une multitude de plantes fraîchement écloses, développant leurs couleurs variées, paraissaient égayer le sein de la nature et le parfumer en même temps des

plus douces odeurs. Là on voit l'humble arbrisseau et
le buisson touffu s'embrasser l'un l'autre ; ici des
arbres majestueux s'élèvent pompeusement jusqu'au
ciel ; on voit ailleurs des fontaines dont les bords sont
garnis de bouquets et de plantes salutaires.

En avançant dans ce globe lumineux, ils découvrirent
un mont superbe, dont la cime sourcilleuse se perdait
dans les nues. Une magnifique futaie de cèdres, de pins
et de palmiers l'environnait, formant un splendide amphithéâtre. Au-dessus de ce bois enchanté, on voit le
palais d'Apollon. De tous côtés, tout resplendit dans une
lumière éclatante, sans que la vue rencontre aucun
obstacle ; les rayons solaires ne sont interrompus par la
rencontre d'aucun corps opaque ; l'air, plus pur qu'en
aucun Monde, semble rapprocher les objets les plus
éloignés, ce qui créa un nouveau sujet d'admiration.

On rencontre parfois des arbres dont les troncs sont
d'or, les rameaux d'argent et les feuilles d'émeraudes ; à
ces arbres sont suspendues, comme fruits, des fioles ren-
fermant l'esprit que n'ont pas les habitants des planètes.
Ces fioles sont généralement pleines.

Le Soleil est la demeure des grands hommes. C'est là
que les astronomes se rendent lorsqu'ils sont arrivés à pénétrer les mystères de l'univers ; c'est là que les philosophes reçoivent le prix de leurs travaux. Dans telle contrée,
ils rencontrèrent Thalès, Anaxagore, Pythagore, Hipparque, Ptolémée, Copernic, Galilée, Gassendi, Tycho-
Brahé, Kepler, Cassini, Descartes, Newton ; et ces
astronomes les instruisirent sur la nature des étoiles
variables, des étoiles périodiques et des nébuleuses : ils
étudièrent ensemble les astres de la Baleine, du Cygne,
d'Orion. Dans telle autre contrée, ils rencontrèrent Homère, Platon, Sophocle, Euripide, Aristote, Épicure,

Pline, Lucien, Virgile, Horace, Démosthène, Cicéron; ailleurs Sapho, Deshoulières, Pascal, Labruyère, Fénelon, Bossuet, Montesquieu, la Rochefoucault. Ils s'entretinrent ensemble des hautes questions de l'histoire et de la philosophie.

Les habitants du Soleil ont des corps diaphanes. Il est facile d'apercevoir leurs pensées à travers leur cerveau, et leurs passions aux mouvements de leur cœur. Aussi nul ne songe à cacher ses impressions. Dans ce peuple de savants et d'illustres penseurs, aucun intérêt matériel ne vient troubler la noblesse de leurs sentiments. La dissimulation, la basse flatterie, la politique y sont inconnues. Là, hommes et femmes ne connaissent qu'un but: la science!

Ils vivent jusqu'à neuf mille ans et ne meurent que de mort naturelle; leurs corps ne sont pas ruinés par la souffrance et la maladie. Le terme de leur vie n'est fixé, pour ainsi dire, qu'au moment où leur cerveau est trop riche; alors il se brise, et l'âme s'envole aux étoiles.

Apollon et les neuf Muses y habitent. Avant de quitter ce globe, nos voyageurs voulurent visiter la source des trois grands fleuves: la Mémoire, l'Imagination et le Jugement, — dont la description ressemble beaucoup trop à celle qu'en a donnée Cyrano de Bergerac.

Montant sur un groupe d'atomes crochus qui se tenaient enchaînés les uns aux autres, Zachiel et ses protégés se mirent en marche pour le globe de Jupiter. En un clin d'œil ils franchirent le vide immense; ils arrivèrent au moment où l'Aurore, éveillée par les Heures qui courent sans cesse, s'apprêtait à ouvrir les portes du jour. Alors ils commencèrent à découvrir le sommet chevelu des forêts et la cime grisâtre des montagnes.

Ils franchirent une vaste étendue de terre qui leur

parut d'abord tout à fait semblable à celle de Mercure, et ils crurent longtemps s'être trompés de chemin et être rentrés dans cette planète par une route différente. Dans les campagnes, la misère est la même, et les malheureux qui les habitent ont également l'air de gens à qui l'on envie jusqu'au chaume qui couvre leur cabane et l'air qu'ils respirent.

Quoique grasses et fertiles, les terres ne fournissent point d'utiles récoltes; elles ne sont préparées que pour le plaisir des yeux. Des arbres taillés, des parterres émaillés de fleurs, de splendides habitations, d'un côté; de l'autre, de pauvres villages et peu de terres cultivées. Le luxe tient les rênes de ce Monde. Il diffère de Mercure en ce que, dans celui-ci, c'est la finance qui règne, tandis que sur Jupiter c'est la noblesse.

La noblesse du nom : voilà tout. Un grand nom; le reste n'est rien, et l'on sacrifie tout à l'orgueil de le posséder. Sans cela on ne peut entrer nulle part, eût-on toutes les vertus et toute la science d'un esprit de premier ordre. Aussi nos voyageurs furent-ils contraints de modifier leurs noms si simples, pour pouvoir étudier le Monde de Jupiter. Céton se nomma milord de Crétonsins des Albions de la Glocester; Monime prit les trois premiers noms qui s'offrirent à son esprit : de Monimont de Kaquerbec d'Hibemack. A l'aide de ces grands noms, ils furent considérés comme des personnages de haute valeur.

On voit assez, par ce qui précède, que le voyage sur Jupiter est la critique de la noblesse nominative, comme celui de la Lune avait été la critique de la légèreté, et celui de Mercure la critique de l'intérêt. Sur Saturne, au contraire, est le séjour de l'âge d'or. La Terre fertile est couverte de fleurs et de fruits, les heureux habitants la cultivent en paix au sein de la tranquillité et du bonheur. Nos voyageurs n'y virent que de charmants paysages ; tantôt un laboureur donnait la dernière façon aux champs, dont la culture ne lui paraissait encore qu'ébauchée ; tantôt une bergère laborieuse charmait la durée de son travail par des chansons ; ici des faucheurs reprenaient haleine en aiguisant le tranchant de leurs faux ; là des bergers, assis dans un vallon, se racontaient leurs amoureuses aventures. On admirait partout des plaines immenses chargées d'épis, des terres où erraient les troupeaux confiés à la garde des chiens, des prairies arrosées par les rivières aux flots argentés ; des bosquets naturels et des bois ombreux couronnant les montagnes. On respire dans ce monde une odeur sauvage qui réjouit et satisfait l'odorat ; on n'y voit germer aucune plante vénéneuse. La nature est là dans son printemps, comme elle était jadis sur la Terre, aux jours heureux de son enfance.

Un vieillard leur offrit l'hospitalité simple et sincère des mœurs primitives. Ils visitèrent avec lui les campagnes cultivées, les vergers abondants en arbres utiles. Plus tard ils se rendirent à l'une des villes capitales des Abadiens. Ces villes sont bâties en carré ; les rues sont larges et alignées ; il y a des galeries pour les piétons ; au centre est le palais de l'empereur, qui ne diffère des autres habitations que par une plus grande étendue, en rapport avec les réunions patriarcales qui s'y tiennent. Il n'y a de noblesse que celle formée par les vertus et les services des ancêtres et des fils. L'ancienne noblesse n'y étouffe pas celle qui s'acquiert par le mérite ; elle n'est ni la décoration du vice, ni le titre de l'indolence, ni le piédestal de l'orgueil. La justice règne sur Saturne.

Ainsi se résument les sept volumes des voyages de

milord Céton. N'oublions pas d'ajouter, pour ceux qui ont pu s'intéresser à nos deux jeunes héros, que Monime se trouve être, à l'issue des voyages, la princesse de Géorgie, et non la sœur de Céton, — révélation qui lève le grand obstacle qui s'opposait au bonheur complet des deux amis.

Si nous nous sommes étendu assez longuement sur ces voyages imaginaires, c'est parce qu'ils présentent un type. Et, du reste, est-ce une idée si étrange, au fond, d'établir sur des Mondes divers la prédominance de certaines passions, de supposer un Monde où la volupté déploie en souveraine ses enivrantes puissances, un autre où la cupidité cherche d'un œil ardent les trésors de la Terre, un autre où la soif du sang altère tous les êtres? L'arbitraire est d'imaginer que les rêveries de la mythologie soient réalisées sur les astres mêmes que l'ignorance antique a revêtus d'influences non fondées; mais qu'il y ait dans les sociétés astrales une vertu, une passion dominante, qualificatrice, c'est ce qui doit se trouver réalisé pour le nombre immense des Terres habitées.

Pendant que des romanciers continuaient la série anecdotique de notre sujet, des savants continuaient la série positive. Lambert (de Berlin) écrivait entre autres ses *Cosmologische Briefe*, ou Lettres cosmologiques, où il examinait la question de l'habitation des astres au point de vue des seules sciences physiques. A Kœnigsberg, le philosophe Emmanuel Kant, dans sa *Theorie des Himmels*, exposait un système de population astrale suivant la distance des planètes au Soleil, émettant l'idée que les êtres sont d'autant plus parfaits qu'ils sont *plus* éloignés de cet astre. Comme nous l'avons vu en parlant de ces théories opposées, ces aspects sont purement arbitraires. A Londres, Derham écrivait son *Astro-Theo-logy*.

Nous appellerons un instant ce recteur en notre compagnie pour lui demander son opinion sur les habitants des comètes; cette opinion est trop intéressante pour que nous ne saisissions pas au vol l'occasion de la traduire ici. Soyons un instant son auditeur.

Lactance a grand'raison de réfuter la divinité des corps célestes, dit-il. Ils sont si loin d'être des dieux ou des objets dignes d'être honorés, que l'on a considéré certains d'entre eux comme des lieux d'expiation : ainsi, les comètes en particulier, qui sont soumises à un régime fort peu confortable de température, puisqu'elles passent tour à tour par un chaud extrême lorsqu'elles approchent du Soleil, et par un froid intense lorsqu'elles en sont éloignées. Selon le calcul de sir Isaac Newton, la comète de 1680 est, à son périhélie, 166 fois plus près du Soleil que la Terre; et, par conséquent, elle subit une chaleur 28,000 fois plus forte que celle de notre été; à cette température, une sphère de fer de la grosseur de la Terre demanderait 50,000 ans pour se refroidir. Si donc un tel lieu est destiné à être habité, c'est plutôt pour un séjour d'expiation que pour tout autre genre d'habitation.

Il est manifeste que les principaux corps célestes de notre système sont établis dans l'harmonie et dans l'ordre, chacun suivant sa destinée; cependant les comètes ne font-elles pas exception à cette règle lorsque, par leur approche de la Terre, elles causent les pestes, les famines, et paraissent manifester les jugements de Dieu? Comme ces astres se meuvent sur des orbes très-différents de ceux des autres corps célestes, leurs effets et leurs influences doivent être également fort différents.

Gouvernant l'univers, la divine Providence peut se servir de tels astres pour l'exécution de sa justice, en effrayant et en châtiant les pécheurs à leur approche de notre Monde. Et ces globes seraient exécuteurs des jugements, non-seulement au point de vue que nous venons de signaler, mais encore, comme quelques-uns l'ont imaginé, en étant autant de lieux de leur habitation et de leur tourment après la mort. Mais, lors même qu'il en serait ainsi, ce serait encore la manifestation de la bonté de la Providence, de faire que leurs retours près de la Terre soient rares, leurs stations courtes, et qu'ils passent un grand nombre d'années à accomplir le reste de leur cours.

Derham émet encore une autre conjecture. « Par-dessus tout, dit-il, le Soleil lui-même, le grand objet de l'adoration païenne, est considéré, par quelques-uns de nos savants compatriotes, comme le lieu probable de l'enfer. » Swinden a écrit sur ce sujet un traité qui a pour titre : *Recherches sur la nature et la place de l'enfer.*

C'est sans contredit une singulière idée que celle de placer au centre rayonnant du monde planétaire un séjour d'horreur et d'expiation.

Au Havre, le petit abbé Dicquemare, élève et ami du bon père Pingré, ce chanoine de l'Académie des sciences qui fut le modèle des mathématiciens, est un exemple intéressant de ceux qui, voulant avoir un pied dans le dogme et un pied dans la science, éprouvent une certaine difficulté à se tenir debout. La Pluralité des Mondes est-elle une doctrine acceptable? Peut-être ! Mais non, car si... Et pourtant c'est possible... oui ; mais la conséquence!... Alors nous ne devons pas nous occuper de cela... C'est une question inaccessible, et Dieu se l'est réservée sans contredit. Écoutons l'auteur. (*Connaissance de l'astronomie.* Paris, 1769.)

« Quoique la Providence ait réparti plus de pénétration à certains hommes qu'à d'autres, il n'en est pas moins vrai qu'il y a pour tous un point au delà duquel ils cessent de raisonner.

(Au reste) « que ces grands corps qui roulent sur nos têtes, et dans une si prodigieuse distance, soient créés uniquement pour nous éclairer, ou qu'ils soient destinés à servir en même temps d'habitations à des créatures quelconques, nous devons en cela admirer la puissance et la miséricorde de Dieu.

« Mais suivons un instant cette ingénieuse idée de la Pluralité des Mondes, pour satisfaire une *vaine* curiosité.

« Voilà donc des Mondes sans fin, dont les habitants, s'il peut y en avoir, nous sont et nous seront à jamais inconnus. Eh! avec la mesure d'esprit que nous avons reçue de Dieu, serait-il utile que nous les connussions, *nous qui ne sommes que trop distraits* par les détails du nôtre, qui n'en embrassons qu'avec peine une seule partie, quelque bornée qu'elle soit; nous qui sommes embarrassés à la vue de ces petits Mondes d'animaux que le microscope nous a dévoilés. D'ailleurs cette idée, quoique grande, séduisante, capable de servir de matière à plusieurs volumes et de faire honneur à l'esprit humain, pourvu qu'on n'en tire pas de fausses conséquences, n'en est peut-être pas moins une belle chimère. Car, quoique les planètes soient en quelque chose semblables à la Terre, il ne s'ensuit pas qu'elles soient habitables, encore moins qu'elles soient habitées; et quand on le supposerait gratuitement, serait-on en droit d'en inférer qu'elles le fussent par des créatures dont nous puissions avoir jamais une idée juste? Etc. »

C'est ainsi que se continuaient les raisonnements des

auteurs sérieux ; mais les romanciers n'oubliaient pas la question pour cela.

Un jour l'auteur de *Tom Jones* trouva, chez un marchand de papiers de Londres, un vieux manuscrit fort difficile à déchiffrer ; c'était le manuscrit d'un livre intitulé *Julien l'Apostat, voyage dans l'autre Monde*. L'âme-auteur qui l'avait écrit y raconte d'abord comment elle s'échappa de son corps mort, et de sa maison par les fenêtres ; comment elle marcha quelque temps dans la campagne, jusqu'au moment où elle rencontra Mercure, qu'elle reconnut par ses ailes aux pieds, et comment elle arriva sur un char immatériel traîné par des coursiers spirituels dans le Monde des ombres. Là elle rencontra les anciens, avec lesquels elle renoua connaissance ; ce qui lui causa le plus grand étonnement, ce fut l'apparition de Julien l'Apostat aux Champs-Élysées, lorsque, selon l'opinion commune, elle le croyait éternellement aux enfers.

Cet ancien empereur romain est le héros principal de l'histoire. C'est la métempsychose et la pluralité des existences qui forment le caractère principal de la composition. Après avoir été revêtu de la pourpre impériale, Julien devint esclave d'un chef des Goths nommé Roderic et d'une beauté gothique ; puis fut successivement juif, charpentier, général, petit-maître, moine, ménétrier, sage, roi, bouffon, mendiant, prince, homme d'Etat, soldat, tailleur, échevin, poëte, chevalier, maître de danse et archevêque (l'archevêque Lartimer). Sous l'allégorie, on remarque dans ce livre quelques-uns des points fondamentaux qui forment, aux yeux de ses partisans, la base de la doctrine de la pluralité des existences, notamment la loi du talion.

Fielding avait un pendant plus joyeux à Amsterdam

dans deux petits volumes ayant pour titre : *la Nouvelle
Lune, histoire de Pœquilon,* 1770.

La scène se passe dans la Lune.

Sélénos est le génie tutélaire de la planète que nous
appelons la Lune, laquelle est habitée par une humanité
simulacre de la nôtre, mais plus élégante. A la naissance
de Pœquilon, ce génie déclara hautement qu'à l'époque
où cet enfant aurait atteint sa quatorzième année, il
formerait des souhaits merveilleux, et qu'ils seraient
accomplis. C'est dans la ville de Verticéphalie, capitale
de l'empire du même nom, que notre héros vint au
monde.

Il faut dire que la planète lunaire est divisée en cinq
parties : la première, dans laquelle est compris l'empire
de Verticéphalie, s'appelle la Taurijovie ; la seconde,
l'Eliopolie ; la troisième, la Pyramodustrine ; la quatrième, la Péristérique ; la cinquième, l'Eutoquie, île
immense, séjour de la félicité, où l'on ne peut parvenir
qu'après avoir beaucoup souffert.

Pœquilon est un jeune homme plein d'ardeur, un
Faublas charmant, qui cherche dans les cinq parties de
la Lune ce que chaque contrée peut offrir de plus exquis
pour le plaisir. L'auteur s'est adonné avec complaisance
à la description des scènes voluptueuses, soit dans les
coulisses d'une cour somptueuse, soit dans les mystérieuses retraites de Vesta et des vierges consacrées, soit
parmi les mœurs idylliques des habitations champêtres.
Pœquilon est un courtisan du siècle, que Rabelais eût
nommé *précieux* ; il jouit, de plus, de certaines facultés
interdites aux habitants de la Terre, par exemple, celle
de se nommer tantôt Pœquilon, tantôt Pœquilonne. Ce
n'est pas ici le lieu de nous étendre sur cette galante
façon de peupler l'astre des nuits. Suivons nos dates.

Les Hommes volants, ou les Aventures de Pierre Wilkins (Londres, 1773) sont un roman dont le titre seul offre quelque apparence d'analogie avec notre sujet.

Cet ouvrage appartient au genre de *Robinson* et de *Gulliver.* Les hommes volants sont les habitants du royaume de Normnbdsgrfutt, dont la position géographique n'est pas donnée par l'auteur. Les hommes et les femmes de ce pays naissent avec des ailes membraneuses d'une certaine élégance, à en juger par les gravures : ailes tièdes comme la peau du corps, douces comme le satin, ondoyantes comme la soie, qui forme leur seul vêtement, et qui, dans l'état normal, recouvrent leur corps hermétiquement et dessinent toutes les formes. La scène se passe entre un Anglais, Wilkins, égaré dans une île inhabitée, et une inconnue, Youwarky, femme volante tombée dans son île, qui devient son épouse, et bientôt emmène Wilkins chez le roi son père, à Normnbdsgrfutt.

Mais toutes les compositions littéraires n'avaient pas en vue la multiplication des Mondes ; quelques-unes furent lancées *contre* cette idée, véritablement exploitée sous tous ses aspects. En 1787 parut une *Vision du Monde angélique*, précisément dans ce dernier sens. L'auteur avait beaucoup médité sur les songes, les pressentiments, le monde spirituel et son commerce avec les hommes, l'état futur des âmes après la mort et le lieu possible de leur résidence ; il avait surtout conversé avec un ami sur les terres habitables, et se sentait pénétré de sympathie pour ces sortes de questions. Je ne sais, dit-il, si mon imagination est plus disposée que celle d'un autre à réaliser les idées qui la frappent, ou si l'influence de ce commerce des esprits purs me rendait capable d'avoir les notions les plus claires et les plus fortes du monde invisible ; mais il est certain que mon âme fit un voyage réel dans toutes ces prétendues terres habitables.

Ce voyage ne nous paraît pas aussi réel que l'auteur abusé veut bien le dire ; nous en avons pour garant la relation même de ce voyage exotique, dans lequel notre pèlerin voit des choses qui n'existent pas, et ne voit pas celles qui existent. Il raconte d'abord combien est vil et méprisable l'aspect du Monde terrestre lorsqu'on le regarde en bas, après avoir quitté les brouillards de notre atmosphère ; puis il entre dans l'espace immense du ciel, où l'on vit sans respiration, où l'on hume avec délices la pureté de la matière éthérée. De là il découvre non-seulement tout le système planétaire, mais encore un nombre infini de Soleils entourés d'un cortége de planètes, roulant dans cet espace immense sans la moindre confusion et avec toute la beauté majestueuse qu'il est possible de s'imaginer .

Jusque-là rien de mieux ; mais il arrive qu'aussitôt « entré dans le système planétaire » (?) notre voyageur « voit clairement l'absurdité des notions qui font de toutes les planètes autant de Mondes habitables ». Il ajoute qu'il ne doute pas de faire toucher du bout du doigt cette absurdité à tous ses lecteurs. Car voici ses raisons :

La Lune seule serait habitable par des hommes ; mais c'est un petit terrain couvert de brouillards, et guère plus grand que la province d'York : ce n'est pas la peine d'en parler. D'ailleurs, si, absolument parlant, une créature humaine y pouvait vivre, ce ne serait que d'une vie triste, languissante et presque insupportable. Quant aux autres planètes, la chose est absolument impossible, ce dont on se convainc en les examinant toutes selon leur rang.

Saturne, la planète la plus éloignée du Soleil, est un globe d'une vaste étendue, froid et humide au plus haut degré. Il est plein d'obscurité, et une glace éternelle doit le couvrir. Pour y admettre des habitants, il faudrait supposer que Dieu ait formé les hommes pour les climats et non les climats pour les hommes, ce qui est absolument insoutenable.

Jupiter est plus tempéré, mais n'est pas habitable pour cela. Le plus grand jour n'y ressemble qu'à notre crépuscule ; sa chaleur est incapable de faire plaisir en été, et son hiver est d'un froid auquel nul corps humain ne saurait résister.

Dans Mars l'intempérie de l'air y est si grande, qu'il est impossible que des hommes l'habitent ; elle ne possède pas l'humidité requise pour rendre ses campagnes fertiles. Des observations incontestables, ajoute notre affirmatif auteur, font voir qu'il n'y a jamais dans cette planète ni pluie, ni vapeurs, ni rosée, ni brouillards.

Vénus et Mercure sont dans l'extrémité opposée. Elles détruiraient les hommes et les animaux par un excès de lumière et de chaleur, comme les autres par leurs ténèbres continuelles et leur froid excessif ; par conséquent, il est évident que toutes les planètes ne sont ni habitées, ni habitables. La Terre seule a la température nécessaire pour faire subsister les hommes et les animaux d'une manière agréable. Elle est entourée d'une atmosphère qui la défend contre les approches de la matière éthérée, trop fine et trop subtile pour permettre la respiration, et qui empêche les exhalaisons utiles qui sortent de la Terre de se perdre et de se dissiper dans les espaces immenses de l'air pur.

Mais alors, si notre chevalier errant ne voit partout que des terres inhabitées, on peut lui demander quel est le résultat de son voyage dans le système planétaire, et de sa vision négative parmi les merveilles de l'univers étoilé ? Quoique la route que je parcourais ne fût point le grand chemin, nous répondra-t-il, je ne laissai pas d'y rencontrer un grand nombre de voyageurs. J'y vis des armées entières de bons et de mauvais esprits qui marquaient beaucoup d'empressement, comme si c'étaient des courriers qui allaient et venaient de la Terre vers un endroit infiniment élevé au-dessus de tout ce qui était à la portée de mes yeux.

L'espace est habité par les puissances de l'air, dont Satan est le prince. Pour de plus amples renseignements, consulter Milton. Les planètes sont des stations des esprits de l'espace. Il en est ainsi de tous les Mondes stellaires. Et que l'on ne croie pas qu'un si grand nombre d'astres soit plus que suffisant pour recevoir tous ces esprits ; non, le nombre de ceux-ci est incalculable, c'est par millions qu'il faudrait les compter ; et, du reste, il n'est pas « un homme, une femme ou un enfant, qui n'ait ses diables particuliers, qui le guettent et qui tâchent de le faire donner dans le panneau ». L'auteur vit ensuite la manière dont les esprits exercent leur pouvoir. Soit pendant le jour, soit surtout pendant la nuit, ils nous soufflent à l'oreille ; de même qu'une personne, en parlant doucement à l'oreille d'un dormeur, peut déterminer des rêves sur le sujet dont elle lui parlera, de même ces fins insinuateurs nous chuchotent sans cesse des pensées criminelles. Quant aux bons esprits, ils occupent une région particulière ; mais elle est fort au-dessus de notre portée et placée infiniment plus haut que ne s'étendent les limites de l'empire de Satan.

L'auteur entre ensuite dans des théories sur les pressentiments et les songes, avec lesquelles il s'écarte trop de notre sujet pour que nous songions à le suivre plus loin. Ainsi, voilà un rêveur qui prétend *de visu* affirmer l'inhabitation des Mondes (1).

On craint ordinairement d'arrêter sa pensée sur les objets dont la perte nous afflige; l'auteur d'une autre

---

(1) C'est vers cette époque que prirent naissance les systèmes scientifiques les plus invraisemblables, issus du grand mouvement qui s'était opéré à la suite des premières découvertes de la chimie et de la physique. Nous prendrons le plaisir d'en citer un pour mémoire.

Un certain Robiqueau, avocat en Parlement, ingénieur-opticien du roi, nous offre un ouvrage de 365 pages, intitulé *Le microscope moderne pour débrouiller la nature par le moyen d'un nouvel alambic chimique, où l'on voit un nouveau mécanisme physique universel.* Ce livre, illustré de force gravures, représente le Monde sous la forme d'un immense alambic entouré de flammes. La terre est un corps plan monticuleux assis sur un fond solide. Le disque solaire accomplit son mouvement au-dessus de l'atmosphère; la Lune n'existe pas : elle n'est qu'un reflet de ce disque dans l'air. Les étoiles sont de même des réflexions solaires. Les météores, les planètes et les comètes sont des reflets électriques. Les éclipses sont produites par la rencontre de différents corps monticuleux devant l'astre brillant, etc. L'auteur dit bénévolement dans sa préface qu'il est âgé de soixante-sept ans, et prévient que si l'on critique son système, il est armé d'une faux d'acier pour couper les épines qu'on lui prépare, — que, du reste, s'il échoue, sa gloire sera de mourir sur le champ de bataille... Hélas! le digne homme, comme tant d'autres, n'a eu ni cette douleur ni cette gloire.

Plus récemment, en 1834, un M. Demonville présenta à l'Académie des sciences de Paris et à la Société royale de Londres un mémoire tendant à démontrer qu'il n'y a dans notre système que trois corps célestes : la Terre, le Soleil et la Lune, et que tous les autres astres sont des illusions causées par la réflexion du Soleil et de la Lune, ou par la glace des régions polaires.

Ce qu'il y a de mieux, c'est qu'à l'époque de la Révolution, certains esprits exaltés prétendirent réformer la science comme la société; on croyait avoir le droit de bâtir systèmes sur systèmes sans cesser d'être autorisé par la science. Il n'est pas jusqu'aux mots dont on la décorait qui ne fussent étrangement choisis. C'est ainsi que le citoyen Wissenschaften publia en 1794 la *Science sans-culottisée.*

Vision (*Nouvelles de la Lune*, par Mercier. Amsterdam, 1788.) trouvait, au contraire, une grande consolation à songer à son ami intime défunt, et leurs pensées semblaient s'entretenir encore d'un Monde à l'autre. Souvent ils avaient conversé sur la nature et sur ses insondables mystères, conversations qui, pendant la nuit, avaient pris un caractère plus solennel encore.

Une nuit, l'astre lunaire était dans son plein, lorsque la rêverie de l'auteur fut soudain interrompue par une apparition singulière. Un rayon de la Lune, sous la forme d'une flèche lumineuse, écrivait sur une muraille les mots suivants : « C'est moi! ne t'effraye point! c'est ton ami. J'habite cet astre qui t'éclaire, je te vois, j'ai cherché longtemps le moyen de t'écrire, et je l'ai trouvé... Fais préparer des planches unies, afin que je puisse y tracer plus facilement tout ce que j'ai à t'apprendre : retrouve-toi demain au même lieu; à présent il est trop tard, l'astre tourne, ma ligne n'est plus directe, et c'est... » La pointe enflammée disparut.

Les deux amis, l'un habitant de la Terre, l'autre habitant de la Lune, causèrent ainsi souvent ensemble pendant la nuit silencieuse. Voici quelques-unes des révélations qui nous intéressent.

« La mort n'est pas ce l'on imagine; les vivants se font d'elle une image épouvantable et fausse. Lorsque je sentis le mouvement de mon cœur se briser, je me trouvai doué de la faculté de pénétrer les corps les plus durs, aucune épaisseur ne pouvait m'arrêter; toute la matière me parut criblée et poreuse, et ma volonté fut le guide de mon ascension. La science, toujours incertaine sur la Terre, reçoit ici une évidente clarté. Le Créateur, qui a donné à l'œil le privilége d'atteindre le globe le plus éloigné, a daigné accorder à la pensée le pouvoir de se manifester dans tout le système peuplé d'êtres raisonnables et sensibles ; je converse avec ceux dont j'ai admiré les écrits ; aucune distance ne fait obstacle au vol rapide des idées, et l'imprimerie n'est que le simulacre grossier de cet art privilégié par lequel tous les habitants des globes célestes se communiquent leurs pensées.

« Est-ce vraiment dans ces globes radieux que j'aperçois, demande le vivant, que vont se rejoindre toutes les races humaines qui ont séjourné sur la Terre ; et les méchants, comme les bons, y sont-ils confondus sans aucune distinction ? — Les plus secrètes actions d'une vie passée, répond l'esprit, sont dévoilées à tous les regards, l'histoire de notre vie est peinte sur notre front d'une manière universellement intelligible ; c'est pourquoi les méchants ne peuvent supporter la compagnie des bons, et cherchent leurs semblables, jusqu'au jour où, consternés de leur avilissement, ils cherchent à en sortir. Le sentiment de la justice règne en chaque âme, et l'on sent en soi le besoin de progresser éternellement. »

Nous sommes dans la nécessité de quitter l'auteur de cette douce vision pour un écrivain qui s'en trouve aux antipodes. Voici en effet deux ouvrages fort libres, et qui peuvent compter parmi les plus singuliers des voyages imaginaires. Ce sont : *la Découverte australe, par un homme volant.* Leipzig, 1781, et *la Philosophie de M. Nicolas.* Paris, 1796 (4 vol.), ouvrages attribués à Rétif de la Bretonne.

L'auteur ne connaît aucune limite ni en raison, ni en vraisemblance, ni même en morale ; il donne libre carrière à son imagination, et dépeint volontiers les scènes les plus avancées du grotesque et du grivois. En quelques mots voici l'esquisse de son hardi roman.

Au mois de novembre 1776, le narrateur, voyageant

en diligence de Lyon à Paris, fait connaissance avec un certain monsieur *Jenesaisquoi*, habitant une île sous le tropique du Capricorne, où il va retourner en compagnie de Jean-Jacques Rousseau, qui n'est pas le moins du monde enterré à Ermenonville. Cette île a été peuplée de tous les êtres possibles par un jeune homme du Dauphiné, nommé Victorin, qui avait trouvé le secret de voler en se construisant des ailes à la façon de celles des chauves-souris. Ce Victorin, il faut bien le dire, se sentait dévoré d'une tendre mais ardente passion pour la fille d'un seigneur. Il se forma aux belles manières chez monsieur et madame *Troismotsparligne*, procureurs en la sénéchaussée ; puis fit connaissance avec la reine de son cœur, enleva Christine un soir, et s'envola avec son doux fardeau sur le sommet du mont *Inaccessible* (1) (Dauphiné).

Au bout de quelques années, nos héros étaient entourés d'une belle famille, avide et curieuse. Les enfants frémissaient comme leurs parents du bonheur de s'envoler dans l'espace, et bientôt Victorin dut s'associer son fils aîné pour des voyages au tropique du Capricorne.

Là, les hommes volants rencontrèrent des îles merveilleuses que nul voyageur n'a jamais revues depuis. La première, à laquelle on donna naturellement le nom d'île Christine, était habitée par des *hommes-de-nuit*. L'estampe (car il y a des gravures) représente un homme et une *femme-de-nuit*, nus, couverts d'un poil rare et ayant les cils fort longs : ils ferment les yeux à cause du

---

(1) Ce mont Inaccessible avait déjà été choisi par Rabelais, *Pantagruel*, l. IV, ch. LVII, comme le type de l'établissement du manoir de mester Gaster, premier maistre ès arts du monde, île plaisante, mais d'abord scabreuse, pierreuse, montueuse, infertile, où nul n'y peut monter, si ce n'est Doyac, conducteur de l'artillerie de Charles VIII, inventeur d'engins myrifiques, lequel y trouva un bélier dont l'origine intrigua tous les historiens.

jour qui commence, et paraissent tâtonner. Nous n'analyserons pas. Voici quelles îles nos héros découvrirent, visitèrent et décrivirent successivement. N'oublions pas que l'auteur a pris soin de dessiner les types découverts.

La seconde île, que l'on nomma *île Victorique*, en Patagonie, était peuplée de géants. Les hommes-oiseaux, en se perchant sur les dames du pays, les amusèrent beaucoup, à ce point que le roi de la nation, le grand Horkhoumhaunloch, offrit en mariage au fils de Victorin sa fille, la belle Ishmichtriss. La troisième île était peuplée d'*hommes-singes*; la quatrième, d'*hommes-ours*. Ils prennent dans chaque île un couple de l'espèce, et l'emportent à l'île Christine, qui se peuple ainsi d'une humanité hétérogène d'un genre tout à fait nouveau. Ils visitent ensuite l'île des *Hommes-chiens*, puis celle des *Hommes-cochons*, etc... Nous croyons devoir nous arrêter là dans notre énumération (1). Les expressions de

(1) Ajoutons cependant que la suite de leur excursion leur fait découvrir des hommes-taureaux et des femmes-génisses; plus tard des hommes-moutons et des femmes-brebis; ici des hommes-castors, là des hommes-boucs. Voici maintenant un jeune homme-cheval et une jeune fille-jument; là un jeune homme-âne qui exprime sa tendresse à une jeune personne de son espèce, et lui dit : « Hhih-hhouh, hhân, y-hhân. » Dans une île marécageuse, ils visitent les hommes-grenouilles; mais au signal de la sentinelle, un « Brrrr-rré-kè-kè-koax-koax. » fait rentrer dans l'eau toute la troupe. Les hommes-volants choisissent pour surprendre un couple certain moment que la gravure représente, mais que nous ne décrirons pas. Viennent ensuite les hommes-serpents, les hommes-éléphants, les hommes-lions. Ils visitent de même l'île-tigre, l'île-léoparde, passent par la Micropatagonie, et arrivent à la Mégapatagonie. La capitale de ce pays est Sirap (anagramme transparent), diamétralement situé sous Paris. — Ce qui n'empêche pas l'auteur de dire avec sa finesse habituelle qu'elle occupe le 00ᵉ degré de latitude sud et le 180ᵉ degré de longitude à partir de l'observatoire de Christineville. — L'ouvrage que nous venons de citer a été récemment *imité* (pour ne rien dire de plus) par M. Henri de Kock, dans *les Hommes volants*.

l'auteur sont peu gazées, et souvent une crudité cynique
en est le plus éclatant caractère.

Une pensée qui domine (on ne le voit que trop) dans
tout l'ouvrage, c'est celle de la reproduction. Cette idée,
grotesque dans le roman, se manifeste avec autant de
force dans la partie scientifique du livre intitulé *Cosmo-
génie*, où l'auteur passe en revue tous les systèmes de
cosmogonie, depuis la Genèse, Lucain, les Phéniciens, les
Chaldéens, jusqu'à Newton, Descartes, Buffon, et arrive à proposer comme une vérité de nature : que les
astres sont des êtres animés, mâles et femelles. Nous
n'osons répéter sur quels faits il fonde cette théorie, ni
comment il assimile aux fonctions de la nature vivante les
rayonnements du Soleil et l'échauffement des planètes.
Cette idée, agréable chez Milton, ingénieuse dans Fourier, est ici d'une crudité à faire fuir les honnêtes gens.
Cela n'empêche pas notre téméraire auteur de prononcer
avec dignité les paroles suivantes, après avoir parlé des
génies illustres qui étudièrent la question cosmogonique.

« Il est bien étonnant que l'homme ait aperçu si tard
cette belle vérité ! Il est inconcevable comment nos grands
hommes n'ont pas reconnu cette divine source des phénomènes de la nature, si digne de Dieu, et qui les explique tous. Le Souverain Principe a tout animé, et il a
agi ensuite par les causes secondes et tertiaires de la création : les causes secondes sont les soleils, doués d'intelligence ; les causes tertiaires sont les planètes, pareillement douées d'intelligence, mais d'une manière inférieure
aux soleils. Dieu fait les grandes choses, non les petites,
comme les hommes, les animaux, les plantes. L'épiderme
planétaire se peuple sous la vertu prolifique du Soleil. » Si
l'on demande comment sont venues les premières plantes,
les premiers animaux, voici : la plante du minéral le

plus approchant, l'animal du végétal le plus voisin de l'animalité, l'homme de l'animal le plus élevé; tout va par nuances insensibles; et ainsi sur toutes les planètes. Le tableau que nous avons fait pour la Terre appartient à toutes les autres femmes du Soleil.

On voit que cette singulière composition renferme les théories de nos modernes, qui aujourd'hui même semblent nouvelles à plusieurs. Les partisans de la cosmogonie de Fourier, comme ceux du système de Darwin, comptent sans le savoir parmi leurs ancêtres l'écrivain peu élégant dont nous venons d'évoquer un instant le souvenir.

L'étonnement que nous avons pu éprouver en lisant ce premier ouvrage s'est continué dans la lecture du second. La bonhomie d'un faiseur de systèmes ne saurait aller au delà. C'est avec la plus grande gravité qu'il avance des assertions telles que les suivantes :

Les habitants des planètes sont tout simplement des parasites, produits par l'épiderme des êtres vivants qu'on appelle Soleils, Planètes, Satellites, Comètes. Car ce sont là réellement des êtres vivants et intelligents, voire même infiniment supérieurs à nous par l'étendue et l'élévation de leur esprit. Aussi l'auteur donne-t-il de la pluralité des Mondes une preuve à laquelle nous ne nous serions jamais arrêté. Quand on voit une personne douter que telle ou telle planète soit couverte d'animaux, on doit lui rire au nez et lui dire : « Imbécile, est-ce que tu n'es pas toi-même couvert d'animaux? Et cependant tu n'as pas l'importance et l'étendue d'un astre. Est-ce que tu n'as pas des poux, des puces? et lors même que tu serais d'une exquise propreté, est-ce que tu n'es pas couvert d'animaux parasites cironiens? *Donc,* à plus forte raison, ces grands êtres sont-ils couverts d'animaux bien plus abondants encore; non-seulement la nature nous le fait conjecturer, mais encore toucher du doigt et à l'œil. Le *parasite uni-versel* : voilà le vrai. Tout est image et type dans la na-ture. Le ciron qui vit sur la puce est l'image de la puce qui vit sur notre corps, lequel est l'image de la Terre sur laquelle nous vivons; la Terre, à son tour, est un insecte parasite qui vit aux dépens du Soleil, et les Soleils sont des parasites de Dieu. — Autre analogie. La puce qui vit sur nous ne sait pas que nous sommes animés; nous qui vivons sur la Terre ne savons pas qu'elle est animée; la Terre elle-même, malgré la supériorité de son esprit, ne sait peut-être pas que le Soleil est animé. Cependant le ciron est animé, donc la puce l'est; la puce l'est, donc l'homme; l'homme l'est, donc la Terre; la Terre, donc le Soleil; le Soleil, donc Dieu. »

On objectera sans doute à l'auteur que les astres ne semblent jamais faire acte de volonté, d'intelligence et de vie, qu'ils ne montrent point les sens ou les organes par lesquels leur vie pourrait se manifester. « Tout cela n'est rien, répond hardiment l'auteur. Objectez ce qu'il vous plaira, je suis certain de ce que j'avance. Laplace, qui n'est pas mauvais astronome, Lalande et d'autres person-nages rares parmi les sots de notre Institut, confirmeront un jour mes analogies. Par l'analogie je monte du connu à l'inconnu. Le connu, c'est moi. Je juge de tout l'univers par moi. C'est en moi-même que l'Être-Principe a mis le patron de tout l'univers, et c'est ainsi que la souveraine Intelligence a voulu que je pusse tout deviner. Elle l'a voulu, car je l'ai fait; je me cite en preuve de ce qui est. Elle m'a donné un jugement droit, seul instrument de mes connaissances en physique. Si j'ai lu les savants, c'est seulement pour voir s'ils m'instruiraient. Ils m'ont peut-être mis sur la route de la Vérité, mais ils ne me l'ont pas montrée à découvert. — Et s'exaltant lui-même dans

34

un noble enthousiasme, l'auteur s'écrie dans un naïf orgueil : « Je la montre, moi, ô humains ! Contemplez-la. »

Quels sont les habitants des différentes planètes ? Pour
résoudre cette question, l'auteur envisage les rapports des
orbites planétaires, et, comme il pense que ces orbites se
resserrent successivement, et tombent dans le Soleil, il
classe les Mondes dans l'ordre suivant, comparativement à
la durée de notre âge. La Terre a parcouru les quatre cin-
quièmes de sa course ; elle a 80 ans. Vénus a moins de
chemin à faire ; elle a 85 ans ; Mercure plus âgé encore, 90
ou 95. Les taches du Soleil, si elles sont des planètes, en
ont 98 ou 99. Mars n'a guère que 70 ans. Jupiter, Saturne et Uranus sont d'autant plus jeunes qu'ils sont
moins rapprochés de leur mort dans le Soleil. Les comètes, qui, dans cette théorie, forment les planètes quand
leurs ellipses s'arrondissent, n'ont que les premiers habitants possibles, les poissons ; Uranus, des cétacés vivi-
pares ; Saturne, des amphibies ou peut-être des animaux
terrestres ; Jupiter peut déjà avoir des hommes à ses pôles :
c'est là où commence la vie. Mars est analogue à la
Terre, mais plus jeune : ce qu'elle était il y a quelques
millions d'années. Vénus, à l'opposé, est plus âgée que
celle-ci de plusieurs millions d'années : elle ne doit plus
guère avoir que des singes, comme animaux supérieurs,
qui y tiennent tant bien que mal le sceptre de l'animalité.
Pour Mercure, il ne doit plus y avoir personne, à moins
que les plus petites espèces de l'animalité n'y vivent encore : « Peut-être, dit le romancier, le lapin, très-vivace
et peu délicat sur le genre de sa nourriture, y tient-il le
sceptre de l'animalité, — à moins que ce ne soient le rat
ou la souris. »

L'écrivain admet que les premiers êtres animés d'une
planète sont des géants. Les os monstrueux trouvés dans

les couches primordiales de notre globe lui en sont une
preuve. Il croit à l'existence des géants primitivement de
21 lieues de haut et qui ne vivaient pas moins de
180,000 ans. Ils sont devenus plus petits à mesure que
la Terre prenait plus d'âge. L'un des derniers fut ce fameux Teutoboch, découvert en 1713 dans le Dauphiné,
dont la fable ne représente à notre auteur que l'expression d'un fait fort simple.

Tout lui est bon, et pourvu qu'il y ait quelque nuance
d'analogie, il est surabondamment satisfait. Il lui arrive
un jour de penser au ver solitaire. De suite, il se demande quelle est la longueur du ver solitaire de la
Terre; s'il a trois fois son diamètre, il n'a pas moins de
9,000 lieues de long. Et celui de Jupiter donc? Et en
creusant cette idée, il en vient à peupler l'intérieur du
globe. « Outre l'animation de la Terre, de toutes les autres
planètes et du Soleil, à laquelle je crois très-fermement,
dit-il, je pense encore que leur intérieur est peuplé de
vastes animaux, dont la grandeur est bien plus considérable que ceux qui naissent de la crasse, des humeurs et
des parties chaudes de son épiderme. »

Nous nous tairons sur la théorie de notre rêveur en ce
qui concerne la fécondation des Mondes et des espèces;
voici seulement quelque titres de chapitres qui exprime-
ront sommairement son idée : « Copulations des Soleils
produisent les comètes ». « Comètes mâles deviennent
planètes femelles, — satellites enfants ». « Organisation de l'univers, animal unique ». « Être-Principe,
mâle central, — générateur universel ». « Plaisirs des
astres », etc.

N'allons pas plus loin avec cet auteur dans les débau-
ches de son imagination. Nous avons choisi dans ses co-
pieux volumes les idées concernant notre exposition, et

notre but est atteint. Au surplus voici, sur un sujet qui s'y rattache, l'opinion non moins extraordinaire d'un homme pus célèbre.

Le Dieu-Planète de Mirabeau. — On ne s'attendait pas à voir signer de la main du célèbre orateur des assertions semblables aux suivantes :

« Comme Buffon l'a écrit, les planètes sont une portion détachée du Soleil; mais peut-être le mode de formation indiqué par ce naturaliste n'est-il pas le véritable. Le Soleil fut allumé par l'Être-Principe. Si le Soleil est planète, si, par conséquent, toutes les étoiles fixes le sont également, il suit de là que l'Être-Principe, Soleil des Soleils, leur animateur, est une grosse, une immense planète centrale, vivante, intelligente, maintenue dans le même degré de chaleur et de lumière par le poids de l'univers; qu'il n'y a dans l'univers qu'une seule et même substance, que des êtres homogènes, tous faits sur le modèle du premier, de Dieu ou l'Être-Principe; que le Soleil est une planète échauffée, de la même nature que Dieu, son type, et dont il est la plus parfaite image ; que la planète de la Terre, et toutes les autres, sont des Soleils refroidis, parce qu'ils ne font plus partie de la masse centrale. Mais ils ont encore la vie individuelle, comme le Soleil dont ils sont sortis, à peu près comme nous voyons sur la Terre certains animaux divisés former autant de touts individuels qu'il y a eu de sections. L'homme et les animaux qui habitent les planètes sont de petits individus partiels sortis d'elles, ayant, comme elles, une vie particulière. Ce sont de petites planètes, douées d'intelligence, comme le Soleil leur père, comme Dieu, père des Soleils, avec cette seule différence que leur intelligence est aussi inférieure à celle des planètes, des Soleils, de Dieu, que leur masse corporelle est moindre que celle de ces grands êtres.

« Ne disons donc plus que la nature des planètes, des Soleils, de Dieu, nous est inconnue. Nous sommes de petits corps planétaires, les planètes de plus gros, les Soleils de plus gros encore. Dieu est un être planétaire, centre des autres, immensément plus gros que tous les Soleils ensemble, mais de la même nature qu'eux quant à l'intelligence et à la matière. Il n'a que du plus, de l'incalculablement plus. C'est là l'unique différence. »

Mirabeau pense, comme le précédent, que l'homme a passé par toutes les espèces d'animaux avant d'arriver au degré supérieur qu'il occupe ; mais il caresse avec moins de complaisance les théories sexuelles fondées sur les expériences du roi Frédéric de Prusse.

Il est inutile d'ajouter que, dans ces principes, l'immortalité individuelle de l'âme n'est qu'une agréable chimère, et toute religion une erreur enfantine. C'est par une impression meilleure que nous voulons clore notre revue du dix-huitième siècle.

Bode. *Considérations générales sur la disposition de l'univers.*

Le célèbre astronome allemand partage l'opinion de Kant en ce qui concerne la gradation harmonique des habitants des planètes du centre aux confins du système. Mais il va plus loin encore et applique son principe à l'univers entier.

« Il y a, dit-il, un nombre incalculable de systèmes solaires parfaitement coordonnés entre eux, et se mouvant ensemble autour d'un centre commun : il faut donc que les facultés intellectuelles de tous les êtres doués de

raison qui habitent tous ces corps semés dans l'espace
soient d'autant plus élevées, d'autant plus sublimes, que
ces habitants se trouvent *plus* éloignés du centre commun de l'univers. Quelle immense échelle de perfections
dans les créatures organisées et les êtres doués de raison !
Les créatures placées au bas de cette échelle diffèrent
peut-être à peine de la matière brute ; et celles qui en
occupent l'échelon le plus élevé n'approchent peut-être
encore que de loin les êtres qui ne tiennent que le dernier rang dans l'ordre sublime des pures intelligences. »

A cette contemplation du monde le penseur ajoutait
l'hypothèse d'un centre unique, siége de la puissance
créatrice. « De ce point central, disait-il, émaneraient
toutes les lois qui régissent l'immensité des Mondes ; c'est
là que serait placé le ressort puissant qui fait mouvoir
toutes les parties de ce prodigieux ensemble. C'est de là
que la main de l'Éternel, au commencement de toutes
choses, aurait formé tous les Soleils avec leurs sphères,
lesquels, au premier signe, se sont lancés à travers l'immensité de l'espace, où, par un mouvement régulier, ils
décrivent d'immenses orbes, et emploient des milliers de
millions d'années pour achever des révolutions qu'ils re-
commencent sans cesse. C'est de là que l'œil de la Providence porterait ses regards sur tous les Soleils, sur
tous les systèmes et toutes les voies lactées de l'univers,
pour les maintenir en ordre et empêcher que rien ne se
dérange et ne périsse ni dans le détail, ni dans l'ensemble. C'est de là enfin, jusqu'aux derniers Soleils qui
éclairent les limites les plus reculées de la création matérielle, que s'étend la présence du Monarque suprême. »

L'astronome de Berlin croyait à l'habitabilité des comètes ; mieux que cela, à leur habitation par des êtres

supérieurs à nous. « Que penser, dit-il, des comètes qui, dans l'immense domaine du Soleil, semblent suivre une course errante et vagabonde à travers les orbites de toutes les autres planètes? Soudain elles s'approchent de l'astre radieux du jour, comme pour lui apporter leur tribut et recevoir sa bénigne influence ; et bientôt, reprenant leur vol, elles s'en éloignent et s'élancent au delà des limites du Monde planétaire, à une distance telle que, d'après nos connaissances, la lumière et les influences du Soleil ne peuvent que bien difficilement parvenir jusqu'à elles. Ces nombreux corps célestes qui, d'après les opinions les plus récentes, sont des globes formés d'une matière plus légère que celle des autres planètes, et sont en partie brillants par eux-mêmes, sont-ils aussi destinés à être la demeure de créatures organisées, vivantes, capables de sensations et douées de raison? Pourquoi pas? La constitution des comètes, leurs qualités et leur lumière particulière ont donné lieu à bien des hypothèses. On pense, et c'est aussi mon opinion, que les comètes ne pourraient être que le séjour de créatures heureuses qui n'ont rien à souffrir des influences toujours très-variables du Soleil, et que la bonté du Créateur les a disposées, dans le système général, de manière à être à l'abri de toute révolution. Qui sait si le gonflement considérable de l'atmosphère éclatante d'une comète, lorsqu'elle s'approche du Soleil, et l'écoulement des matières extrêmement subtiles, transparentes et lumineuses qui forment sa queue, n'ont point pour but l'existence et le bien-être de ses habitants? »

De quels philosophes Bode voulait-il parler en se servant de cette expression : « On pense que les comètes ne pourraient être que le séjour de créatures heureuses? » Ceux qui partagent cette opinion ne sont pas nombreux cependant. Il en est d'autres qui émirent une croyance diamétralement opposée, et précisément sous une forme aussi générale. Quelques-uns ont imaginé (*some have imagined*), disait Derham, que ce lieu d'habitation doit être celui des tourments après la mort.

Ne laissons pas l'astronome de Berlin sans rappeler qu'il est en outre l'un des plus chauds partisans de l'habitation du Soleil, et que pour lui l'astre du jour est un véritable paradis. Ici encore il est aux antipodes du recteur anglais que nous venons de citer, lequel, comme nous l'avons vu, était disposé à mettre l'enfer en plein Soleil.

CHAPITRE XII

Nous voici parvenus à la dernière étape de notre voyage historique. En vertu des progrès de l'esprit humain, on doit s'attendre sans doute à ce que les formes revêtues jusqu'ici par la pensée voyageuse soient plus parfaites, plus gracieuses ou plus irréprochables. Si des esprits avides de nouveauté entreprennent encore certaines excursions dans la Lune ou dans les planètes, leur entreprise devra être d'autant mieux fondée qu'ils auront eu un plus grand nombre de prédécesseurs, et sans doute ils auront acquis une supériorité incontestable sur tous les précédents. Les voyages imaginaires devront être désormais ou des fictions spirituelles et ingénieuses ou la mise en scène de théories scientifiques destinées à éclairer la nature des êtres inconnus qui peuplent ces Mondes ; si la grande idée dont nous avons suivi le passage à travers tous les âges, n'est pas encore investie de la puissance qui devra la confiner au centre d'un sanctuaire respecté, et si l'on joue encore avec elle dans les champs de la fantaisie, les romans inspirés par elle porteront sur leur front l'insigne de la noblesse de leur origine. Enfin le grand siècle dans lequel nous entrons devra primer sur tous les autres par sa valeur incontestée.

Trop souvent les prévisions sont plus belles en théorie qu'en réalité. Si l'esprit des hommes progresse, ce dont nous sommes loin de douter, c'est avec lenteur ; dans l'histoire humaine, les jours se suivent et se ressemblent, les années se succèdent avec la même similitude, et les siècles eux-mêmes se reflètent souvent par plus d'une face. Nous avons vu, au seizième siècle, Rabelais reproduire son spirituel aïeul du deuxième siècle, Lucien de Samosate ; saint Thomas parler comme Aristote et comme Moïse ; et plus tard, milord Céton imiter Bergerac avec trop de fidélité. Réciproquement, nous avons vu au quinzième siècle le cardinal de Cusa précéder Herschel ; Jordaño Bruno, Gassendi, annoncer la philosophie qui règne de nos jours. Si nous embrassons sous un même coup d'œil les œuvres du dix-neuvième siècle, nous reconnaîtrons que la majorité (au point de vue du nombre) ne possède pas, malgré son prix, une valeur supérieure à celle des œuvres jugées plus haut.

Au surplus, la même diversité règne dans les compositions, et notre parterre reste émaillé de fleurs variées ; nous pouvons encore offrir pour tous les goûts toutes les nuances, tous les parfums, toutes les formes, toutes les grandeurs.

Commençons d'abord par saisir dans ce siècle la série théologique des œuvres écrites sur notre sujet ; nous l'éliminerons avec tous les égards qui lui sont dus, et nous passerons successivement aux autres aspects de la question.

La première année du siècle reçut du révérend Edward Nares le livre intitulé : Εἶς Θεός, Εἶς Μεσίτης (Un seul Dieu, un seul Médiateur), écrit pour établir que la notion philosophique de l'habitation des Mondes est en parfaite harmonie avec le langage des Écritures. L'auteur pense que les expressions Οἰχουμενη, Οὐρανός, Κόσμος, *Mundus*, *Orbis*, *Cœli*, etc., se rapportent à l'ensemble des Mondes. L'évêque anglais Porteous est du même avis. L'auteur du célèbre ouvrage *Évidence of Christianity* parle semblablement en faveur de notre doctrine, et pense que « l'espèce humaine qui habite la Terre ne forme pas l'ordre le plus élevé des êtres dans l'Univers, mais que la nature continue au-dessus d'elle la hiérarchie en d'autres Mondes. » C'était déjà l'opinion de Charles Bonnet, de Ballanche, etc. Le docteur Fuller, dans son travail : *The Gospel its own Witness*, a voulu concilier la doctrine de la Rédemption et la doctrine de la Pluralité des Mondes. « Notre foi, dit-il, n'est pas amoindrie par cette idée, mais au contraire affermie et agrandie. » Un autre théologien protestant, Gregory, se fait l'objection suivante : « La science nous apprend que l'espace infini est rempli de Mondes semblables au nôtre, et l'analogie nous porte à croire que ces Mondes sont également peuplés de créatures raisonnables — et faillibles par leur nature. Dieu a-t-il envoyé partout son Fils unique pour le salut et le rachat de leurs âmes?... » Et il se répond : « Ce ne serait pas porter atteinte à la majesté et à la bienveillance infinies, que de supposer qu'au lieu de s'immoler une seule fois sur la Terre l'Homme-Dieu a pu s'immoler un million de fois sur les autres Mondes (1). » L'évêque d'Hermopolis, Frayssinous, ne va pas jusqu'au détail, et se contente de

_____

(1) Letters on the evidence of the christian religion.

croire qu'il y a moyen de tout concilier. Pour en revenir aux
protestants, qui sont beaucoup mieux disposés que les catholiques, le Rév. S. Noble a établi la même doctrine con-
ciliatrice dans son mémoire *The astronomical Doctrine
of a Plurality of Worlds in perfect harmony with the
christian religion ;* et Thomas Chalmers s'en rendit le
défenseur le plus éloquent et le plus célèbre. —Afin de ne
plus revenir dans cet ouvrage sur cet aspect de la question,
nous anticipons un peu sur les dates. — Dans ses fameux
Discours astronomiques (1), il s'élève à des vues splendides sur l'imposante grandeur des vérités astronomiques,
et développe en termes admirables la doctrine de la vie
à la surface des Mondes. Puis, venant à comparer ces
aspects immenses au dogme chrétien, loin de remarquer
entre ces deux termes un manque de proportion, il appelle à son secours ces éblouissements du prestige surnaturel, comme l'a fait depuis notre compatriote le
P. Félix ; enveloppe son sujet des pompes oratoires, et
élève l'idée dogmatique primitive à une hauteur inaccessible, où elle est étonnée de se voir. Ce n'est plus l'ancienne croyance apostolique, mais c'est encore une vue
chrétienne dont les perspectives ont changé. Le protestant
Chalmers est l'un des plus éloquents apologistes du christianisme. Alexandre Maxwell lui répondit, dans sa *Plurality of Worlds,* qu'il était impossible de croire à la fois
à l'habitation des Mondes et à l'Évangile ; que la parole
évangélique est la seule vraie, tandis que les prétendus
faits de l'astronomie reposent sur un sable mouvant,
que la philosophie newtonienne en particulier mène
tout droit à l'athéisme, « lie at the fondation of all

_____

(1) A series of discourses on the christian revelation viewed in
connection with the modern astronomy.

atheistical systems » ; que ces sciences ne sont pas seulement absurdes, mais encore dangereuses, et qu'elles
« distillent dans le cœur humain un poison destructif ».
A la bonne heure! au moins, voilà qui était franc.
Cette opposition n'empêcha pas les sermons de Chalmers d'obtenir un immense succès, et, en 1865, nous
les lisons avec le même plaisir qu'en 1820. Quelques
auteurs, sans se préoccuper pour cela de la forme dogmatique, prirent l'idée de la Pluralité des Mondes comme
base d'un système de philosophie religieuse, et c'est à
ces tendances que nous devons *Physical theory of
another life* de Taylor (1825), comme *Terre et Ciel* de
Jean Reynaud (1854). Cependant ces préoccupations
étaient loin de disparaître : depuis Origène elles n'ont
pas subi d'évanouissement et sont toujours en parfaite
santé et vigueur. En 1853, William Whewell, savant
et théologien à la fois, correspondant de notre Institut,
écrivit, comme Maxwell, un livre destiné à prouver que
« la doctrine de la Pluralité des Mondes est une utopie,
et qu'elle est contraire à la science comme à la foi chrétienne » ; c'était l'ouvrage faussement intitulé *Of the
Plurality Worlds*, qui vint réveiller en Angleterre les
consciences endormies. Pour établir sa thèse, l'auteur,
gardant un anonyme inutile, prétendit, qu'en raison de
la diversité des conditions qui sépare la Terre des autres
planètes, ces planètes ne peuvent être habitées par des
hommes ; de là il conclut, par des raisons qu'il serait superflu de rapporter, que Jupiter est tout au plus habité par
des poissons, des formes gélatineuses et glutineuses, et autres billevesées pareilles.—Il serait impardonnable d'en
citer plus long. On sait déjà qu'à notre avis ces dissi-
dences systématiques sont contraires au véritable esprit
religieux, loin de le servir ; et qu'autant nous sommes

heureux de voir l'idée de Dieu illuminer les humbles contemplateurs de son œuvre, autant nous plaignons ceux
qui s'obstinent à tourner dans une cage étroite et faussement éclairée. Après l'ouvrage de Whewell, les
dogmatiques opposants ont perfidement reçu le coup de
grâce. En vain l'un d'entre eux, dans sa *Vie future*, en
vain le prédicateur dans les *Conférences de Notre-
Dame*, en vain les rédacteurs du *Monde* et ceux de la *Bi-
bliographie catholique*, en vain les derniers obstinés
voudront-ils traiter la question en sous-œuvre : sans
s'en douter, le théologien d'outre-Manche les a tués,
eux et leurs discours.

Reprenons maintenant la série de nos auteurs.

Dès 1801, l'auteur du poëme intitulé *la Conquête de
Naples*, — poëme si licencieux qu'il n'avait pu être imprimé sous Louis XV ni sous Louis XVI, — publia un petit
ouvrage que l'on n'était guère en droit d'attendre de lui :
*De l'Univers, de la Pluralité des Mondes, de Dieu.
Hypothèses*, par Paul G. (Gudin), Paris, an IX. Celui
qui avait chanté les amours du pape Alexandre VI s'était
laissé prendre d'un noble enthousiasme pour l'astronomie ; ami de Diderot, de Bailly, de Beaumarchais, auxquels il soumettait ses manuscrits, Gudin fit un poëme sur
la science du ciel, et proclama l'habitation des Mondes.
Ses assertions sont généralement fondées, mais ne manquent pas d'une certaine hardiesse.

L'auteur est d'avis que toutes les théories sur la loi du
refroidissement des Mondes dans l'espace ne se base
sur aucun argument sérieux. L'équilibre de la température ne peut s'effectuer dans le vide où réside un seul
corps, et lorsque Buffon enseigne qu'un boulet met tant
d'heures pour se refroidir dans l'air ou dans l'eau, sa
théorie s'applique au milieu ambiant. Dans le cas du

vide absolu, un corps ne saurait communiquer et, par conséquent, perdre sa chaleur ni son mouvement.

La Terre est un sphéroïde dont la surface a 25,772,900 lieues carrées. Dans tant de lieues, il n'y en a pas 8,000,000 qui soient habitables par les aériens ; les 17 autres millions sont habités par des êtres différents qui vivent plongés dans une autre atmosphère, l'eau, *douce* et *salée*. Voilà donc, sur le même globe, au moins deux atmosphères différentes : il n'y a aucune ressemblance entre les habitants de l'une et ceux de l'autre. Les aériens ont quatre membres ; les ondins n'en ont point, excepté quelques amphibies ; encore sont-ils singulièrement cuirassés : les tortues, les écrevisses, les homards ont leurs ossements à l'extérieur et leurs chairs en dedans. Nous ignorons si dans les profondeurs de l'Océan il y a quelques êtres intelligents et susceptibles d'instruction. S'il n'y en a point, comme on le croit communément, les deux tiers du globe n'ont été destinés de toute éternité qu'à des êtres sans intelligence, qu'à des bêtes, et Dieu sait combien peu il a mis d'hommes d'esprit dans l'autre tiers !

Les habitants de la Lune n'ont aucun besoin de respirer ni de boire. S'il n'y a point d'air atmosphérique, les sons ne peuvent s'y propager. Ces habitants n'ont donc ni oreilles, ni poumons, ni langues, ni ailes, ni nageoires. Ils ont vraisemblablement des yeux ; car la Lune est fort éclairée, surtout du côté qui regarde la Terre.

Les habitants de Mercure sont si près du Soleil, et leurs nuits sont probablement si courtes et si claires qu'il est fort douteux qu'ils puissent voir autre chose que ce grand astre qui les inonde de ses rayons. Ils doivent penser que cet astre et leur planète existent seuls ; c'est là qu'il peut n'être pas déraisonnable de croire que le Soleil a été fait tout exprès pour soi.

Les habitants de Vénus doivent, comme les Troglodytes de notre zone torride, se creuser des demeures dans les cavités de leurs montagnes, et ne cultiver que le fond de quelques vallées moins brûlantes que la plaine. Cette façon de loger sous terre pourrait être aussi celle des habitants de Mercure ; nous voyons qu'elle est commune sur notre globe, à quelques peuples et à plusieurs espèces d'animaux. Les Troglodytes s'y logent pour se préserver de la chaleur, et les Esquimaux pour se garantir du froid.

De tous les habitants des planètes, ce sont ceux de Mars qui doivent le plus approcher de l'espèce humaine, ou des autres espèces qui partagent avec nous la surface de la Terre ; car Mars est le Monde qui est le plus semblable au nôtre. De là on voit bien Vénus, la Terre avec la Lune, astre qui doit paraître bien étonnant à une planète qui n'en a point, et qui par conséquent n'a point d'idée des éclipses.

Les bandes nuageuses et les tempêtes atmosphériques qu'on remarque sur Jupiter doivent représenter d'immenses et terribles révolutions. Pour y échapper, les habitants pourraient être plongés dans les couches profondes et épaisses de son atmosphère, comme les poissons dans l'eau ; et cette atmosphère inférieure, ayant une pesanteur spécifique spéciale, comme par exemple l'huile, entre l'eau et l'air, serait une intermédiaire qui ne se mélangerait pas avec les supérieures.

S'il y a un astre où l'on soit bien placé pour voir et pour tout voir sans erreur, c'est le Soleil. Là tous les mouvements sont vrais, et l'esprit n'y peut être abusé par de fausses apparences. Les yeux de ses habitants n'y sont point offensés par l'éclat propre au globe qu'ils habitent. Ils n'ont point de nuits, point d'éclipses de lumière. Ils doivent occuper l'atmosphère, et y être en équilibre; car, l'attraction de l'astre étant si forte que les graves y tombent à sa surface avec une vitesse de 427 pieds dans la première seconde, les animaux ont besoin d'y être soutenus par la résistance d'un fluide dans lequel ils nagent; le battement des ailes ne leur suffirait pas dans une atmosphère qui ne les soutiendrait pas par sa densité.

Les comètes peuvent être habitées par des êtres bien différents de tous les précédents; elles ne perdent pas dans le vide la chaleur qu'elles acquièrent en passant près du Soleil. Si elles ne sont composées que d'un fluide très-épais, attaché à un très-petit noyau, ou peut-être même sans noyau, leurs habitants vivraient dans cet espèce de fluide, à l'abri du chaud et du froid, satisfaits d'une très-petite quantité de lumière, à peu près tels que sur notre globe ou dans notre Océan, cette foule prodigieuse d'êtres qui vivent sous terre ou dans les sables et le limon, s'enfonçant pour éviter le froid, et se conduisant à l'aide d'une si petite clarté qu'on dirait qu'ils n'en ont pas besoin, si l'on ne leur trouvait pas des yeux.

L'auteur pense, avec beaucoup d'autres, que la ligne que parcourent les astres cométaires, primitivement droite, se courbe par l'attraction du premier soleil qu'elles rencontrent, devient hyperbole, puis, se courbant encore par la rencontre d'un autre soleil, devient parabole, et, après plusieurs rencontres et plusieurs perturbations, parvient à une courbe fermée elliptique qui, successivement, dans le domaine d'un même soleil, devient plus circulaire; et enfin, après une multitude innombrable de révolutions, la comète passe à l'état de planète.

En 1808, Coffin-Rony, « avocat au ci-devant parlement de Paris », donna les *Voyages d'Hyperbolus dans les planètes, ou la Revue générale du Monde, histoire véridique comique et tragique* (5 vol.). Le sous-titre indique suffisamment la nature de la fiction. Hyperbolus est le fils d'un prêtre mage et d'une jeune dame persane. Sous la conduite d'un génie qui doit être proche parent de Barthélemy (car l'auteur a copié bien des pages des *Voyages d'Anacharsis*), le héros passe son âge mûr dans les planètes, où, comme milord Céton, il rencontre l'exagération de tous les vices terrestres. Perfidies galantes, machiavélisme, pusillanimité des grands, sottise des parvenus, esprit de rivalité chez les petits, fourberie du jeu, peines de cœur, on y passe tout en revue, depuis la Lune, première étape, jusqu'à Saturne, dernière station avant le retour à Ispahan.

Ce roman appartient par sa forme à la même classe que celui auquel nous venons de le comparer; il n'a qu'un rapport indirect avec notre sujet. Il en est ainsi de la « *Lettre d'un habitant de la Lune* pour feu Caron de Beaumarchais, demeurant ci-devant boulevard Saint-Antoine, actuellement habitant de la Lune (1). » L'auteur de ce pamphlet soutient contre M. Mary Lafon les titres de Beaumarchais à la reconnaissance des amis des lettres.

Mais il n'en est pas de même de la fameuse mystification intitulée *Découvertes dans la Lune, faites au cap de Bonne-Espérance, par* HERSCHEL *fils, astronome anglais* (traduit de l'*Américain de New-York*). Cette œuvre-ci mérite une présentation digne de sa juvé-

(1) Paris, 1834. A ce genre de fictions on peut rattacher le conte fort spirituel que P.-F. Mathieu lut en 1843 à l'Athénée de Paris, sous le titre de *Voyage à la Lune.*

nile ardeur, et nous ne pouvons résister au désir de transcrire ici quelques passages. Le prélude est brûlant d'enthousiasme :

« Venez, que je vous embrasse !!!... Vous nous ap-
portez la nouvelle qu'il y a des hommes dans la Lune...
j'en étais bien sûr ; je l'ai dit depuis mon enfance ;
quand je rêvais à l'autre vie, c'était dans la Lune que je
voulais aller... Oh ! quel plaisir vous me faites !... Cette
belle Lune !... Elle a donc des quadrupèdes, des végétaux, des mers, des lacs, des forêts. Oh ! c'est divin !..,
Rochers de rubis et d'améthystes, arbres jaunes, chèvres
unicornes, individus portant des ailes au dos pour planer
comme des aigles... Oh!... cette belle Lune ! comme je
vais la regarder tous les soirs... Et M. Arago ose dire
que notre nouvelle est une mauvaise charge ! Disciples de
l'Institut de France, écoutez : »

L'exorde est ardent, l'exposition sera d'un calme ho-
mérique.

« Il est impossible de contempler une grande découverte astronomique sans se sentir pénétré d'un profond
respect, sans éprouver des émotions qui ont une sorte
d'affinité avec celles qu'une âme en quittant ce Monde
doit ressentir, en s'initiant aux vérités inconnues
d'un état futur. Liés ici-bas par les lois irrévocables de
la nature, êtres perdus dans l'infini, nous semblons
comme acquérir un pouvoir surnaturel et terrifiant,
lorsque notre curiosité vient à pénétrer quelqu'une des
œuvres mystérieuses et lointaines du Créateur...»

C'est en ce style noble que l'écrivain présente son
odyssée. On donne d'abord la description du grand télescope, dont la lentille mesure 24 pieds de diamètre,
et de tous les appareils astronomiques qui s'y rattachent,
puis on passe aux merveilleuses découvertes. D'abord ce

sont des végétaux aux formes bizarres et inconnues ; puis des édifices minéraux que les astronomes prennent abusivement pour des travaux de mains d'hommes ; puis des troupeaux de bisons portant au-dessus des yeux « une visière de chair traversant le front dans toute sa largueur et aboutissant aux oreilles » ; puis des unicornes, monstres de couleur mine de plomb, portant une barbe de chèvre — la femelle n'avait ni cornes ni barbe, mais sa queue était beaucoup plus longue —; puis viennent des pélicans gris, dont les jambes et le bec sont démesurément longs ; un autre jour passe dans le champ télescopique une étrange créature amphibie, de forme sphérique, roulant avec une grande vélocité à travers les cailloux du rivage... Mais toutes ces apparitions ne satisfaisaient pas nos observateurs, qui ne se trouvant qu'à un demi-kilomètre étaient en droit d'espérer davantage encore. Aussi, un beau jour qu'ils considéraient la couleur cramoisie de la lisière d'une forêt suspendue, et comme toujours, au moment où ils s'y attendaient le moins , voilà quatre troupeaux d'êtres ailés qui sortent du bois et s'abattent dans la plaine. C'était enfin les Lunariens démandés, les hommes à ailes de chauves-souris. On s'empresse d'en prendre la description : «Vus à quatre-vingts mètres, par la lentille Hz, on peut les examiner dans toutes leurs parties. Ils avaient taille moyenne, quatre pieds de haut ; ils étaient couverts, excepté à la face, de longs poils touffus comme des cheveux, mais brillants et couleur de cuivre ; ils avaient des ailes composées d'une membrane très-mince, lesquelles pendaient derrière leur dos très-confortablement, depuis le haut des épaules jusqu'au mollet. Leurs figures, d'une couleur de chair jaunâtre, était un peu mieux conformée que celle de l'orang-outang, etc. »

Sir John Herschell était bien à cette époque au cap de Bonne-Espérance, pour une mission du gouvernement britannique ; mais nous savons, par l'un de nos amis qui se trouvait avec lui, qu'il fut le dernier au courant des bruits qui couraient sur son compte (1).

C'est à la même époque que le fantastique Edgar Poe, alors rédacteur du *Southern Literary Messenger*, à Richmond, fit son voyage à la Lune, publié sous ce titre : *Aventure sans pareille d'un certain Hans Pfaall*. Son épigraphe est vraiment celle des voyages imaginaires :

> Avec un cœur plein de fantaisies délirantes
> Dont je suis le capitaine,
> Avec une lance de feu et un *cheval d'air*,
> A travers l'immensité je voyage.

L'aventure est étrange en effet. Un certain jour, une foule immense était rassemblée dans un but qui n'est pas

---

(1) L'apparition de cette brochure excita un mouvement extraordinaire dans les esprits, et l'année 1836 fut une véritable phase d'agitation astronomique. En mars, une seconde édition des « Documents sur la Lune » fut publiée à Paris et à Lyon ; en avril une troisième édition ; le même mois, une édition plus populaire parut à Bordeaux (le nom de l'éditeur était une recommandation : Laplace) ; le même mois vit paraître une « Notice sur les découvertes extraordinaires dans la Lune, faites en 1835, à l'aide d'un télescope, par John Herschell, par le docteur Andrew Grant », et une « Explication des découvertes dans la Lune ». Au mois de mai, on vit au Mans la même mystification se répandre au prix vulgaire de 20 c. Au mois de juillet, une nouvelle édition, considérablement augmentée, fut publiée à Lyon et à Paris. Au mois de novembre parut le Voyageur aérien conduit dans les astres.

Ajoutons qu'en mars avait été publié un fort volume sous le titre de : *Publication complète des nouvelles découvertes de M. John Herschell dans le ciel austral et dans la Lune*.

Mais le nombre de ces brochures fut remarquablement surpassé par celui des dessins, lithographies et gravures dont l'avalanche inonda pendant dix mois l'étalage des libraires. C'était un spectacle original de voir les rassemblements de curieux autour de ces reproductions anonymes d'hommes volants vus dans la Lune par un Anglais au cap de Bonne-Espérance.

spécifié, sur la grande place de la Bourse de la confortable ville de Rotterdam... « Vers midi, il se manifesta
dans l'assemblée une légère mais remarquable agitation,
suivie du brouhaha de dix mille langues ; une minute
après, dix mille visages se tournaient vers le ciel, dix
mille pipes descendirent simultanément du coin de dix
mille bouches, et un cri qui ne peut être comparé qu'au
rugissement du Niagara, retentit longuement, hautement,
furieusement, à travers toute la cité et tous les environs
de Rotterdam.

L'origine de ce vacarme devint bientôt suffisamment
manifeste. On vit déboucher et entrer dans une des lacunes de l'étendue azurée, du fond des nuages, un être
étrange, hétérogène, d'une apparence solide, si singulièrement configuré, si fantastiquement organisé, que la foule
de ces gros bourgeois qui le regardaient d'en bas,
bouche béante, ne pouvait absolument rien y comprendre
ni se lasser de l'admirer.

Le ballon, étant descendu à cent pieds du sol, montra
distinctement à la foule le personnage qui l'habitait. Un
singulier individu, en vérité. Il ne pouvait avoir plus de
deux pieds de haut. Mais sa taille, toute petite qu'elle
était, ne l'aurait pas empêché de perdre l'équilibre et
de passer par-dessus les bords du chapeau qui lui servait
de nacelle, s'il n'avait été retenu par un balcon de ficelles.
Le corps du petit homme était volumineux au delà de
toute proportion, et donnait à l'ensemble de son individu
une apparence de rotondité singulièrement absurde. Les
mains étaient monstrueusement grosses ; ses cheveux
gris et rassemblés par derrière en une queue ; son nez,
prodigieusement long, crochu et empourpré ; ses yeux,
bien fendus, saillants et perçants ; son menton et ses
joues, quoique ridés par la vieillesse, larges, boursouflés,

doubles ; mais, sur les deux côtés de sa tête, il était impossible d'apercevoir le semblant d'une oreille. Ce drôle de petit monsieur était habillé d'un paletot-sac de satin bleu de ciel, d'un gilet jaune et d'un foulard écarlate. »

C'était un habitant de la Lune.

Il diffère notablement de ceux que l'on a vus tout à l'heure au cap de Bonne-Espérance, et de ceux de Cyrano, et de ceux de Godwin. Ce Sélénite apportait à madame Grettel Pfaall des nouvelles de son mari, parti dans la Lune depuis cinq ans. Le manuscrit donne un journal détaillé du mode d'ascension employé par l'aéronaute, et des phénomènes observés pendant la traversée de dix-neuf jours. Cette description idéale des apparences suivant les hauteurs témoigne de certaines connaissances physiques chez notre romancier, et plus d'un touriste se servit tacitement du journal de Hans Pfaall pour ses excursions imaginaires (1).

(1) Pendant que certains esprits, avides de nouveaux spectacles, voyageaient dans les planètes, certains autres construisaient, comme au siècle dernier, des systèmes anti-scientifiques, où le paradoxe se marie à la naïveté. En plein dix-neuvième siècle, nous avons vu de fiers esprits nier de sang-froid les vérités astronomiques, et, à plus forte raison, les déductions qui en découlent. Pour en citer quelques-uns comme objets de curiosité, un M. Regnault de Jubicourt publia, en 1816, *la Création du Monde, ou Système d'organisation primitive,* par un Australien. Selon lui, ceux qui croient à la Pluralité des Mondes, aux découvertes de l'astronomie et de la physique, aux faits qu'elles semblent révéler, sont des fous ou des charlatans. Le monde n'est pas si compliqué que cela. C'est un œuf, produit de la copulation de deux êtres principes, qui, comme les fœtus animaux, a grossi depuis sa naissance... Tel est le prélude de ce magnifique système, qui coûta à l'auteur « deux cents heures de travail, à raison de trente ou quarante minutes par jour. »

La Lune n'est périodiquement enfantée ou renouvelée que par des émanations phosphoriques, grasses, onctueuses, qui se dégagent utilement et nécessairement de tous les corps terrestres. La preuve que ce

Le temps était vraiment à ces excursions. En 1838, Boitard écrivit ses voyages dans les planètes. Comme

n'est pas un corps recevant sa lumière du Soleil, c'est qu'elle est obscure au moment où elle en est le plus près, pendant les éclipses du Soleil!

Le Soleil n'est que le produit d'émanations plus ou moins volatiles, grasses, caloriques, ignées, qui, se dégageant de tous les corps, s'élèvent vers lui pour se concentrer dans son disque, ainsi que nous le remarquons très-facilement par les exhalaisons qui s'échappent perpétuellement de la Terre. Les planètes ne sont produites que par les émanations purgées, réduites et épurées, qui s'échappent nécessairement et indispensablement des corps qui sont établis au-dessous d'elles. Les étoiles elles-mêmes ne sont produites que par les parties les plus pures et les plus déliées qui s'échappent utilement et forcément des divers corps qui se trouvent placés au-dessous d'elles, tels que les planètes, le Soleil, etc. Aussi est-ce pour cette raison que, ne recevant point leur aliment de première main, elles sont si pâles et si faibles.

Le firmament est une sorte de concrétion ou de pétrification sublime, qui tient à la fois de la vitrification et de la civilisation; il provient des parties alcalines, acides, crues, grossières, que les astres n'ont pas absorbées. Son épaisseur est incalculable, son froid est grandissime. Il enserre le Monde comme la coque enserre l'œuf; il s'est accru par degré, comme celui-ci. Grâce à lui, rien ne peut sortir du monde.

Ce livre renferme une partie morale non moins remarquable que la partie physique. Pour donner une idée de cette partie, nous ne citerons que les deux propositions suivantes : « La civilisation est un état contre nature. — L'homme qui pense est un animal dépravé. »

A coup sûr, l'auteur n'a pas à craindre cette dernière accusation.

Mais voici une œuvre non moins piquante. Un certain abbé Matalène publia en 1842 une fantaisie, sérieuse et grave pour lui, bizarre et plaisante pour tout le monde : elle avait, en effet, pour but de proclamer l'*unicité* de la Terre, et l'insignifiance de la création sidérale. Son titre disait tout : l'*Anti-Copernic*.

Sans contredit, cet écrivain n'a pas prétendu à autre chose qu'à faire parler de lui; mais quand ce but est visible, il devient inaccessible. Quant à nous, nous ferons à M. l'abbé Matalène l'honneur de rire un instant avec nos lecteurs.

Voici donc le programme de cette composition dérisoire, dont Whewell a donné un meilleur type. « Astronomie nouvelle, suivie de plusieurs problèmes par lesquels il est prouvé, de la manière la plus claire, que les systèmes de Ptolémée et de Copernic sont également faux; que le Soleil n'a pas *un mètre* de diamètre, que l'étoile de Vé-

Lesage, il a le Diable boiteux pour guide. Le touriste, ayant pris un aérolithe comme mode de véhicule, se

nus n'est pas si grosse qu'une *orange*; que la Terre est plus grande que *tous les corps célestes réunis en masse*; qu'elle n'a que le mouvement diurné; qu'elle occupe le centre du système planétaire et des espaces, etc., etc.; » dédié à toutes les sociétés astronomiques; avec cette épigraphe empruntée à Voltaire par l'auteur, qui lui porte une singulière affection : « Mais... qui peut plaire, que celui qui est de notre avis ? »

L'Anti-Copernic passa sans bruit et disparut discrètement : nul ne l'avait remarqué. L'auteur, blessé dans ses prétentions, pensa éveiller l'attention par la note suivante, qu'il placarda à l'étalage de son libraire : « L'éditeur rend le prix coûtant, donne l'ouvrage et une prime de 50 francs au premier acheteur qui démontrera que les calculs de l'auteur sont faux, » etc.

Douze ans plus tard, en 1854, quelqu'un répondit.

Un M. Lemoine (de Saint-Symphorien de Lay) publia : « *L'Antimicroshéliologue*, ou le Soleil et l'Univers en miniature de M. l'abbé P. Matalène rétablis dans leur immensité réelle » — avec cette belle épigraphe de Virgile : *Felix qui potuit rerum cognoscere causas*, que Delille a eu l'audace de traduire par : « Heureux le sage instruit des lois de la nature. » M. Matalène dort en paix depuis 1854; il a trouvé un réfutateur. Maintenant, voyons pourquoi nous avons nommé M. Lemoine, et laissons là l'Anti-Copernic.

« Pourquoi vous êtes-vous donné tant de peine? dit-il à l'auteur. — Parce que l'incommensurable immensité des cieux effrayait votre imagination, et que l'incompréhensible auteur de ces profonds espaces et des Mondes qu'ils contiennent vous paraissait trop puissant pour pouvoir vous dire vous-même que vous étiez fait à son image; et peut-être aussi parce que, en accordant trop d'étendue au firmament, vous craigniez de ne plus pouvoir rencontrer et atteindre le séjour des bienheureux, votre paradis, que vous avez placé au-dessus de tous les cieux.

« ...Monsieur, si je vous ai ravi votre paradis, en compensation, je vous gratifie de la Pluralité des Mondes, habités comme le nôtre, et où toute noble intelligence aura sa place. Vous ne perdrez pas au change, je m'imagine. Soyez persuadé, d'après les analogies et les faits, qu'il existe réellement des êtres organisés et sensibles dans tous les corps du système solaire, et dans tous les autres corps qui composent les systèmes des autres Soleils : ce qui augmente et multiplie presque à l'infini l'étendue de la nature vivante, et élève en même temps le plus grand des monuments à la gloire du Créateur. »

La réponse aurait été digne d'un objet plus important.

dirige d'abord sur l'astre du jour. Il s'attendait à trouver des géants de plusieurs centaines de mètres, des Micromégas solaires, et comme il tenait perpétuellement les yeux levés au moins à la hauteur du mont Blanc, il se trouva heurter quelque chose sur son chemin : c'était une petite femme de trois pieds de hauteur qui, renversée par le choc, roula sur le gazon en poussant des cris lamentables.

Les Soleiliens, dit l'auteur, ne sont donc pas tels que plusieurs se les représentent. Figurez-vous des personnages hauts de quatre pieds, ayant les jambes courtes et très-grêles, des pieds très-gros et sans doigts, mais cuirassés par un seul ongle fort dur et fort épais, garnissant le contour de l'extrémité du coup de pied, à peu près comme un petit sabot de cheval. Quant à leurs mains, elles ont six doigts longs. Ce qui m'étonna le plus dans ces singulières créatures, c'est leur tête ; elle eût fait tomber dans le ravissement un phrénologue parisien. Elle pouvait bien peser à elle seule le tiers de la totalité du poids de ces curieuses créatures, car elle était presque aussi grosse qu'une citrouille. Ce qui la rendait plus étrange encore, c'est qu'elle consistait presque toute en crâne, et que la face en occupait une très-petite portion. Quant au reste, je ne saurais vous donner une idée plus nette des hommes du Soleil qu'en les comparant à certaines caricatures à forte tête de Dantan. — La description, comme les suivantes, est complétée d'un dessin fort curieux.

Tels sont les habitants de l'astre radieux. Mais le fabricant a oublié un point essentiel, c'est d'avoir coiffé ses enfants de bourrelets protecteurs, comme les nourrices font de leurs bébés, de crainte qu'ils ne se brisent la tête dans leurs chutes si fréquentes. En vertu de l'attraction solaire, près de trente fois plus forte là-bas qu'ici, ces êtres à tête de citrouille et à pieds de cheval ne peuvent certainement faire deux pas de suite sans tomber. Nous prions M. Boitard d'y songer à sa prochaine édition.

Georges Cuvier, dans son *Règne animal*, tome Ier, page 3, a donné les caractères suivants : « Bras longs, front très-reculé, crâne petit, comprimé ; face pyramidale, noirâtre, ainsi que les mains ; corps brun et velu » comme distinctifs de l'espèce de singe nommée *Pongos*. Ce sont là les hommes de Mercure.

Les habitants de Vénus sont un peu plus gracieux ; leur museau est moins proéminant que celui du singe, et ils tiennent le milieu entre l'orang-outang et le Cafre. Leur corps est couvert de longs poils fauves, mais leur tête est complétement chauve. Ils passent la vie à s'entre-bâtonner.

Les Marsiens, supérieurs aux Vénusiens, ressemblent assez à nos nègres. Sommairement, la vie est d'autant mieux représentée sur les planètes qu'elles sont plus éloignées du Soleil. Jupiter paraît pourtant tenir le sceptre de l'humanité, car à partir de lui il nous semble que les hommes déclinent vers l'animalité. Ainsi les habitants de Saturne sont couverts d'un poil épais, blanc comme neige ; leurs yeux ronds sont rouges comme ceux d'un lapin blanc, et leur pupille transversale comme celle des hiboux et des animaux nocturnes ; les femmes ont le poil beaucoup plus blanc et plus soyeux que les hommes ; tous ont des oreilles de dix-huit pouces de longueur, formant une sorte d'entonnoir bordé de poils longs et roides placés en rang comme des cils. « Quand ils écoutaient parler, ils avançaient leurs oreilles, mobiles comme celles d'une biche, et ils fermaient les yeux, crainte de distraction, ce qui leur donnait un air d'amabilité charmant. »

Les habitants d'Uranus sont des oies. Le voyageur ne se doutait pas d'abord que ce fussent là les gens raisonnables de la planète ; il approchait d'un étang, lorsque toutes s'envolèrent en kankannant dans les airs, à l'exception d'une seule, qui resta prise par la patte dans une touffe de joncs. « Je courus à elle, dit-il, et j'allais la saisir lorsque je reculai d'étonnement : elle leva vers moi sa tête blanche parée d'une magnifique aigrette de longues plumes et me montra le plus joli visage de jeune fille que j'aie vu de ma vie. Par la vertu de la béquille du génie, je compris de suite ses kankans, et elle me disait d'un air suppliant : — Monstre étranger, je t'en supplie au nom du ciel, ne me fais pas de mal ! Je suis une pauvre petite oie bien innocente et bien jeune, car je n'ai que deux mois (à peu près seize ans) et je ne suis pas encore sortie de dessous l'aile de mes parents. » Le nouveau venu commençait à ressentir une tendre sympathie pour elle, et songeait à la ramener avec lui, lorsque sur la réflexion du génie : — qu'il n'avait pas à s'embarrasser d'une oie étrangère, attendu qu'il n'en manquait pas à Paris, — il la laissa et revint sur la Terre en passant par la Lune.

L'auteur des *Contemplations* avait une idée plus juste de la diversité inconcevable qui caractérise les œuvres de la nature, lorsqu'il décrivit son voyage céleste dans son dithyrambe *Magnitudo Parvi*, ce titre latin de Micromégas. Le penseur s'élève en esprit vers les sphères habitées et les contemple. Comme un navire abordant les côtes, la nef de la poésie s'est approchée ici de la réalité, lorsque V. Hugo écrivit cette strophe :

> Et si nous pouvions voir les hommes,
> Les ébauches, les embryons,
> Qui sont là ce qu'ailleurs nous sommes,
> Comme, eux et nous, nous frémirions !
> Rencontre inexprimable et sombre !
> Nous nous regarderions dans l'ombre
> De monstre à monstre, fils du nombre
> Et du temps qui s'évanouit ;
> Et si nos langages funèbres
> Pouvaient échanger leurs algèbres,
> Nous dirions : « Qu'êtes-vous, ténèbres ? »
> Ils diraient : « D'où venez-vous, nuit ? »

Mais le poëte n'est-il pas entré avec trop d'assurance dans les systèmes arbitraires dont nous parlions plus haut, lorsqu'il représente les Mondes comme d'autant plus malheureux, plus déshérités, plus mal peuplés qu'ils sont plus éloignés du Soleil, astre-paradis ?

> La Terre est au Soleil ce que l'homme est à l'ange.
> L'un est fait de splendeur, l'autre est pétri de fange.
> Toute étoile est soleil, tout astre est paradis.
> Autour des globes purs sont les globes maudits ;
> Et dans l'ombre, où l'esprit voit mieux que la lunette,
> Le soleil-paradis traîne l'enfer-planète.

> Plus le globe est lointain, plus le bagne est terrible.

> Ténébreux, frissonnants, froids, glacés, pluvieux,
> Autour du paradis ils tournent, envieux ;
> Et, du Soleil, parmi les brumes et les ombres,
> On voit passer au loin toutes ces faces sombres.

Malgré la grandeur impérieuse du tableau, ces imaginations ne sont pas mieux fondées que les nombreux systèmes de séries croissantes ou décroissantes, précédemment passés en revue. La *Cosmogonie* de Charles Fourier n'est établie que sur des principes tout aussi arbitraires.

Selon ce profond homme et ses nombreux disciples

(qu'il ne faut jamais nommer fouriéristes, mais phalanstériens), les astres sont animés, vivants, et communiquent
entre eux par des cordons fluidiques (aromaux) qui servent à la procréation des êtres à la surface de chaque
Monde. C'est ainsi que le cheval vient de l'influx de Saturne, et le crapaud de l'influx de Mars. Ces êtres habitant les planètes, hommes, animaux ou plantes, ont une
âme éternelle, mais inférieure à celle de la planète qu'ils
habitent. Aussi l'âme de la Terre est supérieure en intelligence, en morale, en volonté, à toutes celles de ses
habitants. Les âmes ne transitent pas d'un globe à l'autre,
elles appartiennent à l'âme de chaque globe et ne voyagent qu'avec elle. Selon le tableau de Fourier, nos âmes,
à la fin de la carrière planétaire, auront alterné 810 fois
de l'un à l'autre Monde, en aller et retour; total, 1,620
existences, dont 810 ici et 810 dans l'espace avoisinant.
C'est seulement à cette époque qu'il leur sera permis de
visiter d'autres globes, et alors l'âme de la Terre nous
emmènera. « A l'époque du *décès* de la planète, sa grande
âme, et par suite les nôtres inhérentes à la grande, pas-
seront sur un autre globe neuf. Les petites âmes per-
dront la mémoire parcellaire des métempsycoses, puis
se confondront et s'identifieront avec la grande âme.
Nous ne conserverons alors qu'un souvenir du sort général de la planète. Le souvenir des métempsycoses cu-
mulées deviendrait à la longue insipide et confus. Lorsqu'une âme planétaire se sépare de son globe défunt,
elle va habiter une jeune comète, que l'on implane
quand celle-ci est mûre et suffisamment raffinée, et re-
commence une carrière d'harmonie sidérale. La grande
âme, après avoir fourni une échelle d'existences dans les
corps de plusieurs planètes, s'élève en degré; c'est-à-dire
que, si elle a été pendant un temps suffisant âme de sa-

tellite, elle devient âme de cardinale, puis âme de nébuleuse, puis âme de prosolaire, puis âme de Soleil, et ainsi de suite, âme d'un univers, de deux univers, etc. ; les âmes humaines, animales, végétales, suivant les progrès de la grande âme, croissent en développements pendant plusieurs milliards d'années. » Puis... il est assez difficile de deviner ce qu'elles deviennent.

Enfin pour Fourier les astres sont des êtres vivants et pensants, organisés entre eux comme nos familles ou nos sociétés. Quand l'âme d'une planète commet une faute, ses voisines « la mettent en quarantaine » ; si elle a du chagrin, on la console de toutes les façons ; si elle est malade, « *on la soigne bien*, mais on l'isole de communications libres et intimes ». Ces communications intimes, d'où naissent les habitants des planètes, s'opèrent « par cordons aromaux, sur lesquels glissent les aromes envoyés d'un astre à l'autre, comme on voit, dans nos feux d'artifice, l'étincelle glisser sur un dragon de corde enduite, qui, si elle était prolongée, pourrait communiquer le feu à une distance infinie. » Nous n'insisterons pas davantage sur les idées cosmogoniques de l'auteur du *Phalanstère*, dont nous avons déjà parlé dans un précédent ouvrage.

Mais notre siècle n'a pas seulement vu naître des systèmes bizarres, des discussions sur l'aspect théologique, des fantaisies sur l'aspect anecdotique de notre sujet ; les formes que nous venons de passer en revue ne sont pas les seules qu'ait revêtues de nos jours l'idée de la vie dans l'univers : — ce serait un triste symptôme. — Il était donné à notre époque de saluer des œuvres plus sérieuses, plus utiles et plus durables.

Si les astronomes de profession sont par la nature de leurs travaux confinés dans les figures géométriques et dans les tables de calculs; si, en général, ils ne se sont pas plus occupés de la philosophie de l'astronomie que si cette philosophie n'existait pas, quelques-uns d'entre eux cependant ont fait exception à la règle officielle. Outre ceux que nous avons salués à l'origine de la science, Newton, Lalande, Laplace, Herschell, ont pensé à l'habitation des Mondes. On pouvait donc s'attendre à ce que cette opinion pût s'affirmer d'elle-même un jour sur ses propres bases.

Elle se formulait insensiblement. En 1847, le docteur Plisson cherchait dans son traité sur *les Mondes* quelles sont les conditions de l'existence des êtres organisés dans notre système planétaire. Toutefois il ne voulait pas élever l'idée qui lui servait de supposition à un degré plus haut que la simple conjecture, et il exprima lui-même son opinion comme conclusion du volume. « L'idée de l'habitation n'est qu'une simple conjecture. Quelque plausible qu'elle puisse paraître, il nous importe cependant de ne pas perdre de vue qu'elle ne repose au fond que sur des rapports d'analogie, et non sur des preuves directes, indubitables. Que si maintenant quelqu'un trouvait qu'une pareille conclusion ne méritait pas la peine d'entreprendre cette longue dissertation, nous lui répondrions que notre but n'était pas de prouver la Pluralité des Mondes. »

Moins réservé, le docteur Lardner écrivait, dans le *Museum of sciences and arts*, un mémoire en faveur de cette opinion. L'examen physique des planètes, appuyé par des dessins directs, lui permettait d'établir son hypothèse à un degré de probabilité supérieur à celui dans lequel le précédent auteur était resté. Enfin l'apparition du livre du théologien anglais Whewell, dont nous avons parlé, *contre* la Pluralité des Mondes, appelait l'attention des savants sur un terrain encore peu exploré scientifiquement, et suscitait des réfutations telles que les suivantes.

— *More Worlds than One*, the creed of the philosopher and the hope of the christian. : « *Il y a plus d'un Monde*, c'est la croyance du philosophe et l'espérance du chrétien », par sir David Brewster (1854).

— *Essays on the spirit of the inductive philosophy, the Unity of Worlds, and the philosophy of creation :* « Études sur l'esprit de la méthode inductive, sur l'Unité des Mondes et la philosophie de la création », par le Rév. Baden Powell (1855).

— *A few more Words on the Plurality of Worlds.* « Encore quelques mots sur la Pluralité des Mondes », par W. S. Jacob (1855).

— *Rêveries et Vérités*, réponse à l'ouvrage du docteur Whewell sur la Pluralité des Mondes (1858).

De ces diverses réfutations, la première est la plus importante. Les autres n'embrassent que des aspects incomplets de la question. La dernière ne peut être nommée que pour la forme. L'ouvrage de sir David Brewster renverse de fond en comble les assertions du théologien, et nous doutons qu'en voyant l'échafaudage de ses négations en pareil état, quelque audacieux ait désormais la prétention de le reconstruire.

Le roman ne s'était pas suspendu. En 1855, tandis que l'Angleterre assistait aux débats des puissants antagonistes, Paris recevait une continuation de la série anecdotique dans *Star, ou ψ de Cassiopée.* C'est « l'histoire merveilleuse de l'un des Mondes de l'espace, la description de la nature singulière, des coutumes, des voyages et de la littérature des Stariens ». L'introduction, écrite en vers blancs, nous apprend à grands frais d'éloquence que le manuscrit fut trouvé par l'auteur sur un pic neigeux de l'Himalaya, dans un bolide creux. Dans la constellation de Cassiopée, l'étoile ψ est un système multiple

de Soleils de toutes couleurs; Star est une planète autour
de laquelle gravitent divers Soleils. La supposition ne
laisse pas d'être ingénieuse, quoiqu'elle soit loin de révéler la main d'un astronome.

C'est vers la même époque qu'une doctrine établie sur
des faits inexpliqués commença à s'infiltrer dans les
masses et à compter de nombreux partisans. Quelle que
soit la valeur scientifique de quelques sceptiques et
l'ineptie de certains autres, il y a en réalité des *faits*
dont la science ni la raison ne donnent la clef, des faits
appartenant au domaine de l'insondé, — peut-être de
l'insondable — et qui semblent placés en dehors de
l'expérimentation physique. Ces phénomènes supra-scien-
tifiques peuvent être niés par des hommes incomplets,
mais ils n'en existent pas moins pour cela : sur ces mystères
nommés à tort surnaturels, mais simplement en dehors de
l'explication scientifique d'*aujourd'hui*, le spiritisme fut
édifié. — Il y avait là « quelque chose », selon le mot
ridiculisé par certains antagonistes ; mais, hélas ! comme
ce quelque chose fut vite dépassé par l'imagination exal-
tée ! L'esprit humain est si faible, et pourtant court
si vite à l'exagération que, du jour où l'on crut converser
positivement avec des esprits résidant en dehors de la
Terre, une multitude de cerveaux s'ébranlèrent. La curiosité l'emportant, on voulut demander à ces êtres (complétement inconnus cependant) l'histoire *de visu* des sphères
célestes et de leurs habitants. Ces êtres, très-obligeants,
comme on sait, satisfirent la fantaisie de chacun, et chacun se donna son petit système de Mondes imaginaires. Il
y en eut pour tous les goûts. — Un extatique se leva et
raconta en paroles profondes (si profondes qu'elles en
devenaient amphigouriques) les mystères de la génération
des Mondes, la formation de la Terre par quatre satel-

lites soudés, l'habitation parasitique des astres, la vie et l'intelligence de ceux-ci, et leur volonté libre lorsque leurs âmes s'en vont en troupes à la caducité des planètes, à la recherche de corps neufs. C'était Michel de Figanières, auteur de *la Clef de la vie*, œuvre étrange, qui ne manque pas de profondeur en certains problèmes, mais dont nous ne conseillerons jamais la lecture. — Un autre, Victor Hennequin, conversant avec *l'âme de la Terre*, s'instruisait sur la valeur morale de l'âme de Jupiter ou de Saturne, et sur le degré d'élévation des petites âmes de leurs habitants. — Un autre écrivait sous la dictée d'Arago, tandis que madame voyageait dans les planètes. Voici un petit échantillon : Dans un voyage sur Saturne, madame X... reconnut une confirmation des communications qu'elle avait reçues, savoir qu'il est un Monde un peu inférieur à Jupiter, mais supérieur à la Terre. Lesurque y est présentement incarné et propriétaire. Madame X... alla lui rendre visite. Elle arrive à l'entrée d'un pont svelte, léger, très-long et d'une seule arche, sous lequel passe une gondole montée par des musiciens. L'extrémité opposée du pont, vers laquelle elle se dirige, est vivement éclairée par des lumières disposées en forme de croix sur la fermeture de cette extrémité. L'entrée du pont donne sur un parc immense et splendide; des ruisseaux murmurants serpentent au milieu d'arbres touffus, dont le feuillage et les fleurs offrent les plus séduisantes variétés de tons. On remarque surtout des fleurs en clochettes d'un violet admirable. Au milieu de ce parc, sur une pièce d'eau couverte de plantes aquatiques d'une grande beauté, on voit une élégante habitation, légèrement construite, sous la forme d'un trèfle gothique; les terrasses et les balcons sont magnifiquement sculptés, des statues et de gracieux motifs les décorent... Au milieu d'un

bassin jaillit un jet d'eau tiède qui retombe en pluie dorée
sur un groupe de ravissantes femmes nues, dans l'eau
jusqu'à la ceinture, et dont les cheveux couvrent presque
tout le corps; une d'entre elles est hors de l'eau. Il y a
sur Saturne des eaux de différentes densités, dans lesquelles le corps des baigneuses peut plus ou moins descendre. Voilà ce qu'a vu madame Roze. Et nous ne parlons pas des planètes Lopussas, Etéopis, nouvellement
découvertes par le médium! — Cependant tout n'est pas
imaginaire dans ces visions; il en est qui, données par des
médiums étrangers à la science, offraient néanmoins de
curieuses coïncidences relativement à la comparaison que
l'astronomie peut établir entre les autres Mondes et le
nôtre. Il en est d'autres qui, illustrées par d'élégants dessins, étaient vraiment très-ingénieuses. Telles sont les
vues de *Jupiter*, que M. Victorien Sardou dessina sous la
force directrice de Bernard Palissy, actuellement propriétaire, lui aussi, dans cette belle planète. L'habitation du
prophète Élie, la demeure de Swedenborg sont d'une très-
curieuse architecture. Le château emblématique de Mozart
(ville basse) l'emporte encore par son élégante construction
musicale; rien de plus merveilleux que ce prodigieux et
gracieux assemblage de notes, clefs, portées, bémols,
dièzes, bécarres, anches, cordes, instruments de toute
sorte, formant le portail d'une étrange demeure. Mais rien
ne surpasse le quartier des animaux chez Zoroastre, où
l'on voit des êtres quasi-humains jouer aux quilles, — nouveau jeu qui tient aussi du bilboquet, puisque les boules sont
percées et qu'il s'agit, non d'abattre les quilles, mais de
les coiffer par ces boules; — d'autres quasi-humains se
balancent sur d'élégantes escarpolettes végétales, d'autres
se suspendent aux lianes, d'autres s'envolent dans les
airs. — C'est pour tourner en ridicule ces voyages spirites

qu'un anonyme d'outre-monts écrivit *les Mondes habités, révélations d'un esprit*, composition du reste peu ingénieuse, en laquelle l'auteur nous fait l'histoire de sept Mondes peuplés par la descendance des sept anges déchus primitifs : Adam sur la Terre, — Zilsminuf sur la Lune, — Kktglc sur Zzh (dans la Voie lactée), — Kiikiiiik sur Aldébaran, — Bocbi sur une terre de cyclopes, — I sur une planétoïde de 17 lieues de diamètre, — enfin Bakhar sur un Monde nommé Saturne, où il n'y a que des Œufs pensants.

Les voyages entrepris soit par des Esprits pour faire plaisir à de curieux ou curieuses médiums, soit par des médiums en extase sous la conduite d'Esprits complaisants, n'ont pas été supérieurs à ceux que nous avons fait passer devant nous depuis deux mille ans; souvent même, antithèse flagrante, ces œuvres d'Esprit en étaient singulièrement dénuées. Il faut donc nous résoudre à croire que ce moyen occulte de visiter les autres sphères nous est, lui aussi, interdit, et que c'est toujours aux sciences d'observations que nous devons demander la clef de la grande énigme.

Aux œuvres filles de l'esprit de système, à celles qui doivent leur naissance à la fantaisie, à celles que la réflexion scientifique a formées, et enfin aux œuvres de l'illusion ou du mysticisme, ajoutons celles que le sentiment a inspirées. *Les Horizons célestes* ont été dévoilés aux regards de madame de Gasparin par l'amour; une affection brisée par la mort jeta son âme au delà de la sphère terrestre, les yeux levés vers cette dernière éternité d'un nouveau ciel et d'une nouvelle terre, dont une sorte de néo-christianisme lui donne l'espérance. L'auteur croit à la résurrection des corps et à la rénovation du Monde aux derniers jours de la Terre, sans s'éle-

ver entièrement à la notion réelle de l'état de l'univers;
mais ses aspirations restent pleines de grandeur lorsqu'il
proclame avec l'éloquence du cœur l'identité éternelle de
l'âme, la survivance des affections et l'activité de la vie
future. A cette œuvre associons un essai digne d'attention : *Alcime, Esquisses du Ciel*, où l'auteur, comprenant les vrais principes sur lesquels se constitue la philosophie de l'univers, expose dans sa forme véritable
l'harmonie qui unit les aspirations de l'âme à l'état réel
de la création. Sa fiction suppose, sur l'astre qui nous
éclaire, une humanité supérieure, au sein de laquelle des
hommes illustres en notre Monde, s'étant incarnés, mènent le genre d'existence auquel les sages optimistes
veulent tendre dès ici-bas.

Ici l'auteur se voit arrivé au point le plus délicat de
son sujet. Il ne veut ni être historien dans sa propre
cause, ni laisser son réseau inachevé en omettant de
marquer le point de convergence où toutes ses lignes
aboutissent; l'alternative est difficile à sauver. Comment
sortir de ce grave embarras ?

Fort heureusement pour lui, l'histoire contemporaine
ne se trouve point dans le cas de l'histoire ancienne, ni
même dans le cas de l'histoire moderne. Tous les gens
d'esprit étant au courant des événements contemporains,
il est par là même dispensé de les rappeler à ses lecteurs. Il se contentera donc de terminer sa causerie
par quelques paroles complémentaires.

Un lustre avant l'année 1862, un humble songeur
passait les belles nuits d'été dans la contemplation des
cieux, les belles journées de printemps dans les retraites
privilégiées de la nature, les belles soirées d'automne dans

l'admiration des effets de lumière et les longues heures
d'hiver dans l'étude des sciences positives. Caché dans
l'ombre qui convient aux petits, ce songeur dont on ne
connait pas l'âge, peut-être parce que l'âme n'en a pas,
portait au fond de son cœur comme au fond de son esprit
la conviction naturelle de l'existence d'êtres vivants et
pensants, au sein de cette création infinie dont les nuits
étoilées nous dévoilent la splendeur. Il causait quelquefois, paraît-il, avec des savants qui étaient de la dernière
indifférence ` cet égard, et qui riaient de sa foi naïve.
Alors il s'étonna que l'on pût douter d'une réalité aussi
évidente, et que l'on pût nier son importance dans les
destinées de la science humaine. Il chercha s'il ne serait
pas possible d'en donner une démonstration extérieure à
ceux dont la clairvoyance n'était pas assez vive, et bientôt il osa former le projet d'organiser cette démonstration.
Le lustre dont nous parlions tout à l'heure, s'éteignit
comme son travail touchait à son terme, et l'œuvre parut.

. . . .

Au premier feuillet on lisait la phrase suivante :

« La certitude philosophique de la Pluralité des
Mondes *n'existe pas encore*, parce qu'on n'a pas établi
cette vérité sur l'examen des faits astronomiques qui la
démontrent ; et l'on a vu, ces derniers temps encore, des
écrivains en renom hausser impunément les épaules en
entendant parler des Terres du ciel, sans que l'on ait
pu leur répondre par des faits et les clouer au pied de
leurs ineptes raisonnements. »

Depuis ce temps, le songeur anonyme continua de se
consacrer à une œuvre qui lui était d'autant plus chère
que son opportunité avait été splendidement proclamée,
et sa curiosité le porta à demander à l'histoire quels
étaient les hommes qui avaient partagé une opinion

analogue à la sienne. En même temps il cherchait à peser dans leur importance absolue les conséquences de sa doctrine. Ceci se passait en 1864.

L'auteur reprend ici son rôle d'historien, et constate d'après la lecture des journaux du temps, français et étrangers, qu'à dater de cette époque la *Doctrine* de la Pluralité des Mondes fut une question à l'ordre du jour.

Si les lignes de notre histoire viennent aboutir au point où nous nous plaçons, elles ne s'y arrêtent pas, mais s'y croisent. Prolongées au delà, comme les rayons qui convergent sur une lentille et la traversent, elles s'enfoncent dans l'avenir. Si la série de l'histoire passée se terminait ici, la série de l'histoire qui est devant nous y commencerait. Quelques traits suffiront pour marquer l'origine du mouvement nouveau, continuer notre revue au delà de son terme, et la fermer sur le mois même dans lequel nous écrivons ces pages.

Avant la fin de l'année 1864, un philosophe connu depuis longtemps par d'importants travaux, couronnés à l'Institut publia : *La Pluralité des existences de l'âme, conforme à la doctrine de la Pluralité des Mondes*, ouvrage présenté comme appuyant sur le précédent les fondements de la théorie dont il se fait le défenseur. M. Pezzani a montré qu'en établissant la doctrine de la Pluralité des existences de l'âme sur la doctrine de la Pluralité des Mondes, on lui donnait un aspect rationnel, s'imposant plus facilement aux esprits positifs de notre époque. Le même auteur publia (Lyon, 1864) une « esquisse abrégée de la Pluralité des Mondes », dans son mémoire intitulé *Nature et destination des astres*, par un lauréat de l'Institut.

La même année vit paraître les « *Voyages dans les*

planètes, et découvertes des véritables destinées de l'homme ». L'auteur, conduit par un envoyé céleste parmi les sphères habitées, y rencontre des hommes illustres de l'antiquité et des temps modernes, recevant dans ces vies ultérieures une condition d'existence en harmonie avec leur valeur intellectuelle et morale, soit comme récompense, soit comme expiation, soit comme moyen d'épreuve pour s'élever sans cesse dans la perfectibilité indéfinie.

Au mois de février 1865, M. Alexandre Dumas publia dans *l'Univers illustré* un *Voyage à la Lune*, dans lequel apparemment le célèbre romancier n'a pas eu d'autres prétentions que celle de montrer qu'il lui était loisible d'exercer sa plume dans tous les genres. Le touriste Mocquet descend la Seine à la nage jusqu'à l'Océan, est emporté par un aigle sur la Lune, que son poids fait pencher, et retombe, chassé par l'homme de la Lune dont il avait renversé la marmite.

Au mois de Mars, Londres vit paraître un nouveau *Voyage à la Lune*, dans lequel l'auteur, comme son ancêtre Godwin, prend la Lune pour mise en scène d'un roman de fantaisie.

Au mois d'avril, Paris reçut encore un « *Voyage à la Lune* d'après un manuscrit authentique projeté d'un volcan lunaire ». Les aéronautes sont des Européens qui, partis pour la Lune à l'aide d'une certaine substance douée de la propriété d'être *repoussée* par la Terre, y demeurent encore présentement, et envoyèrent de leurs nouvelles par un aérolithe tombé dans le jardin de M. Cathélineau, D. M. P. résidant à la Grâce-Dieu (Doubs).

Au mois de mai fut exibé un *Habitant de la planète Mars*, déterré dans un sarcophage, tombé jadis du ciel en Amérique. On s'est demandé pourquoi l'auteur s'était donné la peine de l'exhumer.

Au mois de juin, le touriste ingénieux qui était à peine de retour de son *Voyage au centre de la terre*, fit, lui aussi, son voyage à la Lune, dont il publia la relation sous ce titre : *De la Terre à la Lune*. Tel est le commencement de l'année 1865 ; et l'heure du solstice n'est pas encore sonnée.

Le grand mouvement qui s'est opéré et se continue, en faveur de la même idée, impose désormais cette doctrine aux esprits comme l'expression d'une réalité inattaquable, et lui consacre le rang qu'elle a pris dans l'histoire de la science et de la philosophie. Pour la plupart, elle s'est révélée dans son caractère grave et souverain ; pour d'autres elle a encore gardé la parure de fantaisie dont l'imagination humaine l'avait enveloppée. Mais elle a désormais conquis son rang dans la science ; — on a reconnu, comme l'écrivait un illustre auteur, que « La Pluralité des Mondes habités est la conclusion et le thème capital de l'astronomie (1) ».

La grande revue que nous venons de passer, depuis l'horizon brumeux de l'histoire antique jusqu'à nous, a fait défiler sous nos yeux les rangs bizarres et hétérogènes de l'armée des auteurs. Après avoir demandé à la Nature de nous instruire sur l'ordonnance de l'univers et sur l'état des séjours lointains qui voguent avec le nôtre dans l'espace illimité, nous avons voulu demander à l'homme ce qu'il avait pensé lui-même sur cette curieuse question, et quelle réponse il avait donnée à ce point interrogatif de l'inconnu qui se dresse éternellement de-

---

(1) Henri Martin, *Siècle* du 14 août 1864.

vant lui. En satisfaisant notre désir, l'homme nous a montré que, malgré ses brillantes et fécondes facultés d'invention, il reste toujours au-dessous de la réalité; par l'action combinée de ses plus puissants efforts, il n'est pas arrivé à produire ce que la nature fait naître simplement par l'ordre nécessaire de la succession des choses.

Elle est pourtant bien téméraire, cette folle du logis dont les ailes diaprées palpitent d'une impatience indomptable; elle est pourtant bien vive et bien rapide, la blonde déesse dont les lèvres, en se penchant à la fontaine de Jouvence, y puisèrent une jeunesse sans fin! Quelle raison pourrait suivre l'Imagination aux caprices sans nombre, dans son vol illimité à travers les sphères inconnues? et quel regard pourrait atteindre les bords de ces royaumes mystérieux où la transporte son ardent essor? Nous l'avons vu : soit qu'elle prenne pour point de départ le terrain solide du savoir, et que, le frappant du pied, elle s'élance franchement dans les airs; soit qu'elle se laisse bercer par les songes, et que, portée sur des flocons de nuages, elle suive au gré des vents capricieux une marche irrégulière; elle ne connaît aucune borne à sa témérité, et voyage à sa fantaisie dans des régions imaginaires jusqu'au moment où, se souvenant de sa propre existence, elle cherche à se reconnaître et suspend son vol. Parfois même, oublieuse d'elle-même et emportée par la seule curiosité, elle continue indéfiniment ses excursions sans but, et vole pour le seul plaisir de planer dans l'espace; souverainement libre, audacieuse et téméraire, on la voit peupler le vide et créer des Mondes. Rien ne l'arrête; elle ne connaît aucun obstacle. Lois ou forces s'annulent à ses yeux. Créer, c'est faire de rien : elle a la prétention de créer. Existence, vie, intelligence, pen-

sée : elle croit pouvoir tout cela. Substance et forme, tout
lui paraît soumis. Elle ne tient compte d'aucune réserve ;
clarté ou ténèbres, chaud ou froid, grandeur ou petitesse,
poids ou légèreté, magnificence ou laideur, rouge ou bleu,
peu lui importe. Son caprice seul existe : c'est lui qui
donne l'existence et la vie à tous les êtres qu'elle enfante ;
et les fantômes se forment à son souffle, comme ces bulles
légères et multicolores qu'une main enfantine fait
échapper dans les airs.

Une liberté si grande l'aura-t-elle élevée au-dessus de
la nature, dont l'action paraît enchaînée aux éléments et
aux forces dont elle dispose ? La puissance sans égale dont
elle est douée lui aura-t-elle permis de s'exercer à quelque création merveilleuse et sans précédentes ? Déjà les
faits observés nous répondent. L'imagination reste encore au-dessous de la réalité : elle transforme un type,
elle transfigure une image : elle ne crée pas.

Les variétés innombrables dont nous venons de faire
une riche moisson dans la série anecdotique de notre
examen peuvent toutes être disposées dans l'intérieur
d'un grand cercle, que l'on pourrait nommer le cercle
de la fantaisie humaine : l'imagination la plus extra-
vagante ne saurait franchir ce cercle. Dans la diversité
de nos auteurs, un grand nombre se sont déjà rencontrés,
soit en essayant de former des types nouveaux, soit en
élevant des civilisations ou des cités sur les terres inconnues ; de nos jours, les nouveaux voyageurs célestes se
rencontrent plus fréquemment encore avec les anciens.
C'est que, dans le domaine de l'imaginaire même, la vision
de l'homme est limitée, et qu'elle ne saurait s'élever au
delà de la sphère formée soit par l'observation directe des
choses qui existent autour de nous, soit par les inductions
tirées de ce spectacle. L'empire de la création, au con-

traire, est infini; il enveloppe cette sphère dans tous les sens, comme l'Océan enveloppe un grain de poussière perdu au sein de ses eaux.

Si quelques esprits clairvoyants, par imagination ou par intuition, ont conçu dès les temps passés une juste idée de la nature de certains Mondes, ce n'est pas là cependant un exemple qui soit en condition d'être proposé. Lorsque nous sommes arrivés à la certitude intime de l'existence d'êtres vivants au delà de la Terre, parmi les régions célestes qui nous entourent; si nous avons l'ambition de faire succéder à la considération générale du monde, des considérations particulières relatives à certaines contrées de l'univers moins inconnues que d'autres; si nous voulons, après l'ensemble, nous intéresser aux détails, c'est par le raisonnement que nous devons procéder, et non par l'imagination. Et c'est pourquoi nous avons ouvert ces dissertations par l'examen astronomique et physiologique de chaque Monde, et par l'établissement des faits auxquels les moyens scientifiques dont nous pouvons disposer aujourd'hui nous ont permis de parvenir.

D'un autre côté, nos observations historiques ont mis en évidence certains aspects plus généraux, qui ne sont pas moins dignes d'intérêt. Chaque époque nous a donné son mot. Les illustres fondateurs de l'astronomie et de la philosophie, sévères et réservés, se sont assis à la tribune de notre colysée; et présentèrent au premier rang la série scientifique des promoteurs de notre idée. Le mouvement de l'esprit humain, parmi les phases nécessaires qu'il a dû traverser, est visiblement empreint dans notre histoire particulière, comme ses tendances suivant les âges, comme son caractère et son degré d'élévation. Ce ne sont pas les hommes qui font les temps, mais ce sont les temps qui suscitent les hommes et qui leur ouvrent telle ou telle destinée. La biographie d'une seule vérité reflète, si elle n'est pas altérée, l'histoire universelle des hommes et de leurs œuvres.

Mais par quels chemins passe une idée avant d'arriver au foyer qui doit la faire éclore, lui donner la vie et la lumière! et combien longtemps elle circule cachée dans d'invisibles sentiers, avant le jour marqué pour son illustration et son avénement définitif au trône de la pensée humaine! Quels obstacles elle doit traverser, quels revers elle doit subir! La généalogie philosophique de notre doctrine remonte infiniment plus haut qu'on ne le supposait, et prend son origine dans le naturalisme des premières intelligences humaines. En éliminant ses termes imaginaires et ses formes anecdotiques, on a suivi pas à pas sa marche progressive d'âges en âges. Ne semble-t-il pas que sa faiblesse primitive lui ait été une condition d'existence, et que, passant inaperçue, elle put se glisser à travers les âges jusqu'au jour où il lui serait enfin permis de se montrer sans crainte? n'est-il pas vrai qu'une vérité méconnue a toujours devant elle le moment de son triomphe, quelles que soient les entraves et les voiles à l'aide desquels l'ignorance, la ruse ou la sottise humaine veuillent arrêter sa marche et la couvrir?

Tels sont les faits qui démontrent combien l'histoire complexe d'une idée vraie est utile à l'établissement définitif de cette idée parmi les hommes, lors même qu'elle n'en serait pas le juste complément et l'illustration curieuse.

FIN

TABLE DES MATIÈRES

PREMIÈRE PARTIE

VOYAGE ASTRONOMIQUE PITTORESQUE DANS LE CIEL

DEUXIÈME PARTIE

REVUE CRITIQUE DES THÉORIES HUMAINES SUR LES HABITANTS DES ASTRES

TABLE 577

FIN DE LA TABLE

PARIS. — IMPRIMERIE POUPART-DAVYL ET Cᵉ, RUE DU BAC, 30.

www.ingramcontent.com/pod-product-compliance
Lightning Source LLC
Chambersburg PA
CBHW031730210326
41599CB00018B/2559